ARSENALES NUCLEARES

Tecnología decadente y control de armamentos

PROGRAMA SOBRE CIENCIA,
TECNOLOGÍA Y DESARROLLO

Alejandro Nadal Egea

ARSENALES NUCLEARES

Tecnología decadente
y control de armamentos

EL COLEGIO DE MÉXICO

El Colegio de México agradece el apoyo
económico proporcionado por el
International Development Research Centre (IDRC)

Portada de Mónica Diez Martínez

Fotografía de Michael Melford. Image Bank, México

Primera edición, 1991

D.R. © El Colegio de México
    Camino al Ajusco 20
    Pedregal de Santa Teresa
    10740 México, D.F.

ISBN 968-12-0476-X

Impreso en México/*Printed in Mexico*

PRÓLOGO

> La violencia (como algo distinto del poder, de la fuerza o de la fortaleza) siempre requiere *instrumentos*, y por ello la revolución de la tecnología, una revolución de la producción de herramientas, fue especialmente intensa en la guerra. La esencia misma de la acción violenta está regida por la categoría medios-fines cuya principal característica, si se aplica a los acontecimientos humanos, siempre ha sido que el fin está en peligro de ser arrollado por los medios que justifica y que se necesitan para alcanzarlo. Ya que la finalidad de la acción humana (a diferencia de los productos de cualquier fabricación) nunca puede predecirse de manera confiable, con frecuencia los medios utilizados para lograr objetivos políticos adquieren mayor relevancia para el mundo futuro que los objetivos buscados.
>
> HANNAH ARENDT, *On Violence* (1969)

El poder no descansa en la existencia de instrumentos técnicos, sino en un complejo sistema de jerarquía social. La violencia, en cambio, tiene un carácter *esencialmente instrumental* y necesita una justificación externa, una finalidad trascendente a la simple relación medios-fines. El poder es, para Arendt, un componente de una relación social, mientras que la violencia sólo se define por su carácter puramente instrumental.

Es por esta razón, que la esencia del poder está en la relación social que lo define y nunca puede descansar en la violencia. El constraste entre violencia y poder no puede ser más brutal. El carácter puramente instrumental de la violencia hace que no tenga interioridad propia y su esencia solamente proviene de los objetivos que persigue. De manera similar, los productos de una fabricación sí son predecibles, pero la producción misma está desprovista de interioridad: su esencia proviene de los productos que de ella emanan. Si se persiguen objetivos políticos a través de la violencia, como son difíciles de definir, los medios devienen más importantes que el fin.[1]

Es cierto que el carácter instrumental de la violencia hace de los armamentos el terreno privilegiado para la rápida y espectacular mutación de tecnología. Desde hace varios siglos la incorporación de "progreso técnico" en armamentos ha sido una constante de las relaciones entre potencias. Pero a partir de 1945 este rasgo se intensificó al desencadenarse una carrera armamentista caracterizada principalmente por el papel dominante del cambio técnico.

Los arsenales nucleares no sólo aumentaron cuantitativamente, sino que fueron el objeto de una profunda transformación cualitativa. Esta transformación es el resultado de un extraordinario proceso de cambio técnico en cada uno de los sistemas de armamentos. La aceleración de la introducción de innovaciones en materia de armamentos incluso provocó que en muchos círculos se considerara a la tecnología militar como una variable independiente que contiene en sí misma la clave de su dinámica y, más grave aún, de su orientación. De acuerdo con esta interpretación, las innovaciones técnicas que fueron transformando a los armamentos nucleares de instrumentos de disuasión en armas de combate son el producto de un proceso de cambio técnico autónomo, determinado únicamente por la trayectoria "natural" de una tecnología.

El texto de Hannah Arendt antes citado explica por qué surge esta percepción errónea. Como el fin de una acción humana no puede predecirse con precisión, cuando se utilizan instrumentos para lograr un fin político los medios comienzan a ser más importantes que el objetivo. La importancia que ha comenzado a

---

[1] Este razonamiento de Arendt encuentra sus orígenes en el pensamiento de Aristóteles. De hecho, el caso identificado por Arendt no es el único en el que los medios "amenazan con arrollar" a los fines. Aristóteles identifica (en el libro I de la *Política*) una forma de circulación del dinero que destruye las bases éticas de dicho *instrumento* del intercambio: la crematística. En esta forma de circulación el objetivo de la circulación monetaria se destruye y el enriquecimiento sin límites se convierte en lo esencial.

tener la tecnología militar parece corroborar esto. El delirio del "progreso técnico" ha arrollado a los objetivos: la tecnología es percibida como la variable independiente de la relación instrumentos-fines. Para Arendt (1969:3) "el desarrollo técnico de los implementos de la violencia ha alcanzado el punto en el que ningún objetivo político podría corresponder a su potencial destructivo o justificar su utilización en un conflicto armado".

Pero el prestigio de la tecnología militar y su dominio de los objetivos ha alcanzado una dimensión adicional. Se trata de la percepción de que la guerra está regida por las reglas de la tecnología. En efecto, el desarrollo de la tecnología militar durante los últimos 45 años parece indicar que existe una relación íntima entre tecnología y armamentos de tal manera que en la actualidad el fenómeno de la guerra está regido por la reglas de la tecnología, por los niveles de rendimiento o desempeño técnico de los sistemas de armamentos. Paradójicamente, ésta es una percepción muy enraizada en Estados Unidos, a pesar de la amarga experiencia de Vietnam. Pero la percepción de que dominan los medios a los fines es una falacia porque la conducta de la guerra no puede estar determinada por la lógica de la tecnología.

Uno de los estudios más importantes sobre la relación contradictoria entre la guerra y la tecnología es el monumental trabajo del historiador militar Martin van Creveld (1989). Para este autor, la guerra requiere de instrumentos y tecnología, pero el fenómeno de la guerra no pueder ser asimilado a un problema susceptible de recibir una solución técnica porque la racionalidad que rige el mundo de la tecnología no existe en el mundo de la guerra. La violencia sin límites se desata en el mundo del caos y no conoce racionalidad alguna; si un país cree que solamente con aplicar las reglas de la tecnología puede salir victorioso en una guerra, recibirá grandes y desagradables sorpresas. La tecnología y la guerra se desarrollan en dimensiones que no sólo son diferentes sino que son opuestas.

Durante cuarenta años las superpotencias han invertido una cantidad sin paralelo de recursos humanos, financieros y materiales en un esfuerzo de desarrollo científico y tecnológico orientado a fines militares. Esta actividad de investigación y desarrollo experimental ha buscado resultados más o menos previsibles: mejores niveles de desempeño tecnológico en los instrumentos de guerra. Y los armamentos se han ido transformando paulatinamente, de grandes y pesados artefactos, de difícil manejo y poca precisión, hasta instrumentos más refinados, de poco peso y volumen reducido, pero de una mayor letalidad. Los cambios cualitativos que han surgido de este proceso han tenido un profundo impacto en la composición de los arsenales y aún en la manera en que se contempla su posible utilización. El proceso de cambio técnico ha sido tan intenso y sostenido en el ámbito de la tecnología militar que, en la actualidad, la composición cualitativa y la estructura de los arsenales estratégicos es tan importante como la cantidad de armamentos. De aquí la necesidad de analizar la evolución tecnológica de los sistemas de armamentos que configuran hoy en día los arsenales nucleares.

La experiencia acumulada por el estudio del cambio técnico desde la perspectiva de la teoría económica ofrece varias enseñanzas interesantes para ese estudio. Dos de estas enseñanzas son particularmente pertinentes en el contexto de la tecnología militar. La primera es que es necesario jerarquizar las innovaciones técnicas: algunas provocan cambios muy profundos y generan nuevas estructuras económicas, mientras que otras solamente representan alteraciones marginales en las estructuras ya existentes. Las primeras bien merecen el calificativo de innovaciones *básicas*, mientras que las segundas pueden ser consideradas innovaciones *incrementales*. La segunda es que cada innovación básica sigue una especie de sendero o trayectoria en su desarrollo, desde que es introducida por primera vez hasta que se agotan las posibilidades de seguir mejorando sus niveles de desempeño tecnológico. En esta investigación se utilizan algunas de las categorías del análisis económico sobre cambio técnico relacionadas con la jerarquización de las innovaciones y con su trayectoria tecnológica para examinar la evolución de los armamentos estratégicos de las superpotencias. En este sentido, el tema de esta investigación es el cambio técnico, al mismo tiempo que una reflexión sobre los arsenales nucleares.

En la primera parte de este libro se examina la trayectoria tecnológica de las cuatro innovaciones básicas en materia de armamentos estratégicos introducidas a partir de 1945: bombarderos de largo alcance, cargas nucleares, misiles balísticos y submarinos estratégicos. Los arsenales nucleares estratégicos de las superpotencias se estructuran alrededor de estas cuatro innovaciones básicas. Se trata de identificar cuál es el sendero que han seguido las innovaciones técnicas relacionadas con estos sistemas de armamentos con el fin desentrañar si la tecnología en cuestión se encuentra en una fase de desarrollo creciente (fase progresiva) o de rendimientos decrecientes (fase decadente). Nuestra principal conclusión puede enunciarse como sigue: la tecnología de estos sistemas se encuentra en una fase decadente, no sólo en lo que concierne a rendimientos decrecientes (cada vez es más costoso y difícil mejorar el rendimiento de estos sistemas de armamentos), sino en relación al objetivo que supuestamente se persigue (en lugar de ofrecer mayor seguridad al poseedor de los armamentos, generan mayor inseguridad e inestabilidad).

Esta primera parte examina también el tema de las relaciones entre evolución de la tecnología y los objetivos del pensamiento y doctrina militar en las superpotencias con el propósito de examinar si la tecnología es o no una variable autónoma. Se demuestra que el objetivo de contar con armas nucleares susceptibles de ser utilizadas en un combate y de asegurar la victoria es tan viejo como los orígenes de las armas nucleares. Por esta razón creemos que la evolución tecnológica de los arsenales nucleares de ambas superpotencias ha sido deseada por los altos mandos militares y políticos desde hace más de cuatro décadas. El sendero tecnológico recorrido por las innovaciones básicas no ha sido determinado por una especie de lógica autónoma inherente a la tecnología.

La segunda parte aborda una dimensión distinta del problema de la tecnología decadente: las consecuencias negativas que su desarrollo ha provocado en la economía de las superpotencias. El análisis examina la manera en que el desarrollo de la tecnología militar de las superpotencias ha socavado su base técnico-económica para mantener un nivel adecuado de competitividad en los mercados internacionales. Se demuestra que el llamado "spin-off effect" utilizado como justificación económica del gasto militar es, en la actualidad, una falacia y que los criterios que rigen el desempeño de la tecnología militar adoptan una orientación divergente de la de los criterios que rigen en materia civil o comercial. Esto ha tenido como efecto la destrucción competitiva de algunas industrias estratégicas de Estados Unidos y la URSS (máquinas-herramienta, semiconductores, aviones).[2] Las

---

[2] Una advertencia se impone. Este estudio se concentra en la evolución tec-

consecuencias a nivel macro-económico (efectos sobre el déficit fiscal y comercial) también son objeto de estudio, así como algunas de las repercusiones sobre la economía internacional. En el futuro, el continuo desarrollo de la tecnología militar decadente seguirá socavando las bases de la competitividad industrial norteamericana y soviética. En la medida en que la seguridad económica se vea cada vez más amenazada por un mediocre desempeño en los mercados internacionales, las superpotencias ofrecerán mayor resistencia a cualquier presión para que reduzcan sus arsenales nucleares; y probablemente considerarán más necesario intensificar el desarrollo de sus arsenales (nucleares y no nucleares), tanto en términos cuantitativos como de modernización tecnológica. Entre más recursos inviertan en el desarrollo de sus sistemas de armamentos, menos aptas serán sus economías para enfrentar la competencia de potencias industriales emergentes en el mercado mundial, perderán terreno en industrias estratégicas y percibirán el entorno internacional como cada vez menos favorable a sus intereses. Este círculo vicioso probablemente va a conducir al mundo a una situación en la que los inmensos arsenales ya existentes no sólo no sean reducidos drásticamente, sino que las nuevas generaciones de armamentos nucleares sean cada vez más letales. Este proceso se dará en un entorno internacional que puede ser muy turbulento por el reacomodo de fuerzas que lo anterior implica. Y esta combinación de factores casi constituye una garantía de que, en un día quizás no muy lejano, las armas nucleares serán utilizadas en un conflicto armado.

La tercera y última parte se concentra en la relación entre cambio técnico en armamentos estratégicos, el derecho internacional y el proceso de control de armamentos. El estudio llama la atención sobre el hecho siguiente: la negociación y firma de los tratados sobre control de armamentos ha estado acompañada de una desorbitada expansión cuantitativa y cualitativa de los arsenales nucleares. De este modo, no es exagerado afirmar que el proceso de control de armamentos ha sido un fraude de enor-

---

nológica de los arsenales estratégicos de las superpotencias, Estados Unidos y la Unión Soviética. Han quedado fuera del estudio los arsenales de China, Francia y el Reino Unido, aunque a lo largo de la investigación se hacen algunas referencias a estos países. De cualquier manera, creemos que las conclusiones principales son aplicables a estos países.

mes proporciones. Y la razón profunda es que también aquí "el objetivo fue arrollado por los medios" por el peso que tiene la tecnología militar en los arsenales nucleares.

En realidad, los tratados y negociaciones nunca tuvieron el objetivo de limitar el crecimiento de los arsenales o el desarrollo de los armamentos. Su verdadera *raison d'être* fue codificar e institucionalizar las reglas del comportamiento de las superpotencias en materia de creación, manejo, almacenamiento y despliegue de los armamentos nucleares. La prueba más reciente se encuentra en las negociaciones sobre el tratado START, así como en la conferencia de revisión del Tratado de no proliferación de armas nucleares (Ginebra, septiembre, 1990) y la conferencia para considerar el proyecto de enmienda al Tratado de prohibición parcial de ensayos nucleares (Nueva York, enero, 1991).

Este libro es un trabajo sobre cambio técnico. Pero la dimensión ética y política del armamentismo es el tema central que lo anima. Las dos superpotencias tienen problemas de seguridad que requieren de una solución; pero en la actualidad, la solución que han encontrado pasa por comprometer la seguridad de todas las demás naciones. Ya es casi un lugar común afirmar que en caso de guerra nuclear, los arsenales nucleares de las superpotencias son más que suficientes para aniquilar toda forma de vida en el planeta. El corolario es que la búsqueda de un mundo cuya seguridad no dependa de los arsenales nucleares es un trabajo que corresponde a todas las naciones.

Pero además se trata de una tarea urgente. Las armas nucleares ya han sido usadas en un conflicto armado y desde entonces su desarrollo ha sido un asunto casi banal: desde 1945 se han detonado más de 1 800 cargas nucleares, es decir, aproximadamente una cada nueve días; se han fabricado 60 000 cargas nucleares, o una cada siete horas aproximadamente. Esta banalización de la tecnología nuclear militar constituye un mal presagio. En el mundo de las próximas décadas, las potencias que poseen armas nucleares ofrecerán todo tipo de resistencia a reducir sus arsenales y seguramente continuarán invirtiendo recursos para desarrollar la tecnología militar nuclear. Por esta razón, la búsqueda de un mundo libre de armas nucleares es una tarea urgente que debe ser acometida de manera permanente.

Alejandro Nadal Egea

AGRADECIMIENTOS

Esta investigación no hubiera podido llevarse a cabo sin el apoyo financiero del International Development Research Center (IDRC) de Canadá. En 1984 se presentó un protocolo de investigación a este organismo y, aclaradas las primeras dudas, se decidió apoyar el proyecto. Dos de los responsables de esta decisión son Anthony D. Tillett y Víctor L. Urquidi, cuyo apoyo y entusiasmo por el proyecto original constituyeron un incentivo importante para iniciar la investigación. A lo largo del trabajo se recibió el apoyo y ayuda de muchas personas, y una lista completa es imposible de elaborar. Mi agradecimiento muy especial a Ricardo Arnt, Saadet Deger, Freeman Dyson, Frank Feuilhade, Richard Garwin, Zadalinda González y Reynero, Nils Petter Gleditsch, Ivan Head, Mary Kaldor, Mick Kelly, Luiz Pinguelli Rosas, Carlos Salas Páez, Malcolm Spaven y el personal de ADIU (Armament and Disarmament Information Unit) de SPRU y Kosta Tsipis. Este proyecto de investigación fue diseñado por el autor en 1983-1984. Una de las consideraciones centrales del diseño original era la de que México se encuentra en el interior del corredor geográfico que los misiles intercontinentales soviéticos dirigidos contra blancos en Estados Unidos tendrían que recorrer en caso de estallar una guerra nuclear. La propuesta original presentada al IDRC en 1984 contenía una descripción detallada de esta hipótesis y, entre otras cosas, de un mapa desde una proyección polar, en el cual las bases soviéticas de misiles y los blancos de contrafuerza en Estados Unidos permitían acotar dichos corredores. Esta idea fue examinada con más detalle en Nadal (1989a y 1990) por las implicaciones que tiene para los vecinos de las superpotencias y en el capítulo V de este libro se reexamina este punto en el marco de la evolución tecnológica de los misiles intercontinentales de ambas superpotencias. La primera fase de esta investigación incluía un estudio sobre el pensamiento militar en Estados Unidos y la Unión Soviética; Mónica Serrano colaboró en esta primera etapa del proyecto. El diseño original de la investigación también incluía una segunda fase para evaluar las consecuencias que una guerra nuclear tendría sobre México; el físico Octavio Miramontes llevó a cabo dicha evaluación en el marco del proyecto. La ayuda de David Zamora y de Lily Gutiérrez de la Unidad de Documentación del PROCIENTEC, así como de Luz del Carmen Zambrano también fue muy importante en las tareas de consulta necesarias para esta investigación.

ABREVIATURAS UTILIZADAS

ALCM	=	Misil crucero lanzado desde un avión
ASBM	=	Misil balístico lanzado desde un avión
Blancos de contrafuerza	=	Blancos militares estratégicos
Blancos de contravalor	=	Concentraciones urbanas e industriales
CEP	=	Círculo de error probable (medida de precisión para misiles: radio de un círculo cuyo centro es el blanco y al interior del cual se espera haga impacto el 50% de los disparos dirigidos a dicho blanco)
GLCM	=	Misil crucero lanzado desde emplazamientos en tierra
ICBM	=	Misil balístico intercontinental
IRBM	=	Misil balístico de alcance intermedio
MARV	=	Vehículos de reingreso maniobrables
MIRV	=	Vehículos de reingreso independientes
MRV	=	Vehículos de reingreso (a la atmósfera) múltiples
SIOP	=	Plan de operaciones único e integrado (plan con definición de blancos nucleares para las fuerzas armadas de Estados Unidos)
SLBM	=	Misil balístico lanzado desde un submarino
SLCM	=	Misil crucero lanzado desde el mar
SSBN	=	Submarino de propulsión nuclear con misiles balísticos

Primera Parte

INNOVACIONES BÁSICAS Y TRAYECTORIAS TECNOLÓGICAS

I. LAS ORIENTACIONES DEL CAMBIO TÉCNICO EN ARMAMENTOS ESTRATÉGICOS

Introducción

En los arsenales nucleares estratégicos de las superpotencias existen aproximadamente 24 500 cabezas nucleares y unos 4 400 vehículos de lanzamiento. El número aproximado de bombas atómicas para ser utilizadas como armamento táctico supera fácilmente estas cifras. Las estimaciones sobre el número total de bombas nucleares existentes en el mundo oscilan alrededor de las 50 000 a 60 000 bombas de fisión y de fusión. Para mantener este colosal arsenal nuclear en condiciones de ser utilizado, existe una inmensa estructura de comunicaciones, control y mando que ha requerido inversiones enormes, y para la cual trabajan cientos de miles de hombres y mujeres. Para el Departamento de la Defensa de los Estados Unidos laboran alrededor de dos millones de personas, y una cifra similar en la URSS se dedica a mantener y tripular los sistemas de armamentos ya emplazados.

Desde hace muchos años una comunidad importante de investigadores se ha dedicado a estudiar los principales factores determinantes de la carrera armamentista, desde las razones por las que aumenta el gasto militar y sus repercusiones macroeconómicas, hasta las consecuencias estratégicas de la introducción de nuevas clases de armamentos. Pero se le ha dedicado relativamente poca atención a las fuerzas que rigen la *evolución cualitativa* de los arsenales. En especial, el problema del proceso de incorporación de "progreso técnico" en los armamentos ha sido poco estudiado, a pesar de que mucho del peligro que enfrenta la humanidad no surge solamente de la *cantidad* de armamentos, sino de las *características cualitativas* de los modernos sistemas bélicos. Dicho de otro modo, el problema no es solamente la cantidad, sino la calidad (si se puede utilizar este término) de los armamentos.

El análisis del desarrollo o evolución tecnológica de los arsenales nucleares es muy importante por cuatro razones. La primera es que la carrera armamentista de los últimos cincuenta años se ha concentrado alrededor del cambio tecnológico. Nunca antes en la historia militar se había presentado el fenómeno de una carrera tecnológica en el desarrollo de armamentos. La segunda razón es que no se puede comprender la composición cualitativa *actual* de los arsenales sin llevar a cabo un análisis detallado de la evolución tecnológica que ha engendrado los actuales sistemas de armamentos. Tampoco será posible identificar los futuros caminos que seguirán los arsenales estratégicos sin este análisis que, en cierto sentido, es un trabajo de historia tecnológica. La tercera razón es que el problema de los determinantes del cambio técnico en el terreno militar se enriquecerá con este análisis. Más allá de los estudios sociológicos sobre la sucesión de armamentos, el análisis de la evolución tecnológica de los principales componentes de los arsenales permite tener una perspectiva objetiva sobre las orientaciones de la tecnología militar y las fuerzas que ayudan a configurarlas. La cuarta razón es que sin llevar a cabo esta reflexión es imposible evaluar los alcances y limitaciones de los acuerdos sobre control y reducción de armamentos. Más aún, es imposible identificar nuevas oportunidades para los esfuerzos diplomáticos, multi o bilaterales, en materia de control de armamentos y desarme. Para un país como México, con una tradición importante en este terreno, el análisis de la evolución y situación actual de los arsenales adquiere una gran importancia. En síntesis, la expansión cuantitativa de los arsenales nucleares es realmente alarmante, pero para tener una perspectiva más clara del peligro es necesario examinar la estructura de estos arsenales y las características de los armamentos.

El objeto de esta investigación es desentrañar el proceso a través del cual se llegó a la *composición y naturaleza* de los armamentos nucleares actualmente emplazados. Las preguntas que abordamos en este capítulo son las siguientes: ¿Cuál fue la evolución de los arsenales nucleares en los últimos 40 años? ¿Cómo llegamos a los arsenales actuales? ¿Qué orientaciones adoptó el proceso de incorporación de progreso técnico en los armamentos estratégicos? ¿Cuáles son las orientaciones que se seguirán en los próximos años y, en especial, qué implicaciones tienen para los vecinos inmediatos de las superpotencias? El análisis que si-

gue pretende aprovechar algunas experiencias de la literatura económica sobre cambio técnico.
Se impone una advertencia. No se trata de llevar a cabo un análisis de los factores que determinan la *intensidad* de la carrera armamentista. La razón por la cual no examinamos este punto aquí es que consideramos más importante el análisis de la orientación del cambio técnico en armamentos estratégicos que el de los niveles de gasto militar o la simple expansión cuantitativa de dichos arsenales. Las teorías económicas sobre el armamentismo, o sobre el papel económico del gasto militar en el capitalismo, no dicen nada sobre las razones por las cuales se pone en pie o se emplaza tal o cual sistema de armamento. Es decir, esas teorías no tienen por objeto explicar por qué se introducen determinados tipos o clases de armamentos en los arsenales. Eventualmente pueden decir algo sobre la magnitud de los arsenales, o pueden aportar elementos de juicio sobre la expansión cuantitativa de los armamentos, pero no pueden explicar por qué se despliegan tales o cuales armamentos. Justamente éste es el problema que aquí se aborda, por considerarlo de gran importancia para la política sobre control de armamentos y desarme.

En la primera sección se presenta el elemento de análisis que será la herramienta fundamental de este estudio. Se trata del concepto de innovaciones básicas, que se origina en el análisis de Joseph Schumpeter sobre el proceso de cambio técnico de las economías capitalistas. En esta sección se discute su contenido y proyección en el estudio de la relación entre crecimiento económico y cambio técnico. En la segunda sección se profundiza el estudio de esta noción y se le aplica al estudio de las innovaciones básicas y menores en armamentos estratégicos entre 1945 y 1989.

En la tercera sección se presentan las principales conclusiones y se identifican las innovaciones básicas en armamentos estratégicos que se introducen a partir de 1945. También se enumeran los parámetros tecnológicos relacionados con la serie de innovaciones menores que acompañan a estas innovaciones básicas entre 1945 y 1990. El análisis detallado de la evolución tecnológica de cada una de estas innovaciones básicas (*i.e.*, su trayectoria tecnológica) será el objeto de los dos capítulos siguientes.

Innovaciones básicas y trayectorias tecnológicas

El cambio técnico ha dominado la carrera armamentista durante los últimos cincuenta años, pero las categorías utilizadas para discurrir sobre la tecnología militar no han sido bien desarrolladas. El tema del cambio técnico en armamentos nucleares ha ocupado la atención de una buena cantidad de analistas. Sin embargo, no se ha hecho un intento por jerarquizar las innovaciones, examinar cómo están articuladas entre sí y cuál es el efecto acumulado que producen. En parte, es por esta razón que existe gran confusión sobre la naturaleza y las fuerzas que determinan el proceso de incorporación de cambio técnico en los armamentos estratégicos.

Como ya se ha mencionado, las investigaciones sobre la función económica del gasto militar no explican por qué se despliegan determinados tipos de armamentos. Así, los estudios de corte marxista (como los de Baran y Sweezy), pretenden explicar por qué se aumenta el gasto militar en ciertas épocas, pero no en qué es invertido dicho gasto. Este tipo de enfoques ni siquiera puede intentar una explicación del aumento en el coeficiente capital/trabajo en el interior de las fuerzas armadas. Mucho menos puede explicar por qué tal equipo es introducido en los arsenales, mientras que otro no lo es. Por lo tanto, difícilmente se le puede pedir a este cuerpo analítico que aporte algo sobre la configuración de los arsenales nucleares.

Los estudios sobre la carrera armamentista con un sesgo sociológico hacen hincapié en los actores que seleccionan o adquieren los diferentes tipos de armamentos. La tecnología es tratada de manera más interesante porque ya se plantean problemas que requieren una mención explícita de la tecnología militar. En algunos casos se trata de examinar el proceso de adquisición de armamentos (*arms procurement process* o *arms acquisition*) con el objeto de detectar sus actores principales y así desentrañar las fuerzas sociales que están detrás de la selección de armamentos. Frecuentemente se trata de examinar diversos aspectos del llamado "complejo militar-industrial" como el determinante central de la carrera armamentista. En otros casos se trata de ir a un nivel más detallado o micro y buscar en los actores *individuales* elementos clave de la carrera armamentista y de la introducción de cierto tipo de innovaciones en materia de armamentos.

En los estudios más interesantes se lleva a cabo una combinación de estos enfoques: por ejemplo, el trabajo de Graham (1987) sobre el desarrollo de los misiles crucero o el análisis de sociología histórica de MacKenzie (1988) sobre los sistemas de navegación inercial para misiles balísticos. Pero los estudios de caso enfocados hacia el análisis de los actores y la toma de decisiones en materia de armamentos nucleares están lejos de desembocar en resultados susceptibles de algún tipo de generalización. Con frecuencia estudios de un mismo evento alcanzan conclusiones distintas, como en el caso de los cuatro estudios sobre la decisión de desarrollar la bomba de hidrógeno reseñados en el excelente ensayo de Njolstad (1990).

Si el propósito es examinar la configuración y evolución de los arsenales estratégicos con el fin de utilizar los resultados en el marco de una política sobre control de armamentos, es necesario jerarquizar las innovaciones e imprimir un orden en la diversidad. El objetivo no solamente es describir cómo son los arsenales nucleares hoy en día, sino hacia dónde están evolucionando. Y por eso se requiere algo más que una simple descripción de los movimientos de los actores en el proceso de adquisición de armamentos.

Los cambios técnicos no se introducen por sí solos y, por lo tanto, los actores y los diferentes esquemas institucionales son factores importantes en el proceso. Pero el estudio del cambio técnico en armamentos nucleares tiene mucho que ganar si se examinan, al mismo tiempo, las tendencias fundamentales en su evolución tecnológica. Por un lado, se puede organizar a las innovaciones individuales alrededor de un *sistema* tecnológico y desentrañar así cuáles son las funciones que desempeña cada tipo de armamento. Por otra parte, el trazar los principales elementos de un fresco histórico de 50 años de evolución en armamentos nucleares puede permitir desentrañar las orientaciones que en el futuro cercano son más susceptibles de seguirse en el desarrollo de nuevos armamentos. Este conocimiento será de gran utilidad en el proceso de control de armamentos.

En un intento por jerarquizar estas innovaciones se propone aquí recurrir a algunos conceptos de la teoría económica sobre el cambio técnico. Particularmente relevante consideramos el concepto de innovaciones básicas y de innovaciones menores inicialmente propuesto en el estudio de Joseph Schumpeter sobre las economías capitalistas contemporáneas. Inspirado en el análisis de Marx sobre el cambio técnico como arma de la competencia intercapitalista, Schumpeter considera al cambio técnico como una variable endógena de las economías capitalistas en sus obras *Business Cycles* (1930), *The Theory of Economic Development* (1934) y *Capitalism, Socialism and Democracy* (1950). A pesar de basarse en las categorías tradicionales de la teoría neoclásica que no permite abordar adecuadamente el tema del cambio técnico, Schumpeter atribuye un papel central al cambio técnico en la evolución del capitalismo: (1950:82-83).

> El punto esencial es que, al analizar el capitalismo, estamos tratando con un proceso evolutivo. (...) El capitalismo, por lo tanto, es por naturaleza una forma o método de cambio económico y no sólo nunca está, sino que nunca puede estar en un estado estacionario. Este carácter evolutivo del proceso capitalista no sólo se debe al hecho de que cambia el entorno. Tampoco se debe este carácter evolutivo a un incremento cuasi-automático de la población y el capital o a los caprichos de los sistemas monetarios (...). El impulso fundamental que arranca y mantiene en marcha el motor capitalista proviene de los nuevos bienes de consumo, de los nuevos mercados, de nuevas formas de organización industrial que la empresa capitalista crea. (Nuestra traducción.)

Este impulso se deja sentir a través de la "destrucción creadora" impuesta por la competencia intercapitalista: (*Ibid.*)

> [Estos cambios] son ejemplos del mismo proceso de mutación industrial (si se me permite utilizar este término biológico) que incesantemente revoluciona la estructura económica *desde adentro*, incesantemente destruyendo la vieja e incesantemente creando la nueva. Este proceso de Destrucción Creadora es el hecho esencial del capitalismo. (Nuestra traducción.)

El empresario capitalista es el originador de las innovaciones que le permiten obtener ganancias monopólicas que el proceso competitivo va erosionando gradualmente. Pero las innovaciones que son introducidas pueden ser de varios tipos y presentar diversos grados de intensidad en sus efectos sobre las estructuras económicas. A partir de su estudio sobre el proceso de desarrollo económico (entendido como cambio en las estructuras económicas) Schumpeter (1934:65-66) introduce una distinción entre *innovaciones básicas* e *innovaciones menores*:

Producir significa combinar materiales y fuerzas a nuestro alcance. Producir otros objetos o los mismos con métodos distintos, significa combinar estos materiales y fuerzas de manera distinta. En la medida en que la "nueva combinación" surge de la anterior por ajustes continuos y graduales hay ciertamente cambio, posiblemente crecimiento, pero no un nuevo fenómeno o desarrollo en nuestro sentido. En la medida en que éste no sea el caso y las nuevas combinaciones aparezcan discontinuamente, entonces surge el fenómeno que caracteriza el desarrollo. (Nuestra traducción.)

El fenómeno del desarrollo es, para Schumpeter, un proceso de cambio en las estructuras económicas a partir del cual se desplaza el punto de equilibrio de una economía de tal manera que el nuevo equilibrio *no puede ser alcanzado a partir del anterior a través de pasos infinitesimales (Ibid.*, 64). El tipo de cambios en los que Schumpeter está pensando es ilustrado por un ejemplo famoso: se pueden añadir tantas diligencias como se desee, pero nunca se obtendrá el ferrocarril de esta manera. (*Ibidem.*)

A partir de estos pasajes se utiliza el término de innovaciones básicas (IB) para describir aquellos procesos técnicos capaces de transformar la estructura productiva, reorganizar la matriz de relaciones interindustriales y abrir nuevos espacios económicos. En el desarrollo del capitalismo, las innovaciones básicas (IB) constituyen el soporte técnico de las oleadas de expansión económica.

La teoría schumpeteriana de la innovación está centrada alrededor de las innovaciones básicas y está íntimamente vinculada a la teoría de los ciclos económicos. La competencia entre capitalistas es el motor que difunde las innovaciones en toda la economía, primero en una misma rama de la producción, después el mismo principio puede aplicarse en todas las ramas de la actividad económica (por ejemplo, la automatización). A medida que los imitadores generalizan la utilización de una innovación básica, se alcanzan elevadas tasas de crecimiento al mismo tiempo que se van erosionando las ganancias monopólicas de los innovadores pioneros.

Posteriormente, al irse agotando las posibilidades de aplicación de la innovación, el ritmo de crecimiento nuevamente se hace más lento. Finalmente, el destino de toda innovación básica es el agotamiento de sus posibilidades de servir como soporte de la expansión económica. Una buena parte de la explicación de las crisis económicas y de los ciclos largos estaría asociada, según Schumpeter, a esta etapa final en la vida de una innovación básica. Durante la fase de agotamiento se presentan procesos de destrucción de capital, incremento de la especulación y escasez de inversión productiva, intensificación de la actividad inventiva y gestación de la nueva generación de innovaciones básicas. En los últimos años, se ha multiplicado el número de análisis sobre ciclos u ondas largas en las economías capitalistas y el papel de las innovaciones básicas en este proceso.[1]

A medida que las innovaciones básicas dejan de ser el soporte técnico-material de la expansión de una economía, surgen los síntomas de la crisis. Uno de los síntomas más claros es la caída en la tasa de crecimiento de la productividad y, posteriormente, en las tasas de rentabilidad a las inversiones productivas. La crisis financiera impulsa a las masas de capital a inversiones especulativas y la crisis se profundiza. Sin embargo, precisamente en las fases más deprimidas de la actividad económica se presenta una nueva oleada de inventos que pueden tener una aplicación productiva. Dentro de las innovaciones que se introducen, hay algunas que son consideradas básicas por su poder reorganizador de las estructuras de producción y porque constituyen la nueva base de expansión económica.

Otro autor que contribuyó a desarrollar el concepto de innovaciones básicas es Simon Kuznets.[2] En su obra *Secular Movements in Production and Prices* sentó las bases para un análisis más completo del proceso evolutivo de las innovaciones. La investigación de Kuznets también versó sobre las tendencias de

[1] Para una bibliografía sobre este punto, véase el capítulo III de Nadal y Salas (1988).

[2] Por su desacuerdo con Schumpeter sobre la duración y otras medidas pertinentes de los ciclos económicos, Kuznets tuvo que reflexionar sobre aspectos que Schumpeter solamente analizó superficialmente. En particular, examinó con mayor detenimiento el ritmo y los patrones del proceso de innovaciones básicas. Kuznets criticó a Schumpeter porque éste nunca presentó la evidencia empírica de que efectivamente las innovaciones básicas se presentan en grupos a intervalos más o menos regulares de tiempo. Para Kuznets, las innovaciones básicas se distribuyen en el tiempo en un proceso aleatorio y no se aglutinan o concentran en grupos en periodos regulares. Éste no es un punto de gran importancia porque la esencia del mensaje schumpeteriano sobre la relación entre crecimiento a largo plazo y cambio técnico se mantiene fuera del alcance de esta crítica.

largo plazo en las economías capitalistas y, en particular sobre una serie de preguntas que son muy importantes para el estudio del cambio de estructuras económicas: (1930:5).

> ¿Por qué se reduce la tasa de crecimiento de las industrias viejas? ¿Por qué no es uniforme el progreso en todas las ramas de la producción, con la capacidad inventiva y de organización del país entero fluyendo a un ritmo regular en todas las actividades económicas? ¿Qué es lo que concentra las fuerzas del crecimiento y el desarrollo en una o dos ramas de la producción y qué cambia esta concentración de un campo a otro con el paso del tiempo? (Kuznets, 1930:5. Traducción del autor).

Los factores que, según Kuznets, explican este fenómeno, son tres: el crecimiento de la población, los cambios en la demanda y el cambio técnico (tanto en productos, como en procesos productivos). Para Kuznets estos tres factores están íntimamente relacionados y no pueden analizarse por separado. Sin embargo, el efecto que el proceso de cambio técnico puede tener sobre los otros dos factores lo convierte en el motor principal de la evolución de las estructuras industriales (Kuznets, 1930:9).

Este autor inicia su análisis del cambio técnico como factor que explica el crecimiento y el cambio de estructuras económicas, presentando su noción de innovación básica:

> En muchas industrias se presenta un momento en el que las condiciones técnicas *básicas* sufren cambios revolucionarios. Cuando sobrevienen tales cambios fundamentales, comienza una nueva era. En las industrias manufactureras en este periodo frecuentemente se inicia la primera sustitución importante del trabajo manual por las máquinas. En las industrias extractivas, es el momento en que se descubren las fuentes y los usos de un nuevo producto (petróleo) o cuando se descubre una nueva y general aplicación para una mercancía hasta entonces poco utilizada (Kuznets, 1930:10. Traducción del autor).

Entre los ejemplos que cita Kuznets se encuentran la industria textil y la de extracción de diversos minerales metálicos y no metálicos, el carbón y el petróleo, el automóvil y la radio. Pero lo más importante es que estas innovaciones fundamentales tienen historias vitales muy similares:

Cuando surgen tales cambios, la industria en cuestión crece muy rápidamente. La innovación casi nunca es perfecta desde el inicio y se introducen continuamente más mejoras después de la invención o descubrimiento inicial. El uso de la mercancía continuamente mejorada y cada vez más barata se extiende a muchas áreas, superando obstáculos que podían haber limitado la demanda en el pasado... Sin embargo, a pesar de todo esto, después de cierto tiempo la expansión vigorosa comienza a aflojar el paso y el desarrollo subsecuente ya no es tan rápido. ¿Cuáles son los procesos que provocan este cambio? (*ibid.*)

La respuesta de Kuznets se basa en el estudio cuidadoso de las historias vitales de varias innovaciones. Al mencionar que el cambio técnico se hace cada vez más lento, Kuznets (*ibid.*:11) cita al economista alemán Julius Wolf:

Cada mejoría técnica, al bajar los costos y perfeccionar la utilización de las materias primas y la energía, actúa como un obstáculo para el progreso ulterior. Hay cada vez menos que pueda ser mejorado y este estrechamiento de las posibilidades resulta en un desarrollo tecnológico cada vez más lento o incluso inexistente en numerosos campos.

Kuznets continúa su investigación presentando ejemplos de lo anterior. Entre las industrias por él analizadas se encuentran la textil (tejidos de algodón y lana), la metalúrgica, la del calzado, la de pulpa y papel y otras industrias extractivas. Además, Kuznets recurre a una clasificación diferente de la actividad económica y presenta un análisis detallado de la vida de una gran innovación básica: la máquina de vapor. Las cuatro grandes etapas en esta biografía técnica son las siguientes: invento original (Roebuck, Boulton); mejoras en el motor fijo (Watt); aplicaciones en diversas industrias; aplicación en el transporte. Con todos estos ejemplos, Kuznets pretendió ilustrar la realidad de un principio que consideró clave para explicar las diferencias en el crecimiento a largo plazo entre diferentes industrias: a medida que se profundiza el proceso de cambio técnico en los procesos o productos de una industria, se hace cada vez más difícil llevar a cabo más mejoras. A lo largo de su vida, las tecnologías describen una trayectoria o recorren un sendero en un movimiento que puede describirse como sigue:

> Técnicamente una rama de la producción constituye una serie de operaciones separadas que atraviesan una secuencia invariable desde la materia prima hasta el producto terminado. Una vez que una etapa importante de esta cadena es revolucionada por un invento, se ejerce una presión sobre los demás eslabones de la cadena para que se tornen más eficientes. Cualquier disparidad existente en el desempeño de las diferentes etapas impedirá la explotación completa de la innovación recién introducida. Muchas innovaciones importantes ocurrirán en respuesta a esta presión... El estímulo para el cambio técnico en otros procesos de la industria se presenta desde el momento en que se introduce una innovación mayor. Es posible que transcurra un largo periodo antes de que se introduzcan las mejoras necesarias en respuesta a este estímulo. Pero la invención inicial prepara por sí misma el camino mediante la normalización del producto hasta llegar a la etapa en que se entrega para el procesamiento adicional. Esta normalización facilita desarrollos tecnológicos adicionales (Kuznets, 1930:31. Traducción del autor).

Este pasaje describe cómo las innovaciones *adicionales* son necesarias para asegurar la explotación completa de la innovación básica. Es decir, el potencial productivo de una innovación básica sólo puede realizarse mediante una serie de cambios técnicos menores. Es indispensable entender que el papel de estas innovaciones menores es, a pesar de su nombre, fundamental.

A lo largo de los últimos 40 años, importantes trabajos de historia económica y de historia de la técnica han explorado el significado de esta hipótesis schumpeteriana. Se ha generado un importante cuerpo de literatura y, en particular, se ha avanzado mucho en la comprensión del proceso de difusión-generalización de una innovación básica. Uno de los autores que más ha aportado en este terreno es Nathan Rosenberg (1976, 1982), quien ha dejado bien documentado cómo las interdependencias tecnológicas y las complementareidades desempeñan un papel crucial en la difusión de las innovaciones básicas (IB). En un estudio clásico, Hollander (1965) demostró cómo una parte fundamental de los incrementos de productividad en las plantas de rayón de la compañía Dupont se originaba en actividades ingenieriles que podrían describirse como menores (adaptaciones, prácticas de mantenimiento intensivo, solución de problemas técnicos específicos [*troubleshooting*], etc.). Con estos elementos ha sido posible construir una interpretación más completa y rica del proceso de difusión de las innovaciones básicas y del fenómeno de la aparición de "enjambres" de innovaciones.[3] El término de innovación menor (IM) ha sido utilizado para designar los cambios técnicos marginales o incrementales que desempeñan un papel muy importante en la difusión de las IB. Se trata de un conjunto de cambios técnicos cuya importancia había pasado desapercibida hasta hace pocos años; individualmente no llaman la atención, pero a lo largo de varios años, estos cambios técnicos incrementales permiten realizar la promesa de productividad que se oculta en las entrañas de una innovación básica. Su importancia se puso de manifesto con el trabajo monumental de Usher (1954) sobre la historia de los inventos mecánicos y con el libro clásico de Gilfillan (1935) sobre construcción naval. En el estudio de la sucesión de armamentos estratégicos en el periodo 1945-1990, la noción de innovaciones menores desempeñará un papel muy importante.

La aplicabilidad de un mismo principio técnico a la solución de problemas distintos o el uso de un mismo formato mecánico en diferentes actividades productivas han sido considerados como un elemento central en el estudio del proceso de cambio técnico. Las innovaciones menores permiten realizar el potencial productivo de las innovaciones básicas a través de una doble tendencia. Por una parte, permiten *profundizar* en los incrementos de productividad derivados de una innovación básica en una misma aplicación. Por otra parte, permiten *extender* las aplicaciones del potencial productivo de una misma IB a varias ramas de la producción. Es muy importante observar que la noción de "formato mecánico" de una IB se refiere a la disposición de los diferentes elementos componentes de una técnica determinada y está determinada por los principios físico-químicos que la sustentan. Pero cuando se extiende la aplicación del formato mecánico de una innovación a otras ramas de la producción, estamos en presencia de tecnologías *diferentes*. Éste es un punto muy importante que examinaremos en detalle al finalizar el capítulo VII (sección sobre determinismo tecnológico).

---

[3] El término ha sido utilizado para describir la aparición de múltiples imitadores del innovador pionero en una misma rama, o de innovadores en ramas distintas y procesos articulados entre sí en una especie de sistema tecnológico. Véase Mensch (1979).

La solución de los múltiples problemas que impedían la profundización del uso de las máquinas de vapor en la industria textil constituye un ejemplo de la primera tendencia. La solución de los problemas que obstaculizaban la aplicación de la máquina de vapor como fuente de poder para el ferrocarril es un ejemplo de la segunda tendencia. Este doble movimiento es lo que define una trayectoria o régimen tecnológico.

Las trayectorias tecnológicas recorren varias fases, de acuerdo con el estado de madurez de la innovación básica y de ciertos parámetros económicos y sociales. Una innovación básica está en una fase de inmadurez cuando acaba de ser introducida en la actividad productiva. Durante esta primera fase existen desequilibrios tecnológicos importantes y, por lo tanto, numerosos obstáculos para el aprovechamiento de la IB. A medida que se comienzan a resolver los desequilibrios internos (en la rama de producción) se profundiza en los incrementos de productividad y se comienza a realizar el potencial de la IB. Al mismo tiempo, es posible que la IB comience a ser utilizada en diferentes ramas productivas y genere, a su vez, desequilibrios tecnológicos en cada nueva aplicación. Gradualmente aumenta el número de técnicos capacitados que dominan la nueva tecnología; también se genera un mercado de insumos (intermedios o semiterminados) que modifica la red de relaciones entre industrias. Sin embargo, poco a poco se alcanza un punto de saturación en la aplicabilidad de la IB: cada vez es más difícil aplicar el principio o el formato mecánico inherente a la innovación básica. Las innovaciones menores son cada vez más costosas y los rendimientos obtenidos de un esfuerzo de desarrollo tecnológico creciente son marginales. Al mismo tiempo, el monto de las inversiones realizadas alrededor de la IB constituye el freno más formidable a la introducción de otros cambios técnicos que significan el abandono de ese formato mecánico. Al final de su trayectoria la innovación básica deja de ser el sustento de un proceso de expansión económica.

En los últimos 10 años ha surgido un importante cuerpo analítico que adopta diferentes elementos de esta visión schumpeteriana sobre las innovaciones básicas. Destacan las obras de Kleinknecht (1987), Mensch (1979), Freeman *et al.* (1982), Nelson y Winter (1977, 1982), Van Duijn (1983) y Dosi (1982). En Francia, los análisis de Aglietta (1976) y de Boyer (1986) han incorporado esta perspectiva en un análisis sobre la regulación de los regímenes de acumulación de capital. Es probable que el desencanto acumulado con el análisis de la teoría económica convencional (basada en el papel de los precios relativos de los factores productivos) haya sido el mejor impulso de esta línea de investigación.

En las nuevas corrientes analíticas el manejo de los conceptos de innovaciones básicas, innovaciones menores y trayectorias tecnológicas permite llevar a cabo un análisis en el que se articulan de manera coherente fenómenos como las crisis en rentabilidad y acumulación de capital, movimientos seculares en precios relativos, empleo, intensificación o lentitud del proceso de innovaciones, etc. Con frecuencia, estas corrientes han sido asociadas con las teorías sobre las ondas o ciclos largos en la vida de las economías capitalistas. Sin embargo, el estudio del cambio técnico a través de la óptica schumpeteriana puede constituir la plataforma de una sólida teoría sobre el proceso de cambio técnico. En el ámbito de la competencia por mantener un predominio tecnológico en armamentos nucleares, la concepción schumpeteriana será de gran utilidad.

Para concluir este apartado, es necesario afinar algunas definiciones. Las innovaciones básicas requieren de un cúmulo de innovaciones menores para realizar plenamente su potencial productivo (Freeman *et al.*, 1982:45). Pero el formato de las innovaciones mayores define el sendero que deben seguir las menores. Este sendero es lo que se puede llamar la trayectoria tecnológica de una innovación básica. A lo largo de su desarrollo, las innovaciones básicas transforman la estructura productiva de una economía; pasan primero por una etapa en la que se crean desequilibrios tecnológicos por las interdependencias y complementariedades. A medida que se introducen innovaciones menores, se eliminan estos desequilibrios y se establecen las bases para la explotación efectiva de las innovaciones básicas. La resistencia que ofrecen los desequilibrios tecnológicos es lo que determina la dirección de las innovaciones menores.

En la literatura especializada no existe consenso sobre la definición de la noción de trayectoria tecnológica. La terminología no ha sido uniformada aún. Al referirse a los desequilibrios tecnológicos, Rosenberg (1969) ha analizado los "imperativos tecnológicos" que orientan la evolución de ciertas tecnologías. Para

Nelson y Winter (1977) esos imperativos tecnológicos constituyen la trayectoria natural y se definen por principios susceptibles de ser aplicados en diversas industrias y procesos: la automatización y la explotación de economías de escala.

Nelson y Winter (1982) proponen la definición de trayectoria tecnológica como régimen tecnológico definido por el formato de una innovación básica. Las mejoras que traen consigo las innovaciones menores no alteran la estructura o el diseño medular de la innovación básica. Un ejemplo particularmente interesante en el contexto de un estudio sobre cambio técnico en armamentos es el de la industria aeronáutica. El estudio de Miller y Sawers (1968) muestra cómo el diseño del avión *DC3* en 1934 definió una trayectoria tecnológica cuyos parámetros técnicos fueron los siguientes: el fuselaje de metal, el eje de las alas debajo de la cabina y la distancia de los motores de pistón del cuerpo central. Durante muchas décadas las innovaciones menores buscaron explotar el potencial de este diseño, buscando motores más potentes y confiables para volar a alturas en las que la resistencia del aire es menor, un fuselaje mejor adaptado a diseños más aerodinámicos para reducir la resistencia del aire y economizar combustible, logrando mayor autonomía de vuelo. Toda una generación de aviones y la estructura del mercado en esta industria giraron alrededor de este diseño básico.

Para Dosi (1982) la trayectoria tecnológica se asemeja a la noción de paradigma (en el sentido de Kuhn, 1971) y consiste en la repetición de una solución tecnológica a un problema. Esta idea de paradigmas tecnológicos es interesante, aunque parece más bien una alusión metafórica que un concepto sólido. Kleinknecht (1987) insiste en que la relativa vaguedad existente en torno del concepto de trayectoria tecnológica es la causa de innumerables dificultades en la vinculación entre ciclos económicos e innovaciones básicas. Su investigación adolece del mismo defecto y su utilización de la noción de "productos radicalmente nuevos" no resuelve el problema.

Mensch (1979) utiliza los términos de innovación básica para designar a las grandes "hazañas tecnológicas" que establecen las bases para el crecimiento de nuevas industrias o para rejuvenecer a viejas industrias. Una vez introducidas en el mercado, las innovaciones básicas son seguidas de una serie de innovaciones que aumentan su calidad y reducen su costo, fomentando de este modo el crecimiento de las industrias correspondientes. En el largo plazo, estas series de mejoras se someten a la ley de rendimientos decrecientes y las innovaciones menores comienzan a ser sustituidas por "pseudoinnovaciones" que no representan mejoras reales. Este planteamiento se enfrenta a serios problemas, algunos de los cuales han sido examinados por Freeman *et al.* (1982). Sin embargo, la descripción general es particularmente apta para caracterizar lo que sucede en el proceso de sucesión de armamentos. En particular, el surgimiento de las pseudoinnovaciones corresponde perfectamente al fenómeno de la complejidad tecnológica creciente en muchos sistemas de armamentos (nucleares y convencionales) acompañada de menor confiabilidad, mayores gastos de operación y requerimientos de mantenimiento cada vez más intensivo. En materia de tecnología militar, esta fase de una trayectoria tecnológica corresponde a lo que Kaldor (1982 y 1986) bautizó como "armamentos barrocos" (*i.e.*, la tecnología resultante de las necesidades de los fabricantes privados de armamentos y del pensamiento conservador de los militares).

En este estudio se utiliza la noción de trayectoria tecnológica como el sendero definido por la serie de innovaciones menores que permiten realizar el potencial de una innovación básica en una misma aplicación, o que permiten aplicar el principio de la innovación básica en la solución de otros problemas tecnológicos. En el primer caso estaremos frente a la *profundización* del potencial productivo de una innovación básica en una misma aplicación; en el segundo caso estamos frente a la *extensión* de las aplicaciones del potencial de una innovación básica. En ambas instancias se trata de la realización efectiva de un potencial que yace en el formato medular de una innovación básica.

Para sintetizar esta sección, se puede decir que una innovación recorre una trayectoria que pasa por tres etapas. En la primera, las pocas aplicaciones y los desequilibrios tecnológicos existentes hacen que se presenten muchas oportunidades para introducir innovaciones incrementales o marginales que mejoran el desempeño. Pero la novedad e inexperiencia hacen que el proceso sea lento. En la segunda etapa se acelera el ritmo de introducción de cambios técnicos que mejoran el desempeño de la innovación básica. Algunas de estas innovaciones menores eliminan desequilibrios tecnológicos. La difusión de la innovación se intensifica y los imitadores se multiplican. En la tercera etapa las posibilidades de mejorar el desempeño de la innovación básica se reducen; se dice que la innovación alcanza su fase de rendimientos decrecientes. Esta trayectoria puede describirse a través de una curva sigmoidal, frecuentemente utilizada para describir procesos de crecimiento. En el eje vertical se puede representar un indicador arbitrario de eficiencia tecnológica, mientras que en la abscisa se representa el horizonte temporal; el origen es el momento de la introducción de la innovación. La primera etapa corresponde al segmento de la curva cuya pendiente aumenta lentamente porque se están resolviendo los desequilibrios tecnológicos iniciales y apenas se comienza a acumular experiencia; la segunda corresponde al segmento intermedio, con un aumento más que proporcional de la pendiente; la tercera etapa corresponde a la sección que se aproxima asintóticamente a la barra horizontal que representa el techo de desempeño tecnológico. Los límites de desempeño tecnológico rara vez son alcanzados totalmente, pero la aproximación puede ser muy cercana. Sin embargo, en la tercera etapa las inversiones en investigación y desarrollo experimental desembocan en adaptaciones que sólo mejoran marginalmente el desempeño tecnológico. En los primeros dos segmentos de la curva una innovación se encuentra en la fase *progresiva*, mientras que el último segmento describe la fase *decadente* de una tecnología. Desde luego, la construcción de esta curva sigmoidal para representar la trayectoria tecnológica de una innovación básica sólo se puede hacer de manera *ex post*. Esto se debe a que en la fase progresiva todavía no es posible conocer el techo de máximo desempeño tecnológico en los parámetros relevantes.

Antes de seguir adelante no es ocioso advertir al lector que en el análisis que sigue *no* se busca aplicar un modelo schumpeteriano sobre el proceso de cambio técnico y de difusión de innovaciones. Si nos hemos referido a la obra de Schumpeter, Kuznets o Wolff es porque en sus análisis se pueden encontrar instrumentos que consideramos de gran utilidad para el estudio de la evolución de los arsenales estratégicos (en particular, las nociones de innovaciones básicas, menores y trayectorias tecnológicas).

Innovaciones básicas y armamentos estratégicos

En este libro se aplica la noción de innovaciones básicas al estudio del proceso de sucesión de armamentos estratégicos. El interés por introducir esta noción es doble. Por una parte, debe permitir alcanzar resultados más interesantes en el estudio de las fuerzas que llevaron a los arsenales nucleares a tener la configuración que actualmente tienen. Por la otra, la jerarquización de las innovaciones debe permitir dilucidar el espinoso tema de la autonomía del cambio técnico en armamentos. En este apartado se precisan algunas definiciones y las limitaciones que tiene la utilización de estas nociones derivadas del análisis económico en el ámbito de un estudio sobre armamentos.

Los estudios sobre la dinámica de la carrera armamentista tradicionalmente han dejado de lado el tema que ocupa la atención de esta investigación. En efecto, el por qué se despliega cierto tipo de armamentos y no otro no es una pregunta que se puede responder cuando solamente se examina la evolución del gasto militar o de la producción de armamentos. Una premisa central de esta investigación es que el análisis de la configuración o composición de los arsenales militares exige profundizar en el proceso de incorporación de cambio técnico en los armamentos. Este problema puede ser abordado a partir de una lectura de la historia tecnológica reciente de las innovaciones *básicas* en armamentos estratégicos.

Sin duda existen otros enfoques para analizar el tema de la composición cualitativa de los sistemas de armamentos. En la sociología de la historia tecnológica propuesta por MacKenzie (1990) los actores (individuales e institucionales) de este proceso deben ser tomados en cuenta, al igual que la disponibilidad de recursos financieros, materiales y humanos. En otros estudios, las transformaciones en la doctrina militar y en los planes operativos son muy importantes, así como las estructuras burocráticas que intervienen en la asignación de recursos o en la aprobación de programas. Numerosas investigaciones son testimonio de que todas las instancias mencionadas son importantes.

En esta investigación se propone una vía diferente que puede ser considerada como complemento de las anteriores. Esta vía recurre a nociones ligadas al análisis de la dinámica secular de las economías capitalistas (innovaciones básicas, innovaciones menores y trayectorias tecnológicas). El objetivo es interpretar la evolución de la tecnología militar para desentrañar si se encuentra en una fase *progresiva* o *decadente*. Este análisis es pertinente para identificar opciones de política sobre control de armamentos porque en algunos casos la posibilidad de alcanzar acuerdos depende crucialmente de la fase vital en la que se encuentra una innovación militar.

Las diferentes etapas por las que atraviesa una innovación básica en su ciclo vital también afectan las relaciones entre las dos superpotencias. En la primera fase de inmadurez relativa, una innovación básica puede generar una gran inestabilidad porque no ha sido bien asimilada en la doctrina y el pensamiento militar. Por la misma razón, probablemente será muy difícil negociar acuerdos de control o reducción de armamentos cuando la tecnología es inmadura y se está explorando su potencial. Un país puede percibir ventajas importantes con el desarrollo futuro de la tecnología en cuestión y difícilmente estará dispuesto a renunciar a ellas. Algo muy similar es lo que sucedió con la introducción de la tecnología MIRV entre 1970 y 1973.

Este análisis no es incompatible con otros estudios o enfoques sobre tecnología militar. Es más, los estudios sobre sociología de la innovación, el peso de los científicos o directores de laboratorios o las pugnas y rivalidades entre los brazos de las fuerzas armadas son complementarios del análisis que aquí se presenta. El siguiente paso será sistematizar esta complementariedad para alcanzar mejores resultados en el análisis. Una posible vía está en el estudio de la relación entre etapas de la vida de una innovación y el peso de los factores que se han analizado en otros estudios. Por ejemplo, el peso de las figuras individuales (digamos, jefes de laboratorios de investigación) es más importante cuando una innovación se encuentra en las primeras fases de su desarrollo que una vez que ha alcanzado la madurez. Pero se necesita llevar a cabo un estudio detallado sobre estas interacciones.

Criterios para identificar innovaciones básicas militares

Los criterios para identificar las innovaciones básicas en materia de armamentos estratégicos son los siguientes. Una innovación básica en armamentos estratégicos reordena la base de capacidad bélica alrededor de un nuevo "sistema de armamentos".

Por lo tanto, transforma la *composición* o *estructura* de los arsenales a partir de su despliegue. Esto también implica que se modifique la estructura del gasto militar y el patrón de relaciones operativas entre los diferentes brazos de las fuerzas armadas.[4] También redefine las necesidades del sistema de control, mando y comunicaciones e inteligencia (C_3 *I*).

Las innovaciones básicas en armamentos abren nuevas posibilidades ofensivas, defensivas (incluidos los sistemas de alerta) y, por último, para los esfuerzos de control de armamentos a través, por ejemplo, de los llamados "medios nacionales de verificación". Las innovaciones básicas en armamentos constituyen una verdadera revolución en las maneras de conducir operaciones bélicas y, en el límite, condicionan las concepciones que se tienen sobre la guerra.

Las innovaciones básicas en armamentos alteran componentes importantes de la doctrina estratégica, así como el contenido de los planes operativos. Las líneas dominantes del pensamiento militar nunca son iguales antes y después de la introducción de una innovación básica. Pero es importante subrayar el hecho de que las innovaciones básicas normalmente no están previstas en la doctrina militar de un país. Por ejemplo, la aparición de las bombas de fisión alteró radicalmente la doctrina militar de las superpotencias, y pasaron varios años antes de que se les integrara de una manera coherente en el pensamiento militar.

En cambio, la serie de innovaciones menores que desarrollan el potencial de las IB no introducen nuevas líneas de pensamiento militar. Se trata de innovaciones incrementales que permiten desarrollar el potencial de una innovación básica hasta alcanzar los límites de desempeño tecnológico. Los ejemplos en el terreno militar, al igual que en la industria civil, son muchos y muy variados. En materia de armamentos estratégicos pueden relacionarse con los límites de resistencia estructural del casco exterior de un submarino, la desviación o sesgo acumulado en un giroscopio del sistema de navegación inercial de un misil balístico o la reducción de la estela térmica y el perfil de radar de un bombardero estratégico.

[4] Esto tiene implicaciones en el ámbito del complejo militar-industrial, porque las innovaciones básicas redefinen la distribución del gasto militar. Por lo tanto, también tienen profundos efectos sobre la estructura productiva del sector "armamentos" de la economía.

Las innovaciones básicas son aquellas alrededor de las cuales se aglutinan las innovaciones menores. Éstas hacen efectivo el potencial encerrado en las innovaciones básicas (*i.e.*, realizan el potencial de su total *aplicabilidad*). En este sentido, las innovaciones menores no necesariamente tienen efectos "menores". Por el contrario, a veces se presentan con un gran impacto, como cuando hacen posible la realización del enorme potencial de una innovación básica que no había podido desarrollarse y había estado esperado largo tiempo en estado de "inmadurez".[5] Por esta razón, la terminología de "básicas" y "menores" puede inducir a error, pues por definición, los efectos acumulados de una innovación del segundo tipo son muy importantes.[6]

El horizonte temporal de los efectos de las innovaciones mayores y menores es distinto. En general, los efectos microeconómicos se manifiestan en el corto plazo, y la variable más afectada es la rentabilidad de la empresa innovadora. A nivel de rama industrial los efectos se manifiestan en el mediano plazo: la innovación comienza a tener un papel importante en la competencia intercapitalista y se afecta el grado de concentración industrial en la rama. Los efectos macroeconómicos tardan más en dejarse sentir porque dependen del proceso de difusión de la innovación básica. Ese proceso (en el interior de una rama o su generalización en toda la economía) supone también que se lleva a cabo el *doble* proceso de *swarming of innovations* del que hablan Freeman *et al.* (1982), Mensch (1979) y Kleinknecht (1987). Normalmente, una innovación básica recorre todo su ciclo (innovación, imitación, madurez y decadencia) en un plazo de tiempo

---

[5] Sin embargo, es muy importante tomar en cuenta que las innovaciones no siempre se suceden dando "saltos" y a través de grandes discontinuidades. En algunos casos, el proceso de innovaciones menores constituye un flujo muy intenso y prolongado de pequeñas mejoras al sistema adicional hasta que, por fin, se alcanzan niveles superiores de desempeño tecnológico. Cabe señalar que este flujo de mejoras adicionales se da precisamente durante la imitación y dentro del proceso acción-reacción de la carrera armamentista. Es decir, cuando un imitador introduce la innovación no lo hace simplemente copiando el modelo original; normalmente lo hace introduciendo simultáneamente una mejora. Sobre este proceso en el análisis económico, véase Rosenberg (1976).

[6] En estricto rigor, la distinción entre innovaciones básicas e innovaciones menores es artificial. Las innovaciones básicas solamente alcanzan este *status* cuando existen las condiciones para su aplicabilidad; estas condiciones están dadas por lo que hemos llamado innovaciones menores.

más o menos largo. Es por eso que se le identifica analíticamente con los ciclos largos. En materia de armamentos, esta idea también se aplica, aunque tiene sus limitaciones ya que el impacto pleno de un sistema de armamentos puede dejarse sentir en un lapso muy breve. La generalización del uso o aplicación de una innovación básica en materia de armamentos se puede realizar en muy pocos años.

**Límites de la aplicación de estos conceptos
del análisis económico al estudio de armamentos
estratégicos**

Es necesario advertir que la aplicación a este análisis de nociones útiles en el terreno de la economía debe hacerse con cuidado. Esta aplicación tiene límites claros. Uno de los más importantes se relaciona con el papel de las fuerzas del mercado. En la obra de Clausewitz (1984) se encuentra una formulación relevante en este contexto: en materia de armamentos, el conflicto armado desempeña el mismo papel que el mercado al determinar qué armamentos son "útiles" y cuáles no lo son. Más allá del valor heurístico de esta metáfora es importante señalar que en tiempos de paz armada esta formulación no se puede aplicar y es necesario preguntarse cuál es el mecanismo por el cual las innovaciones básicas en armamentos imponen su organización y sus métodos.[7]

Sin duda la superioridad tecnológica que entraña un nuevo sistema de armamentos es el criterio primordial que rige su emplazamiento generalizado. Una vez que se demuestra la viabilidad técnica de un tipo de armamento, la superioridad tecnológica es casi el único criterio pertinente. En cambio, en una economía industrial la superioridad tecnológica no es el único criterio. O mejor aún, la superioridad tecnológica debe reflejarse en las variables económicas relevantes porque la selección de la innova-

---

[7] Para David Allan Rosenberg, uno de los historiadores militares más destacados, la rivalidad entre los distintos brazos de las fuerzas armadas constituye una especie de equivalente a la guerra porque se generan y ponen a prueba conceptos y fuerzas (Rosenberg, 1986:43).

ción y su capacidad para imponerse como método de producción dependen de estas variables (costos y precios de venta). Este punto es crucial porque en la extraña economía de los armamentos los costos no son lo más importante. El alto desempeño frente a condiciones que no tienen paralelo en la vida comercial o civil constituye el criterio central para el desarrollo tecnológico en materia militar y los costos son secundarios. Por ejemplo, un avión debe tener un diseño que reduzca el perfil identificable en las pantallas de radar y sus equipos electrónicos deben estar protegidos para resistir los efectos de detonaciones nucleares (en particular, el pulso electromagnético); un misil balístico para usos militares debe estar igualmente protegido, además de contar con dispositivos que acorten a unos cuantos segundos la duración de la fase de propulsión. Los ejemplos pueden multiplicarse y la conclusión es que, *en general*, los criterios para imponer una superioridad tecnológica militar no son válidos en el terreno de las aplicaciones en la industria civil. Un avión militar puede ser un excelente medio de penetración de defensas enemigas y un portador muy preciso de misiles o bomas nucleares de gravedad. Pero el mismo diseño aplicado a la aviación civil produce un *pésimo* avión de pasajeros o carga.

Los problemas que un alto desarrollo tecnológico militar ocasiona para la industria civil de un país serán examinados en la segunda parte de este libro. Aquí lo que se desea subrayar es que el uso de nociones derivadas del análisis económico debe considerar cuidadosamente los límites de estas nociones en el terreno militar.

A pesar de lo anterior, las variables económicas desempeñan un papel importante en una carrera armamentista. El impacto en el déficit fiscal, por ejemplo, puede ser muy importante. Pero en el proceso de adquisición de armamentos las variables económicas intervienen al lado de otros elementos *intangibles*: el más importante es el de la seguridad nacional. Aquí hasta el lenguaje común traiciona lo esotérico de la economía de los armamentos: por definición, la "seguridad nacional no tiene precio". Así que lo que cuenta más que nada es la superioridad tecnológica. Los costos de un sistema de armamentos son tomados en cuenta, pero esta variable juega un papel muy diferente. En primer lugar, solamente hay un comprador y casi no hay puntos de referencia que sirvan para comparar estructuras de costos y precio final.

En consecuencia, no es fácil identificar precios económicamente significativos.[8] En segundo lugar, no existe la misma necesidad de abatir costos para enfrentar la competencia. En los Estados Unidos, en muchas adquisiciones de equipo se busca colocar a dos o más proveedores frente a frente; esta práctica se limita al periodo de *licitación*; una vez que se ha adjudicado el contrato, existe un solo proveedor (puede haber un proveedor principal y varios auxiliares, pero la responsabilidad es del proveedor principal). En la Unión Soviética también existen ejemplos de rivalidad entre laboratorios y oficinas de diseño o unidades de producción, pero se está todavía muy lejos de que la competencia económica rija el proceso de adquisición de armamentos. En consecuencia, la industria de armamentos tiene una característica que la industria civil no comparte: los costos no son el parámetro central que regula la producción.[9]

Al analizar el cambio técnico en los armamentos y la difusión de innovaciones militares, se hace referencia obligada al tema de la obsolescencia de los armamentos. En el terreno económico, existe una resistencia a la introducción de innovaciones mayores en la medida en que existen inversiones importantes ya realizadas. Entre más madura es la industria, dichas inversiones son más grandes (Kuznets, 1967:32). Pero una innovación básica transforma radicalmente el proceso productivo y se convierte en un arma temible en la competencia económica. La difusión de la innovación genera el proceso denominado por Schumpeter

---

[8] Este elemento es uno de los principales defectos de los modelos matemáticos que se utilizan para representar la dinámica de las carreras armamentistas. El ejemplo más claro es la serie de modelos basados en la clásica aportación de Richardson (1960).

[9] Esto no quiere decir que los costos económicos sean irrelevantes. Al igual que en la industria civil, a medida que se alcanzan la madurez y la difusión de una innovación básica, se incrementa la actividad inventiva dirigida a la reducción de costos. Pero en las innovaciones básicas militares esta tendencia no es tan clara. Es cierto que los métodos de producción que permiten acceder a economías de escala son importantes, y que estos métodos pueden implementarse cuando se alcanzan niveles altos de estandarización. Pero sigue siendo más importante el desempeño tecnológico de los equipos producidos. Por esta razón frecuentemente los costos reales de producción de armamentos exceden considerablemente los costos estipulados en los proyectos presentados para licitación.

como "destrucción creativa": los capitales ya invertidos en maquinaria y equipo que la innovación hace obsoletos se destruyen a medida que se vencen las resistencias y se crea una nueva base técnico-productiva.[10]

En el terreno militar también existen resistencias y, aunque no se han hecho estudios detallados sobre el particular, en el desarrollo de nuevos sistemas se trata de tomar en cuenta la tasa de obsolescencia de armamentos desplegados con anterioridad. Sin embargo, como efectivamente las fuerzas del mercado no funcionan en este terreno, la decisión final sobre el despliegue de nuevos armamentos puede tomarse haciendo caso omiso del monto de las inversiones realizadas. En algunos casos de armamentos convencionales existe un proceso análogo a la obsolescencia programada (Kaldor, 1982), pero si se juzga necesario porque el adversario adquiere ventajas, se introducen rápidamente armamentos que hacen obsoletos prematuramente los sistemas anteriores. En materia de armamentos, la "destrucción creativa" adquiere formas extrañas.

Innovaciones básicas a partir de 1945

A finales de la Segunda Guerra Mundial surgen cuatro innovaciones básicas en diferentes etapas de madurez. Estas innovaciones son las siguientes (por orden de aparición):

a) bombarderos estratégicos;
b) misiles balísticos;
c) bombas de fisión, y
d) submarinos estratégicos.

Las primeras tres innovaciones fueron utilizadas por primera vez en la Segunda Guerra Mundial. Los bombarderos B-29 tenían un alcance de 4 000 kilómetros, podían cargar combustible en pleno vuelo y llevaron a cabo misiones de bombardeo de largo alcance (por ejemplo, contra blancos en Japón a partir de bases en la India). Los primeros misiles balísticos V-2 desarro-

---

[10] La utilización de metáforas militares es frecuente en los textos de economistas que analizan el proceso de cambio técnico. Un ejemplo particularmente relevante se encuentra en varios pasajes de la obra de Marx. Véase el capítulo III de Nadal y Salas (1988).

llados por los alemanes llevaron a cabo más de 4 300 ataques contra ciudades en Inglaterra. Las bombas *Little Boy* (de uranio) y *Fat Man* (de plutonio), lanzadas sobre Hiroshima y Nagasaki, inauguraron una nueva era en la historia militar. Todas las potencias victoriosas en la guerra adoptaron importantes programas de rearme alrededor de estos sistemas de armamentos.

La cuarta innovación tendría que esperar 15 años más para su emplazamiento en servicio activo. Pero cuando los ejércitos soviéticos ocuparon los puertos alemanes del Báltico se encontraron con la primera versión de los sistemas de submarinos equipados con misiles balísticos. Un pequeño grupo de submarinos alemanes estaba siendo modificado para remolcar un tanque hermético que albergaba un V-2. El tanque estaba dividido en dos secciones: en la de adelante estaba el misil montado en su base de lanzamiento; la de atrás podía ser llenada de agua y, por la fuerza de la gravedad, colocar en posición vertical el tanque y su misil. El misil podía ser disparado desde su plataforma flotante. Este sistema no fue utilizado por los alemanes, pero los soviéticos decidieron desarrollarlo desde que lo capturaron. Hasta 1957-1958 pudieron entrar en servicio activo los primeros submarinos soviéticos equipados con misiles balísticos. En 1960 los Estados Unidos inauguran este tipo de sistema en sus arsenales y, a partir de ese año, los sistemas SSBN desempeñan un papel fundamental en los arsenales norteamericanos y soviéticos.

Estas cuatro innovaciones básicas conviven en la actualidad en los arsenales de las principales potencias nucleares. Solamente las potencias nucleares grandes y medianas poseen estos sistemas de armamentos. El peso de cada uno de estos armamentos en los arsenales estratégicos es diferente debido a múltiples razones. Destaca el poderío económico: Inglaterra, Francia y la República Popular China no han podido competir con los Estados Unidos y la URSS en la expansión de sus arsenales nucleares. También es importante la manera de percibir las fortalezas y debilidades geopolíticas: los Estados Unidos han preferido mantener una importante fracción de su arsenal desplegado en submarinos estratégicos (41% de las cabezas nucleares norteamericanas están instaladas en los SLBMs), mientras que la URSS ha optado por mantener la parte más importante de sus arsenales en bases en tierra. Finalmente, la influencia que han ejercido los distintos brazos de las fuerzas armadas también ha constituido un factor importante: en la URSS la tradición dominante del ejército de tierra ayudó a fortalecer las "Fuerzas de Cohetes Estratégicos" (el 63% de las cabezas nucleares de la URSS se encuentran desplegadas en ICBMs); en los Estados Unidos la fuera aérea aprovechó su virtual monopolio sobre el control del arma nuclear durante los primeros 10 años de la posguerra para consolidar la posición de sus bombarderos en los arsenales estratégicos del país (en la actualidad, el 52% del megatonelaje total norteamericano corresponde a bombas transportadas por bombarderos de largo alcance). Por último, las ventajas de los submarinos estratégicos y, en particular, su invulnerabilidad a un primer ataque, los ha convertido en un elemento imprescindible en los arsenales de ambas superpotencias: la URSS y los Estados Unidos mantienen, respectivamente, el 37% y el 31% de sus misiles balísticos en submarinos estratégicos (cuadro I.1).

Estas cuatro innovaciones cumplen con los criterios establecidos para definir una innovación básica: transformaron radicalmente la organización y composición de los arsenales de las po-

Cuadro I.1
Composición de los arsenales estratégicos, 1989
(porcentajes)

	Estados Unidos	URSS
Vehículos de lanzamiento		
ICBM	52.5	55.3
SLBM	31.0	37.9
Bombarderos	16.3	6.6
Cabezas nucleares		
ICBM	20.2	56.9
SLBM	42.5	32.1
Bombarderos	37.1	10.8
Megatoneladas		
ICBM	35.0	58.1
SLBM	13.4	31.4
Bombarderos	51.6	10.5

Fuentes: SIPRI, *Yearbook, World Armaments and Disarmament*, 1990. Para el cálculo de megatoneladas en los arsenales soviéticos, Lee (1986:102).

tencias que emergen de la guerra. Además, las cuatro innovaciones plantean problemas fundamentales al pensamiento militar y se necesitaron varios años para que la nueva tecnología estuviera plenamente asimilada en la doctrina militar y planes operativos. La superioridad tecnológica de estas cuatro innovaciones produce esta reorganización de los arsenales y la definición de nuevos conceptos de doctrina militar.

Además la introducción de estas innovaciones definió un programa de investigación tecnológica de largo alcance que estuvo destinado a desarrollar el potencial de las IB y ampliar el campo de aplicaciones posibles del formato mecánico o el principio medular de cada innovación básica.

Cada una de estas innovaciones se encuentra en diferente estado de madurez y en posición diferente en relación con los desequilibrios tecnológicos. En 1945 se estaba muy lejos de haber alcanzado los niveles más altos de desempeño tecnológico en cada una de estas innovaciones. Los bombarderos eran quizás los más adelantados en esta dimensión. Los submarinos estratégicos eran la IB más *inmadura*: en realidad apenas eran un prototipo y una idea que tardaría muchos años para desarrollarse.

Pero a partir de 1945 estas IB han sido determinantes en las posturas militares de las superpotencias. Algunas de las innovaciones menores que las han desarrollado, difundido y perfeccionado han tenido un profundo efecto sobre los arsenales y sistemas militares; pero se trata de aplicaciones o nuevos usos del principio medular de estas innovaciones básicas. No ha existido otra innovación básica capaz de relegarlas a un papel secundario en la estructura de los arsenales actuales. En el pasado, solamente tienen comparación con armamentos como los grandes acorazados tipo *Dreadnought* —alrededor de los cuales se organizó el poderío naval entre 1900 y 1939—, los adelantos en artillería y armas automáticas que desempeñaron un papel crucial en la guerra de posiciones de 1914-1917, o los bombarderos alemanes, ingleses y norteamericanos que inauguraron la terrible práctica del bombardeo estratégico entre 1942-1945. En tiempos más remotos, estas innovaciones básicas se comparan con desarrollos como el de la ballesta, que dominó los armamentos defensivos desde su invento en el siglo XI hasta la introducción de armas de fuego 500 años más tarde (Foley *et al.*, 1985), o la introducción de la caballería organizada (McNeill, 1988).

En el pasado, cada una de estas innovaciones básicas en armamentos desempeñó un papel crucial en la estructura o composición de los arsenales. Pero el rol de estas innovaciones durante los conflictos armados ha ido cambiando. Aunque el poderío naval fue muy importante hasta antes de la Primera Guerra Mundial, la mayor parte de las batallas de verdadera importancia estratégica se realizaron en tierra. Los grandes acorazados encabezaron portentosas escuadras navales, pero no decidieron el resultado del conflicto. Después de la guerra se siguió considerando a los acorazados como el componente central en los arsenales estratégicos; a tal grado llegó esta obsesión por los acorazados que se negociaron y firmaron varios tratados para limitar el poderío naval que las potencias podían desplegar.[11] Durante la Segunda Guerra Mundial, más allá de algunas batallas espectaculares, los grandes acorazados demostraron que eran una innovación básica perteneciente al pasado: los portaviones, que ya se habían comenzado a desarrollar desde la primera guerra, los sustituyeron claramente por su versatilidad y poderío destructivo.[12] De manera análoga, los bombarderos estratégicos o de largo alcance fueron sustituidos lentamente por los misiles balísticos como el arma ofensiva por excelencia. Esta sustitución se llevó a cabo a través de la más grande carrera armamentista en toda la historia.

Tecnología militar y arsenales estratégicos, 1945-1990

Las cuatro innovaciones básicas introducidas a partir de 1945 se encontraban en distintos grados de madurez: los bombarderos estratégicos fueron utilizados durante los últimos tres años del conflicto; los misiles balísticos también fueron usados, aunque menos extensamente que los bombarderos. La bomba de fisión fue utilizada la última semana de la guerra en el Pacífico. Los

---

[11] Para más detalles, véase más adelante la tercera parte sobre control de armamentos.
[12] El hundimiento del *Bismarck* en 1941 se llevó a cabo por una combinación de atacantes muy poderosa, pero un factor decisivo fue la intervención de los aviones del portaviones inglés *Ark Royal*, cuyos ataques inmovilizaron el timón y permitieron al resto de la flota inglesa rematar al navío alemán.

submarinos estratégicos (*i.e.*, lanzamisiles balísticos) no se llegaron a utilizar pero su concepción estaba lo suficientemente adelantada y se había llegado a la construcción de varios prototipos. A cada una de ellas les correspondería una trayectoria tecnológica definida alrededor de los parámetros tecnológicos relevantes. Para identificar estos parámetros es necesario examinar la variable dependiente llamada *desempeño tecnológico*: para cada innovación básica existe un cierto número de parámetros que rigen su desempeño tecnológico; para las cuatro que hemos identificado estos parámetros son los que se incluyen en el cuadro I.2.

Cuadro I.2
Parámetros tecnológicos relevantes de las innovaciones básicas desarrolladas a partir de 1945

Componentes	BOMBARDEROS DE LARGO ALCANCE *Parámetros tecnológicos relevantes*
Motores	Velocidad
,,	Alcance
,,	Capacidad de carga (pesos)
Diseño exterior	Velocidad (geometría variable)
,, ,,	Altitud de vuelo
,, ,,	Invulnerabilidad (perfil radar)
,, ,,	Versatilidad
,, interior	Capacidad de carga (volumen)
Equipo electrónico	Invulnerabilidad
Material de recubrimiento	Invulnerabilidad

	CARGAS NUCLEARES
Componentes	*Parámetros tecnológicos relevantes*
Material de fisión/fusión	Poder explosivo
Diseño cápsula medular	Poder explosivo según blanco (versatilidad)
,, ,,	Tamaño y peso
,, ,,	Seguridad y almacenamiento
Explosivos secundarios	Seguridad
Diseño general	Producción en masa
,,	Intercambio de componentes (estandarización)

Cuadro I.2 (conclusión)

Misiles balísticos

Componentes	Parámetros tecnológicos relevantes
Sistema de propulsión	Alcance
,, ,,	Vulnerabilidad
,, ,,	Capacidad de carga
Sistema de navegación	Precisión
Vehículos de reingreso	Cargas múltiples independientes
,, ,,	Precisión
,, ,,	Vulnerabilidad
Tamaño	Transporte y vulnerabilidad
Sistemas de emplazamiento	Vulnerabilidad

Submarinos estratégicos SSBN

Componentes	Parámetros tecnológicos relevantes
Propulsión	Velocidad
,,	Alcance
,,	Vulnerabilidad
Sistemas de navegación	Precisión
,, ,, comunicación	Vulnerabilidad
Sistemas SLBM	Alcance, precisión y letalidad

Al igual que en otros casos bien documentados por la literatura especializada (historia de la técnica), las innovaciones menores se concentran en los componentes que afectan los parámetros tecnológicos relevantes de cada innovación básica. A continuación se expone brevemente la secuencia que han seguido las innovaciones menores alrededor de las cuatro innovaciones básicas. Al final de este análisis pretendemos demostrar que las innovaciones menores ya han permitido realizar el potencial destructivo de las IB, y que se requiere una gran inversión de recursos para lograr mejoras marginales en el desempeño tecnológico de los sistemas actualmente existentes.

Un punto importante es el siguiente: los parámetros técnicos que intervienen en la trayectoria tecnológica de cada innovación básica son distintos y están en función de su formato o principio medular. Por ejemplo, los parámetros técnicos involucrados en los misiles balísticos ofrecieron, durante muchos años, posibilidades para mejoras importantes en su precisión: su trayectoria tecnológica puede apreciarse examinando la evolución del círculo de error probable (CEP). En el caso de las cargas nucleares, el parámetro técnico más importante ha sido (en las cargas de la primera y segunda generación) la relación entre peso (toneladas) y poder explosivo (medido en términos de toneladas equivalentes de TNT). El coeficiente peso/poder explosivo es la clave para identificar la trayectoria tecnológica de las cargas nucleares. Para los bombarderos estratégicos, una combinación de parámetros (velocidad, capacidad de carga, altura de vuelos y maniobrabilidad) definen su trayectoria tecnológica. Por último, en el caso de los submarinos estratégicos (SSBN-SLBM) los parámetros clave se relacionan, en orden de importancia, con sus emisiones de ruido, su sistema de posicionamiento y estabilización inercial para el disparo de sus misiles balísticos, la profundidad y velocidad que pueden alcanzar.

Estas cuatro innovaciones básicas constituyen un sistema en el que las relaciones son muy estrechas entre los diferentes armamentos. Una de estas innovaciones básicas es el producto de interdependencias tecnológicas entre dos tipos de armamentos bien definidos: el emplazamiento de misiles balísticos en submarinos es un caso típico de interdependencias que permiten una nueva aplicación del principio o formato mecánico de varias innovaciones básicas (misiles balísticos y cargas nucleares) con un armamento convencional (el submarino). Se les puede considerar como la consolidación de un *sistema tecnológico* (en el sentido de Freeman *et al.*, 1982) asociado a dos innovaciones básicas y entrelazado con un complejo de innovaciones menores.

Cuando dos o más innovaciones básicas se articulan para formar un nuevo sistema de armamentos, como cuando se combinan misiles y cargas nucleares, pueden tomarse en cuenta nuevos parámetros de desempeño tecnológico. Por ejemplo, en el caso de los misiles balísticos armados con cargas nucleares los parámetros utilizados relacionados con el poder explosivo (Y) y con la precisión (CEP) pueden combinarse para generar un nuevo parámetro que mide la letalidad (L) del nuevo sistema. La expresión matemática precisa del coeficiente de letalidad es la siguiente: $L = Y^{2/3} \div CEP^2$ (Tsipis, 1984). Con este ejemplo se puede observar que la selección de parámetros para un análisis de la trayectoria tecnológica de una IB depende de la identificación del formato mecánico de la innovación básica en cuestión. Antes de proceder es necesario hacer una aclaración. Existen innovaciones "menores" muy importantes a lo largo del periodo examinado que han provocado cambios cuantitativos considerables en los arsenales estratégicos. A pesar de su impacto en los arsenales estratégicos, esas innovaciones no pueden ser clasificadas como innovaciones básicas. El ejemplo más importante es el de la introducción de cabezas nucleares múltiples e independientes (tecnología MIRV) en los misiles balísticos, introducción que responde a innovaciones menores alrededor de los parámetros tecnológicos pertinentes en el desarrollo de cabezas nucleares (esencialmente la reducción de tamaño y peso, junto con el aumento del poder destructivo) y de los componentes de misiles balísticos (capacidad de carga y sistemas de navegación). Este cambio técnico tuvo implicaciones muy profundas en materia de arsenales y doctrina militar y en el proceso de control de armamentos. Sin embargo, la tecnología MIRV no constituye una innovación básica por sí misma; se trata de una innovación que profundiza la realización del potencial de una combinación de innovaciones básicas (misiles balísticos y cargas nucleares), pero no de una innovación básica adicional. Este cambio técnico es simplemente un momento específico en la trayectoria tecnológica de una innovación básica preexistente.

Es muy difícil identificar cuáles serán las IB de la próxima generación. Los sistemas de defensa antibalística han sido objeto de un intenso programa de investigación tecnológica por parte de los soviéticos (desde 1983) y norteamericanos (a partir de la iniciativa de defensa estratégica de Reagan). En ambos casos se trata de armamentos basados en conceptos o principios radicalmente distintos de las innovaciones básicas que rigen en la actualidad (misiles balísticos y cargas nucleares): son armas de energía dirigida (*directed energy weapons*) y armas de energía cinética (*kinetic energy weapons*), desplegadas permanentemente en estaciones orbitales o en combinación con SLBMs lanzados desde submarinos estratégicos. El desarrollo tecnológico de este tipo de armamentos recibió considerable atención durante el periodo 1983-1987, cuando la iniciativa de defensa estratégica del presidente Reagan se presentaba como un programa dominante del esfuerzo bélico de los Estados Unidos.

Ambas superpotencias han continuado sus ensayos experimentales sobre este tipo de armamentos. La mayor parte de los analistas especializados consideran que la tecnología de estos armamentos defensivos todavía está en una etapa muy inmadura y no garantizan una defensa absolutamente segura en contra de misiles balísticos ICBM o SLBM (Bethe *et al.*, 1984). En este sentido, todavía está lejos el día en que una nueva oleada de innovaciones básicas haga de los misiles balísticos y las cargas nucleares "armamentos inútiles y obsoletos", como lo expresó el presidente Reagan al lanzar su iniciativa en 1983.[13]

Por último, hay varios puntos de intersección importantes en el desarrollo de las trayectorias tecnológicas asociadas a cada una de estas innovaciones básicas. Las cargas nucleares se colocan en sus blancos por misiles balísticos y se albergan en un vehículo especial de reingreso a la atmósfera; las innovaciones que afectan el desplazamiento de los misiles y su capacidad de carga (*throw weight*) están íntimamente ligadas con cambios técnicos que reducen el tamaño, el peso y la capacidad destructiva de las cabezas nucleares. A su vez, las innovaciones relacionadas con los parámetros anteriores también tienen relación con cambios en la precisión de los misiles. El impacto cruzado que tienen las orientaciones del cambio técnico en cada uno de estos componentes y parámetros es muy interesante. En lo que se refiere a las cargas nucleares, inicialmente se puede observar una tendencia al aumento de su poder explosivo. El ejemplo más dramático se da precisamente durante la transición a las bombas de fisión/fusión o termonucleares, cuando la falta de precisión de los primeros misiles balísticos no constituía un incentivo para pensar en

---

[13] Por otra parte, los esfuerzos por desarrollar estas nuevas tecnologías pueden tener consecuencias muy negativas porque una defensa antibalística, en combinación con una gran precisión de los misiles balísticos de la última generación, puede crear una situación muy inestable en momentos de tensión entre las superpotencias. En repetidas ocasiones se ha señalado que una defensa absoluta no es alcanzable con la tecnología existente, pero que una defensa parcial puede muy bien ser el escudo ideal para defenderse de un enemigo que *ya ha sufrido un primer ataque nuclear* (Unión of Concerned Scientists, 1984). La metáfora del "paraguas con hoyos" que no sirve en un gran aguacero pero que es suficiente en una lluvia moderada es muy apropiada para describir esta situación de gran inestabilidad (véase el capítulo VI). Ésta es la inestabilidad que provocaría una innovación básica que todavía está en su etapa de inmadurez.

cargas nucleares de una capacidad menor. En la medida en que se fueron introduciendo misiles más precisos, la necesidad de cargas muy poderosas (del orden de las cinco a 10 megatoneladas) fue desapareciendo. Los blancos de contrafuerza fueron siendo cada vez más accesibles aun con cabezas nucleares de menor capacidad. Estos efectos cruzados serán tomados en cuenta en el análisis de los capítulos siguientes.

II. INNOVACIONES BÁSICAS EN ARMAMENTOS ESTRATÉGICOS: BOMBARDEROS Y CARGAS NUCLEARES

BOMBARDEROS ESTRATÉGICOS

Los bombarderos de largo alcance fueron utilizados intensamente durante la Segunda Guerra Mundial. Los diferentes modelos evolucionan a partir de un diseño básico originado en la industria aeronáutica civil: el *DC-3*. Este modelo de avión impuso normas clásicas en varios de los componentes de cualquier avión: el fuselaje era 100% de metal, los motores iban sobre las alas y su perfil sobresalía notablemente, las alas estaban fijadas a la misma altura que el piso de la cabina. Los primeros bombarderos no tenían un gran alcance y tampoco estaban capacitados para transportar muchas bombas. Pero paulatinamente fue aumentando su tamaño y capacidad, y para 1942 ya se contaban varios modelos que merecían el calificativo de bombarderos medianos: entre ellos destacan los bombarderos ingleses *Lancaster* y los modelos norteamericanos *B-17* y *B-24*. La primera misión de bombardeo estratégico se llevó a cabo con aviones *B-17*, que atacaron blancos en Francia a partir de bases en Inglaterra. En 1942 se llevó a cabo un bombardeo con más de 1 000 aviones contra la ciudad de Colonia y, ese mismo año, la campaña contra los centros industriales del Ruhr convenció a los aliados de la importancia de las misiones de bombardeo estratégico.

Sin embargo, el costo de los bombardeos diurnos sobre Alemania resultó muy alto y solamente la producción en masa de los bombarderos hizo posible enfrentar las numerosas pérdidas de equipo. En un periodo de 49 meses se perdieron 22 000 bombarderos aliados en ataques contra blancos en Alemania, es decir, un promedio de casi 450 bombarderos mensuales (Document One, 1981/1982). Durante los últimos dos años de la guerra, las fábricas de aviones en los Estados Unidos producían en un día lo que las fábricas alemanas producían en un mes, y cuando terminó la guerra el prestigio de este nuevo tipo de armamento era incuestionable. De hecho, fueron bombarderos *B-29* los primeros en lanzar bombas atómicas, y este hecho marcó profundamente la evolución del pensamiento militar (y los arsenales) en los Estados Unidos durante el periodo 1945-1960.

Para 1950 los primeros bombarderos *B-47* con motores de turbina estaban en servicio activo en la Fuerza Aérea norteamericana. Su alcance era limitado y requerían de bases en Europa o de la posibilidad de recargar combustible en vuelo para considerar la posibilidad de alcanzar blancos en la URSS. Un *B-47* podía, si recargaba combustible una vez en vuelo, lograr un alcance de 8 900 kilómetros. En esos años la URSS solamente podía contar con bombarderos *Tupolev Tu-14* armados con bombas convencionales, que eran copias del *B-29* norteamericano y resultaban claramente vulnerables frente a las defensas de las bases estadunidense en Europa (Evangelista, 1990).

En 1956 entró en servicio el primer escuadrón de bombarderos *B-52*, propulsados por ocho motores de turbina. Éstos fueron los primeros bombarderos con capacidad nuclear y con un alcance realmente intercontinental. Recargando combustible en vuelo podían tener un alcance de 12 400 kilómetros. Pero el diseño básico simplemente continuó y mejoró las tendencias inauguradas por los bombarderos anteriores. Se logró un mejor rendimiento de combustible, mayor alcance y la posibilidad de volar a mayor altitud, con el consiguiente aumento en velocidad. Se aprovechó muy bien el hecho de que las cargas nucleares se habían ido reduciendo en tamaño y peso, de tal modo que para finales de la década de los cincuenta cada *B-52* podía llevar hasta cuatro bombas termonucleares.

La precisión siguió dependiendo esencialmente de la visibilidad y destreza de la tripulación; en consecuencia, las condiciones meteorológicas continuaron siendo un factor determinante en las dimensiones del CEP. La velocidad de un *B-52* es de 650 millas por hora a una altura de 50 000 pies; en la actualidad, su capacidad de penetrar las defensas antiaércas de la URSS es relativamente baja. Aunque no se sabe cuál es la estimación que hace el SIOP sobre las probabilidades de que un *B-52* logre penetrar las defensas y alcanzar su objetivo en la URSS, evidentemente son mucho más bajas que las de los ICBM o SLBM. Durante 30 años, la Fuerza Aérea de los Estados Unidos descansó en mejoras graduales a los *B-52*: los últimos modelos, designados oficialmente *B-52G* y *B-52H*, tienen un alcance de 16 000 kilómetros y pueden ser cargados con una variedad de armamentos, lo que depende de la misión asignada. Pero los misiles antiaéreos han mejorado su alcance, velocidad y, sobre todo, su capacidad para rastrear y destruir este tipo de blancos.

Desde hace varios años se ha entrado claramente en la fase madura de la trayectoria tecnológica (es decir, la fase de rendimientos decrecientes para las inversiones en desarrollo experimental). Las innovaciones menores relacionadas con velocidad, vulnerabilidad (instrumentos electrónicos para bloquear defensas y sistemas de comunicación del enemigo), versatilidad, rendimiento del combustible, altitud y capacidad de carga, alcanzaron sus límites ingenieriles. Esto problablemente se podría decir de casi cualquier tipo de bombardero estratégico.

Sin embargo, la fascinación de los militares norteamericanos por los aviones tripulados (en buena medida por la herencia arriba apuntada de la Segunda Guerra Mundial) condujo a insistir en esta trayectoria tecnológica y se comenzaron a desarrollar los nuevos sustitutos del *B-52* aunque no sin dificultades. A principios de los años setenta se abandonó finalmente el intento por fabricar un nuevo bombardero supersónico, el *B-70*; el proyecto se abandonó porque los costos para desarrollar los primeros prototipos fueron muy altos. En los años sesenta el bombardero *B-70* fue presentado por la industria militar como un paso revolucionario en el diseño de aviones: sería capaz de volar a tres veces la velocidad del sonido (más rápido que cualquier avión de combate soviético en esos años) y tendría una capacidad de carga similar a la del *B-52*. El problema del sobrecalentamiento del fuselaje por las altas velocidades sería solucionado con la utilización de materiales especialmente diseñados (esencialmente, acero inoxidable en un arreglo en forma de panal de abeja y en placas comprimidas). Pero la fabricación de estos componentes resultó muy costosa y el proceso de soldar cada placa individual consumía una gran cantidad de tiempo (Brown, 1984). La lección que nos da la historia del programa *B-70* abandonado es sencilla: nuevas tecnologías implican nuevos problemas y, en el caso de programas militares, ocasionalmente pueden llevar a niveles de costo inaceptables.

En la década de los setenta se comenzó a desplegar en los arsenales norteamericanos un nuevo cazabombardero designado oficialmente *FB-111*, capaz de volar a más de dos veces la velocidad del sonido y con un alcance de 4 700 kilómetros. Este nuevo avión incorporó un diseño considerado revolucionario en esos años: las alas son de geometría variable y proporcionan una mayor versatilidad. Su capacidad de penetración es notablemente mayor que la del *B-52*: el ángulo variable de sus alas le permite despegar y aterrizar en pistas más pequeñas y alcanzar su máxima velocidad de penetración a baja altura cuando se encuentra cerca del blanco. Sin embargo, el *FB-111* es una adaptación de un avión de combate y, por lo tanto, no puede competir con el *B-52* en un renglón clave: la capacidad de carga. Los *B-52* pueden llevar una mezcla de entre 8 y 24 cargas nucleares y tienen capacidad para lanzar misiles crucero. Los *FB-111* solamente pueden llevar seis cargas y no pueden lanzar misiles crucero. Por otra parte, el despliegue de este avión ha estado plagado de dificultades: en 1980 un informe del Departamento de la Defensa reveló que, en promedio, dos terceras partes de los aviones *FB-111* estaban descompuestos. Además, otros estudios revelan que cada vuelo de un *FB-111* requiere 98 horas-hombre de mantenimiento y reparaciones (Kaldor, 1982).

En la decisión de reconvertir el *FB-111* intervienen varios factores. La utilización de estos aviones en Vietnam resultó un fracaso total y muchos de ellos se estrellaron por simples fallas mecánicas hasta que fueron retirados discretamente de las operaciones. En la mejor tradición de la tecnología decadente, el *FB-111* fue diseñado para cumplir un gran número de requisitos: capacidad de despegar y aterrizar en pistas muy cortas y en malas condiciones; capacidad para sobrevolar el Atlántico sin cargar combustible; capacidad de transportar armas convencionales y nucleares; capacidad de combate (altas velocidades y maniobrabilidad). Todos estos requisitos dieron por resultado un avión ineficiente que no puede reunir todas las virtudes y falla tristemente en todos los parámetros.

Precisamente cuando el *FB-111* fue retirado y su función era seriamente reconsiderada, el presidente Carter estaba cancelando los planes para proseguir con el desarrollo y producción del bombardero *B-1*, considerado como integrante de la segunda generación de bombarderos estratégicos. La Fuerza Aérea quedó convencida de que Carter era un presidente débil e intensificó su lucha para convencer al Pentágono y al Congreso de la necesidad de contar con un bombardero capaz de penetrar el espacio aéreo soviético. El FB-111 resultó ser un excelente candidato para pacificar a los generales de la Fuerza Aérea. Pocos años después, el presidente Reagan resucitó el programa del *B-1* y la Fuerza Aérea acabó con ambos juguetes en sus manos.[1]

En 1986 inició sus operaciones el nuevo bombardero pesado *B-1*. Este bombardero vuela a velocidades subsónicas, pero superiores a las del *B-52*; sin embargo, tiene un alcance menor (9 800 kilómetros). Cuenta también con un ángulo variable en la geometría de las alas, lo cual aumenta su versatilidad. Puede llevar el mismo tipo de armamentos que el *B-52* y se considera que está mejor dotado de equipo electrónico para bloquear las comunicaciones enemigas. Su capacidad de carga es comparable a la de un *B-52* (incluida la posibilidad de lanzar misiles crucero).

Pero precisamente en este bombardero encontramos nuevamente los síntomas de una trayectoria tecnológica que ya agotó su potencial y que ha entrado en la fase de rendimientos decrecientes. La capacidad del avión de penetrar las defensas antiaéreas de la URSS sigue siendo un secreto, pero no se le consideró lo suficientemente alta como para no desarrollar otras alternativas. Desde que comenzó a ser desplegado en 1986, las operaciones del *B-1* han estado plagadas de problemas de diversa índole. Por una parte, los costos reales de cada avión han sido mucho más elevados que lo planeado (y autorizado) originalmente. En 1987, la Oficina General de la Contraloría señaló que el bombardero *B-1* costaría seis *billones* de dólares más de lo que la administración Reagan había considerado. La frecuencia y magnitud de los excedentes de costos reales frente a los planeados es otra característica de una trayectoria tecnológica en su fase de madurez. Casi todos los sistemas importantes de armamentos adquiridos por los Estados Unidos en los últimos años han adolecido de este problema.

---

[1] En 1989, la Fuerza Aérea de los Estados Unidos tenía 193 *B-52*, 59 *FB-111* y 97 *B-1* en servicio activo (SIPRI, 1989).

El bombardero *B-1* ya ha sufrido percances mucho más graves que los mencionados hasta ahora respecto de tiempo de reparaciones, descomposturas y faltas de piezas de repuesto. En septiembre de 1987, a menos de un año de haber entrado en servicio activo, un *B-1* se estrelló en Colorado cuando efectuaba un vuelo de entrenamiento a baja altura; sus tres tripulantes fallecieron. El accidente fue provocado por la colisión del avión con... un pájaro grande (de un peso estimado en siete kilogramos) y el subsecuente incendio de los sistemas hidráulicos y la pérdida de control del avión (SIPRI, 1988:27). El Mando Aéreo Estratégico interrumpió los vuelos de entrenamiento de baja altura mientas se llevaba a cabo una investigación sobre las causas del accidente. Pero en 1988 se estrellaron otros dos *B-1* y continuaron los problemas con los sistemas de defensa electrónica del avión y una falta general de refacciones (SIPRI, 1989:7). Estos percances no han impedido que en la actualidad se encuentren en servicio activo los 97 bombarderos restantes (de un total de 100 que incluyó el primer pedido del Pentágono) en bases norteamericanas.

Una de los acontecimientos tecnológicos más importantes en este campo es la introducción de misiles crucero lanzados por aviones (ALCM). A principios de la década de los ochenta ingresan en los arsenales norteamericanos los primeros ALCM para ser lanzados por los viejos bombarderos *B-52*. Cada bombardero fuera dotado de 12 misiles con cabeza nuclear de 200 kilotoneladas y un alcance de hasta 2 400 kilómetros (SIPRI, 1985). Al renacer el programa de los bombarderos *B-1* se les rediseñó con una capacidad para transportar y lanzar misiles crucero. De este modo, la Fuerza Aérea tiene a su disposición un bombardero que combina la función de plataforma aérea de lanzamiento de misiles crucero con la capacidad de penetración de defensas.

Los misiles crucero son producto de una serie de innovaciones en electrónica, satélites de reconocimiento y percepción remota, motores de turbina y cargas nucleares miniatura. Incorporan un sistema de navegación que rompe con la tradicional tecnología de la navegación inercial y permite acceder a niveles de gran precisión. Los misiles crucero vuelan a poca altura y es sumamente difícil detectarlos. Estos misiles han planteado grandes problemas en el terreno del control de armamentos pues pueden ser lanzados desde aviones, desde submarinos (SLCM) y desde plataformas móviles en tierra (GLCM). No representan una innovación básica en el sentido de nuestra definición, pero por su importancia y peculiaridades de su desarrollo tecnológico, merecen un análisis en un apartado especial sobre nuevas tendencias en trayectorias tecnológicas.

En la Unión Soviética el papel estratégico de las fuerzas aéreas cuenta con una tradición menos desarrollada, pero las tendencias identificadas arriba son compartidas. Actualmente se encuentran en servicio 160 bombarderos pesados *Tupolev-95* (designados por la OTAN con el nombre de *Bear*) de los cuales 40 fueron contruidos hace 30 años. Los modelos más recientes datan de 1984, y su diferencia con los modelos anteriores estriba en una mayor capacidad de cabezas nucleares que pueden ser acomodadas en sus compartimentos, y equipo electrónico más sofisticado. Sin embargo, su capacidad de penetración es limitada. Los modelos más recientes del *Tu-95* tienen capacidad para lanzar la versión soviética de misiles crucero ALCM.

La URSS ha sido mucho más conservadora en el desarrollo de nuevos bombarderos estratégicos. El primer diseño nuevo de un bombardero de largo alcance en 30 años se introdujo en 1982 con el *Tu-160* (designado *Blackjack* por la OTAN). El avión es muy similar al *B-1* norteamericano (destaca su sistema de geometría variable en las alas, aunque es de mayor tamaño y alcanza velocidades de hasta Mach 2.3 (Sweetman y Warwick, 1982). El diseño básico del nuevo bombardero sigue las líneas del transporte supersónico (SST) soviético, el *Tu-144*, y sus motores son simples modelos mejorados (Sweetman, 1982). Este bombardero tiene la capacidad de transportar misiles crucero de alcance intercontinental (Arkin, 1983). Por otra parte, es posible que el perfil de radar de este avión sea mayor que el de su homólogo norteamericano (y por lo tanto, sea más vulnerable), pero en general, las ventajas y desventajas que resultan de la comparación entre estos dos bombarderos muestran que también en la URSS se han alcanzado los límites tecnológicos para bombarderos estratégicos con capacidad de penetración.

La Unión Soviética ha alcanzado niveles de sofisticación comparables a los norteamerianos en materia de construcción de aviones de combate, tanto cazas como bombarderos. Sin embargo, también ha alcanzado la curva de rendimientos decrecientes y la tecnología decadente ya encuentra su expresión en los arsenales soviéticos. Un ejemplo es precisamente el bombardero *Blackjack*.

De acuerdo con artículos en la prensa soviética, el avión entró en servicio activo a pesar de tener "una masa de defectos": entre los principales se encuentra el sistema de los asientos de eyección, que mataría a uno de cuatro tripulantes. Además, no se cuenta con trajes presurizados idóneos para vuelos a gran altura; finalmente, el *Blackjack* expone a los mecánicos encargados de su mantenimiento a sustancias tóxicas y daños en los oídos (Norris y Arkin, 1990).

La industria aeronáutica de ambas superpotencias insiste en que la frontera tecnológica con el mismo formato básico puede seguir desplazándose hacia adelante. Como argumento se propone un nuevo bombardero estratégico con un diseño radicalmente nuevo que reduce de manera importante su perfil de radar. El nombre en inglés denota discreción absoluta (*Stealth*) frente a las pantallas de radar por la introducción de cambios en por lo menos dos dimensiones tecnológicas: diseño aerodinámico y nuevos materiales para cubrir la superficie exterior del avión.

Diseño aerodinámico

La visibilidad de un avión en las pantallas de radar aumenta o disminuye en función de su diseño exterior. Las partes de un formato de avión que más contribuyen a hacerlo visible en el radar enemigo son los motores y las juntas entre alas y fuselaje principal. Estos elementos aumentan el llamado corte-transversal del radar y la llamada huella infrarroja de sus motores (Brown, 1984). La nueva tecnología busca esconder los motores en el cuerpo del avión, de tal modo que ni las tomas de aire, ni las toberas de escape sean fácilmente visibles. También se busca fundir las alas con el fuselaje de tal manera que se eliminen los ángulos de las juntas. El contraste con el diseño de un bombardero *B-52* es total. El ejemplo extremo de la nueva tecnología consiste en convertir el cuerpo principal del avión en una gran ala volante (o, si se prefiere, las alas en un gran avión).

Nuevos materiales

Otra de las formas de reducir la visibilidad en las pantallas de radar es utilizar nuevos materiales "radar-absorbentes" (RAM).

Se necesita recubrir todo el fuselaje del avión con materiales de muy reciente diseño. Algunos de los materiales que se utilizan ya son materiales compuestos, de fibra de vidrio, láminas de grafito y algunos recubrimientos de polímeros plásticos (Brown, 1984).

Con esta nueva tecnología se autorizó en los Estados Unidos el desarrollo de un bombardero nuevo, designado *B-2*, que se espera entrará en servicio activo en 1991. El primer vuelo del avión se llevó a cabo en julio de 1989 y a partir de esa fecha se han llevado a cabo varios vuelos de prueba (Scott, 1989). El diseño del avión se asemeja a una enorme ala volante, similar a los modelos de alas volantes que fueron en 1946 los prototipos para una nueva generación de bombarderos (los aviones *YB-35* y *YB-49*). Inicialmente, el Pentágono consideraba que se necesitaban 120 bombarderos *B-2*, cada uno de los cuales tendría capacidad para portar 16 cabezas nucleares. Finalmente, se ha decidido incorporar una flota de 132 *B-2* que estará completa en 1995. También se está desarrollando un avión caza, designado *F-117*, con la misma tecnología (Dornheim, 1989). El prototipo de otro avión de combate, el *YF-23A* (*Advanced Technology Fighter*), se encuentra recibiendo los últimos toques para realizar su primer vuelo en 1990.

Esta tecnología ha sido aclamada como revolucionaria pero, en la realidad, presenta problemas similares a los de la tecnología convencional de bombarderos y aviones de combate. La prensa norteamericana informó de accidentes en las primeras pruebas de prototipos del *B-2*; los nuevos diseños y el uso de materiales con los que se tiene poca experiencia pueden parecer grandes progresos tecnológicos, pero generan una serie interminable de dificultades que provocan aumentos en los costos del programa. Los problemas enfrentados por el programa *B-70* cancelado (ver *supra*) son un excelente indicador de la pesadilla económica que puede esperarse en este contexto. Un presagio casi grotesco se presentó el primer día de pruebas de recorrido de las pistas en el aeropuerto de Palmdale (donde se localiza la planta de la compañía Northrop que produce los *B-2*): con el calor del desierto el asfalto de una de las rampas cedió por el peso del avión y el tren de aterrizaje principal se atascó. Un tractor del aeropuerto tuvo que desatascar el avión con grandes precauciones para no dañar su tren de aterrizaje.

Así terminó la primera prueba del ultrasofisticado bombardero invisible.[2] La tecnología medular del *B-2* es, por otra parte, muy criticable en términos de las misiones que le serían asignadas. El diseño exterior de la tecnología adoptada (el "ala volante") es muy ineficiente en lo que toca al consumo de combustible cuando tiene que volar a baja altura (precisamente éste es uno de los requisitos de un bombardero de penetración). Este bombardero tendrá capacidad nuclear, volará a velocidades supersónicas y, en principio, tendrá un alcance intercontinental, pero no llevará ALCMs. Por todas estas consideraciones, no es sorprendente que en la actualidad se cuestione fuertemente el papel estratégico de este avión (Morrocco, 1990).

El costo de su desarrollo es altísimo y excederá los planes originales y el presupuesto autorizado. El diseño inicial ya ha sufrido cambios importantes desde 1982 y 1984, años en que se extendió el calendario original. La Contraloría General estimó el costo total de 132 aviones en 68 000 millones de dólares, o sea 515 millones cada unidad: casi el doble del costo de un bombardero *B-1* (SIPRI, 1989:7). En la actualidad, con la disminución de tensiones que domina las relaciones entre los Estados Unidos y la URSS, está resultando muy difícil lograr la autorización del Congreso para adquirir la flota completa de 132 aviones. Además, el programa de adquisiciones contempla un incremento en los costos para el periodo 1992-1994; esos años son precisamente los que están marcados por la Ley Gramm-Rudman-Hollings como aquellos en los que debe prevalecer un presupuesto federal prácticamente sin déficit.[3] Aunque las metas fijadas en esta ley son vir-

---

[2] Véase la nota "B-2's Main Gear Sticks in Runway Overrun Asphalt at End of High-Speed Taxi Test", *Aviation Week and Space Technology*, 24 de julio de 1989, p. 27.

[3] Esta ley, cuyo nombre oficial es "Balanced Budget and Emergency Deficit Reduction Reaffirmation Act", establece que el déficit del presupuesto federal para el año fiscal 1989 no puede rebasar los 136 000 millones de dólares, y propone reducciones anuales en el déficit federal hasta alcanzar un presupuesto equilibrado en 1992. Las reducciones en el gasto deben llevarse a cabo a partir de estimaciones de la Oficina de Administración y Presupuesto, que forma parte del ejecutivo federal. Las metas para los años 1991, 1992 y 1993 son déficits de 64, 28 y de cero billones de dólares, respectivamente. Se prevé un margen de 10 billones alrededor de cada meta anual. En principio, el déficit federal en 1992 no debería exceder los 10 000 millones de dólares.

tualmente imposibles de cumplirse, sí marcan una tendencia clara a la reducción de gastos en programas de este calibre. Uno de los resultados de la discusión interminable sobre el presupuesto en 1990 fue la autorización para iniciar la producción de los primeros 15 aviones *B-2*. Para muchos observadores esto marca el principio del fin del programa *B-2*.

La tecnología antirradar *Stealth* fue desarrollada durante los años ochenta rodeada de un secreto casi total. Sus partidarios la presentaron como la herramienta para lograr la supremacía en bombarderos de penetración y aviones de combate durante varias décadas. Estos pronósticos prácticamente descansaban en el supuesto de que la tecnología de radar permanecería estática. Ese no es el caso; existen en la actualidad elementos para considerar que los bombarderos estratégicos *Stealth* no serán tan discretos y que podrán ser detectados. Un estudio reciente (Scott, 1989) sobre radares de banda ultra-ancha (UWB) y, en particular, los radares de impulso, demuestra que esta nueva tecnología puede discriminar entre cabezas de misiles y objetos diseñados para engañar al radar, y sobre todo, puede identificar blancos que vuelen a baja altura y estén recubiertos con materiales RAM. Los radares convencionales no pueden detectar este tipo de material porque operan en bandas de muy baja frecuencia, para las cuales el RAM es efectivo. Pero los radares de banda ancha envían impulsos que contienen muchas frecuencias. Finalmente, los radares UWB tienen una capacidad de detección de blancos a distancias muy cortas. Por las anteriores razones, estos últimos radares ofrecen un enorme potencial para detectar aviones como el *B-2*, pero también para pequeños aviones y misiles crucero volando a muy poca altura. Para complicar más las cosas a los aficionados de los bombarderos tripulados, el nuevo tipo de radar es particularmente difícil de bloquear o de distorsionar con medidas electrónicas.

Cargas nucleares

Al finalizar la Segunda Guerra Mundial los Estados Unidos tenían en su poder bombas atómicas de muy difícil manejo y operación. Hasta 1948 el arsenal norteamericano se compuso de bombas de fisión del tipo *Mark 3*, una de las cuales había sido arrojada sobre Nagasaki. Estas bombas (que alcanzaron el número de 50 en julio de 1948) planteaban serios problemas. En primer lugar, su complicado e ineficiente diseño, hacía de las operaciones de ensamblado (con todos los componentes disponibles) una verdadera odisea: se necesitaban 40 hombres y más de tres días para ensamblar una carga. Pesaban 4 545 kilogramos y eran tan voluminosas que los compartimentos de bombas de los *B-29* que las transportaban tenían que ser modificados. La única manera de colocar estas cargas en el compartimento de un bombardero era, primero, construir un pozo especialmente diseñado para una bomba; segundo, mover el avión hasta quedar encima del pozo; tercero, subir la carga con un elevador especial. Finalmente, estas primeras cargas eran muy ineficientes en su utilización del material de fisión debido a su diseño primitivo. El poder destructivo apenas rebasaba las 20 000 toneladas de TNT.

Entre 1948-1949 se introduce una nueva versión de la bomba atómica (modelo *Mark 4*), con algunas mejoras. Pero la innovación importante se logró en 1951 con la primera bomba atómica capaz de ser producida con métodos modernos de producción en masa. El peso se redujo a 3 863 kilogramos y el tamaño sufrió una reducción todavía más importante. El largo era de sólo 3.05 metros y el diámetro de 1.55 metros. El mejor diseño de la cápsula de detonación permitió acceder al rango de las 100 000 toneladas de TNT con poco material de fisión.

La tendencia hacia la reducción de tamaño y peso se convirtió pronto en una orientación hacia la miniaturización. En pocos años estuvieron disponibles cargas atómicas capaces de ser lanzadas por misiles de corto alcance (para su utilización en teatros de batalla reducidos) y aun por artillería de 155 milímetros. El menor peso y tamaño permitió que los bombarderos de hélice (*B-29* y *B-36*) y de turbina (*B-47* y *B-52*) transportaran más cargas, más rápidamente y a mayores distancias. La reducción de tamaño y peso se acompañó de una fuerte normalización en el diseño de todo tipo de componentes. Esta estandarización facilitó más la fabricación en masa, el almacenamiento, el manejo y el ensamblaje de las cargas que comenzaron a diseminarse por bases de la Fuerza Aérea y del Ejército de tierra en Europa.

Aun antes de completar la fabricación de la primera bomba de fisión, varios físicos (entre los que destacaba Edward Teller) habían comprendido que se podía obtener una cantidad casi ilimitada de energía a partir de la fusión de núcleos ligeros, como el del hidrógeno y sus isótopos, el deuterio y el tritio. Para lograr la reacción de fusión y vencer la repulsión que tienen los protones de estos núcleos se requiere una gran cantidad de energía; esa energía es proporcionada por una carga de fisión (llamada componente primario) que eleva la temperatura del material de fusión (componente secundario) a unos 100 millones de grados centígrados.

La primera carga termonuclear fue detonada en octubre de 1952 y desde esa primera prueba se inició una tendencia en cambios tecnológicos similar a la de las bombas de fisión. Esa primera carga termonuclear pesó 21 toneladas, era enfriada con un sistema criogénico y alimentada con un sistema de combustible líquido. El combustible de esta primera bomba termonuclear era una mezcla de tritio y deuterio, que tenía que ser condensada a una masa de gran densidad. Por lo tanto, tenía que mantenerse en estado líquido y a una temperatura de pocos grados centígrados sobre cero. Su peso y dimensiones impedían que fuera transportada por los bombarderos existentes y lanzada sobre blancos en la URSS. Pero en menos de dos años ya había sido sustituida por cargas termonucleares "secas" de litio-deuterio, y el nuevo diseño permitió reducir el peso hasta las cinco toneladas. Para 1956, las cargas termonucleares de gran tamaño (basadas en el diseño original de Edward Teller y Stanislaw Ulam) y de capacidad equivalente a 20 millones de toneladas de TNT, ya eran consideradas tecnológicamente obsoletas en el laboratorio de Los Alamos (Dyson, 1984).

No se tiene información detallada sobre la evolución del peso de las cargas nucleares individuales en los arsenales de las superpotencias. Sin embargo, sí existe información sobre un indicador que puede ser una buena aproximación y dar una idea de los avances en materia de reducción de peso y tamaño. En el caso de las cargas nucleares transportadas por misiles balísticos, un estudio reciente (Sykes y Davis, 1987) pudo determinar una relación entre el poder destructivo y el peso de los vehículos de reingreso (a la atmósfera) como indicador de eficiencia. El peso de las cargas nucleares de ambos arsenales ha disminuido a lo largo de las últimas cuatro décadas de tal manera que ha sido posible pasar de vehículos de reingreso con *una* sola carga a vehículos de tres a 10 cabezas nucleares independientes. La reducción de peso y tamaño es considerable, si se toma en cuenta que en el caso de los misiles con cabezas nucleares múltiples e independientes (MIRV) el dispositivo que permite distribuir las cabezas independientes (llamado *bus*) sobre sus blancos representa un peso adicional considerable. Para los fines de nuestro estudio sobre trayectorias tecnológicas, el análisis de Sykes y Davis revela que las tendencias de la evolución tecnológica en la URSS y en los Estados Unidos son las mismas. Es decir, el aumento en el poder destructivo a la vez que se reducían el tamaño y el peso de las cargas nucleares es una constante en la evolución de estos armamentos en los últimos 30 años. Al mismo tiempo, el aumento en la precisión de los misiles balísticos se articuló perfectamente con esta tendencia, porque el poder destructivo de las cargas nucleares mayores de 1.5 megatoneladas se hizo redundante.

El perfeccionamiento de las cargas nucleares ha conducido a mejorar la relación potencia/peso y a reducir el tamaño y esto permitió una mejor articulación entre cargas nucleares y vehículos de lanzamiento. Hoy en día las superbombas han sido retiradas de los arsenales nucleares porque son un estorbo innecesario debido a la mayor precisión en los vehículos de lanzamiento. La capacidad típica de una bomba o de una cabeza nuclear se sitúa en el rango de las tres kilotoneladas a una megatonelada de TNT. La relación potencia/peso para bombas *exclusivamente* de fisión ha oscilado entre un nivel bajo de 0.0005 kilotoneladas por kilogramo de peso y uno alto de 0.1 kilotonelada por kilogramo de peso (Taylor, 1987). Para bombas termonucleares la relación potencia/peso alcanza niveles mucho más altos y se sitúa alrededor de las seis kilotoneladas por kilogramo de peso. Estos coeficientes están muy cerca de los límites alcanzables porque existen restricciones técnicas inevitables derivadas de la desintegración de un artefacto nuclear *antes* de que se complete la reacción de fisión o de fusión.

La optimización de la relación potencia/peso en las cargas nucleares de la segunda generación ha sido la principal línea de desarrollo tecnológico en este campo durante 40 años; para los expertos en armamentos, en este terreno ya se ha alcanzado la región asintótica de rendimientos decrecientes (Tsipis, 1985). Ésta es la tercera región de la curva sigmoidal que describe la relación entre inversiones adicionales en el desarrollo de una tecnología y el desempeño tecnológico. Por el nivel decadente alcanzado en esta tecnología, Herbert York, que fue director de uno de los laboratorios más importantes en el diseño de cargas nucleares, el "Lawrence Livermore Laboratory", fue el primero en hablar de bombas atómicas barrocas y rococó (citado por Kaldor, 1982:4). El último y más reciente intento por desplazar la frontera tecnológica en materia de explosivos nucleares se inició a finales de la década de los setenta. Se trata de las llamadas bombas nucleares de la "tercera generación", y su desarrollo representa un grave peligro. La primera generación de artefactos nucleares correspondió a las bombas de fisión; la segunda es la de las bombas termonucleares de fisión-fusión, que se integran por dos componentes (el primario es una bomba de fisión ordinaria que proporciona la energía necesaria para desencadenar la reacción de fusión del componente secundario). En las cabezas nucleares modernas, al irse agotando la reacción de fusión, es posible lograr una nueva reacción de fisión del contenedor externo si es construido con uranio 238 y liberar cantidades adicionales de energía en forma de fragmentos y plasma, electrones y neutrones. Estos fragmentos interactúan y liberan cantidades adicionales de rayos X, y el efecto de los rayos X en la atmósfera produce la característica bola de fuego y onda de choque. La energía que liberan estas bombas adopta varias formas: las de fisión liberan una gran cantidad de rayos X, mientras que las de fusión liberan energía en forma de neutrones, rayos gamma y energía cinética de electrones. En vista de que la mayor parte de las cargas nucleares actualmente desplegadas en bombas o cabezas de misiles es del tipo fisión-fusión-fisión, el producto final de la explosión de uno de estos artefactos es una combinación de efectos térmicos y ondas de choque derivados de la reacción de fisión, radiación inmediata y onda de choque productos de la reacción de fusión y radiación de mayor duración derivada exclusivamente del proceso de fisión (Tsipis, 1985).

El desarrollo tecnológico de las bombas de la primera y segunda generación siguió esencialmente el camino de la optimización de la relación potencia/peso. Pero estos artefactos liberan su energía de manera indiscriminada. Aquí es donde reside la diferencia con las bombas nucleares de la tercera generación: a través de nuevos enfoques en el diseño y la utilización de nuevos materiales es posible orientar la energía liberada y dirigirla en una dirección precisa. También es posible reprimir una de las formas en las que se libera la energía y fortalecer otra (por ejemplo, maximizar el flujo de neutrones al mismo tiempo que se minimiza el efecto de la onda de choque y de calor). En la actualidad se trabaja en el diseño de los componentes de una bomba termonuclear para lograr estos "efectos especiales". Los principales elementos que intervienen en esta nueva fase de la trayectoria tecnológica son la configuración de los explosivos que comprimen el combustible de la primera reacción de fisión, el material de los contenedores del segundo componente y, desde luego, la colocación del combustible de la reacción de fusión y los componentes estructurales que intervienen en la segunda reacción de fisión (Taylor, 1987).

La principal característica de esta nueva generación de armas nucleares es que las bombas aparecen como "útiles" en el terreno militar. Por ejemplo, una bomba que reduce al máximo la onda de choque y los efectos térmicos, al mismo tiempo que refuerza la energía liberada en forma de neutrones puede servir para frenar el avance de tropas enemigas protegidas en vehículos blindados. Así se pensó la función táctica de la bomba de neutrones que habría de ser desplegada en Europa a principios de los años ochenta. Esta bomba tendría además la ventaja de reducir a su mínima expresión la precipitación radiactiva y podría ser usada en regiones densamente pobladas. La posibilidad de colocar estas cargas nucleares en misiles tácticos de corto alcance (como el misil *Lance*, que tiene un alcance de 125 kilómetros) se discutió a fines de los setenta, al igual que la posibilidad de dotar a la artillería de 155 milímetros de cargas nucleares de fisión-fusión con mayor emisión de neutrones y supresión relativa de la onda de choque y de sus efectos térmicos. Una de las innovaciones relacionadas con estas cargas nucleares es la siguiente: los comandantes, en pleno teatro de batalla, podrían regular el poder explosivo y el tipo de emisiones, que serían favorecidas o restringidas con sólo apretar una serie de botones en la cabeza nuclear (Kaplan, 1985). Éste es el tipo de cargas nucleares que la prensa de esos años describió como *dial-a-yield weapons*, expresión difícil de traducir pero similar a un "escoja usted mismo".

Otro tipo de bombas de la tercera generación consiste en artefactos que serían utilizados en defensas contra misiles balísticos. Por ejemplo, una bomba de la segunda generación libera una parte muy importante de su energía en forma de rayos X;

estos rayos X se alejan uniformemente del punto de detonación en todas las direcciones y si fuera posible dirigirla, esta energía sería suficiente para destruir los misiles balísticos enemigos. La onda intensa de rayos X puede fundir una parte del fuselaje de un misil balístico y provocar un choque mecánico que lo destruya. Uno de los posibles diseños para este tipo de bomba es relativamente sencillo (Tsipis, 1985): el componente primario es similar al de las bombas de la primera generación; el componente secundario se elimina, al igual que el contenedor externo de uranio 238. En su lugar se coloca un filamento muy delgado de cobre, manganeso o zinc. La energía liberada por el componente primario se enfoca hacia el filamento, que es vaporizado en forma de un plasma cargado intensamente de iones, y puede soportar la emisión de radiación en la región de los rayos X. Este láser de rayos X ha sido ya objeto de experimentos en Estados Unidos y se le consideró un fuerte candidato para la defensa estratégica propuesta por el presidente Reagan.

Uno de los efectos más importantes que tiene una detonación nuclear es el pulso electromagnético (EMP). Una parte de la energía liberada consiste en rayos gamma emitidos un segundo después de la detonación; estos rayos gamma interactúan con los electrones que encuentran en su trayectoria y los separan de sus átomos (imprimiéndoles energía de tal manera que los orientan en la misma dirección). Estos electrones desplazan a otros electrones por la ionización, y si se afecta el patrón de la distribución de los rayos gamma para hacerlo asimétrico, se puede generar un pulso electromagnético muy fuerte. La distribución puede ser fuertemente asimétrica, lo que depende del diseño de la bomba o, en su caso, de una detonación exoatmosférica (300 a 500 kilómetros de altura). En el caso de una detonación exoatmosférica se puede afectar todo el equipo eléctrico no protegido especialmente hasta varios miles de kilómetros de distancia del punto de la detonación (Tsipis, 1985). Es evidente que una bomba especialmente diseñada para maximizar el EMP o detonada fuera de la atmósfera tendría un efecto destructivo sobre toda la red de vías de comunicación de una región y debilitaría cualquier esfuerzo militar.

En la teoría económica se ha utilizado la terminología de "metafunción de producción" para designar todos aquellos diseños de productos y procesos que son *alcanzables* en el estado actual de conocimientos científicos y técnicos.[4] Para los expertos en armamentos nucleares éste es precisamente el caso de las cargas nucleares de la tercera generación (Tsipis, 1985; Taylor, 1987). En otras palabras, esta nueva generación de armamentos nucleares está prácticamente al alcance de los mandos militares con la tecnología disponible. Hasta el momento, en la carrera *cualitativa* de armamentos que arranca en 1945, cada vez que se ha estado en posibilidad de desarrollar nuevos armamentos nucleares, el complejo militar-industrial no se ha detenido y se ha dotado a sí mismo de las nuevas generaciones de armamentos. Por esta razón los Estados Unidos se oponen a un Tratado de prohibición *total* de pruebas nucleares (véase el capítulo XIV de este libro).

Es importante señalar que esta tercera generación de armamentos nucleares es un ejemplo adicional del agotamiento de una trayectoria tecnológica. Las innovaciones menores que se introducen para dirigir parte de la energía liberada requieren de pruebas de laboratorio, simulaciones en modelos de computadora o pruebas nucleares; el costo es alto y la utilidad militar del producto final es realmente limitado. En este sentido las bombas de la tercera generación son típicos engendros de una tecnología decadente. Las bombas de neutrones fueron las primeras para las que se encontró un remedio relativamente simple y barato: los vehículos blindados pueden ser recubiertos de material que puede proporcionar protección a la tripulación.[5] Por otra parte, las bombas que generan un láser de rayos X muy difícilmente podrán ser utilizadas para destruir misiles balísticos en su fase ascendente (véase el siguiente apartado sobre este punto). Por último, las bombas diseñadas para maximizar el pulso electromagnético (EMP) pueden tener efectos perturbadores en

---

[4] El concepto de metafunción de producción se debe al trabajo clásico de Ruttan y Hayami (1971) sobre desarrollo agrícola. La metafunción de producción es asimilable a una curva envolvente del conjunto de posibilidades de producción. Esa noción está basada en una teoría sobre cambio técnico inducido muy deficiente, pero en múltiples ocasiones ha proporcionado un punto de referencia importante en los intentos por desarrollar una teoría sólida sobre cambio técnico.

[5] Un análisis detallado de la irrelevancia militar de este tipo de bombas se encuentra en Kaplan (1978). Este autor también demuestra que los efectos dañinos sobre la "población amiga" serían muy altos.

los sistemas eléctricos de una vasta región (equipo de comunicaciones, de conducción de energía, radares, computadoras, etc.), pero una sola de estas bombas sería interpretada como parte de un ataque nuclear y desencadenaría una terrible respuesta nuclear.

Este último punto es importante. La tercera generación de bombas nucleares no representa un rompimiento con la tecnología medular que ha venido desarrollándose en este campo desde 1945. Estas cargas no rebasan los principios que permiten a las de la segunda generación liberar su energía. Aunque incorporan cambios en el diseño, las bombas de la tercera generación también son bombas termonucleares. Cualquier intento de utilización para fines militares específicos sería interpretado como el preludio a un ataque nuclear de mayores dimensiones y la respuesta no se haría esperar.

III. INNOVACIONES BÁSICAS EN ARMAMENTOS ESTRATÉGICOS: MISILES BALÍSTICOS

Los primeros misiles balísticos utilizados en operaciones militares fueron los sistemas *V-2* desarrollados en Alemania a finales de la Segunda Guerra Mundial. Si se le compara con los misiles modernos, el *V-2* puede ser considerado como un misil de corto alcance (350 kilómetros), pero en 1944 este sistema representaba un enorme desplazamiento de la frontera tecnológica en materia de armamentos. Frente a los misiles *V-2* no había defensa posible; su velocidad los hacía invulnerables, marcando claramente el inicio de una nueva trayectoria tecnológica en el desarrollo de armamentos. Como toda innovación básica, el misil *V-2* definió una agenda de trabajo tecnológico destinado a la realización efectiva del potencial en los principales parámetros técnicos (capacidad de carga, alcance y precisión), que duraría varias décadas.

Toda la actividad de desarrollo tecnológico y experimental llevada a cabo sobre misiles ICBM y sus aplicaciones estuvieron determinadas por el formato de los misiles *V-2*. Este tipo de armamento no pudo alterar el curso de la guerra (se dispararon 4 300 misiles de este tipo contra blancos en Inglaterra y 1 230 hicieron impacto en Londres) pero constituyeron una innovación básica que alteró la estructura de los sistemas de armamentos. Incluso hoy en día, la competencia comercial en materia de satélites de comunicaciones, percepción remota y toda clase de experimentos científicos (observaciones de astronomía, metalurgia, biotecnología y electrónica) está basada en la difusión de esta innovación a lo largo de las últimas décadas.

Los desarrollos del *V-2* se llevaron a cabo en la base de Peenemunde, y al sobrevivir la ocupación de Alemania los Estados Unidos y la Unión Soviética pudieron conocer los resultados de los adelantos tecnológicos en materia de combustible y sistemas de navegación. Algunos de los principales técnicos que habían trabajado en el *V-2* fueron transferidos (voluntaria o involuntariamente) a los Estados Unidos y a la URSS. Esto no quiere decir que la URSS y los Estados Unidos fueron unos simples importadores de la tecnología desarrollada en la base alemana de Peenemunde. En ambos países ya existían importantes antecedentes y se contaba con la capacidad necesaria para lograr no sólo la transferencia de la tecnología sino de la *capacidad tecnológica*. Además, en ambos países había trabajos de precursores en el desarrollo de esta tecnología.[1]

Descripción de la tecnología

Un misil balístico es una máquina integrada por un cohete propulsor de una o más etapas, un sistema de navegación y una o más cabezas nucleares alojadas en una estructura que las protege del esfuerzo derivado de la alta velocidad de ingreso a la atmósfera. Las etapas del vuelo de un misil balístico son las siguientes (Hoag, 1971; Nadal, 1989a): *1)* fase de propulsión; *2)* trayectoria balística propiamente dicha, y *3)* fase terminal.

En la primera fase el misil es objeto de una fuerte aceleración a través de la atmósfera hasta que llega al punto de inclinación y velocidad adecuados para la separación de la cabeza. Durante esta etapa se tiene la única oportunidad para orientar correctamente el misil y lograr una buena correlación entre la cabeza nuclear y su objetivo. Como veremos más adelante, en la casi totalidad de los misiles modernos, la orientación del misil

[1] En la Rusia de 1910 Konstantin Tsiolkovsky publicó los resultados de sus investigaciones sobre misiles balísticos, trayectorias y sistemas de propulsión. En los Estados Unidos, Robert Hutchings Goddard trabajó durante más tiempo en sus investigaciones sobre misiles balísticos y desarrolló conceptos muy importantes para la evolución tecnológica de esta innovación. Inventó el misil de dos o más etapas y pudo patentar este invento. Como en cada etapa se elimina el peso de las etapas anteriores y el nuevo componente arranca a una velocidad muy elevada, se pueden obtener aceleraciones mayores a las que permite una sola etapa con la misma cantidad de combustible. Entre 1930 y 1935 realizó numerosos lanzamientos y comenzó a desarrollar sistemas de navegación que utilizan giroscopios. Los misiles de Goddard utilizaron oxígeno líquido como combustible (Willy, 1957).

está basada en un sistema de navegación inercial que mide los movimientos (rotatorio y de traslación) del mismo. Los cálculos de navegación se utilizan para determinar la dirección deseada, de manera que la velocidad y la posición se acerquen a las condiciones de aproximación exigidas por la trayectoria balística hacia un blanco seleccionado antes del lanzamiento.

El misil tiene un sistema de control automático de propulsión que registra la información proporcionada por el sistema de navegación. Cuando se han alcanzado las condiciones de altitud, posición y velocidad del plan original de vuelo se envía una orden para terminar con la fase de propulsión del misil. En ese momento se libera la cabeza para que siga su trayectoria balística en el espacio.

La fase de propulsión dura aproximadamente 300 segundos, durante los cuales el misil es sujeto a una intensa aceleración. El sistema de navegación proporciona la estabilidad necesaria y envía instrucciones al control del vector de propulsión para orientar la aceleración del misil mediante los controles de torca. En el caso de los misiles de combustible sólido, la cámara de combustión no está separada del contenedor del combustible y, por lo tanto, no puede ser montada sobre un eje. En esos misiles los controles de torca se aseguran a través de movimientos en las toberas de escape (que sí están montadas sobre ejes), por aspas de chorro o gases para desviar la salida de los gases de escape. Esto proporciona al misil un control sobre los movimientos de los ejes de actitud y de timón. El eje de rotación es controlado por pequeños impulsores localizados en el fuselaje del misil.

Durante la fase intermedia, la(s) cabeza(s) del misil viaja(n) libremente por el espacio y está(n) libre(s) de la aceleración de la primera fase y de las fuerzas del vuelo endoatmosférico (resistencia y sustentación). Durante esta fase, la cabeza nuclear solamente es atraída por la fuerza de gravedad de la tierra, que es tomada en cuenta por el sistema de navegación del misil: antes del lanzamiento, éste es calibrado para recorrer su trayectoria hacia un blanco predeterminado y la computadora del misil está programada para tomar en cuenta el campo gravitacional de la tierra que afecta la trayectoria planeada. Los modelos de campo gravitacional de la tierra deben ser muy precisos para alcanzar altos niveles de precisión (por ejemplo, los que exige una tecnología de contrafuerza).

Durante la fase terminal (que dura aproximadamente un minuto) la cabeza reingresa a la atmósfera y recorre el último trecho del camino hacia su blanco. La cabeza se ve afectada por las fuerzas aerodinámicas; además, el escudo térmico la debe proteger del intenso calor provocado por la fricción con las moléculas de aire. El escudo térmico está diseñado de manera que se desintegre uniformemente y absorba el calor, protegiendo el contenedor que alberga la cabeza nuclear. La desintegración del escudo está en función de la velocidad y del ángulo de ataque; un escudo térmico que ofrezca mayor resistencia es más apto para desintegrarse uniformemente y absorber el calor correctamente, pero su mayor resistencia afecta la velocidad de reingreso y la precisión. Un escudo térmico más aerodinámico es más veloz y más preciso, pero corre el riesgo de que se presenten asimetrías en su destrucción (Bunn, 1984).

Dos de los componentes de los misiles balísticos son absolutamente centrales para su desempeño tecnológico (tanto en aplicaciones militares como civiles): el sistema de propulsión y el de navegación. Alrededor de estos dos componentes y de los parámetros técnicos que dependen de ellos se desarrollaron importantes trayectorias tecnológicas. Aunque existe una serie muy larga de innovaciones menores en el área de nuevos materiales, diseño de toberas de escape, mecanismos de control interno (que vinculan el sistema de navegación con los componentes estructurales del misil), diseño de los vehículos de reingreso, etc., los sistemas de propulsión y navegación integran la tecnología medular de los misiles balísticos.

Sistemas de propulsión

Los sistemas de propulsión de un misil balístico tienen una característica fundamental: llevan su propio agente oxidante. El combustible puede ser líquido o sólido. Los primeros misiles recurrieron al combustible líquido, pero un requisito de las aplicaciones militares de los misiles balísticos es el tiempo requerido para disparar. Los misiles *V-2* utilizaban oxígeno líquido y necesitaban (una vez que el misil había sido colocado en posición vertical y había sido correctamente alineado sobre el plano horizontal) 45 minutos de preparativos para cada lanzamiento. Esa primera tecnología sustentó toda una generación de misiles balísticos soviéticos y norteamericanos (con algunas variantes en mezclas de combustibles).

El combustible sólido representa una ventaja considerable en este punto. Los ICBM y SLBM de combustible sólido pueden ser preparados para disparar en pocos minutos, porque el combustible ya ha sido almacenado en el misil. Desde este punto de vista, cargar combustible antes de cada lanzamiento representa una desventaja muy grande que ambas superpotencias percibieron rápidamente. Sin embargo, mientras los Estados Unidos decidieron orientar su tecnología hacia misiles intercontinentales de combustible sólido desde principios de los sesenta, la URSS prefirió introducir innovaciones incrementales en el manejo de los combustibles líquidos para poder tener ICBMs y SLBMs de combustible líquido *precargado* y *almacenable*.

El tipo de combustible implica restricciones en la operación interna del misil por la afinidad con las distintas opciones en materia de sistemas de navegación y control de los movimientos de los misiles (Hoag, 1971; MacKenzie, 1988, 1990). En los misiles de combustible sólido no se puede controlar la aceleración, pues el combustible está alojado en un compartimento que no se encuentra separado de la cámara de combustión; en los misiles de combustible líquido se puede graduar el paso del combustible a la cámara de combustión y, por esta razón, se puede graduar la aceleración. En consecuencia, en los misiles de combustible sólido se puede controlar la dirección, pero no la aceleración. En los de combustible líquido se pueden regular ambos parámetros. A su vez, estas características imponen restricciones sobre el equipo que se puede utilizar a bordo del misil para realizar los cálculos necesarios antes de enviar las órdenes a los sistemas de mando (motores, toberas, chorros de gas en el fuselaje, etc.).[2] Un buen número de modelos de misiles soviéticos utiliza combustible líquido; con este tipo de combustible se minimizan los requerimientos de mantener computadoras digitales a bordo del misil; en cambio, con el combustible sólido es necesario llevar a cabo un elevado número de cálculos. Para MacKenzie (1988), esta opción en los arsenales soviéticos está relacionada con el rezago tecnológico

[2] Para una exposición detallada de algunos de estos componentes, véase Nadal (1989a).

en materia de computadoras digitales adecuadas para misiles. Éste es un ejemplo de un desequilibrio tecnológico que afecta la orientación de la trayectoria de una innovación básica.

Sistemas de navegación

El otro componente medular de un misil balístico es el sistema de navegación que le permite alcanzar el blanco. El desarrollo de la tecnología de navegación para misiles balísticos ha seguido un sendero paralelo en las dos superpotencias, aunque con diferencias en algunos aspectos importantes. Hay que destacar que, tanto en la URSS como en los Estados Unidos, se ha perseguido conscientemente aumentar la precisión de los misiles. A pesar de diferencias institucionales y burocráticas importantes en el aparato que rige las adquisiciones de armamentos y el desarrollo tecnológico en ambos países, la trayectoria tecnológica seguida en ambos casos ha mantenido el mismo rumbo y ha estado condicionada por las mismas restricciones. Es importante examinar cuál ha sido el sendero recorrido en ambos casos; no existen muchos estudios sobre este tema. Una de las referencias importantes es relativamente vieja (Hoag, 1971) pero aún sigue siendo considerada relevante y es citada en estudios especializados más recientes (Bunn y Tsipis, 1983; Tsipis, 1983, 1984). Los importantes estudios de sociología del cambio técnico en el terreno de la navegación de misiles balísticos (MacKenzie 1986, 1988, 1990b); constituyen una referencia obligada en este tema. Particularmente interesante es la obra de MacKenzie (1990b) que ofrece sus propias estimaciones sobre la evolución del CEP de los principales misiles balísticos de ambas superpotencias.

A lo largo de la década de los treinta la industria militar alemana había tratado de compensar las limitaciones impuestas en el Tratado de Versalles sobre tamaño de la flota y tonelaje con adelantos técnicos en materia de navegación y sistemas de precisión para la artillería naval. Dos de los grupos industriales más importantes, Siemens y Kreiselgeräte GmbH, iniciaron desarrollos importantes en sistemas autocontenidos de navegación inercial para submarinos, barcos y aviones (MacKenzie, 1988). Estos esfuerzos desembocaron en el desarrollo de un sistema dual de navegación para los misiles *V-2*: por señales de radio y a través de un sistema inercial autocontenido. Durante los primeros años de la posguerra se siguió utilizando este sistema dual, pero los equipos que trabajaron sobre esta tecnología en los Estados Unidos y en la Unión Soviética pronto se percataron de la necesidad de desarrollar un sistema autocontenido a la altura de la nueva generación de misiles balísticos. Las señales de radio constituyeron un primer método que tuvo que ser abandonado por su vulnerabilidad (las señales pueden ser interceptadas o bloqueadas). Los sistemas de navegación inercial (o autocontenidos) no dependen de una fuente o control externo al misil. Una vez calibrado antes del lanzamiento, el mecanismo de orientación se encarga de dirigir los movimientos del misil (movimientos de torca y de inclinación), así como de controlar la aceleración (en misiles de combustible líquido) y de cortar los motores cuando se ha alcanzado la velocidad y orientación adecuadas.

El sistema inercial de navegación depende de dos elementos: un giroscopio y un acelerómetro (Hoag, 1971). El giroscopio tiene la propiedad de conservar el momento angular mediante el movimiento giratorio de su rotor principal y permite guardar una orientación estable. El acelerómetro permite medir todas las fuerzas físicas que actúan sobre el misil, con la excepción de la fuerza de gravedad. El acelerómetro se basa en un principio relativamente sencillo: una masa suspendida de un filamento metálico se desplaza a medida que se acelera el misil; para mantenerla en su posición original se requiere una fuerza equivalente a la de la aceleración del misil.

En los primeros giroscopios el rotor descansaba sobre piezas metálicas y la fricción afectaba de manera muy importante la precisión. Al poco tiempo de iniciar su rotación, el giroscopio había incurrido en un cierto margen de error con respecto a la orientación deseada. En la segunda generación de giroscopios se reemplazaron los rodamientos metálicos por una película de gas que se mantenía a presión por una bomba especial. Esta tecnología fue desarrollada en Alemania para los misiles *V-2*, y los soviéticos han utilizado y perfeccionado este diseño a través de cambios técnicos incrementales hasta la fecha (MacKenzie, 1988).

En Estados Unidos, el camino seguido fue diferente. El diseño alemán fue utilizado hasta que fue reemplazado por un diseño distinto alrededor de 1960. A partir de este año, un solo laboratorio, el Charles Stark Draper Laboratory, Inc. (afiliado al Massachusetts Institute of Technology hasta 1973), dominó el mercado de giroscopios para misiles balísticos con un diseño propio: en lugar de suspender el mecanismo principal (*i.e.*, el rotor y su eje) en gas, se le hizo flotar en un líquido de una viscosidad óptima para reducir la fricción (MacKenzie, 1990). El diseño básico de Draper resultó en el "giroscopio integrado de un solo grado de libertad" que se utilizó en casi todos los programas de ICBMs y todos los SLBMs de los Estados Unidos.[3]

Los acelerómetros son el otro subcomponente del sistema de navegación y su precisión afecta de manera muy importante el radio del círculo de error problable (CEP). El sistema utilizado en el misil *V-2* integraba el giroscopio con el acelerómetro en un sistema conocido como "péndulo integrador del giroacelerómetro" (PIGA); en él, el giroscopio está colocado de manera asimétrica variando los ángulos de los ejes pertinentes de tal manera que se pueda medir no sólo la rotación, sino la aceleración (MacKenzie, 1988). El sistema alternativo consiste en mantener separados los dos subcomponentes (giros y acelerómetros); dicho sistema, llamado de péndulo restringido, es más simple, pero no proporciona la precisión requerida hoy en día para destruir blancos de contrafuerza (por ejemplo, silos reforzados).

En todos los misiles balísticos norteamericanos se utiliza el sistema PIGA, considerado más difícil de construir, pero más exacto. En cambio, en los diferentes modelos de misiles soviéticos se pueden encontrar ambos sistemas. Según MacKenzie (*ibid.*) esto se debe a que algunos misiles están destinados a misiones de contrafuerza, mientras que otros están orientados a una función disuasiva dentro de los parámetros de la destrucción mutua asegurada y no requieren tanta precisión.

La trayectoria seguida en la evolución de la tecnología medular de sistemas de navegación con giroscopios ha sido esencialmente la misma en la URSS y en Estados Unidos: reducciones en el margen de error, ya sea a través de mejoras en los componentes de los sistemas de navegación (giroscopios y acele-

---

[3] Una excepción importante es el sistema de los Minuteman, diseñado y producido por la compañía Rockwell International. Este diseño consiste en un sistema de gas pero en el que se descarta la bomba externa que mantiene la presión y se sustituye por un sistema autoregulado (Mackenzie, 1988).

rómetros) o en los subsistemas electrónicos susceptibles de corregir dichos errores (computadoras digitales a bordo de los misiles y algoritmos matemáticos utilizados). MacKenzie (1988), parece concluir que la manera en que estaban organizadas las diferentes instituciones que intervinieron en la concepción, diseño y fabricación de estos sistemas de navegación, fue un factor determinante en las opciones escogidas. Sin embargo, lo que demuestra el estudio de este autor es que la compartimentalización institucional existente en la URSS y la circulación de información más bien fluida en los Estados Unidos, afectaron solamente el proceso de transferencia horizontal de tecnología, pero no el sendero seguido en la evolución de la tecnología medular (en este caso representada por los sistemas de navegación inercial).

Los cambios técnicos introducidos en los sistemas de navegación y sus componentes periféricos han llegado ya a los rendimientos decrecientes; las innovaciones que han rodeado la producción de giroscopios en los últimos 40 años son innovaciones incrementales o marginales que han aumentado gradualmente la precisión de los misiles. Existe un consenso (Tsipis, 1984; MacKenzie, 1986, 1990) de que con la tecnología de navegación inercial (giroscopios y acelerómetros) se han alcanzado los límites físicos y no es posible obtener mayor precisión.

Para concluir con este apartado, es necesario señalar que existen tres innovaciones importantes en la tecnología de sistemas de navegación para misiles balísticos y deben ser mencionadas. La primera se relaciona con los misiles balísticos lanzados desde submarinos (SLBMs); la segunda tiene que ver con los sistemas de cabezas nucleares *múltiples independientes* (MIRVs), y la tercera consiste en vehículos de reingreso *maniobrables* (MARVs) durante la fase terminal. Estas tres clases de innovaciones marcan el sentido decadente de esta trayectoria tecnológica.

Navegación inercial-estelar para SLBMs

Los misiles balísticos lanzados desde submarinos siempre han sido menos precisos que los lanzados desde tierra. Antes del lanzamiento, un misil balístico debe ser calibrado con información precisa sobre su punto de partida. En el caso de los misiles lanzados desde una base en tierra este dato no es problema porque el emplazamiento exacto es conocido. Los misiles lanzados desde un submarino enfrentan una dificultad en este punto porque la posición exacta del submarino no es conocida con la misma exactitud.[4] Esta menor precisión siempre hizo que se concibiera a los misiles lanzados desde submarinos como armas de disuasión más que de combate por su dificultad intrínseca para destruir blancos de contrafuerza.

Los misiles balísticos pueden ser orientados en la fase de propulsión; una vez terminada esta primera fase, la orientación ya no puede ser corregida. Si hay un error pequeño en la información sobre el punto de partida, el margen de error no podrá ser corregido porque uno de los parámetros en los datos de la computadora es erróneo. Este problema fue conocido desde que se lanzaron los primeros misiles desde un submarino y se sabía que si se pudiera contar con una referencia externa el problema podría resolverse. Es así como nació la idea de tomar como punto de referencia una o varias estrellas para corregir cualquier error sobre el punto de lanzamiento. Esta referencia tendría que ser tomada una vez efectuado el lanzamiento, durante la fase de propulsión.

Tanto en los Estados Unidos como en la Unión Soviética se buscó desarrollar esta tecnología desde finales de los años sesenta. Estos esfuerzos han desembocado en la última generación de SLBMs, que tienen una precisión que los coloca claramente como el armamento de contrafuerza más mortífero y desestabilizador porque el tiempo de vuelo desde su lanzamiento hasta el blanco es menor que el de cualquier ICBM.

En los Estados Unidos el intento por dotar a los SLBMs de la primera y segunda generación de un sistema de navegación inercial-estelar no pudo fructificar. MacKenzie (1988) señala que la rivalidad entre la Armada y la Fuerza Aérea, así como la fidelidad que los principales centros de investigación guardaron hacia los sistemas inerciales puros, fueron el factor decisivo para que no se desarrollara la nueva tecnología.[5] El resultado fue que

---

[4] Sobre la tecnología de navegación de los submarinos SSBN, véase el apartado siguiente.

[5] La Fuerza Aérea no deseaba que la Armada tuviera misiles tan precisos como los ICBM lanzados desde bases en tierra. Esa misma precisión en los SLBMs daría a la Armada un papel importante en una estrategia de contrafuerza. La

tanto los misiles *Polaris* (primera generación de SLBMs), como los *Poseidon* (segunda generación), fueron dotados de la misma tecnología de navegación inercial que los ICBM. Fue hasta 1979 cuando se introdujo la tecnología inercial-estelar en los misiles *Trident C4*, que constituyen la tercera generación de SLBMs. En 1983 se alcanzó una mejora notable, pasando el CEP del *Trident C4* a solamente 222 metros en trayectorias con un alcance de hasta 7 400 kilómetros. Para 1989, el sistema inercial-estelar había sido refinado hasta proporcionar al *Trident D-5* un CEP de sólo 110 metros en trayectorias con el mismo alcance.[6] Esta precisión y este alcance proporcionan a los submarinos estratégicos norteamericanos una capacidad de primer ataque sin paralelo en la breve historia de los armamentos nucleares. Efectivamente, el plan de vuelo de un misil balístico lanzado desde un submarino sumergido en el círculo polar es tal que puede alcanzar sus blancos en la mitad de tiempo que un ICBM lanzado desde su base en los Estados Unidos. Su precisión es básicamente la misma que la de un misil MX, y borra por primera vez la diferencia entre ICBMs y SLBMs.

Algo similar puede decirse de los SLBMs soviéticos, aunque la introducción del sistema de navegación inercial-estelar se llevó a cabo desde 1973 con el misil SS-N-8. Este misil representó un adelanto importante en relación a sus antecesores en lo que se refiere al alcance (los misiles SS-N-6 anteriores tenían un alcance de 3 000 kilómetros, mientras que los SS-N-8 tenían un alcance de 7 000 kilómetros). Sin embargo, el dato más importante es que aparentemente la introducción del sistema de navegación inercial-estelar tuvo por objeto precisamente este aumento en el alcance de los SLBMs soviéticos porque, según las estimaciones de MacKenzie, el CEP no mejoró en la misma proporción. Esta innovación permitió a los submarinos soviéticos operar a una distancia segura, lejos del alcance de los armamentos antisubmarinos norteamericanos. En la actualidad, los soviéticos han

---

Fuerza Aérea siempre quiso relegar los sistemas SLBM a una función disuasiva dentro del clásico marco de la "destrucción mutua asegurada".

[6] Estos círculos de error probable (CEPs) han sido estimados por Donald MacKenzie (1988) utilizando datos disponibles sobre CEPs de los primeros misiles y avanzando cronológicamente a partir de información sobre la evolución en los métodos para corregir errores (por ejemplo, en los modelos teóricos).

desplegado la última generación de misiles SLBM, equipados de sistemas más sofisticados de navegación inercial-estelar: los misiles SS-N-23 de combustible líquido almacenable, con un alcance de 7 400 kilómetros y un CEP hasta ahora desconocido, pero seguramente menor que el de su predecesor (900 metros para el SS-N-20).

Cabezas múltiples independientes (MIRVs)

A finales de la década de los sesenta se introdujo una innovación que marcaría profundamente el curso de la carrera armamentista: la posibilidad de cargar cada misil balístico con varias cabezas nucleares independientes para atacar un mayor número de blancos. Esta innovación provocó la más intensa proliferación vertical de cargas nucleares en los arsenales de las dos superpotencias. Sin embargo, se ha publicado poco sobre la tecnología de cabezas múltiples y, en particular, se ha hecho poco hincapié en un aspecto central de los sistemas MIRV: su tecnología de navegación representa un salto cualitativo muy importante en la carrera armamentista. Por esta razón, sin duda alguna, ésta es una de las innovaciones "menores" que más impacto han tenido en los arsenales nucleares de las superpotencias.

Hay que aclarar algo con respecto a esta tecnología. Aunque representa un "salto cualitativo", eso no quiere decir que estamos frente a un "adelanto" o "progreso". La expresión salto cualitativo utilizada para referirnos a esta tecnología significa que efectivamente hay un desempeño tecnológico superior en varios parámetros (por ejemplo, aquí se afectan la versatilidad y la precisión de un misil balístico); pero de todas maneras esta superioridad está asociada a una tecnología *decadente*. ¿Por qué decadente? Porque militar y estratégicamente introduce una situación en la que priva una mayor *inseguridad*. Para demostrar este punto es necesario examinar detalladamente el origen y evolución de esta tecnología y examinar por qué ha generado una mayor inestabilidad en el balance militar.

En la tecnología MIRV un misil balístico lleva en la punta un grupo de cabezas nucleares colocadas en un dispositivo especial que puede soltarlas *por separado* para que sigan su recorrido balístico hacia blancos independientes. No existen publicaciones en las que se mencione qué tan separados pueden estar los blancos independientes. Este dispositivo que lleva las cargas nucleares independientes se comporta en el recorrido final como un camión que va dejando a sus pasajeros en varias estaciones (de ahí su nombre en inglés, *bus*). El camión está equipado con un subsistema de propulsión para poder maniobrar antes del reingreso a la atmósfera y liberar (por ejemplo, con un sofisticado sistema de resortes) su cargamento en diferentes trayectorias. Por ejemplo, un camión que lleva cuatro cargas nucleares puede dejar una carga libre para que recorra la misma trayectoria que imprime el misil; después puede acelerar y liberar otra carga para alcanzar blancos que están más lejos del primero. O puede disparar uno de sus pequeños cohetes en dirección contraria al impulso principal y reducir su velocidad: la carga liberada en ese momento puede impactar blancos más cercanos. El camión también puede liberar algunas de sus cargas hacia los lados del plano de su trayectoria; en este caso, las cargas liberadas recorrerán una trayectoria terminal en ángulo con respecto a la trayectoria inicial. Finalmente, el camión de la tecnología MIRV puede imprimir un impulso en una línea perpendicular a su trayectoria principal hacia arriba o hacia abajo: de este modo, la cabeza liberada puede alcanzar el mismo blanco que la primera cabeza de nuestro ejemplo. Pero la segunda cabeza reingresará a la atmósfera en un ángulo mayor o menor que el de la primera y, por lo tanto, llegará al blanco en un ángulo distinto. Esta última posibilidad le confiere a esta tecnología la posibilidad de atacar y destruir blancos de contrafuerza (*i.e.*, reforzados) porque la onda de sobrepresión total será asimétrica.

El antecedente de la tecnología MIRV se encuentra en los cambios técnicos introducidos en el lanzamiento y puesta en órbita de varios satélites con un solo misil (York, 1979). En este proceso destaca la utilización en 1960 de combustibles hipergólicos (o de contacto) en el motor principal de un misil *Thor* para colocar satélites en órbita. Este tipo de combustible proporciona una gran flexibilidad pues el motor principal puede ser apagado y reencendido posteriormente. El misil tenía incorporado un sistema de navegación (giroscopios y acelerómetros) y fue utilizado en abril de 1960 para colocar dos satélites en órbitas similares. Para 1963 la misma tecnología había sido refinada y un misil *Atlas-Agena* podía colocar varios satélites en órbitas diferentes.

En 1966 un misil *Titan III*, el más poderoso en el inventario balístico norteamericano, fue equipado con un sistema denominado *Transtage*, que resultó ser el antecedente directo de la tecnología MIRV. Este sistema era mucho más flexible que los anteriores, capaz de ejecutar maniobras más complicadas, y se le utilizó para colocar ocho satélites de comunicaciones militares en órbitas bastante altas. En esta complicada operación, el *Transtage* se comportó como un camión MIRV.

En el desarrollo de la tecnología MIRV desempeñó un papel muy importante la obseción con los sistemas de defensa antibalística y la necesidad de contar con armamento confiable para una estrategia de contrafuerza. Desde 1958 se había sugerido la tecnología de cabezas múltiples independientes como un recurso importante para saturar la capacidad de las defensas antimisiles del enemigo (York, 1979:125). Para finales de los años sesenta, la tecnología MIRV era vista como un instrumento fundamental en cualquier estrategia de contrafuerza. Aquí es importante señalar que los elementos de una estrategia de contrafuerza siempre han estado presentes en el pensamiento militar (tanto a nivel de doctrina, como de planes operativos) de los Estados Unidos. Pero durante la década de los sesenta, el secretario de Defensa Robert MacNamara dio particular impulso a este tipo de estrategia y ese hecho fue determinante en el desarrollo de la tecnología MIRV. Esto se debe a que la posibilidad de atacar un número mucho mayor de blancos abrió un abanico de opciones militares que antes no estaban disponibles. Además, en un ataque de contrafuerza la sincronización es muy importante y la destrucción de los misiles enemigos debe proceder de la manera más completa posible. La proliferación de cabezas nucleares permitió la posibilidad de asignar varias cabezas a un *mismo* blanco.

La tecnología MIRV ha sido desplegada en casi todos los misiles balísticos (ICBMs y SLBMs) a partir de 1970. El primer ICBM en utilizarla fue el *Minuteman III* (1970), y el primer SLBM con cabezas múltiples independientes fue el *Poseidon* (1971). Esta innovación cualitativa no estuvo restringida por los tratados SALT I y condujo a un aumento vertiginoso en el número de cabezas nucleares en ambos arsenales. La URSS tuvo un cierto retraso en la introducción de este tipo de tecnología en sus misiles, pero a partir de 1973 intensificó el despliegue de misiles con cabezas múltiples. Al final de este proceso el mayor poder de carga de los misiles soviéticos colocó a los Estados Unidos en desventaja, y la proliferación de cabezas nucleares condujo a ambas superpotencias a una situación inestable. Al final de esta fase de rápida expansión de los arsenales nucleares hay indicios muy importantes de que ambas superpotencias perciben a los misiles con cabezas múltiples como armamento desestabilizador. Sin embargo, un tratado para eliminarlos o reducirlos ofrece todavía muchos obstáculos en el terreno de la verificación.

Los misiles con tecnología MIRV son considerados como desestabilizadores en un doble sentido: por una parte, constituyen un componente fundamental de una estrategia de contrafuerza (y de primer ataque), y la tentación de recurrir a un primer ataque en tiempos de aguda crisis puede ser muy alta. Por otra parte, la capacidad enemiga para destruir estos misiles en sus silos subterráneos proporcionaría un incentivo para "usarlos antes de perderlos". En efecto, un misil equipado con varias cabezas nucleares independientes se convierte en un blanco de contrafuerza mucho más valioso que uno de una sola cabeza. El misil MX, por ejemplo, tiene 10 cabezas nucleares y constituye un blanco sumamente importante. Una sola cabeza nuclear enemiga podría destruir un gran número de cargas nucleares. La simple aritmética de los ataques de contrafuerza demuestra este punto claramente. Un escenario elaborado por Bunn y Tsipis (1983) demuestra que los misiles MX, portadores de 10 cabezas nucleares, son, en última instancia, ejemplo de una *pésima* idea desde el punto de vista militar. Cualquier manual de instrucciones militares indicará que es mejor dispersar las fuerzas y depósitos de municiones frente a un ataque enemigo que tiene el factor sorpresa de su lado. La tecnología MIRV era un medio barato para aumentar las posibilidades de éxito de un ataque de contrafuerza, pero también tiene el defecto de concentrar las fuerzas y presentar un blanco más atractivo para el atacante. En este sentido preciso, la tecnología MIRV es otro ejemplo de una tecnología militarmente decadente.[7]

---

[7] El ejemplo de Bunn y Tsipis (1983) está basado en los planes de la administración Reagan para desplegar 100 misiles MX en silos subterráneos. En realidad solamente se desplegaron 50 misiles, es decir, un total de 500 cabezas nucleares. Pero el análisis de Bunn y Tsipis se aplica igualmente: 50 misiles soviéticos pesados SS-19 o SS-18, equipados con una sola cabeza nuclear de poder

Por esta razón se piensa que es necesario recurrir a sistemas que hagan menos vulnerables los misiles y sus cargas nucleares. Además, la precisión de los ICBM ha aumentado tanto que ya no es tan necesario atacar un mismo blanco con tantas cabezas independientes. Aunque no se sabe cuántas cabezas deben ser asignadas a cada blanco para alcanzar los porcentajes de confiabilidad estipulados por el SIOP, seguramente el número es menor que lo requerido hace 15 años. Por estas razones la tecnología MIRV ha estado vinculada, desde su aparición, con la necesidad de contar con un sistema de emplazamiento de ICBMs distinto de los silos subterráneos. Como se verá en el apartado sobre emplazamiento de misiles balísticos, la tecnología MIRV provocó mucha inestabilidad en el balance militar entre la URSS y Estados Unidos; en este último país se sigue buscando una respuesta a la necesidad de contar con un sistema de emplazamiento que pueda garantizar una mayor invulnerabilidad de los ICBM frente a los misiles soviéticos con tecnología MIRV.

Por todas las consideraciones anteriores, esta tecnología ha sido considerada como realmente desestabilizadora. En la absurda aritmética nuclear, antes de 1970 un ataque de contrafuerza requería de un misil balístico (y una carga nuclear) por cada silo super-reforzado. Con cabezas independientes, un mismo misil puede servir para atacar, en coordinación con otros misiles, más de un solo blanco (Feld y Tsipis, 1979). Desgraciadamente, es muy difícil lograr un acuerdo sobre control o reducción de armamentos sobre misiles con cabezas múltiples. El principal problema es que no es fácil la verificación del cumplimiento de semejante acuerdo. Por ejemplo, un misil MX puede estar equipado para llevar una, dos y hasta 10 cabezas independientes; ¿cómo asegurar que nada más lleve una cabeza nuclear? En los tratados SALT II este punto fue "solucionado" a través de una regla de conta-

---

destructivo cercano a una megatonelada, seguidos de una segunda andanada de otros 50 misiles con cabezas más pequeñas, podrían destruir el 77% (cálculo de Bunn y Tsipis) de los misiles MX. Los CEPs de los SS-18 y SS-19 son lo suficientemente reducidos para proporcionar una capacidad de contrafuerza (según MacKenzie [1988], los CEPs del SS-18 y SS-19 son de 351 y 388 metros, respectivamente). En ese escenario, apenas 100 cabezas nucleares soviéticas destruirían 385 cabezas nucleares en el arsenal norteamericano. Si se despliegan 100 misiles MX en silos fijos, 200 cabezas soviéticas destruirían 770 cabezas norteamericanas.

bilidad: el número de cabezas en cada misil es el *máximo* con el que dicho vehículo ha sido probado. Para el tratado START se contempla utilizar una regla de contabilidad menos rígida que asigne un menor número de cabezas a cada misil. Si se desea verificar el acuerdo, será necesario recurrir a una inspección ocular; si dicho método no es considerado aceptable, será necesario recurrir a un análisis radiográfico o una sofisticada tecnología de medición de fisión inducida (Mozley, 1990).

Vehículos de reingreso maniobrables (MARVs)

La posibilidad de orientar a los misiles balísticos después de terminada la fase de propulsión ha sido explorada incesantemente por los Estados Unidos y la URSS desde hace muchos años. Esta posibilidad proporcionaría a las cabezas nucleares una triple característica de alto valor militar: por una parte, permitiría corregir errores acumulados durante las primeras etapas del vuelo; en segundo lugar, permitiría localizar blancos móviles y hacerlos vulnerables; finalmente, haría menos vulnerables a las cabezas atacantes frente a posibles defensas antibalísticas. La última característica no es la más importante mientras siga vigente el tratado ABM de 1972 que limita este tipo de sistemas defensivos.

Los vehículos de reingreso maniobrables pueden ser de dos tipos: los que evaden defensas antibalísticas y aquellos que están dotados de sistemas de orientación terminal para aumentar la precisión. La tecnología MARV permite dotar de componentes aerodinámicos a las cabezas de los misiles. Estos componentes pueden consistir en superficies de sustentación y control aerodinámico o en simples cambios en la forma de la cápsula de reingreso. En el caso de los vehículos evasores de defensas se busca imprimir movimientos en la fase terminal, de tal modo que no sea posible predecir la trayectoria del misil. Los vehículos de precisión terminal están dotados de sensores adicionales que pueden observar hacia afuera de la cápsula y comparar lo que "ven" con datos sobre el blanco y la trayectoria almacenados en la computadora del vehículo. Si hay desviaciones se envían señales a las superficies de control aerodinámico para corregirlas.

Según Bunn (1988), para la década de los setenta los adelantos técnicos en electrónica y nuevos materiales permitieron introducir cambios en los diseños de los vehículos de reingreso. Los primeros vehículos maniobrables fueron desarrollados hacia 1979. El AMaRV de la Fuerza Aérea fue dotado de aletas móviles que pueden ser controladas e imprimir diferentes orientaciones durante la fase terminal. El *Mark 500* de la Armada incorporó un simple cambio de diseño en la nariz del vehículo. De esta manera, al precipitarse a tierra la forma cónica con la nariz doblada comienza a dar vueltas en un movimiento oscilatorio. Para este último modelo ya se han llevado a cabo ocho pruebas exitosas desde 1975. En 1987 se llevó a cabo una prueba de un vehículo con un diseño de este tipo más avanzado. Estas dos clases de vehículos evasores de cualquier tipo de defensa antibalística ya están disponibles para ser emplazados en los misiles de Estados Unidos (*ibid*.).

En cuanto a los vehículos maniobrables con orientación terminal, los requerimientos técnicos son mayores. Un sistema de precisión terminal necesita sensores (por ejemplo, radar o láser) que le permitan localizar el blanco atacado; pero los sensores deben sobrevivir al intenso calor del reingreso. En particular, este problema es más serio en el caso de los misiles con alcances estratégicos que en el caso de aquellos con alcance intermedio porque el reingreso de los primeros se lleva a cabo a velocidades mucho mayores. Por esta razón, el único sistema MARV de precisión que pudo ser desarrollado fue el del misil *Pershing II*, que estuvo emplazado en Europa y que el tratado INF de 1987 obligó a retirar y destruir. Este misil tenía un alcance de 1790 kilómetros, su sistema de propulsión era de dos etapas y llevaba combustible sólido y, además de un tradicional sistema de navegación inercial (colocado entre la segunda etapa y la cabeza nuclear), el misil estaba dotado de un radar de "navegación terminal" diseñado para fijar sus señales sobre el blanco y guiar la cabeza durante la fase terminal a través de controles sobre unas pequeñas aletas en el cuerpo de la cápsula de reingreso (Lewis, 1980). La precisión de este misil era muy alta: solamente 40 metros de CEP (SIPRI, 1983), y el tiempo de vuelo entre sus plataformas de lanzamiento y ciudades como Moscú y Leningrado era de sólo *doce* minutos. Por estas características los soviéticos siempre consideraron a los misiles *Pershing II* como misiles *estratégicos*, a pesar de que su alcance no es intercontinental. Esta preocupación también explica por qué la URSS aceptó, al final de cuentas, firmar el tratado INF y destruir sus propios misiles de alcance intermedio.[8] En la actualidad, una de las orientaciones más importantes de los cambios técnicos en misiles balísticos se relaciona con los vehículos maniobrables. Los Estados Unidos siguen desarrollando la tecnología MARV para los dos tipos de vehículos, y se piensa que la Unión Soviética podría utilizar la tecnología de reingreso desarrollada para su versión del transbordador espacial en las cabezas de sus misiles balísticos (Bunn, 1988). Estos cambios técnicos simplemente profundizan o prolongan la dirección de la trayectoria tecnológica de misiles balísticos. Pero existe una diferencia fundamental entre los dos tipos de vehículos: los evasores de defensas son, en principio, más estabilizadores pues hacen todavía más difícil el desplegar defensas antibalísticas; en cambio, los vehículos de precisión terminal están asociados con la capacidad de realizar ataques de contrafuerza, pues no sólo pueden localizar blancos móviles, sino que podrían en un futuro no muy lejano estar dotados de armas nucleares de la llamada "tercera generación", diseñadas ex-profeso para destruir blancos subterráneos superreforzados (silos de misiles, centros de control y mando militar) porque detonarían al penetrar la tierra. Por último, si se logra avanzar en la tecnología de detección no acústica de submarinos, los mismos submarinos estratégicos estarían amenazados por los misiles balísticos con vehículos de precisión terminal. Esto implicaría acabar con el último bastión de la invulnerabilidad de las fuerzas estratégicas y anunciaría el final de la doctrina de disuasión.

Para México es muy importante detener el avance de la tecnología MARV a través de un tratado de prohibición de pruebas de misiles con vehículos maniobrables. La razón es sencilla: esta tecnología está íntimamente vinculada, a través de un fenómeno de acción/reacción, con el despliegue de ICBMs en plataformas de lanzamiento móviles. Como se verá más adelante, este sistema de despliegue de misiles necesita de grandes extensiones de terreno poco poblado y, por lo tanto, probablemente significará utilizar las bases militares o tierras públicas en el sudoeste de los

---

[8] Para un análisis más detallado del tratado INF y sus implicaciones, véase la tercera parte de este libro.

Estados Unidos. Es decir, los emplazamientos estarán más cerca del territorio nacional o incluso podrían colindar con la frontera. Y esto tiene repercusiones muy graves que serán analizadas en el apartado sobre plataformas móviles.

Todavía hay dos aspectos relacionados con el cambio técnico en misiles balísticos muy importantes: los sistemas de emplazamiento móvil en el caso de los ICBM y los sistemas de defensa antibalística. En estos dos terrenos se han presentado fuertes tendencias para reanimar la trayectoria tecnológica y prolongar la sección ascendente de la curva logística. Los emplazamientos móviles están íntimamente vinculados con la aparición de tecnologías que hacen posible ataques de contrafuerza (como los adelantos en la tecnología de navegación inercial o el desarrollo de la tecnología MIRV) y, por lo tanto, con el tema de las defensas antibalísticas. Por estas razones, el análisis de los ICBM móviles se presenta en los capítulos V y VI.

Sistemas de emplazamiento

El emplazamiento de misiles en silos subterráneos y en submarinos constituye una innovación menor que permite la integración de sistemas tecnológicos más complejos. Aunque no constituye una transformación del formato mecánico de una innovación básica, sí es un cambio técnico de gran importancia. Los silos subterráneos se comenzaron a utilizar en los Estados Unidos hacia 1963. Una vez que la funcionalidad de este sistema de emplazamiento quedó demostrada, se procedió rápidamente a reforzar los silos y los centros de control de cada escuadrón de misiles. Además, los silos y los centros de control y mando se dispersaron para mejorar las probabilidades de supervivencia en caso de un ataque.

En pocos años se habían alcanzado niveles muy altos de "endurecimiento" de los silos con estructuras de concreto, acero y amortiguadores especialmente diseñados para reducir los efectos trepidatorios producidos por la onda de choque de una detonación nuclear. Se estima que para mediados de los años setenta los silos subterráneos de los Estados Unidos estaban construidos para soportar presiones del orden de 1 000 *psi** (Luttwak, 1976) y que esta resistencia aumentó a 2 000 *psi* en 1980 (Korb, 1980). Estos niveles de resistencia todavía pueden aumentar a medida que se introduzcan mejoras en diseños y materiales de construcción. El nivel de resistencia de los silos de misiles *Minuteman* es de 2 000 *psi*; pero en la literatura especializada es frecuente encontrar referencias en las que se afirma que los silos pueden resistir presiones del orden de "varios miles de *psi* (Feld y Tsipis, 1979). En otras fuentes se indica que "el límite práctico para estructuras reforzadas (*i.e.*, la capacidad teórica para resistir sobrepresiones de 2 000 o 3 000 *psi*) ya es práctica común en los silos de ICBMs" (Dennis, 1984).

Sin embargo, analistas de la Fuerza Aérea consideran que esta resistencia puede aumentarse entre 20 y 25 veces con estructuras de acero, concreto y acero reforzado (SIPRI, 1985). Por su parte, Walker y Wentworth (1986) utilizan el calificativo "superreforzado" para silos que pueden resistir hasta 25 000 *psi* de sobrepresión. Ésta es la única referencia en la literatura que menciona niveles de esta magnitud; desgraciadamente, estos autores no ofrecen mayores detalles. Además, se estima que los cráteres abiertos por explosiones nucleares tienen una dimensión menor a la que se había considerado anteriormente porque el subsuelo en donde se ubican los silos de los ICBM norteamericanos es más resistente (Tsipis, 1983). Sin embargo, este tipo de consideraciones deben ser tomadas con cautela y, en todo caso, la precisión y desarrollo de armas nucleares de la llamada tercera generación puede hacer obsoleto cualquier intento de reforzar los silos subterráneos más allá de los niveles actuales. (Taylor, 1987). La precisión de misiles crucero o de misiles balísticos dotados de vehículos de reingreso maniobrables (con CEPs del orden de 30 metros) también hacen difícil asegurar la invulnerabilidad de los silos subterráneos por más reforzados que estén.

Un último aspecto de los sistemas de emplazamiento en silos subterráneos es interesante. En la URSS se diseñó un sistema para utilizar un silo para varios lanzamientos del mismo tipo de misiles. Estos silos son, en cierta medida, recargables cuando se utiliza esta tecnología llamada de "lanzamiento en frío". En algu-

---

* Libras por pulgada cuadrada.

nos medios norteamericanos se ha visto en esta tecnología un evidente signo de que la URSS ha estado preparándose para combatir una guerra nuclear que puede durar el tiempo suficiente para poder recargar los silos. A pesar de que el sistema de silos subterráneos ofreció cierta invulnerabilidad durante el periodo 1963-1975, la tecnología de cabezas nucleares independientes constituyó la primera amenaza real contra las fuerzas de misiles emplazadas en bases fijas conocidas por un enemigo. Por esta razón, desde que surgió esa tecnología se anunció la aparición de sistemas de emplazamiento móviles para los ICBM (Rathjens y Kistiakowsky, 1970). Pero no es sino hasta comienzos de la década de 1980 que se comienza a plantear de manera más decidida la necesidad de contar con un sistema de emplazamiento móvil mejor adaptado a las necesidades de la nueva generación de misiles balísticos con bases en tierra.

IV. INNOVACIONES BÁSICAS EN ARMAMENTOS ESTRATÉGICOS: SUBMARINOS ESTRATÉGICOS (SSBN-SLBM)

Los submarinos hicieron su aparición desde antes de la Primera Guerra Mundial; en el conflicto de 1914-1918 demostraron el enorme potencial que tenían. Las grandes potencias marítimas, como Inglaterra, vieron las ventajas de su poderío naval erosionadas por la versatilidad y relativa invulnerabilidad de los submarinos.[1] En la Segunda Guerra el uso del submarino se generalizó hasta convertirse en un factor clave para controlar las grandes rutas comerciales en el mar. Al finalizar la guerra, los submarinos y los portaviones habían prácticamente acabado con el reinado de los grandes acorazados como el principal sistema de armamento marítimo. Por esta razón, los submarinos y los portaviones pueden ser considerados como una innovación básica en el periodo 1914-1945.

Durante el periodo 1939-1955 se introdujeron innovaciones menores en los submarinos. Muchas de estas innovaciones se orientaron a la resolución de desequilibrios tecnológicos producto de otras innovaciones. Por ejemplo, en Alemania la empresa "Maschinenfabrik Augsberg-Nurnberg A.-G." (MAN) experimentó desde los años treinta con un motor diesel de dos tiempos, muy eficiente en el uso de combustible. Sin embargo, los adelantos logrados en el diseño de estos motores tuvieron que esperar nuevos procesos en la industria metalúrgica y en el maquinado de metales que pudieran resistir el calor y la tensión en los nuevos motores. Para el comienzo de la guerra, MAN estaba produciendo motores diesel de cuatro tiempos con una capaci-

---

[1] Véase en la tercera parte de este libro un análisis de los intentos por reglamentar y restringir el uso de submarinos en conflictos bélicos.

dad de 1 000 caballos de fuerza. De manera análoga, los compresores utilizados en los submarinos constituyeron un cuello de botella tecnológico sumamente importante, pues casi todo depende del sistema de aire comprimido: la navegación, el lanzamiento de torpedos, el arranque de los motores principales, la inmersión y la salida a la superficie, son algunas de las más importantes operaciones de un submarino que dependen de una fuente confiable de aire comprimido. Los compresores de gran capacidad desarrollados en los años veinte y treinta también constituyeron un adelanto clave. Entre las innovaciones más importantes que permitieron desarrollar el potencial de los submarinos se encuentran las siguientes:

a) sistemas de propulsión más eficientes: baterías eléctricas para propulsión submarina y motores diesel para superficie;

b) controles electro hidráulicos para los timones horizontales (control del ángulo durante la inmersión);

c) sistemas de navegación submarina;

d) sistemas de respiración y ventilación (*schnorkel*);

e) diseño exterior y nuevos materiales que permitieron mayor resistencia a la presión y mayor velocidad.

Pero la gran innovación en este terreno fue la aplicación de la energía nuclear como fuente propulsora de un submarino. En 1955 el primer submarino nuclear (el *Nautilus* de los Estados Unidos) demostró que podía permanecer sumergido por largos periodos de tiempo y alcanzar velocidades nunca antes logradas por un submarino sumergido. Sin embargo, el diseño exterior del *Nautilus* era similar al de los submarinos más avanzados de esos años y, por esa razón, la velocidad del navío sumergido sólo rebasaba los 21 o 22 nudos. Mediante la modificación del diseño del casco, se pudieron obtener velocidades más altas en los submarinos de finales de los cincuenta.

El sistema de propulsión nuclear estuvo muy vinculado al desarrollo de reactores de agua ligera para la generación de energía eléctrica con fines comerciales. Anteriormente se habían desarrollado motores diesel de dos y cuatro tiempos muy confiables. Estos motores servían para la propulsión en la superficie y para cargar baterías de propulsión submarina. Los motores eléctricos no proporcionaban suficiente autonomía y constituyeron un permanente obstáculo para aumentar la versatilidad del submarino. La necesidad de salir a la superficie exponía al submarino a las fuerzas enemigas de superficie; la utilización del *schnorkel* redujo este peligro pero no lo eliminó completamente pues el navío tenía que mantenerse cerca de la superficie. El reactor nuclear aplicado al submarino y las mejoras en los sistemas de aire comprimido permitieron superar estas dificultades. Los sistemas de ventilación y expulsión de gases completaron las mejoras y en 1955 el submarino estaba ya listo para combinarse con otra innovación: los misiles balísticos. Esta combinación constituyó una nueva innovación básica: los sistemas SSBN/SLBM.

El proceso de generación de esta innovación básica constituye un caso interesante de consolidación de un *sistema* tecnológico en el sentido siguiente. Las mejoras introducidas en los diferentes componentes de los submarinos y en los de los misiles balísticos fueron creando desequilibrios tecnológicos sucesivos, que fueron corregidos poco a poco, a través de una compleja red de interdependencias. La acción de estas interdependencias afectó la trayectoria tecnológica de esta innovación básica; como se verá más adelante, el ejemplo más claro de este proceso se encuentra en la Unión Soviética, en donde "el curso errático seguido por los sistemas SSBN [fue] el resultado de la interacción de las limitaciones tecnológicas en los misiles y submarinos soviéticos en diversos momentos, así como las limitaciones inherentes a la posición geoestratégica de la URSS" (Jordan, 1984a:86).

El emplazamiento de misiles balísticos en submarinos también constituye un ejemplo de la consolidación de un sistema tecnológico asociado a la trayectoria tecnológica de dos innovaciones básicas en su fase de madurez. Pero el formato mecánico de los sistemas SSBN/SLBM constituye una innovación básica *distinta* de los submarinos y de los misiles. Por esta razón y por consideraciones metodológicas evidentes, no tiene sentido contrastar él desempeño tecnológico de un submarino SSBN con el de los submarinos utilizados en la Segunda Guerra Mundial para estudiar la evolución de la trayectoria tecnológica. Los sistemas SSBN/SLBM adoptan un *formato mecánico distinto* y la trayectoria tecnológica que le esta asociada es diferente a la de los submarinos o a la de los misiles.

GÉNESIS DE UNA INNOVACIÓN BÁSICA

Un estudio reciente de la evolución tecnológica de los submarinos estratégicos revela que la idea de utilizarlos como plataforma de lanzamiento de misiles no es nueva (Jordan, 1984a). Las tropas soviéticas que ocuparon los puertos alemanes en el Báltico encontraron ejemplares de un vehículo único en la industria naval militar. Varios submarinos estaban siendo adaptados para remolcar un tanque hermético en forma de un torpedo grande. En su interior, el tanque podía llevar almacenado un misil *V-2* en posición horizontal (con la nariz apuntando hacia el submarino); esos tanques medían unos 36 metros de largo por 5.7 metros de diámetro y pesaban unas 500 toneladas. El tanque estaba equipado con un sistema de balasto similar al de un submarino normal; para poder disparar el misil, la parte posterior del tanque sería llenada con agua de tal modo que el centro de gravedad cambiara. El peso en la parte posterior del tanque haría que adoptara una posición vertical, con lo cual el misil estaría en posición de ser disparado. Las compuertas superiores del tanque se abrirían y el sistema de navegación sería calibrado al mismo tiempo que se cargaría el misil de combustible. El misil estaría montado en una plataforma estabilizada por giroscopios para garantizar un lanzamiento adecuado. El tiempo estimado de toda la operación en la superficie era de 30 minutos. Los alemanes habían experimentado un prototipo de este sistema en 1944.

Inicialmente, el gran incentivo para utilizar submarinos como plataformas de lanzamiento de misiles consistía esencialmente en aumentar el alcance. El primer misil balístico (el *V-2*) tenía un alcance de aproximadamente 350 kilómetros; comparados con parámetros modernos los *V-2* serían clasificados como misiles tácticos. El lanzamiento desde puntos frente a las costas de un país enemigo ampliaría el abanico de blancos alcanzables. Pero se requería de un sistema encubierto o poco detectable para transportar y disparar el misil desde esos puntos. Desde este punto de vista, el submarino ofrecía ventajas indiscutibles.

LOS PRIMEROS SSBN SOVIÉTICOS

Por las limitaciones geoestratégicas que enfrenta la armada soviética, para los militares de ese país el sistema resultó muy atractivo y desde los primeros años de la posguerra iniciaron pruebas para desarrollarlo. Existen dos versiones distintas sobre el inicio del programa SSBN/SLBM soviético. Según Jordan (1984a) los primeros experimentos soviéticos con misiles se llevaron a cabo con el *Golem II*, una versión local del *V-2* alemán. Con este misil se llevaron a cabo los primeros trabajos de desarrollo experimental para su lanzamiento desde submarinos. En otra investigación (Schulz-Torge, 1983) se señala que el primer misil lanzado desde un submarino soviético fue un *Scud A*, modificado especialmente para este fin. El lanzamiento se habría llevado a cabo en 1955 desde un submarino *Zulu* en la superficie.

De todas maneras, muy rápidamente se reconoció la gran limitación que implicaba el poco alcance de los primeros misiles: los submarinos soviéticos tendrían que pasar un largo periodo de tiempo recorriendo la distancia que separa los puertos soviéticos de las zonas de patrullaje o lanzamiento. Además, el *Golem II* sólo podía ser disparado desde la superficie, con lo que el submarino perdía buena parte de su invulnerabilidad. Así que se propuso diseñar y construir un misil de mayor alcance explícitamente destinado a ser disparado desde submarinos. El resultado fue el misil SS-N-4, *Sark*, de tres etapas y de combustible líquido, probado inicialmente en 1955, y que estuvo listo para ser desplegado en submarinos en 1958.

Mientras se desarrollaba el misil SS-N-4 comenzaron los trabajos para adaptar submarinos clase *Zulu* para servir como plataformas lanzamisiles. Estos submarinos fueron escogidos porque se trataba de navíos de largo alcance, diseñados especialmente para operar en viajes de patrullaje largos en el Atlántico del Norte. Estas especificaciones los hicieron candidatos naturales a la reconversión para servir como submarinos estratégicos. Los trabajos de reconversión consistieron en modificaciones en la torre de control para poder colocar *dos* tubos resistentes a la presión que sirvieran para albergar y lanzar los misiles. La necesidad de colocar a éstos en la torre de control estuvo dictada por las dimensiones de los misiles SS-N-4: longitud, 15 metros; diámetro, casi dos metros. Entre seis y siete submarinos de esta clase fueron adaptados en los astilleros de Severodvinsk y recibieron la denominación de la OTAN *Zulu V*. En 1957 entraron en servicio activo los primeros submarinos *Zulu V*.

Ya con este primer desarrollo de sistemas SSBN en la Unión

Soviética se puede observar una diferencia importante con respecto a la introducción de esta innovación en los Estados Unidos. En la URSS la innovación fue tomando forma a través de una coordinación más o menos estrecha entre las oficinas de diseño naval y los constructores de misiles. Un nuevo misil, diseñado precisamente para ser disparado desde submarinos, exigía modificaciones en los submarinos existentes; estas modificaciones eran rápidamente superadas y generaban nuevas posibilidades para diseños mejorados de los misiles. Es posible que en materia de sistemas SSBN/SLBM exista la misma compartimentalización que MacKenzie (1988) encuentra en los trabajos de concepción, diseño y fabricación de sistemas de navegación para misiles balísticos. De ser así, la compartimentalización probablemente sería más marcada porque tradicionalmente los astilleros no habían tenido contacto con los diseñadores y constructores de misiles. Eso explicaría esta forma de proceder, tan distinta del sendero seguido por la actividad inventiva en Estados Unidos.

Las primeras operaciones de patrulla de los *Zulu V* demostraron la necesidad de construir submarinos mejor adaptados a la nueva misión. Así surgió en 1958 el submarino clase *Golf*, más grande y adaptado para lanzar tres misiles desde tubos colocados en la torre (de 27 metros de largo y 7 de altura). El nuevo submarino tenía motores diesel eléctricos y una capacidad para misiones de 70 días. Sin embargo, los misiles seguían siendo los mismos SS-N-4, que tenían un gran defecto: el lanzamiento tenía que llevarse a cabo desde la superficie (aunque el submarino podía seguir navegando a baja velocidad), con lo cual el submarino se exponía a ser localizado. Por otra parte, el mecanismo para el lanzamiento seguía siendo muy complicado: mientras era calibrada la computadora de cada misil con datos sobre el blanco y la trayectoria a seguir, el misil era subido hasta la apertura de su tubo de lanzamiento por medio de un mecanismo hidráulico (Shulz-Torge, 1983). Esta maniobra consumía demasiado tiempo.

Además, los requerimientos de las misiones de lanzamiento de misiles de tan corto alcance implicaban consumir muchos días en el trayecto hasta las zonas de patrullaje (en el Atlántico Norte frente a las costas de los Estados Unidos); la solución natural fue tratar de adoptar sistemas de propulsión nuclear para una nueva generación de submarinos. La propulsión nuclear serviría para alcanzar dos propósitos clave en los sistemas SSBN: velocidad y resistencia en los grandes recorridos hasta las zonas de patrulla, por un lado, y silencio en las operaciones del navío para reducir la vulnerabilidad.

Para 1955 los Estados Unidos habían iniciado la construcción de submarinos de propulsión nuclear y, sin duda, este fue un elemento clave en la decisión soviética para moverse en la misma dirección. Sin embargo, la construcción de los primeros submarinos lanzamisiles de propulsión nuclear (submarinos clase *Hotel*) no estuvo acompañada de innovaciones en los misiles balísticos que llevarían. Aunque los submarinos ganarían en velocidad y rendimiento de combustible, los misiles seguían imponiendo una seria restricción en el tiempo de los trayectos. Por cada submarino que se encontraba en actividad de patrullaje activo, había seis o siete en mantenimiento, avituallamiento en puerto y en ruta hacia o desde la zona de patrulla. Esta alta tasa de ausentismo no podía resolverse a través de mejoras en los submarinos, sino a través de un mayor alcance en los misiles.

Entre 1959 y 1964 los soviéticos dan más importancia al desarrollo de sus ICBM, y el programa de submarinos estratégicos se rezagó. El único adelanto importante consistió en la introducción de un nuevo misil, el SS-N-5, *Serb*, de menor tamaño y mayor alcance (1 300 kilómetros). Además, este nuevo misil incorporaba un adelanto importante pues podía ser lanzado desde un submarino sumergido. Con este adelanto se daba un paso importante en los sistemas SSBN. La tecnología inicialmente adoptada para lanzar un misil desde un submarino sumergido utilizaba 18 pequeños motores de gas frío con un encendido eléctrico; al iniciarse el encendido del motor de la primera etapa, las 18 toberas y recipientes de combustible vacíos se separaban por medio de explosivos. Esta complicada tecnología es más la respuesta de una oficina de diseño de misiles que la de los constructores navales. En vista de que la solución más cómoda para un submarino es la expulsión del misil por medio de aire comprimido, es razonable suponer que predominó la influencia de los diseñadores de misiles en esta solución.[2]

---

[2] En los primeros submarinos norteamericanos de la clase *Polaris*, la expulsión del misil se lleva a cabo por medio de aire comprimido. Los submari-

El nuevo misil no tuvo un submarino especialmente diseñado para transportarlo. El monto de las inversiones en sistemas ICBM y fuerzas convencionales dejó relativamente pocos recursos para el diseño y construcción de nuevos submarinos SSBN. En consecuencia, los submarinos *Golf* y *Hotel* (estos últimos de propulsión nuclear) fueron equipados con el nuevo SS-N-5 a partir de 1963. Aquí nuevamente se observa cómo el desequilibrio constante en el desarrollo de submarinos y misiles repercutió en los diseños de ambos componentes de este sistema. Mientras no existían recursos para diseñar y construir una nueva generación de submarinos, los diseñadores de misiles no tenían mayor exigencia para producir misiles más pequeños porque, de todas maneras, los tubos disponibles (en los submarinos *Golf* y *Hotel*) podían albergar misiles grandes. No era necesario, por lo tanto, esforzarse en sacrificar dimensiones y cambiar el diseño de los primeros SLBMs soviéticos. Es más, el buscar lanzar misiles más pequeños hubiera implicado realizar transformaciones internas en los tubos de lanzamiento de los submarinos existentes y un costo adicional.[3]

Por fin, en 1967 se introduce en la URSS un nuevo submarino con una arquitectura explícitamente diseñada para lanzar misiles balísticos. Este submarino fue llamado *Yankee* porque copiaba fielmente el diseño de los submarinos *Polaris* que Estados Unidos había desplegado desde 1960. La característica más importante de estos submarinos fue la colocación de 16 tubos lanzamisiles (dos filas de ocho cada una) entre la torre y la popa del navío. La torre de mando se encuentra colocada más adelante que en los submarinos anteriores, y el reactor nuclear, turbinas y eje motriz, en la parte posterior. Los misiles que hicieron

---

nos soviéticos de modelos posteriores adoptaron el sistema de aire comprimido para expulsar los misiles hasta la superficie. El dato sobre la profundidad máxima desde la que los diferentes SLBMs (soviéticos o norteamericanos) pueden ser disparados no se encuentra en ninguna referencia en la literatura.

[3] La posible introducción de misiles tipo *Scud* en los primeros submarinos *Zulu V* ha sido objeto de una polémica en la literatura (véase la nota 2 en Jordan, 1984a). Los misiles *Scud* son misiles tácticos utilizados por el ejército de tierra y son mucho más pequeños (sólo 10 metros de altura) que el SS-N-4. Precisamente uno de los argumentos para desechar esta hipótesis es la del costo adicional que hubieran implicado las modificaciones internas en los tubos de lanzamiento de un misil notablemente más pequeño que el SS-N-4.

posible este formato y distribución de espacio fueron los nuevos SS-N-6, más chicos y de mayor alcance (2 400 kilómetros). Estos misiles fueron los primeros SLBMs soviéticos con varias cabezas nucleares separadas (aunque no independientes).[4] Si bien todavía persistía un rezago importante frente a los sistemas SSBN/ SLBM norteamericanos, el avance fue importante para las fuerzas estratégicas soviéticas. Hasta la introducción de la clase *Yankee* los submarinos nucleares soviéticos habían mantenido el diseño de los submarinos convencionales (con una quilla que termina en un ángulo casi recto y los tanques de balasto marcando sendos bultos en los costados del casco). La nueva clase introduce un casco con el diseño llamado "de ballena", que incorpora mejores cualidades hidrodinámicas. Además, los reactores nuevos habían sido probados con más cuidado y eran más silenciosos que los de los submarinos *Hotel*. A partir de la introducción de los submarinos *Yankee* se lanza un intenso programa de construcción de submarinos estratégicos (entre 1967 y 1974 se construyeron 33 submarinos SSBN de esta clase).

En 1973-1974 se inicia un nuevo programa de construcción naval para submarinos clase *Delta*, que mantienen el formato anterior (tubos lanzamisiles detrás de la torre de mando) pero llevan un número menor de misiles (en lugar de 16, sólo alojan 12). Los misiles en sí mismos constituyen una novedad importante: se trata de los SS-N-8, con un alcance superior a los 7 800 kilómetros, con lo cual se superó el alcance de los SLBM norteamericanos (los *Poseidon C-3*) de esos años. La precisión también aumentó, aunque no se acercó a proporcionar la capacidad para destruir blancos reforzados: el CEP es de aproximadamente 1 555 metros en trayectorias de 4 900 kilómetros (MacKenzie, 1988).[5]

El alcance de los SS-N-8 tiene una gran importancia estratégica pues puede ser lanzado contra casi cualquier blanco importante en América del Norte desde aguas protegidas por fuerzas navales soviéticas. Por una parte se evitaba así la necesidad de

---

[4] Los vehículos de reingreso siguen la misma trayectoria y atacan el mismo blanco, con una distribución más amplia que la que se lograría con una sola cabeza, pero por el camión no distribuye las cabezas en trayectorias distintas.

[5] Según Schulz-Torge (1983) el CEP de una versión modificada de este misil se redujo a 450 metros.

los grandes recorridos hasta las zonas de patrullaje en el Atlántico Norte y en el Pacífico. Estos recorridos obligaban a una gran tasa de ausentismo: a pesar del gran número de submarinos SSBN soviéticos, solamente se podían mantener en patrulla tres en el Atlántico y uno en el Pacífico. Por otra parte, se evitaba tener que atravesar el sistema de defensa antisubmarinos establecido en el Atlántico Norte, conocido con el nombre de *Sosus (Sound Surveillance System)*. Este sistema consiste en una línea de hidrófonos colocados en el fondo del océano entre Groenlandia, Islandia y el Reino Unido (la brecha GIUK); el sistema permite detectar cualquier submarino que atraviese esta línea en dirección del Atlántico Norte, con lo cual los submarinos pueden ser seguidos y, en caso de crisis, atacados antes de poder lanzar sus misiles.

Pero este mayor alcance de los SS-N-8 sólo se logró con un mayor tamaño del misil, con lo cual el número óptimo de misiles transportados por un submarino tuvo que reducirse a 12. El tamaño del SS-N-8 alcanza casi 13 metros de longitud y 1.8 metros de diámetro. Los submarinos *Delta* construidos a partir de 1978 fueron alargados para poder recibir los tradicionales 16 tubos lanzamisiles. Por otra parte, estos misiles siguen utilizando el combustible líquido prealmacenado que continúa representando un riesgo mayor en las operaciones de mantenimiento y manejo (carga y descarga en puerto).

Los submarinos de la clase *Delta* ocuparon una gran cantidad de recursos en los astilleros de Severodvinsk (en el Ártico) y de Komsomolsk (en el Pacífico). Por lo menos 18 submarinos fueron construidos en un lapso de cinco años (1972-1977), es decir, el mismo lapso de vigencia del Acuerdo Interino de los tratados SALT I. Es muy posible que este proceso haya estado ligado a un programa de modernización de la flota de submarinos soviéticos con el fin de otorgarles un mayor peso relativo dentro de los arsenales estratégicos.

La tradicional postura soviética en materia de armamentos nucleares estratégicos ha descansado primordialmente en los ICBMs con bases en tierra. Sin embargo, a medida que se completaron los programas de crecimiento de una fuerza considerable de ICBMs de todo tipo (combustible líquido y sólido, cabezas múltiples, etc.), se puede observar cierta tendencia a fortalecer el sistema de submarinos estratégicos. A partir de la introducción de los submarinos clase *Delta*, esta tendencia es más clara. Los últimos modelos de esta clase fueron adaptados para llevar misiles todavía más poderosos: los SS-N-18, con un CEP de sólo 1 400 metros en trayectorias con alcance de 6 500 kilómetros, y que pueden llevar hasta siete cabezas nucleares independientes. Hasta la entrada en servicio de estos submarinos con sus misiles SS-N-8 se pudo contemplar una verdadera misión estratégica para los SSBN soviéticos.

Es posible que los submarinos *Golf*, *Hotel* y aun los de la clase *Yankee*, por su alcance, escasa autonomía y limitaciones de los misiles que llevaban, solamente tuvieran un papel de reserva estratégica, o quizás se les asignó la misión de tratar de neutralizar fuerzas navales (de superficie y submarinas) en el Atlántico. Jordan (1984b) señala que en los años setenta los soviéticos experimentaron con un nuevo SLBM (SS-NX-13) de corto alcance (unos 900 kilómetros), pero con un sistema de navegación terminal para dirigirlo con precisión hacia blancos tales como concentraciones navales. Las dificultades técnicas en el sistema de navegación hicieron que se abandonara el misil en 1973. Pero las características de este misil confirman que durante algunos años, los submarinos para lanzar misiles balísticos fueron considerados en la URSS como un arma táctica (*i.e.*, de teatro) y no sólo estratégica.

Por otra parte, mientras se fueron introduciendo nuevos y más poderosos submarinos estratégicos, los modelos anteriores fueron reciclados en otras zonas. Así, a partir de 1967 y 1969 se dejaron de observar submarinos *Golf* frente a las costas occidental y oriental de los Estados Unidos. En cambio, comenzaron a verse los submarinos *Yankee*, mientras que los *Golf* aparecieron en el Báltico, desde donde pueden alcanzar blancos europeos con sus SS-N-5 (Schulz-Torge, 1983).

La última generación de submarinos soviéticos parece confirmar la tendencia a incrementar su función estratégica. En efecto, los nuevos submarinos *Taifun*, en servicio activo a partir de 1984, son portadores de 20 misiles SS-N-20, con un CEP de 926 metros en trayectorias de 8 300 kilómetros y con capacidad para llevar entre seis y nueve cabezas nucleares independientes. Por estas características de sus misiles se ha considerado que los *Taifun* tienen una capacidad de contrafuerza (*i.e.*, para destruir blancos militares reforzados).

Estos submarinos son mucho más grandes que todos sus predecesores (desplazan 30 000 toneladas sumergidos y tienen una longitud de 170 metros); además introducen un cambio interesante en el diseño pues los misiles están ubicados *adelante* de la torre de mando. En parte estas dimensiones se deben a la cantidad de misiles que llevan (y al tamaño de los mismos). Pero también al hecho de que los *Taifun* están propulsados por *dos* reactores nucleares y a que toda la maquinaria se encuentra montada sobre sistemas especiales con el fin de amortiguar el ruido. En efecto, el ruido es la variable clave en la lucha antisubmarina, y en este renglón los submarinos soviéticos habían estado relativamente rezagados. En los nuevos navíos las turbinas y el resto de la maquinaria están montados sobre bases flexibles, al igual que en los submarinos norteamericanos.

Junto con los de la clase *Taifun* se han estado produciendo algunos submarinos de la clase *Delta*. Estos últimos modelos, designados *Delta IV*, son casi del mismo tamaño que los nuevos *Taifun* y llevan misiles SS-N-23 con un alcance de aproximadamente 9 000 kilómetros y una precisión que se sitúa entre la de los SS-N-18 y los SS-N-20, que seguramente depende del peso transportado (número de cabezas) y del alcance de la trayectoria escogida (Preston y Berg, 1985).

En términos generales, la trayectoria tecnológica seguida en el caso de esta innovación básica consiste en optimizar los parámetros relacionados con el desempeño de los dos componentes centrales: los misiles y el submarino (véase el cuadro IV.1). En relación con los misiles, se ha buscado aumentar el alcance y la precisión; además, se ha buscado aumentar el número de cabezas nucleares en cada misil. En cuanto a los submarinos, los cambios en los sistemas de propulsión (de diesel/eléctrico a nuclear) están asociados a la necesidad de aumentar la velocidad y la autonomía de la fuente de poder, así como al imperativo de reducir el ruido. El diseño de los submarinos también ha cambiado para introducir un mayor número de misiles transportados. Por último, los navíos soviéticos también incorporan una serie de innovaciones menores en materia de sistemas de propulsión, giroscopios para navegación, dispositivos electrónicos para comunicación (antenas VLF), torpedos con capacidad nuclear, etc. Algunas de estas innovaciones se reflejan en el diseño externo de los navíos (por ejemplo, las antenas de sonar que

Cuadro IV.1
Evolución tecnológica de los sistemas SSBN/SLBM soviéticos

Misiles (SLBM)	Alcance en km	CEP en km	Cabezas nucleares por SLBM*	Submarinos (SSBN)	Número de misiles	Años
SS-N-4	650	3.7	1	Zulu V	2	1957-1958
				Golf I	3	
				Hotel I	3	
SS-N-5	1 300	2.8	1	Golf II	3	1963
				Hotel II	3	
SS-N-6						
Mod. 1	2 400	0.9	1	Yankee I	16	1967
Mod. 2	3 000	0.5	1		16	1973
Mod. 3	3 000	1.4	2		16	1973
SS-N-8						
Mod. 1	7 800	1.3	1	Delta I	12	1972
Mod. 2	9 100	0.9	1			1974
Mod. 3	9 100	0.45	3	Delta II	16	1977
SS-NX-17	3 900	1.5	7	Yankee II	16	1977
SS-N-18						
Mod. 1	7 400	1.4	3	Delta III	16	1977
Mod. 2	8 300	0.6	1	Delta III	16	1978
Mod. 3	6 500	0.6	7	Delta III	16	1980
SS-N-20	8 300	0.3	12	Taifun	20	1982-1984
SS-N-23	9 200	0.59	7	Deltra IV	16	1986

* Hasta el SS-N-8, mod. 3., se introducen cabezas independientes. El año que se indica en la última columna es aquel en que se introdujo el SLBM en servicio activo.
Fuente: Schulz-Torge (1983), *International Defense Review*, Sands y Norris (1985), SIPRI *Yearbooks*, Varios años.

los *Delta IV* llevan en la popa).[6]

La flota de submarinos soviéticos es la más grande del mundo, con un total de aproximadamente 385 submarinos en servicio activo en 1986. De este total, más de 200 son de propulsión nuclear y el resto tiene motores convencionales diesel/eléctricos (Polmar, 1986). La heterogenidad de la flota es muy marcada y revela una tendencia en el arsenal naval soviético a mantener modelos y clases de submarinos viejos para algunas misiones específicas: algunos de los *Golf III* y *Hotel III* sirven simplemente como rampas de lanzamiento experimental para misiles más nuevos, mientras que algunos *Zulu IV* son utilizados como estaciones para la investigación científica. Cabe señalar, sin embargo, que la mayor parte de los submarinos con misiles balísticos en operaciones hoy en días son de las clases *Taifun, Delta IV* y *Yankee*.

La capacidad de construcción de los astilleros soviéticos especializados en submarinos es realmente muy grande y, en el futuro, se espera que continuarán produciéndose nuevos submarinos a una tasa muy elevada. En 1986 se producían dos nuevos submarinos *Taifun* o *Delta IV* por año en los astilleros de Severodvinsk. Pero se espera una mayor diversificación en el futuro cercano a medida que adquieren mayor importancia los misiles crucero lanzados desde submarinos (SLCM).

La mejor demostración de esta tendencia es el surgimiento de una nueva clase de submarinos especialmente diseñados para el lanzamiento de misiles crucero: la clase *Oscar*. Los submarinos de esta clase están supuestamente concebidos para operaciones de ataque en contra de fuerzas navales enemigas, de superficie o submarinas; sin embargo, los *Oscar* tienen dimensiones muy grandes: con casi 160 metros de largo, solamente son superados en tamaño por los *Taifun*. El ancho del submarino también es notable porque los 24 tubos lanzamisiles se encuentran colocados en dos hileras, una de cada lado de la torre de mando. Los tubos lanzamisiles tienen una inclinación de unos 40 grados y su diseño permite el lanzamiento de misiles que llevan sus alas y sistema de propulsión primario (de combustible sólido) plegados contra el fuselaje principal. Una vez en la superficie, el propul-

---

[6] Véase la nota "New SSBN Clases Variant-Delta IV", en *International Defense Review*, 2/1986, p. 143.

sor primario impulsa el misil hasta una altura y velocidad adecuadas y el motor de turbina arranca. Este formato también es relativamente original y demuestra una capacidad innovadora importante en los astilleros de Severodvinsk. Los misiles que llevan los *Oscar* son SS-N-19 y pueden ser lanzados por el submarino sumergido (Jordan, 1986). Aunque el alcance de estos misiles es relativamente pequeño (463 kilómetros), se espera que estos submarinos puedan albergar los misiles crucero más adelantados de los arsenales soviéticos en un futuro cercano.

Existe mucha especulación en torno a las funciones asignadas a los *Oscar* porque los submarinos de ataque (*i.e.*, contra fuerzas navales) normalmente son más pequeños y rápidos. El tamaño del *Oscar* es más bien el de un submarino que serviría de plataforma de lanzamiento de SLCMs con fines estratégicos (cada submarino lleva 24 tubos lanzamisiles). Para este fin, los *Oscar* pueden ser equipados con misiles crucero SS-N-21, con alcances de aproximadamente 3 000 kilómetros y con CEPs más pequeños.

Los sistemas SSBN/SLBM en Estados Unidos

En Estados Unidos el diseño y construcción de submarinos con misiles balísticos siguió un camino radicalmente distinto desde el punto de vista institucional. Sin embargo, a pesar de las diferencias existentes con los sistemas SSBN/SLBM soviéticos en el periodo 1955-1967, en ambos países se converge hacia un mismo diseño de submarinos estratégicos y sólo se rompe con esta misma arquitectura con los submarinos *Taifun* y los *Oscar* soviéticos.

En 1960 Estados Unidos se presentan como los grandes innovadores en el terreno de los submarinos estratégicos. A sólo tres años de reconocer el rezago que existía frente a los soviéticos en materia de misiles estratégicos (el *Sputnik* había sido puesto en órbita en 1957), Estados Unidos no sólo comienzan a tomar la delantera en el despliegue de misiles intercontinentales, sino que también lanzan el primer submarino nuclear con capacidad para lanzar 16 misiles *Polaris*, cada uno armado con una cabeza nuclear. Aunque estos misiles no tenían una gran precisión (aproximadamente 3 700 metros de CEP en trayectorias de casi dos mil kilómetros), eran perfectamente capaces de destruir blancos como concentraciones industriales y urbanas. Por lo tanto, inmediatamente los submarinos dejaron de ser un armamento de importancia en un solo teatro de batalla y, en unos cuantos meses, revolucionaron su función.

Aunque los soviéticos fueron los primeros en percatarse de la importancia de los submarinos lanzamisiles, los servicios de inteligencia occidentales seguramente tomaron conocimiento de la existencia de los prototipos alemanes para el lanzamiento de los *V-2* desde tanques remolcados por submarinos. Además, la idea de utilizar una plataforma móvil en el mar para lanzar vehículos no tripulados no era nueva.[7] No existe una referencia clara en la literatura sobre la fecha en que las fuerzas navales de Estados Unidos se interesaron en este concepto. Durante la década de los cincuenta la Fuerza Aérea había monopolizado el manejo de las fuerzas nucleares estratégicas. El Ejército de tierra y la Armada vieron declinar su influencia porque solamente se les autorizó el despliegue de armas nucleares con fines tácticos: en pequeños misiles crucero de la primera generación y en artillería de 155 milímetros respectivamente.

Pero en 1955 la Armada lanzó el primer submarino con propulsión nuclear del mundo, el *USS Nautilus*. El éxito de este submarino seguramente hizo renacer la esperanza de recuperar parte de las funciones estratégicas que la Armada percibía como suyas. A diferencia de la URSS, en los Estados Unidos el desarrollo de una flota de submarinos nucleares constituyó el primer paso para la construcción de sistemas SSBN. Por la rivalidad entre la Fuerza Aérea y la Armada, es claro que en Estados Unidos nunca se hubiera iniciado un programa de submarinos estratégicos sin que se hubiera consolidado y asimilado una tecnología de propulsión nuclear para submarinos.

Por esta razón, la historia de los SSBN en Estados Unidos comienza con los esfuerzos que en 1950 realizó el grupo del (entonces) capitán Hyman Ryckover para dotar a la Armada de navíos de propulsión nuclear. Ese año, el grupo de Rickover presentó un

---

[7] En 1927 la armada inglesa exploró una idea similar con un pequeño avión no tripulado y cargado de explosivos de alto poder. Este avión era lanzado por medio de una catapulta a bordo de un crucero y guiado hasta un navío enemigo. Varios prototipos del sistema *Larynx* fueron producidos y emplazados, pero nunca fueron utilizados.

memorándum al Estado Mayor Conjunto (EMC) en el que proponía la producción de un portaviones con propulsión nuclear. El EMC aceptó la idea y propuso de inmediato que se procediera a solicitar la autorización del Departamento de la Defensa y del Congreso. Además, hizo suya la recomendación de Rickover para que la compañía Westinghouse se encargara de la producción del reactor (Lamperti, 1984a). Los portaviones habían desempeñado un papel muy importante en la guerra en el Pacífico, y la Armada veía en estos navíos una carta importante para recuperar algo de su jerarquía estratégica.

El abandono del plan para construir un portaviones nuclear fue una de las primeras acciones de la administración Eisenhower, porque el presupuesto militar fue recortado de manera importante después de la guerra de Corea. Sin embargo, desde 1948 existía interés en construir reactores compactos especialmente diseñados para submarinos, y la propuesta de Rickover se reorientó hacia estos navíos. El costo de construcción de un submarino de ataque es notablemente menor que el de un portaviones, no sólo por la diferencia en tamaño sino por la cantidad y complejidad de los componentes que requiere un portaviones (en particular, elevadores hidráulicos y dotación de aviones). Además, la experiencia que se alcanzaría con la nueva tecnología sería básicamente la misma. Por lo tanto, había mucho que ganar si la curva de aprendizaje pudiera iniciarse con un proyecto mucho menos costoso.

Por otra parte, dese 1948 el Laboratorio Nacional de Argonne fue encargado de diseñar un reactor nuclear para el sistema de propulsión de un submarino. El resultado fue un reactor de uranio enriquecido que utilizaba agua presurizada como moderador y refrigerante. El agua presurizada era circulada a través de un intercambiador de calor situado fuera del contenedor primario, y así se generaba el vapor que servía para mover las turbinas (Glasstone y Sesonske, 1981). Un prototipo fue cargado e inició sus operaciones en mayo de 1953; en enero de 1955 el primer submarino nuclear, el *USS Nautilus*, inició sus pruebas de navegación utilizando un reactor idéntico.[8]

---

[8] Este reactor sirvió después para el diseño de los que se usaron para generar energía eléctrica de uso comercial. El análisis de esta vinculación entre la industria civil y la militar se presenta en el capítulo X.

El *USS Nautilus* representó un adelanto importante en materia de submarinos. Como tal, reveló la existencia de muchos desequilibrios tecnológicos entre sus diversos componentes. El diseño externo continuó siendo el de los submarinos convencionales, con los tanques de balasto de agua ocupando los lados del casco y la proa recta. La propulsión nuclear abría las puertas a velocidades nunca antes alcanzadas por submarinos sumergidos, pero el diseño clásico debía cambiar para hacer efectivo ese potencial tecnológico.

Muy rápidamente la Armada se interesó en demostrar que los submarinos de propulsión nuclear podían servir para lanzar misiles y desempeñar un papel más importante. Desde 1947 la Armada había llevado a cabo un programa para desarrollar misiles balísticos que serían lanzados desde diversos navíos. Ese año se disparó el primer *V-2* desde la cubierta de un barco. Posteriormente, el barco *USS Norton Sound* fue reconvertido y dotado de una plataforma en la popa para el lanzamiento de misiles *Redstone*. En 1956-1957 la Armada patrocinó junto con el Ejército el desarrollo del misil balístico de alcance intermedio *Jupiter*, de combustible líquido. Sin embargo, se presentaron serios problemas para el almacenamiento y manejo del combustible líquido a bordo de los barcos y la Armada se retiró del proyecto. En 1957 la Armada comenzó a desarrollar un misil de combustible sólido más versátil y seguro.

En la segunda mitad de los cincuenta, sin embargo, la Armada no tenía un solo misil balístico que pudiera ser disparado desde un submarino como el *Nautilus*. Para demostrar el potencial estratégico del submarino nuclear lanzamisiles sin llevar a cabo modificaciones mayores (*i.e.*, la construcción de tubos de lanzamiento en la torre de mando, como en los primeros *Zulu* soviéticos) el *Nautilus* fue equipado para llevar en la cubierta posterior a la torre de mando un tanque hermético que contenía un misil crucero *Regulus*. Este misil tenía un alcance de aproximadamente 1 900 kilómetros y capacidad para llevar una carga nuclear. En la superficie, las compuertas del tanque eran abiertas y el misil lanzado desde su rampa; la operación podía realizarse en pocos minutos, pero de todos modos resultaba arriesgado para el submarino tener que salir a la superficie. A pesar de todos estos inconvenientes, el objetivo de demostrar cl potencial de esta utilización de los submarinos fue logrado exitosamente y se puso en marcha un ambicioso programa para construir submarinos estratégicos.

La Armada procedió en cuatro direcciones tecnológicas simultáneamente. Por un lado, el misil de combustible sólido *Polaris A-1* fue desarrollado rápidamente. El primer misil fue disparado con éxito desde un navío de superficie en 1958, y tenía un alcance de más de 2 200 kilómetros y un CEP de 3 700 metros. Además, sus dimensiones (longitud de 10 metros) lo hacían ideal para ser albergado a bordo de un submarino.

En segundo lugar, el diseño externo de los submarinos nucleares fue modificado para poder aprovechar al máximo las ventajas de una velocidad mayor. En 1957 el submarino *USS Albacore* fue construido con el fin exclusivo de analizar las propiedades hidrodinámicas de un nuevo diseño en forma de ballena. Este nuevo diseño se adoptó en todas las generaciones de submarinos nucleares a partir de 1957.

En tercer lugar, los sistemas de propulsión y de navegación submarina fueron mejorados. Al reactor de agua presurizada del *Nautilus* le sucedió un nuevo reactor que utilizaba sodio líquido como refrigerante, pero éste presentó numerosos problemas a bordo del *USS Seawolf* y tuvo que ser abandonado (Lamperti, 1984b). El diseño de reactores de agua presurizada fue mejorado y preparado para nuevos submarinos. La seguridad de estos reactores continuó siendo un criterio secundario en el diseño primordialmente orientado hacia otros objetivos como el tamaño reducido.

Por último, los sistemas de navegación submarina también fueron perfeccionados: giroscopios, radar y sonar, sistemas de comunicación de baja frecuencia, así como otros equipos electrónicos, fueron siendo introducidos paulatinamente. Estos sistemas eran indispensables para la nueva misión de un submarino nuclear, pues el lanzamiento de misiles balísticos exige conocer exactamente las coordenadas del punto de lanzamiento. Los viajes de los submarinos nucleares *Nautilus* y *USS Triton* fueron muy importantes: aquél realizó la primera travesía submarina del Mar Ártico, pasando del Pacífico al Atlántico, mientras que el segundo llevó a cabo en 1960 la primera circunnavegación submarina del globo. El *USS Nautilus* estuvo equipado con una variación del sistema de navegación inercial de un misil crucero y, aunque el potencial de la navegación inercial para submarinos estratégicos todavía no se conocía bien, esta experiencia permitió adaptaciones y mejoras ulteriores (Wilkes y Gleditsch, 1987). El resultado final fue el desarrollo de un sistema de navegación inercial para submarinos (SINS por sus siglas en inglés), especialmente adaptado para resolver los problemas de orientación de los navíos y ayudar en la estabilización y el lanzamiento de misiles balísticos. El SINS fue desarrollado en buena medida por los laboratorios Draper del MIT y la empresa Sperry Gyroscope.

Para 1960 ya estaba listo el *USS George* Washington, primer submarino capaz de lanzar sumergido 16 misiles *Polaris A-1*, a razón de uno por minuto (Scoville, 1972). El CEP de este nuevo misil era relativamente grande (aproximadamente 3 700 metros a una distancia de 1 800 kilómetros), y solamente podía ser utilizado contra grandes concentraciones industriales y urbanas. Sin embargo, este poder de fuego colocó a los submarinos *Polaris* en una categoría única de armamentos estratégicos por su gran invulnerabilidad. Por su sistema de propulsión nuclear y el alcance de sus SLBMs, estos submarinos podían esconderse en una vasta región del océano (aproximadamente unos cinco millones de kilómetros cuadrados) y disparar sus misiles contra una gran cantidad de blancos en la URSS. El entusiasmo con el que fue recibido el nuevo sistema SSBN quedó plasmado en un vertiginoso ritmo de construcción naval: para 1963 ya estaban otros 12 submarinos *Polaris* en operación, y el número aumentó a 41 en 1966 (*ibid.*).

El proceso de incorporación de progreso técnico también fue muy intenso. Entre 1960 y 1965 se desarrollaron dos nuevos modelos de misil *Polaris*, el *A-2* y *A-3*, con alcances de 2 700 y 4 600 kilómetros, respectivamente; además, el CEP se redujo a unos 900 metros en el caso del *A-3*. Este último modelo introdujo el sistema de tres cabezas nucleares separadas aunque *no independientes*.[9]

El número total de cabezas nucleares que los submarinos de la Armada podían lanzar contra blancos en la URSS pasó de cero en 1959 a 1 712 en 1966. Pero como las cabezas múltiples sólo

---

[9] A diferencia de los sistemas MIRV, en los sistemas de cabezas múltiples *no* independientes, éstas no pueden ser utilizadas para blancos distintos, pero permiten una distribución de las cargas nucleares que es más destructiva.

podían distribuir las cargas nucleares alrededor de un mismo blanco, la combinación de misiles *Polaris* de las tres generaciones podía destruir "sólo" un máximo de 656 blancos (Scoville, 1972). En realidad, el númer de submarinos que podía encontrarse en patrulla en un momento determinado era de sólo 20 o 25 porque los trayectos hacia las zonas de operación consumen tiempo, así como las actividades de mantenimiento y servicio de cada navío. Pero con una lista de 300 blancos, esta flota representó una fuerza de disuasión de gran importancia para el balance estratégico entre la URSS y los Estados Unidos.[10]

Durante el periodo 1960-1990 se introdujeron una serie de innovaciones destinadas a mejorar los principales parámetros de desempeño tecnológico de misiles y submarinos. El formato principal del primer submarino estratégico, el *George Washington*, siguió siendo respetado, sólo que con reactores nucleares más poderosos y con silenciadores más efectivos para todas las partes mecánicas e hidráulicas. Los misiles siguieron el mismo proceso de mejoras en los sistemas de propulsión y de navegación que en el caso de los ICBM. La gran diferencia entre la precisión de los ICBM y los SLBM proviene de que estos últimos son lanzados desde una plataforma móvil y la precisión depende crucialmente del conocimiento exacto del punto de lanzamiento. Por esta razón, muchas de las innovaciones relacionadas con navegación submarina adquieren una gran importancia en el caso de los submarinos lanzamisiles.

La evolución de los submarinos estratégicos y los SLBM de los Estados Unidos a partir de 1960 puede dividirse cómodamente en tres etapas. Cada una de ellas está dominada por una generación de misiles balísticos: *Polaris, Poseidon* y *Trident*. La clase de submarinos que lleva cada generación de misiles se conoce por el nombre del primer submarino de cada serie. Las primeras dos generaciones de misiles están separadas por muy pocos años: el *Polaris* entra en servicio en 1960 y el *Poseidon* en 1962 (a bordo el submarino *USS Ethan Allen*). En cambio, el *Trident* entra en operaciones hasta 1982, 20 años después. El cuadro IV.2 presenta una síntesis de la evolución de los principales parámetros de cada una de estas generaciones de misiles. Como se puede obser-

---

[10] Los Estados Unidos mantuvieron durante esos años bases de submarinos estratégicos en España (Rota), Escocia (Holy Loch) y Guam en el Pacífico.

Cuadro IV.2

Submarinos estratégicos y SLBMs en Estados Unidos, 1960-1988

SLBMS	Número p/SSBN	Número de cabezas por SLBM	Alcance (km)	CEP (km)	Año
Polaris					
A-1	16	1	2 200	3.7	1960
A-2	16	1	2 800	3.7	1962
A-3	16	3 MRV	4 600	0.8	1964
Poseidon					
C-3	16	10 MIRV	4 600	0.55 —0.3	1971
Trident					
C-4	24	8 MIRV	7 400	0.3	1979
D-5	24	8 MIRV	11 000	0.1	1991?

Fuentes: Wilke y Gledistch (1987); Mackenzie (1988); SIPRI *Yearbooks*, varios años.

var, el gran salto en precisión de SLBMs se da con el *Trident C-4*, misil que incorpora un sistema de navegación inercial y estelar para fijar o corregir el rumbo durante la primera fase del vuelo.

El último modelo de SLBM es el *Trident D-5*, que además de tener un mejor sistema de navegación inercial-estelar, está programado para adoptar un sistema de navegación terminal (similar al de los misiles *Pershing II*).

Las variaciones en la precisión de cada generación de SLBMs norteamericanos lleva a Wilkes y Gleditsch (1987) a asociarlas con estrategias nucleares claramente definidas. Así, los *Polaris* están limitados a una función exclusivamente *disuasiva* porque solamente pueden alcanzar blancos del tamaño de una concentración urbano-industrial. Los *Poseidon* tienen mayor alcance y más precisión; por lo tanto, se les abre un abanico de opciones apropiadas para la estrategia de *respuesta flexible*. Por último, la precisión de los misiles *Trident* permite concebirlos como armas de una estrategia de *contrafuerza* por su capacidad para destruir blancos reforzados (silos de ICBMs).

El diseño externo de los submarinos estratégicos norteamericanos no ha variado. Los últimos navíos de la clase *Ohio*, para transportar misiles *Trident*, mantienen el mismo formato de los primeros submarinos estratégicos. Pero incorporan las últimas innovaciones en materia de reducción de ruido. Ésta es una variable central en la competencia tecnológica de la llamada guerra antisubmarina. En términos generales, las posibilidades para detectar la presencia de un submarino clase *Ohio* a través de medios acústicos es bastante limitada; aparentemente, estos submarinos son los más silenciosos. El ruido generado por un submarino nuclear proviene de varias fuentes: (Stefanick, 1987) vibraciones de maquinaria en el interior del casco, efectos de las disparidades de presión producidas por las aspas de las propelas (el llamado "propeller cavitation effect"), efecto de las aspas en la estela asimétrica y el flujo turbulento sobre la superficie del casco. Aunque los niveles de ruido dependen de parámetros como la profundidad y la velocidad, las estimaciones de Stefanick para toda la gama de submarinos norteamericanos y soviéticos revela que se han alcanzado los límites tecnológicos de reducción y aislamiento de ruido. Desde 1960 se introdujo la tecnología básica para aislar todos los componentes de maquinaria (reactor, turbina, eje, compresores, turbogeneradores) del casco del submarino: la maquinaria estuvo montada en una especie de plataforma aislada acústicamente del casco. Las propelas y las aspas sufrieron cambios de diseño mayores hasta la década de los ochenta. En términos generales, los niveles actuales de ruido no son muy distintos de los niveles de 1975: las distancias a las que es posible detectar un submarino estratégico norteamericano oscilan entre 0.2-4.0 millas náuticas (en aguas profundas, bajo condiciones malas y buenas). La tecnología soviética para reducir y aislar el ruido se ha mantenido rezagada (las distancias para su detección se sitúan entre las 20 y 500 millas náuticas en aguas profundas) pero los adelantos que se preven no rebasan los límites de desempeño tecnológico establecidos por los submarinos norteamericanos. (*Ibid.*)

En vista de que los niveles de ruido pueden ser muy reducidos, se ha explorado la utilización de tecnologías distintas de la detección acústica para localizar submarinos. Sin embargo, varios estudios recientes (Stefanick, 1987 y 1988) revelan que se está muy lejos de poder utilizar con buenos resultados los sistemas de láser, radares de apertura sintética colocados en satélites o técnicas de percepción remota. En este terreno tan importante, los submarinos estratégicos siguen manteniendo la superioridad tecnológica de una innovación básica en sus primeras etapas.

Otro elemento importante en el desempeño tecnológico de los submarinos es el aumento de la profundidad a la que pueden operar. Aunque no existe información sistematizada al respecto, algunos datos aislados revelan cómo ha aumentado la profundidad. El submarino alemán clase XXI utilizado a finales de la guerra podía sumergirse hasta los 271 metros; un submarino clase *Ethan Allen* alcanza profundidades de 540 metros, y uno clase *Akula* (submarino soviético no estratégico) puede operar a 600 metros (Stefanick, 1987). Las profundidades a las que puede sumergirse un submarino dependen del diseño y las propiedades estructurales de los materiales utilizados en su construcción. En la actualidad, la mayor parte de los submarinos estratégicos tienen el casco hecho de una aleación acero-carbono con manganeso y otros metales. La resistencia de este material puede llegar hasta las 120 000 *psi* (*ibid.*).

Finalmente, la velocidad ha sido otro parámetro importante en la trayectoria tecnológica seguida. En la actualidad, los submarinos estratégicos pueden desarrollar muy altas velocidades cuando están sumergidos. Por ejemplo, un submarino clase *Ohio* puede alcanzar los 35 nudos; en el caso de los submarinos soviéticos, los clase *Yankee* pueden alcanzar hasta 32 nudos sumergidos. Sin embargo, es necesario tomar en cuenta que existe una correlación positiva entre velocidad y ruido y, bajo ciertas condiciones, un submarino estratégico puede estar más interesado en navegar a velocidades menores.

OTRAS INNOVACIONES MENORES PARA LOS SSBNs

Los submarinos estratégicos constituyen una plataforma prácticamente invulnerable para el lanzamiento de misiles. Sin embargo, su movilidad es la causa de dos inconvenientes. El primero ya ha sido mencionado antes: la precisión de los misiles balísticos depende del conocimiento exacto del punto de lanzamiento. El segundo se relaciona con el sistema de control y mando de los submarinos como armamento estratégico: la comunicación a gran distancia con un submarino sumergido es difícil. La eficiencia de los canales de comunicación es limitada por razones naturales y, además, son vulnerables a los ataques de un enemigo. Estos canales de comunicación deben permanecer abiertos permanentemente, pues de ellos depende la posibilidad de transmitir órdenes para lanzar misiles. El tema de las comunicaciones con los centros de control es crítico para cualquier sistema de armamento. En el caso de los ICBM y de los bombarderos estratégicos el problema no es muy serio, pues sería relativamente fácil tener confirmación de un ataque nuclear, evaluar su importancia y responder en consecuencia. Pero para un submarino que opera sumergido a gran distancia de su base, el problema adquiere otra dimensión. Cabe señalar aquí que para un submarino lanzamisiles, la posibilidad de mantener abiertos los canales de comunicación con los mandos militares puede ser muy reducida en caso de conflicto (a menos que el submarino salga a la superficie, pero en ese caso delataría su posición). Por esta razón, a diferencia de las tripulaciones de bombarderos y de los silos de ICBM que no pueden utilizar sus cargas nucleares sin recibir un mensaje cifrado, en el caso de la tripulación de un submarino, basta con que los tres oficiales correspondientes estén de acuerdo y complementen las claves para armar los SLBM y dispararlos. Los bombarderos estratégicos y los ICBM están dotados de un sistema de seguridad llamado PAL ("permissive action links") diseñado para evitar disparos accidentales o impedir el uso no autorizado. Estos sistemas no están presentes en los submarinos estratégicos.

Por estos dos inconvenientes, los submarinos estratégicos requieren de un sistema de comunicación y navegación confiable. Para lograr este fin, tanto los Estados Unidos como la Unión Soviética han construido una amplísima red de canales de comunicación para ser utilizada por sus submarinos. Esta red está integrada por sistemas redundantes (si uno falla, otro puede ser utilizado) colocados en aviones, satélites y transmisores en tierra. La dificultad principal que enfrentan todos estos sistemas es que las señales de radio no penetran el agua. Como se puede observar en el cuadro IV.3, las señales transmitidas en frecuencias superiores a la región de los 300 kHz en el espectro electromagnético no son susceptibles de ser recibidas bajo el agua.

Las transmisiones en las frecuencias LF a ULF tienen una ventaja nada despreciable para su uso en el caso de submarinos estratégicos. Las señales son relativamente inmunes a los efectos de detonaciones nucleares. Sin embargo, el uso de estas frecuencias es relativamente ineficiente pues la tasa de transmisión de

Cuadro IV.3

Recepción de frecuencias por antenas sumergidas

Frecuencia	Profundidad de antenas receptoras
LF (baja frecuencia) 30-300 kHz	1 metro
VLF (muy baja frecuencia) 3-30 kHz	10 metros
ELF (frecuencia extremadamente baja) 300 Hz-3 kHz	100 metros
ULF (frecuencia ultrabaja) < 300 Hz	Cobertura global a muy grandes profundidades

Fuente: Wilkes y Gleditsch (1987).

datos es muy baja. Por ejemplo, en las frecuencias ELF sólo se pueden transmitir entre 5 y 6 caracteres por minuto.

El desarrollo del sistema de navegación inercial para submarinos (SINS) permitía el acceso a una gran confiabilidad sin necesidad de salir a la superficie. Como en el caso de la navegación inercial de un misil balístico, el SINS dotaba a un submarino de un sistema de navegación autocontenido. Pero el tiempo que permanece un submarino nuclear sumergido es muy largo y las desviaciones propias de cualquier giroscopio pueden llegar a acumular un factor de error importante. Por esta razón, el SINS no eliminó la necesidad de mantener otros puntos de referencia para restablecer su precisión.

Por esta razón, desde el inicio del programa de submarinos con misiles balísticos se hizo sentir la necesidad de establecer un sistema de comunicación confiable a grandes distancias. Así, los viejos transmisores de radionavegación fueron mejorados y se inauguró un largo y costoso proceso de construcción de transmisores de señales en las frecuencias VLF, así como investigaciones sobre la transmisión en ELF. Los sistemas *Loran-C* y *Omega* de radionavegación a muy grandes distancias fueron clave para el despliegue de los primeros submarinos con misiles balísticos.

Posteriormente se colocaron sistemas en satélites en órbitas geosincronizadas hasta alcanzar una cobertura global (sistemas *Transit* y *Navstar*). Estos sistemas proporcionan la posibilidad de establecer una comunicación confiable con las antenas especialmente diseñadas para ser arrastradas por submarinos sumergidos. Cada una de las tres generaciones de misiles SLBM de Estados Unidos ha sido acompañada de una serie de innovaciones que mejoran el desempeño de los diferentes elementos del sistema de comunicación-navegación de los submarinos: SINS, *Loran-C, Omega, Transit* y *Navstar*.

La historia de estos programas y del colosal esfuerzo hecho en términos de infraestructura es examinada en el excelente estudio de Wilkes y Gleditsch (1987). Más allá de los detalles técnicos sobre estos sistemas de navegación, los autores señalan que la infraestructura del sistema SSBN/SLBM es tanto o más importante que los misiles y submarinos propiamente dichos. Desde el punto de vista del análisis de la trayectoria tecnológica de una innovación básica, el estudio de Wilkes y Gleditsch permite observar la magnitud de los cambios que traen aparejados estas modificaciones radicales de la tecnología militar. No sólo se reordenan los arsenales nucleares o estratégicos, sino que también se realizan grandes inversiones en los sistemas periféricos o de infraestructura. Este aspecto del impacto de los nuevos sistemas de armamentos no ha recibido la atención que merece.[11]

CONCLUSIÓN

Los submarinos estratégicos dotados de misiles balísticos constituyen una innovación básica de acuerdo con los criterios adoptados por este análisis. En muy pocos años reorganizan la disposición de los arsenales nucleares de ambas potencias. Esta reorganización se lleva a cabo en los años sesenta en Estados Unidos y en los setenta en la URSS. Un indicador interesante sobre el efecto transformador de esta innovación está en la evolución de la composición del gasto militar en Estados Unidos. Entre 1960 (año en que se introduce el primer submarino con misiles balísti-

---

[11] Un análisis del sistema completo de comunicación, control y mando de las fuerzas nucleares norteamericanas puede encontrarse en Bracken (1983).

Cuadro IV.4

Gasto en adquisiciones para las Fuerzas Armadas
(billones de dólares a precios corrientes)

	1960	1965	1970	1975	1978	1979	1980
Total		23.7	25.0	31.9	40.0	55.7	60.0
Ejército		5.9	6.3	10.3	11.5	14.0	16.1
Armada		7.4	9.0	10.9	15.6	21.8	23.4
Fuerza Aérea		10.4	9.7	10.7	12.9	19.9	20.5

Fuente: *Statistical Abstracts of the United States*, 101a. ed. U.S. Department of Commerce, 1980, cuadro 604, p. 372.

cos) y 1979 se produce un cambio marcado en la composición de ese gasto. La asignación presupuestal de la Armada para compras de equipo y material crece a una tasa anual de 6.2% en ese periodo. En cambio, el crecimiento anual de las asignaciones para la Fuerza Aérea y el Ejército es de solamente 3.6 y 5.4%, respectivamente, durante el mismo periodo (cuadro IV.4). La participación de la Armada pasó del 31% al 39% entre 1965 y 1980, mientras que la de la Fuerza Aérea se redujo de 44% a 34% en el mismo periodo. Aunque esta fuente de información es muy general porque incluye compras de toda clase de equipo y material, sí permite observar que se llevó a cabo una redistribución importante del presupuesto militar entre los tres brazos de las fuerzas armadas; la importancia creciente de la flota de submarinos nucleares armados de misiles balísticos es, sin duda alguna, uno de los factores que explican este movimiento. La terminación de las grandes obras de infraestructura asociadas a los ICBM también puede estar reflejada en esta evolución en la composición del gasto en adquisiciones.

V. TENDENCIAS RECIENTES EN LA EVOLUCIÓN TECNOLÓGICA DE MISILES BALÍSTICOS

EL SISTEMA MX Y LOS ICBM MÓVILES

El diseño y despliegue del sistema MX constituye uno de los episodios mas reveladores de que la trayectoria tecnológica de esta innovación ha entrado en una fase decadente en lo que concierne a sus *aplicaciones militares*. En las discusiones sobre el sistema de emplazamiento que debía utilizarse se mezclan consideraciones técnicas y de estrategia militar. En el debate sobre las ventajas y desventajas de las diferentes propuestas se observa que la evolución de la tecnología de misiles balísticos para fines militares no solamente ha agotado ya todo el potencial de la innovación básica denominada "misíl balístico", sino que también se ha hecho obvio que sería conveniente *para ambas superpotencias* eliminar una de las innovaciones menores introducidas anteriormente (la tecnología MIRV desplegada en 1970-1973).

Durante el periodo 1973-1987 la URSS se embarcó en un intenso programa de modernización de sus ICBMs. En ese lapso se introdujeron modelos mejorados de los principales misiles intercontinentales soviéticos ya emplazados (cuadro V.1).

El complejo militar-industrial norteamericano, siempre dispuesto a presentar la evolución del arsenal estratégico soviético como una amenaza, insistió en que era necesario superar la creciente vulnerabilidad de los ICBM en Estados Unidos. El programa de modernización de la URSS proporcionó fundamentos a los que veían en los ICBM soviéticos una capacidad real de contrafuerza. En particular, los CEP de los SS-18 y SS-19 representaban una amenaza muy seria si se toma en cuenta el número de cabezas independientes que cada uno de estos ICBM podía llevar.

Cuadro V.1

Nuevos modelos de los misiles intercontinentales soviéticos

Año Prueba	Año Despliegue	Modelo de misil	Alcance (km)	CEP (metros)
1969	1973	SS-11, mod. 3	10 000	1 200
1971	1973	SS-13, mod. 2	9 600	1 500
1970	1974	SS-11, mod. 2	10 000	1 100
1972	1974	SS-18, mod. 1	11 500	425
1972	1975	SS-17, mod. 1	8 800	440
1974	1975	SS-19, mod. 1	9 280	460
1974	1977	SS-18, mod. 2	10 500	425
1975	1977	SS-18, mod. 3	15 000	350
1976	1977	SS-17, mod. 2	9 120	425
1975	1977	SS-19, mod. 2	9 760	425
1977	1979	SS-18, mod. 4	10 560	260
1978	1981	SS-17, mod. 3	9 600	370
1978	1981	SS-19, mod. 3	9 600	388
1983	1986	SS-25	10 080	375(?)
1982	1987	SS-24	9 600	375(?)

Fuentes: MacKenzie (1988) y Morrison (1985).

El SS-18, modelo 4, puede llevar hasta 10 cabezas de 500 kilotoneladas cada una, mientras que el SS-19, modelo 3, puede llevar hasta seis cabezas de 550 kilotoneladas. Esta evolución quiere decir que para finales de la década de los setenta los soviéticos estaban explotando al máximo la mayor capacidad de carga de sus misiles intercontinentales. A consecuencia de esto, en Estados Unidos se intensificó la campaña para superar esta situación y restaurar la balanza en su favor.

Los norteamericanos consideraron que los misiles *Minuteman III*, desarrollado a partir de 1976 y desplegados por primera vez en 1979, serían suficientes para asegurar la transición a la década de los ochenta sin mayores problemas. Los silos subterráneos superreforzados, el alcance de los *Minuteman III*, (11 200 kilómetros), su tecnología MIRV (tres cabezas de 335 kilotoneladas cada una) y, sobre todo, su precisión (CEP aproximado de 220 metros), hacían de este sistema un armamento superior a los soviéticos. El espectacular desarrollo soviético provocó un cambio en esta percepción de las cosas. Al final de la década se inició una campaña para desarrollar un nuevo ICBM que sería más preciso y más poderoso que los *Minuteman*. El programa del nuevo misil se enfrentó a un debate muy largo e intenso; el misil fue bautizado misteriosamente como MX, y el periodo de pruebas de lanzamiento no pudo comenzar sino hasta 1983. El nuevo MX entró en servicio en 1986, con un alcance de 9 600 kilómetros, capacidad para 10 cabezas independientes (de 300 kilotoneladas cada una) y un CEP estimado en menos de cien metros (Morrison, 1985).

Sin embargo, el debate sobre el modo de emplazamiento del misil MX es un excelente indicador de que la tecnología de misiles balísticos militares entró hace tiempo en la región de rendimientos decrecientes. Aun antes de que se iniciaran las primeras pruebas del MX se abrió un debate violento sobre el mejor modo de emplazarlo. El MX había sido desarrollado para superar el problema que los *Minuteman* enfrentaban como blancos inmóviles en sus silos subterráneos. Sin embargo, el problema de los *Minuteman* no era su falta de capacidad o de precisión; con el CEP que tienen, muy bien podrían haber continuado amenazando los misiles soviéticos en emplazamientos fijos hasta bien entrada la siguiente década: la URSS comenzó a introducir sus primero ICBM *móviles* a partir de 1984-1985. El verdadero problema de los misiles *Minuteman* era su *vulnerabilidad*, por ser blancos inmóviles ante la creciente precisión de los ICBM soviéticos.

La respuesta norteamericana consistió en crear un monstruo de 10 cabezas nucleares, el MX, para el cual no había un sistema de emplazamiento que resolviera el dilema de los *Minuteman*. En consecuencia, tan pronto como se aprobaron los fondos para desarrollar el MX se inició un debate nacional de una intensidad poco habitual sobre el tipo de plataformas móviles adecuadas para el nuevo misil. Se propusieron varios sistema de emplazamiento, pero el que resultó favorecido por la administración del presidente Carter (septiembre de 1979) fue el denominado "esquema de hipódromo". En este sistema, cada misil MX sería colocado a bordo de un transporte pesado (340 toneladas) capaz de colocarlo en posición vertical y servir de rampa de lanzamiento; cada transporte estaría ubicado en una pista especial, tipo hipódromo, de una longitud total de aproximadamente 12-13 kilómetros. Esta pista conectaría con desviaciones hacia refugios subterráneos horizontales especialmente diseñados pera recibir al transporte terrestre y su misil. Alrededor de cada pista se construirían 23 refugios horizontales, todos ellos reforzados para resistir sobrepresiones de aproximadamente 1 000 *psi*. La distancia mínima entre cada refugio sería de unos dos kilómetros.

Los transportes serían manejados a control remoto y se moverían a 45 kilómetros por hora de un refugio a otro en caso de estar colocados en estado de alerta. En los 30 minutos que dispondría desde la primera señal de lanzamiento de un ICBM soviético, el vehículo podría desplazarse a cualquiera de los refugios del hipódromo; de este modo, los soviéticos no sabrían exactamente en qué refugio estarían protegidos el vehículo y su misil. Para cada MX que se quisiera destruir, sería necesario atacar los 23 refugios y, por lo tanto, asignar un número muy elevado de cabezas nucleares.

El plan original (presentado por el entonces secretario de la Defensa, Harold Brown) contemplaba el despliegue de 200 misiles MX y la construcción de otros tantos "hipódromos" con un total de 4 600 refugios (U.S. Congress, 1980). La construcción de este sistema requeriría 600 000 toneladas de cemento, 48 millones de toneladas de arena, 870 millones de litros de asfalto líquido, cerca de 520 millones de litros de petróleo y 74 000 millones de litros de agua (Korb, 1980b). El sistema afectaría una extensión de unos 9 600 kilómetros cuadrados y costaría cerca de 50 000 *millones* de dólares (a precios de 1983). Se necesitará construir entre 16 000-24 000 kilómetros de carretera reforzada para soportar cada vehículo de 340 toneladas. El impacto ambiental que tal sistema tendría sobre el manejo de recursos naturales en los estado de Nevada y Utah provocó una ola de protestas de la población local (U.S. Congress, 1980).

La racionalidad militar del sistema tomaba como punto de partida la vulnerabilidad de los misiles *Minuteman III* en sus silos fijos. Los MX serían móviles y para destruirlos la URSS tendría que comprometer un número muy elevado de sus propias cabezas nucleares. Si la URSS intentaba destruir un sistema como el de los MX, ¡se desarmaría más rápidamente que los propios Estados Unidos al sufrir el ataque soviético! En efecto, en esos años de 1979-1980 se hacía el cálculo siguiente: la URSS tendría que asignar unas dos cabezas por cada refugio para lograr un nivel de efectividad alto en un ataque de contrafuerza. Es decir, tendría que asignar 9 200 cabezas nucleares para todos los refugios del sistema MX (dos cabezas que atacarían desde ángulos distintos cada refugio). De hecho, el sistema MX acabaría actuando como una inmensa "esponja estratégica" que absorbería toda la fuerza soviética de ICBMs y una buena parte de las cabezas nucleares de SLBMs.

Desde luego, aun en el marco de un ataque por sorpresa, los SLBMs y una buena parte de los bombarderos estratégicos sobrevivirían. Además una parte no despreciable de los ICBM también resistiría el ataque (porque sería imposible asegurar la destrucción del 100% de ellos). Por lo tanto, se planteaba la pregunta: ¿estará la URSS dispuesta a correr el riesgo de intentar un primer ataque de contrafuerza?

Sin embargo, una buena parte del debate estuvo concentrado en otra pregunta: ¿que sucederá si la URSS decide construir una cantidad mayor de cabezas nucleares y de misiles? Por ejemplo, la URSS podría dejar de respetar el tope de aproximadamente 7 000 cabezas nucleares lanzadas por ICBMs impuesta en los acuerdos SALT II aun antes de la fecha límite de 1985. La URSS podría dotarse de 10 000 o hasta 15 000 cabezas lanzadas por sus ICBMs pesados (y muy precisos); en ese caso, podría alcanzar la capacidad de destruir una proporción muy elevada de los refugios horizontales de los hipódromos del MX y aun así conservar una fuerza suficiente para imponer condiciones al gobierno de Washington bajo pena de destruir las ciudades norteamericanas si no se cumplían dichas condiciones. Ese fue el escenario de un primer ataque de contrafuerza capaz de desarmar a los Estados Unidos.

Durante el debate sobre el despliegue del MX en los Estados Unidos surgía repetidamente la pregunta siguiente: ¿resultará más costoso "para nosotros" el construir más refugios e hipódromos que "para ellos" la construcción de más misiles y cabezas nucleares? Las opiniones estuvieron divididas, sin que se hubiera podido llegar a algún tipo de acuerdo. Las exposiciones de Paul Nitze, Herbert Scolville y Lawrence Korb en las sesiones del Congreso sobre impacto ambiental del sistema MX, son un excelente ejemplo de esta discusión (U.S. Congress, 1980). Quizás el impacto ambiental de un sistema semejante al de los hipódromos hizo que prevaleciera el sentido común y que el proyecto de despliegue en "puntos múltiples de lanzamiento" (nombre oficial del proyecto) fuera finalmente abandonado. El MX, misil experimental (que la administración Carter infructuosamente intentó bautizar como "Guardián de la paz"), quedó sin hogar mientras se continuaron desarrollando las pruebas de lanzamiento. A pesar de su alto costo y un superior desempeño tecnológico en alcance, precisión y capacidad de carga, el MX seguía siendo tan vulnerable como el *Minuteman*, y continuaron formulándose las mismas preguntas fundamentales que subyacían a todo el debate sobre la nueva generación de armamento estratégico en Estados Unidos. El sistema de emplazamiento del MX es una de las más grandes demostraciones de una tecnología decadente porque se llegaron a plantear con toda seriedad las propuestas más absurdas. De acuerdo con algunos autores, los nuevos misiles podían estar colocados en plataformas *submarinas* que serían remolcadas por pequeños submarinos (con motores diesel/eléctricos) en aguas continentales aledañas a los Estados Unidos. El sistema sería competitivo con el de los ICBM tradicionales: tendría un costo de operación relativamente bajo y un alto porcentaje de los submarinos podría permanecer en alerta permanentemente. Además los submarinos serían prácticamente invulnerables frente a un ataque de contrafuerza. Este sistema fue propuesto para su estudio por expertos de reconocido prestigio (Sidney Drell y Richard Garwin), pero la perspectiva de tener 100 o más submarinos rondando permanentemente las costas de Estados Unidos no era muy alentadora.

Otra pseudosolución a este problema consistía en transportar los MX en 200 aviones de despegue y aterrizaje vertical (VTOL), que podrían trasladarse a miles de puntos desde los cuales podrían lanzarse los misiles. Estos puntos estarían en más de 100 aeropuertos importantes, miles de aeropuertos secundarios y miles de puntos preseleccionados en carreteras del sistema federal de caminos. Los aviones proporcionarían una movilidad real y ninguna proliferación en el número de cabezas nucleares de la URSS podría hacer vulnerables a estos misiles.[1] Esta solución también ofrecía dificultades de manejo y coordinación y fue abandonada.

[1] Para una descripción crítica de esta propuesta, véase Feld y Tsipis (1979).

Durante la campaña electoral, el candidato Reagan criticó duramente el proyecto de emplazamiento móvil con el sistema hipódromo. Ya como presidente, Reagan propuso un sistema de emplazamiento que era el extremo opuesto de aquél. El nuevo sistema se llamó *Dense Pack*, porque los silos o refugios de los misiles MX estarían colocados lo suficientemente cerca unos de otros como para que el intento de destruirlos con varias cabezas nucleares fracasara por el llamado "efecto fratricida". Los refugios también estarían lo suficientemente lejos unos de otros como para evitar que una sola cabeza nuclear enemiga destruyera más de un refugio.

El efecto fratricida es uno de los problemas a los que se enfrenta un ataque de contrafuerza. Como los blancos de contrafuerza que han sido superreforzados hasta resistir sobrepresiones de 2 000 *psi* deben ser atacados por más de una carga nuclear para alcanzar altos niveles de confiabilidad en su destrucción, un atacante debe tomar en consideración el efecto que producirá una de sus cabezas nucleares detonadas sobre los demás vehículos de reingreso y sobre la detonación de las cargas de andanadas subsecuentes. Varias investigaciones sobre las dificultades de coordinar con precisión un ataque de contrafuerza y acerca de la incertidumbre que rodea cualquier cálculo sobre blancos reforzados destruidos (Bunn y Tsipis, 1983, y 1983a; Tsipis, 1984), han demostrado que los efectos de detonaciones endoatmosféricas pueden destruir o afectar seriamente la precisión de vehículos de reingreso.

La siguiente cita proporciona un resumen de los efectos que las primeras detonaciones tendrían sobre los vehículos de reingreso de andanadas posteriores:

> Durante los primeros milisegundos después de la detonación de una carga de 0.5 megatoneladas un vehículo de reingreso a una distancia de 800-1 000 metros será destruido o dañado por el flujo intenso de rayos gamma, rayos X y neutrones generado por la explosión. Durante las siguientes decenas de segundos, la bola de fuego en rápida expansión, la sobrepresión de la onda de choque y los vientos que la acompañan destruirán o desviarán un vehículo de reingreso de su trayectoria si se encuentra a dos o tres kilómetros de la detonación. Finalmente, si la detonación busca destruir un silo subterráneo, levantará una cantidad importante de polvo que formará un tronco y una nuble (el clásico hongo de una explosión

nuclear) de unos 12 kilómetros de diámetro y 18 kilómetros de altura. En un ataque contra silos una carga de 0.5 megatoneladas deberá ser detonada a menos de 250 metros sobre la superficie de la tierra para generar sobrepresiones de 2 000 *psi* abajo de la superficie ... (Tsipis, 1984:413).

Las partículas de polvo tienen un efecto destructivo en los vehículos que reingresan a la atmósfera y atraviesan las nubes. La colisión con las partículas de polvo se lleva a cabo a velocidades de muchos kilómetros por segundo. Si el vehículo choca con una partícula pesada, puede ser destruido en el acto; si solamente choca con partículas de polvo, el escudo térmico puede ser afectado. La desintegración del escudo puede no ser regular y, en consecuencia, se pueden generar flujos de aire asimétricos que desvían el vehículo de su trayectoria (Bunn, 1984).

Éstos son los efectos fratricidas que pueden tener las detonaciones de la(s) primera(s) andanada(s) sobre los vehículos de las andanadas siguientes en un ataque de contrafuerza. Los expertos de la administración Reagan consideraron que una manera sencilla y, sobre todo, menos costosa de resolver el problema del emplazamiento de los MX sería aprovechar este fenómeno. Una disposición adecuada de los refugios crearía las condiciones necesarias para maximizar el efecto fratricida en cualquier intento de ataque de contrafuerza. La propuesta no fue aprobada en el Congreso porque se le percibió como muy arriesgada. Según sus críticos, habría significado basar la seguridad de los ICBM de Estados Unidos en un escenario hipotético. El presidente Reagan designó una comisión especial para considerar el problema del emplazamiento de estos nuevos misiles y, en general, revisar el "programa de modernización estratégica" de Estados Unidos. Esta comisión estuvo presidida por el general Brent Scowcroft y trabajó de enero a abril de 1983.

En los trabajos de la Comisión Scowcroft participaron algunos de los principales actores en la definición de la doctrina estratégica de Estados Unidos: Henry Kissinger, James Schlesinger, Harold Brown. El informe de la Comisión es un ejemplo de las contradicciones existentes en el pensamiento político-militar norteamericano en relación con el armamento nuclear. El documento incurre en contradicciones importantes entre el diagnóstico y las recomendaciones. El tono balanceado de algunos razonamientos contrasta notablemente con la serie de recomendaciones orientadas a dotar a Estados Unidos de un arsenal nuclear rejuvenecido, más mortífero y versátil. Es importante examinar el documento en detalle porque pretende justificar uno de los derroteros que debe seguir la evolución tecnológica de los misiles balísticos en el futuro cercano. Nos referimos a la recomendación que hizo la Comisión Scowcroft para desplegar misiles en plataformas móviles. Este sistema tiene profundas implicaciones para México y, para actuar en consecuencia, es preciso entender este último paso en la evolución de la tecnología de misiles balísticos.

Las principales conclusiones a las que llegó la Comisión Scowcroft fueron las siguientes. En primer lugar, la vulnerabilidad de las fuerzas estratégicas de Estados Unidos no era un hecho real, y para demostrarlo se recurrió a un pequeño ejercicio de razonamientos de "estrategia nuclear". Los soviéticos no podrían lanzar un ataque total de contrafuerza y destruir al mismo tiempo los tres componentes de las fuerzas nucleares estratégicas norteamericanas. Ni siquiera podrían destruir los ICBM y los bombarderos de largo alcance en el mismo ataque. El razonamiento de la Comisión Scowcroft fue tajante: los SLBM soviéticos pueden destruir los bombarderos norteamericanos porque tardarían solamente 14 minutos en alcanzar sus bases y no daría tiempo para ponerlos en el aire; pero los SLBM soviéticos todavía no tienen la precisión necesaria para destruir los ICBM norteamericanos en sus silos subterráneos. Por lo tanto, para estos blancos sería necesario recurrir a los ICBM soviéticos que tienen la precisión requerida, pero que tardan 30 minutos desde su lanzamiento hasta la detonación. Si la URSS ataca *simultáneamente* con SLBMs e ICBMs las bases de bombarderos y los silos de misiles intercontinentales norteamericanos, las cargas nucleares de los SLBM detonarían por lo menos 15 minutos *antes* de la llegada de los ICBM. En ese lapso, los misiles norteamericanos podrían ser lanzados contra sus blancos en la URSS. Por otra parte, si la URSS decidiera atacar con sus ICBM y SLBM para que llegaran a sus blancos *al mismo tiempo*, la diferencia de tiempo de vuelo permitiría a los bombarderos despegar y escapar a la destrucción. En ambos casos, podría sobrevivir una parte considerable de las fuerzas nucleares con base en Estados Unidos. Y, desde luego, también sobreviviría la fuerza de submarinos estratégicos que estuviera fuera de sus puertos en el momento del ataque.

De esta manera, la Comisión Scowcroft desechó la principal razón para desarrollar una nueva generación de misiles estratégicos. Pero al mismo tiempo, hizo una serie de recomendaciones que constituyeron un renovado impulso para el desarrollo de varios tipos de armamentos que estaban en consideración desde años atrás. En primer lugar, sería necesario desarrollar una nueva generación de misiles estratégicos más pequeños, portadores de *una sola* cabeza nuclear y emplazados sobre plataformas móviles. Los misiles intercontinentales pequeños (SICBMs), bautizados inmediatamente como *Midgetman*, tendrían una movilidad real porque sus plataformas de lanzamiento tendrían la capacidad de moverse en cualquier tipo de terreno; además, los *Midgetman* serían tan precisos como los MX. Es decir, al mismo tiempo que tendrían una invulnerabilidad análoga a la de los submarinos estratégicos, estarían capacitados para destruir blancos de contrafuerza.

La comisión también recomendó el inmediato despliegue de 100 MX en silos ya existentes y ocupados por misiles *Minuteman*. La justificación de esta recomendación fue presentada en tres puntos:

a) era necesario demostrar a los soviéticos la determinación y unidad en Estados Unidos (una decisión de no desplegar los MX sería interpretada como signo de debilidad);
b) era necesario contrarrestar el desequilibrio existente entre la URSS y Estados Unidos en materia de ICBMs;
c) esta decisión serviría para llevar a los soviéticos a la mesa de negociaciones.

No es necesario insistir sobre lo contradictorio y falaz de estas pseudorazones. La vieja idea de demostrar la unidad de los norteamericanos podría servir para justificar cualquier cosa (Lodgaard y Blackaby, 1984). El mismo informe de la Comisión había desechado los argumentos basados en el desequilibrio estratégico. Y el tercer punto ha sido tradicionalmente invocado cada vez que se propone o justifica el despliegue de nuevos armamentos.

Por último, la Comisión Scowcroft también recomendó seguir adelante con el esfuerzo tecnológico para lograr nuevos sistemas de armamentos. El nuevo misil *Trident II (D5)* debería ser desarrollado y colocado a bordo de los nuevos submarinos estratégicos; igualmente, los nuevos misiles crucero disparados desde submarinos deberían ser desplegados tan pronto como fuera posible. Es importante notar que estos dos tipos de misiles tienen capacidad de atacar y destruir los silos enemigos y, por lo tanto, constituyen armas de contrafuerza esencialmente desestabilizadoras. De esta manera, la Comisión Scowcroft mantiene la continuidad con un viejo síndrome del pensamiento militar norteamericano: buscar desplegar armas de contrafuerza para minimizar los daños causados a Estados Unidos en caso de guerra nuclear.

En 1986 fueron emplazados 50 MX en silos subterráneos anteriormente destinados para misiles *Minuteman III*. Esta solución equivalía a colocar el último modelo de misiles en un sistema de protección que tiene más de 30 años de haber sido diseñado. Después de una batalla política muy ardua, el Congreso autorizó este emplazamiento limitado a sólo 50 misiles hasta que no se encontrara un sistema más eficaz para los MX. Nuevamente se reanimó el debate sobre el emplazamiento de éstos y se llegaron a proponer nuevos esquemas; cada vez más se muestra lo extraño del caso, pues los esquemas de emplazamiento propuestos son realmente absurdos. Por ejemplo, en uno de los últimos proyectos, se propone que un vehículo tractocamión arrastre por un complicado sistema de carreteras a un misil en un compartimento de... ¡concreto armado! El vehículo y su remolque estarían así reforzados para resistir sobrepresiones muy altas y el misil podría sobrevivir un ataque de contrafuerza. Posteriormente, el misil sería colocado en unos tanques con agua que servirían de plataformas de lanzamiento.[2] Esta propuesta parece realmente llegar al límite de lo imaginable; se busca mezclar las ventajas del silo subterráneo (resistencia a la sobrepresión) con las del transporte móvil (dificultad de localización). El resultado es una mezcla de desventajas: como el peso haría difícil el traslado del misil y su receptáculo, la posición del blanco no cambiaría mucho entre el lanzamiento del ICBM y la detonación. Una cabeza nuclear con sistema elemental de precisión terminal podría localizar el blanco y destruirlo.

La última propuesta aprobada por la administración Reagan y puesta en marcha por el presidente Bush consiste en colo-

---

[2] La descripción de esta propuesta se encuentra en Arkin *et al.*, 1986.

car a los MX en un sistema de transporte en vías férreas. Aún no se conocen muchos detalles sobre el modo de emplazamiento, pero sí se sabe que los misiles estarán colocados a bordo de trenes de unos siete carros que estarán diseminados en siete bases de la Fuerza Aérea.[3] La base principal, en donde los misiles serían ensamblados a bordo de sus carros y se llevarían a cabo los trabajos de mantenimiento y reparaciones, será la base Warren en Wyoming. Cada tren llevará dos misiles y podrá moverse, a partir de sus bases, sobre vías de ferrocarril especialmente reservadas para este sistema o, en caso de alerta, podrán tener acceso a más de 200 000 kilómetros de la red ferroviaria norteamericana (Arkin *et al.*, 1989). De acuerdo con la Fuerza Aérea, el sistema entraría en operación en diciembre de 1991. Sin embargo, el futuro de esta última propuesta de emplazamiento para los MX es todavía incierto.[4] El Congreso norteamericano deberá decidir en 1990 si procede a poner en marcha el sistema o si espera un año más. La idea de posponer el emplazamiento móvil de los MX está vinculada con el rumbo que tomen las pláticas con la URSS sobre reducción de armamentos estratégicos.

Los soviéticos fueron los primeros en introducir misiles balísticos intercontinentales *móviles*. En 1982 se realizaron las primeras pruebas de lanzamiento y vuelo de un misil nuevo, el SS-24. El misil fue desplegado por primera vez en 1987. Este misil de combustible sólido puede ser lanzado desde plataformas móviles sobre vías férreas o camiones de trabajo pesado con estabilizadores hidráulicos; tiene la precisión de un ICBM fijo, con un CEP estimado en 325 metros (Morrison, 1985). Tiene un alcance de 10 000 kilómetros con una carga de hasta 10 cabezas nucleares independientes (Jane's, 1985a).

Por su parte, el SS-25 comenzó sus pruebas en 1983 y fue desplegado por primera vez en 1986. Este misil también está colocado en plataformas móviles (camiones pesados para campo traviesa con estabilizadores hidráulicos) (Jane's, 1985b). El alcance de este misil es superior al del SS-24 y el CEP es también de 325 metros.

---

[3] Véase la nota "Air Force Chooses Basing Sites for Rail-Mobiled MX Missiles", *Aviation Week and Space Technology*, 4 de diciembre de 1989, p. 23.
[4] Dese 1980, se han considerado ya más de 35 propuestas de emplazamiento para los MX.

Estos dos misiles han sido desarrollados en violación a los términos del acuerdo SALT II (no ratificado por el Senado norteamericano, pero respetado por ambas superpotencias en principio). Las dificultades para verificar el exacto cumplimiento de un tratado sobre limitación de ICBMs con cabezas múltiples (móviles o fijos) es uno de los motivos por los que se comienza a plantear la necesidad de introducir una prohibición absoluta de desplegar ICBMs móviles (Mozley, 1990). Los legisladores norteamericanos están considerando seriamente solicitar que en un tratado próximo de reducción de armamentos estratégicos se incluya la eliminación de los SS-24 soviéticos ya emplazados a cambio de no desplegar el MX en un sistema móvil. De hecho, en noviembre de 1986 la administración Reagan propuso en las negociaciones con la URSS en Ginebra una eliminación total de los misiles móviles independientemente del número de cabezas (Arkin et al., 1986).

Esta propuesta suena interesante y parece consistente con la conclusión de la Comisión Scowcroft sobre la necesidad de iniciar un proceso de transición hacia misiles de una sola cabeza nuclear. Después de todo, esta idea no es nueva y los opositores de la tecnología MIRV en el periodo 1969-1973 ofrecieron las mismas razones: un misil de una sola cabeza nuclear exige, por lo menos, dos cabezas nucleares enemigas para ser destruido; desde este punto de vista, un misil con 10 cabezas nucleares se convierte en un blanco más remunerador para el atacante.

Todavía queda por verse si en un tratado futuro se incluye esta eliminación de misiles móviles. La Unión Sovietica ha desplegado 20 misiles SS-20 desde 1987, cada uno armado con 10 cabezas nucleares, y 150 misiles SS-25, armados con una sola cabeza nuclear. Ambos misiles han sido desplegados en emplazamientos móviles. Se reprocha a la Unión Soviética el violar los acuerdos SALT II (vigentes casi como un pacto entre caballeros) con el misil SS-25, porque el artículo IV prohíbe desarrollar más de un nuevo ICBM y el SS-25 es el segundo desarrollado por la URSS después de la firma del tratado. (*Jane's Defence Weekly*, 1985b). La URSS alega que el SS-24 no es un nuevo misil, sino un SS-13 modificado. Este argumento es absurdo y es producto de la ambigüedad esencial de los acuerdos sobre control de armamentos. Por su parte, también los Estados Unidos han seguido adelante con el desarrollo de dos ICBMs: el MX y el *Midgetman*.

El *Midgetman* tendría un formato específicamente concebido para permitir su transporte en vehículos capaces de recorrer cualquier terreno. No se necesitaría un sistema de carreteras especiales o de vías férreas. El diseño original adoptó un formato pequeño: sólo unos 14 metros de longitud, un diámetro de menos de metro y medio y unas 13 toneladas de peso. El misil llevaría una cabeza nuclear *Mark 21* con una potencia de 300-475 kilotoneladas. Finalmente, el *Midgetman* tendría una precisión similar a la del MX y podría destruir blancos reforzados (Smith, 1986a)

Los vehículos de transporte están siendo diseñados por cuatro compañías. Boeing Aeroespacial y Goodyear han desarrollado un prototipo con dos motores diesel y un sistema de tracción en todas las ruedas. El vehículo utilizaría ruedas gigantes para poder desplazare en todo tipo de terreno. Por su parte, Martin Marietta y Caterpillar han desarrollado otro tipo de vehículo con un solo motor diesel que combina un sistema de orugas con ruedas gigantes. Ambos vehículos están siendo sometidos a pruebas y cumplen las especificaciones básicas requeridas por la Fuerza Aérea: la velocidad en caminos de terracería alcanza los 90 kilómetros por hora; fuera de estos caminos la velocidad es de 40-45 kilómetros por hora. Su longitud es de aproximadamente 30 metros y pesan unas 90 toneladas. Estos vehículos parecen *trailers*; la tripulación viaja en un vehículo de tracción y, en caso de ataque nuclear, la sección posterior está diseñada para enterrarse parcialmente en la tierra (por lo que se han ganado el nombre de "armadillos"), resistir los efectos de una detonación y servir posteriormente como plataforma de lanzamiento (Walker y Wentworth, 1986).

El *Midgetman* también ha sido, y continúa siendo, objeto de un intenso debate. Éste revela que el misil plantea más problemas de los que resuelve. Sus *críticos conservadores* señalan que el costo es demasiado elevado para un misil de una sola cabeza nuclear y que, desde este punto de vista, es mejor el MX o un misil de por lo menos dos cabeza nucleares (Smith, 1986a). Por otra parte, los vehículos no pueden estar reforzados para resistir sobrepresiones superiores a 30 *psi*; como siempre que se trata de debatir el papel de los ICBM en Estados Unidos, el fantasma de la vulnerabilidad sigue estando presente. Si se refuerza más el vehículo, o se añaden cabezas nucleares al misil, el peso se incrementa; se considera que con un peso superior a las 100 toneladas la movilidad se reduce notablemente y, por lo tanto, aumenta la vulnerabilidad (Walker y Wentworth, 1986). Entre los *críticos liberales* se señala que la precisión del misil continúa siendo un elemento desestabilizador y que la URSS tendrá toda la razón para pensar que Estados Unidos se está dotando de la capacidad de lanzar un primer ataque. Ésta sería la conclusión racional después de observar el desarrollo de diversos sistemas que tienen una capacidad real de contrafuerza (*Trident II*, MX y *Midgetman*) y la continuación de esfuerzos en el marco de la Iniciativa de Defensa Estratégica, así como la continuación del programa de bombarderos B2.

Quizás la crítica más importante que se le puede hacer al sistema *Midgetman* es su contradicción en términos de estrategia nuclear. Por una parte, el misil estaría dotado de una plataforma de lanzamiento móvil que le permitiría sobrevivir a un ataque soviético. Esta característica hace del *Midgetman* un arma de las llamadas "de segundo ataque" y, esencialmente, de disuasión. Desde este punto de vista está más ligado a la doctrina de la destrucción mutua asegurada. Pero, por otra parte, la precisión del misil (con un CEP de 100 metros o menos) lo convierte en un ICBM de contrafuerza. Ahora bien, los blancos de contrafuerza tradicionales (silos subterráneos) no tienen un sentido militar a menos que sean destruidos *con* los misiles que albergan. Desde este punto de vista, los *Midgetman* están más cerca de una estrategia de primer ataque y serán considerados por los soviéticos como armas desestabilizadoras.

En esta polémica, un punto fundamental aportado por Walker y Wentworth (1986) es el siguiente: los misiles *Midgetman* podrían eventualmente garantizar que, en caso de ataque nuclear total, sobrevivieran el 100% de las cabezas nucleares de ICBMs móviles norteamericanos. Pero en el marco del poderío nuclear estadunidense considerados los bombarderos y submarinos estratégicos, esta "ayuda" adicional es realmente superflua y no representa más del 10% del total de las cabezas nucleares que son susceptibles de sobrevivir a un ataque. Este razonamiento es probablemente el más lúcido en todo el debate. Sitúa el desarrollo de este nuevo misil en el contexto más amplio de los arsenales con una superabundante dotación de cargas nucleares y vehículos de transporte. Este razonamiento también es el punto de partida para examinar un tema de capital importancia: las implicaciones para México.

IMPLICACIONES PARA MÉXICO

Si el nuevo sistema es desarrollado y desplegado, entonces surgen varias preguntas importantes sobre las implicaciones para México (Nadal, 1989a). El modo de emplazamiento móvil de los *Midgetman* requiere de grandes extensiones de terreno sobre las cuales puedan los vehículos desplazarse en patrones irregulares. Estas extensiones deben ser poco pobladas, y en 1984 la Fuerza Aérea anunció que se habían preseleccionado 51 sitios de emplazamiento. En 1986 se había reducido la lista a 24 sitios, casi todos localizados en el sudoeste de Estados Unidos (Walker, y Wentworth, 1986:24).

Durante tiempos normales, los vehículos con sus misiles se desplazarían en una superficie estimada en 6 400 kilómetros cuadrados; en caso de alerta moderada se dispersarían en unos 13 000 kilómetros cuadrados, y en caso de crisis, los vehículos se dispersarían en una superficie de hasta 45 000 kilómetros cuadrados (Smith, 1986b). Esta dispersión podría llevarse a cabo en tierras federales, en caminos de terracería o en carreteras de la red federal.

El punto más importante de esta tendencia no es solamente que las bases de misiles estratégicos estarán ubicadas más cerca de la frontera con México, sino que este tipo de emplazamiento está diseñado precisamente para *atraer el máximo número de cabezas nucleares enemigas*:

> [Este sistema tiene el siguiente] objetivo: crear suficiente incertidumbre sobre la localización exacta de los misiles *Midgetman* para que los soviéticos tuvieran que barrer todo el territorio en donde se encuentren desplegados aquéllos y, de esta manera, gastaran una parte importante de su arsenal nuclear. De acuerdo con los cálculos de la Fuerza Aérea, por ejemplo, [este] esquema obligaría a los soviéticos a utilizar entre 100 y 800 misiles lanzados desde tierra o desde submarinos *con varios miles de cabezas nucleares* para eliminar una respuesta potencial de los *Midgetman* (Smith, 1986b:1592. La traducción y las cursivas son nuestras).

Será interesante observar la reacción de la población en los estados seleccionados para ser los anfitriones de semejante "esponja nuclear". Pero desde el punto de vista de México, el problema que plantearía este despliegue adquiere gran relevancia por tres razones. La primera es que el tener una serie de vehículos con misiles balísticos en constante movimiento en una zona vecina a nuestra frontera entraña una serie de riesgos muy serios en caso de accidente. En la historia de los armamentos nucleares se han registrado accidentes en los cuales los explosivos de alto poder del subsistema detonador han dispersado material radiactivo (plutonio). Esta eventualidad no puede descartarse y sus efectos sobre la población mexicana en la región fronteriza (así como sobre el medio ambiente) pueden ser extremadamente dañinos. México puede oponerse con base en preceptos del derecho internacional a este tipo de despliegue de armas nucleares.

La segunda razón es que la racionalidad del sistema *Midgetman* implica atraer el máximo número de cargas nucleares soviéticas hacia las bases de los ICBM móviles. Según la Fuerza Aérea, la URSS tendría que comprometer entre 100 y 800 misiles con *miles de cargas nucleares*; los efectos sobre la población mexicana en la zona fronteriza serían terribles. Si los vehículos que finalmente sean seleccionados para el transporte de los *Midgetman* tienen la capacidad de resistir sobrepresiones importantes, el número de cargas nucleares requeridas para destruirlos aumentará y las detonaciones deberán realizarse a poca altura. En este caso, los vientos dominantes provocarían una lluvia radiactiva con efectos letales sobre la población mexicana que se encuentre río abajo en la dirección del viento. Aunque es imposible calcular el número de víctimas, la perspectiva de cientos de miles de muertes y hasta algunos millones de afectados por la radiación hacen inaceptable este despliegue de un sistema de armamento diseñado exprofeso para atraer un número elevado de cargas nucleares hacia una región cercana a la frontera México-Estados Unidos. Como se verá en el capítulo XI este despliegue es contrario a las normas perentorias del derecho internacional.

La tercera razón es que las trayectorias de los misiles ICBM que la URSS utilizaría para destruir los misiles *Midgetman* recorrerían una trayectoria norte-sur definen un corredor al interior del que se encuentra casi todo el territorio mexicano. Los misiles ICBM son máquinas de una gran precisión pero pueden ir acumulando errores a lo largo de su plan de vuelo: desde la alineación de los instrumentos de navegación, hasta la separación de la cabeza y su reingreso a la atmósfera, pasando por la fase de propulsión inicial. Estos errores pueden ocasionar que la cabeza del misil haga impacto mas o menos lejos del blanco. Un estudio reciente (Nadal, 1989a; 1990) demuestra que en la actualidad, la probabilidad de que las cabezas de ICBM soviéticos dirigidos contra los silos subterráneos de ICBM norteamericanos sobrevuelen sus blancos y caigan en territorio mexicano es baja. Esto se explica porque las bases de ICBM norteamericanas se encuentran a distancias superiores a los 1 125 km de la frontera con México. Pero si, como indican Walker y Wentworth (1986:22) los misiles *Midgetman* son emplazados en bases como White Sands y Fort Bliss (Nuevo México), Luke Air Force Range y Yuma Proving Ground (Arizona) que colindan con la línea fronteriza, o Davis-Monthan AFB (Nuevo México) y otras cercanas a la frontera, el riesgo de que el territorio mexicano sufra impactos directos aumentará significativamente. Esto no necesariamente significa que las cargas nucleares desviadas estallen sobre México porque el sistema de detonación es muy complejo y también puede sufrir desperfectos, pero tampoco se puede afirmar categóricamente que en el caso de cabezas nucleares que se desvíen *no* habrá detonación.

En el caso de que una cabeza desviada no detonara el material de fisión que lleva su carga contaminaría una región mas o menos importante. Si la cabeza hace impacto en la tierra, la zona contaminada dependerá de la dispersión del material de fisión. Si la cabeza se desintegra al reingresar a la atmósfera, la zona contaminada puede abarcar una gran extensión, multiplicándose los daños para el país receptor.[5]

Por todas estas razones, México debe oponerse a este emplazamiento. Existen bases en el derecho internacional para fundamentar nuestra oposición, tanto en el ámbito multilateral, como

---

[5] Las cabezas nucleares están dotadas de un escudo térmico para soportar el calor y la presión del reingreso. En principio, no se consumirían durante esta etapa del vuelo y no habría dispersión de restos en lo alto de la atmósfera; bajo este supuesto el material radiactivo (principalmente plutonio) sólo se dispersaría en el área adyacente al impacto de la cabeza nuclear en la supeficie terrestre. Pero en el caso de cabezas nucleares desviadas de su trayectoria planeada, se pueden presentar variaciones imprevistas en los ángulos de reingreso

en el marco de las relaciones bilaterales. Como un primer paso, el gobierno de México debe mantenerse informado de los acontecimientos más importantes que rodean el diseño y pruebas del sistema *Midgetman*.

El futuro de los misiles *Midgetman* todavía es incierto. Es posible que en 1991 Estados Unidos y la URSS firmen un tratado de reducción de armamentos estratégicos. Si se prohíbe el emplazamiento de ICBMs móviles se eliminaría el esquema de trenes para el MX, los armadillos del *Midgetman* y los sistemas móviles de los SS-24 y SS-25 de la URSS. En caso de no incluirse una prohibición de estos sistemas, lo más probable es que Estados Unidos prosiga con los planes para desplegar un número limitado de MX en vías férreas y tantos *Midgetman* como lo permita el nuevo tratado.

Un factor que debe tomarse en cuenta es el costo del sistema *Midgetman*. En la actualidad las estimaciones sobre el costo total de 500 misiles (incluyendo el de su operación a lo largo de 15 años) se sitúan alrededor de los 50-51 000 millones de dólares (a precios de 1986). En el presupuesto presentado por el Pentágono para 1990 se recomienda suspender el desarrollo pleno del programa, pero se solicitan 200 millones de dólares para continuar la fase experimental. Es posible que el costo del misil y su sistema de transporte permanente sean factores que obliguen a descontinuar totalmente el programa, sobre todo si se consideran los efectos de la ley Gramm-Rudman-Hollings. En las accidentadas negociaciones para llegar a un acuerdo sobre el presupuesto para 1991 solamente fueron autorizados 680 millones para el desarrollo tecnológico del sistema MX desplegado sobre vías férreas y del *Midgetman*. Esta modesta suma servirá simplemente para mantener vivos ambos programas; si las negociaciones START fracasan, o si los términos de un nuevo tratado lo permi-

---

y el escudo de protección de una cabeza podría o no soportar el calor (dependiendo de las asimetrías que surjan en el proceso de desintegración del escudo). Si el escudo no resiste el vehículo terminará por desintegrarse y el material radiactivo se dispersaría en lo alto de la atmósfera, cubriendo una extensión considerable de territorio al caer. En general, como lo demuestra la experiencia de algunos satélites con reactores nucleares, entre más pequeño sea el ángulo de reingreso, mayor será la zona contaminada. Véase la sección sobre la militarización del espacio exterior (capítulo XII).

ten, quedarían abiertas las puertas al despliegue de ambos sistemas.

Existen indicios de que el *Midgetman* no es más que un elemento que serviría al Pentágono en su negociación con el Congreso para obtener fondos para el MX, pues este último es claramente preferido por los mandos militares. Ante la dificultad de obtener fondos para ambos ICBM, el Pentágono concedería la terminación del programa *Midgetman*, que en última instancia es más una hechura del Congreso que de la Fuerza Aérea. Sin embargo, el nombramiento en 1989 del general Brent Scowcroft como asesor de seguridad nacional por el presidente Bush puede cambiar esta correlación de fuerzas (Scowcroft dirigió la Comisión que creó el *Midgetman*).

Por otra parte, el *Midgetman* vendría siendo el segundo ICBM nuevo que desarrollan los Estados Unidos, con lo cual se violarían los términos del acuerdo SALT II. Este punto es un factor de gran peso en la decisión de no proseguir con este programa. El Congreso probablemente esté más interesado en proponer a la URSS la eliminación de los ICBM móviles SS-24 y SS-25, a cambio de no desarrollar el *Midgetman* y no desplegar el MX en su modalidad móvil.

Finalmente, el sistema móvil de los *Midgetman* tendría un importante impacto sobre el medio ambiente. Una de las razones por las que el sistema del "hipódromo" propuesto para el MX fue abandonado, fue la inmensa oposición que se generó por los efectos adversos sobre el medio ambiente. En los estados de Utah y Nevada, en donde se proponía establecer los hipódromos para los MX, la población opuso una gran resistencia porque el consumo de agua y la ocupación de tierras afectarían de manera importante el patrón de uso del suelo en grandes extensiones de terreno, así como el manejo de recursos acuíferos (U.S. Congress, 1980). La misma Fuerza Aérea considera que habría un impacto ambiental importante en los renglones de energía, uso del suelo, recursos culturales y paleontológicos, recursos biológicos (incluyendo especies en peligro de extinción), calidad del agua y del aire, niveles de ruido y geología (Walker y Wentworth, 1986). Será necesario realizar los estudios necesarios para evaluar el impacto ambiental en la zona fronteriza de un eventual despliegue de misiles *Midgetman*.

VI. SISTEMAS DE DEFENSA ANTIBALÍSTICA

Desde los años cincuenta, tanto Estados Unidos como la URSS han intentado desarrollar sistemas de defensa antibalística. Estos intentos han adoptado diversas formas, desde aviones preparados para derribar misiles crucero (de relativa baja velocidad) hasta nuevos tipos de armamentos (armas de energía dirigida) y sistemas de misiles antimisiles. En general, los ensayos para poner en práctica sistemas de defensa antimisiles han terminado en costosos fracasos.

También desde los años sesenta se ha considerado que un sistema de defensa eficaz sería el elemento más desestabilizador del balance nuclear. En efecto, si una superpotencia estuviera capacitada para detener o anular un ataque enemigo, podría lanzar sus misiles y bombarderos impunemente contra la otra. Éste sería el incentivo más fuerte para iniciar una guerra, con o sin una crisis internacional. Pero las dificultades para desarrollar un sistema de defensa antibalística no han sido superadas. Desde que aparecieron los misiles *V-2* estas dificultades son esencialmente las mismas: las velocidades de un misil balístico son demasiado altas, el tamaño de la cabeza explosiva es muy pequeño y el tiempo de alerta es demasiado corto.

Desde 1972 se firmó el tratado ABM, que prohíbe expresamente el desarrollo y construcción de sistemas *generales* de defensa antibalística. El tratado permite el despliegue limitado de estos sistemas y cada potencia puede escoger dos lugares para protegerlos con este tipo de defensas.[1] Este tratado forma parte de los acuerdos SALT I y sigue estando vigente. La URSS mantiene un sistema de defensa antibalística alrededor de la ciudad de

---

[1] En la tercera sección de este capítulo se examina el contenido detallado de este tratado. Véase también el capítulo XIII.

Moscú, mientras que Estados Unidos ha desmantelado los sistemas que había desplegado en los años sesenta y setenta.

PRIMERAS DEFENSAS ANTIBALÍSTICAS

Los misiles balísticos han mantenido y mantienen la superioridad tecnológica de una *innovación básica*. No existe, en la actualidad, un sistema de defensa que pueda proteger a un país de un ataque con misiles balísticos. En el proceso de incorporación del progreso técnico en armamentos, las innovaciones básicas constituyen un rompimiento radical con los principios tecnológicos imperantes y establecen niveles de superioridad tecnológica muy altos. Este criterio se aplica exactamente en el caso de los misiles balísticos y su superioridad tecnológica sigue vigente. De hecho, en un horizonte temporal de corto plazo no se contemplan desarrollos tecnológicos que puedan hacer peligrar esa superioridad, pero este punto lo examinaremos con más detenimiento al final de este capítulo.

El sistema de defensa antibalística ha variado mucho en sus concepciones. La idea de utilizar misiles para destruir otros misiles surgió muy al principio en la carrera armamentista. A mediados de la década de los cincuenta, el Ejército norteamericano, responsable de mantener un sistema de defensa antiaérea utilizando misiles superficie-aire (SAM), comenzó a considerar la idea de ampliar su misión hasta incluir una defensa antibalística porque se confirmó que la URSS estaba embarcada en un ambicioso programa para desarrollar ICBMs. El Ejército ya había desplegado un complejo sistema de misiles muy rápidos, capaces de derribar aviones de combate y bombarderos pesados a gran altura. Desde 1951 había probado el misil antiaéreo *Nike-Ajax*, y al año siguiente lo introdujo en servicio activo; ese misil se mantuvo desplegado hasta 1961. El *Nike-Ajax* utilizaba combustible líquido y tenía un alcance de 40 kilómetros; su sistema de propulsión no le permitía un despegue rápido, pero sí podía desplazarse a 2 400 kilómetros por hora. Esa velocidad era suficiente para enfrentar cualquier avión enemigo durante los siguientes años. El sistema fue mejorado en 1953, cuando se introdujo el misil *Nike-Hercules* de combustible sólido y mayor alcance y velocidad. Ambos misiles utilizaban sistemas de radar para orientarse hacia sus blancos.

En realidad, el uso de misiles para derribar aviones resultó una cómoda aplicación de una innovación básica para resolver un problema relativamente sencillo. Los misiles tenían una superioridad técnica muy marcada frente a los aviones, sobre todo en esa primera etapa de la competencia entre unos y otros. Aún hoy, cuando los aviones han sido mejorados y alcanzan velocidades de *Mach 2.5*, están equipados con los últimos adelantos para la guerra electrónica y tienen diseños antirradar, los sistemas de defensa antiaérea son un obstáculo muy poderoso. Los bombarderos *B-52* y *B-1B* son los vehículos de transporte de cargas nucleares cuya probabilidad de penetración hasta sus blancos es la más baja por sus velocidades relativamente lentas.

De este modo, cuando se confirmó la existencia de un programa soviético de ICBMs y comenzó a considerarse la posibilidad de crear un sistema de defensa antibalística, los candidatos naturales fueron los misiles. El Ejército rápidamente propuso el desarrollo de un misil mucho más avanzado, pero basado en los sistemas ya desplegados. Así nació el misil *Nike-Zeus* y se inició una serie de investigaciones sobre los sistemas que el enemigo podía utilizar para penetrar estas defensas.[2]

Durante varios años se introdujeron mejoras en los sistemas de orientación del misil, y en 1962 se iniciaron las pruebas del sistema *Nike-X*, con la tecnología más avanzada en materia de combutibles y sistemas de orientación por radar. El sistema era más complejo y consistía en una defensa en dos fases. La primera se componía de misiles modelo *Spartan*, de largo alcance y capaces de detonar cargas nucleares de varias megatoneladas; estos misiles tratarían de interceptar un ataque soviético a la mitad de su recorrido o en el momento de iniciar la fase terminal. La segunda fase se integraba de misiles *Sprint*, de muy rápida aceleración y de corto alcance, tambien armados con cargas nucleares pero en el rango de las kilotoneladas. La segunda fase buscaría interceptar las cabezas enemigas sobrevivientes una vez que hubieran realizado su reingreso a la atmósfera.

---

[2] A su vez, este estudio estimuló el desarrollo de cabezas con distintos dispositivos para engañar a las posibles defensas soviéticas; de aquí surgió la idea de incorporar, junto con la cabeza nuclear del misil, una serie de objetos especialmente diseñados para que el enemigo no pudiera distinguir y localizar a la verdadera cabeza nuclear del misil. Este mismo esfuerzo experimental también estuvo en los orígenes de la tecnología MIRV (York, 1969).

Con la primera línea de defensa se podrían proteger grandes regiones del país; con la segunda se defenderían zonas más restringidas. Pero el radar de los misiles *Spartan* podía ser fácilmente engañado por explosiones enemigas y la multiplicación de cabezas nucleares "falsas", y el alcance restringido de los *Sprint* hacía necesaria una cantidad muy grande de ellos para obtener una cobertura muy limitada (Rathjens, 1969). El costo y las serias dudas sobre la efectividad de este doble sistema de defensa hicieron que su construcción y despliegue nunca fueran aprobados. En 1967 el Congreso se inclinó por descontinuar el programa *Nike-X* y el secretario de Defensa, Robert S. McNamara, anunció su convicción de que un sistema de defensa antibalística que utilizara misiles (como el sistema *Nike-X*) no era viable.

Sin embargo, la idea de establecer un tipo de defensa antibalística con misiles permaneció viva. Ese mismo año, el propio McNamara propuso la puesta en práctica de un sistema de defensa antibalística denominado *Sentinel*, diseñado explícitamente para proteger a Estados Unidos de un ataque nuclear proveniente de la República Popular China. Dicho ataque sería distinto de uno soviético, según los analistas del Pentágono: el número de cabezas atacantes sería mucho menor (se trataría de un ataque "ligero") y, por otra parte, no irían acompañadas de dispositivos antirradar sofisticados por el menor grado de desarrollo tecnológico chino. En el sistema *Sentinel* los misiles *Spartan* estarían distribuidos en 14 bases esparcidas de tal manera que ofrecieran cobertura de todo el territorio norteamericano; los misiles *Sprint* estarían concentrados alrededor de los emplazamientos de radar que servirían para orientar la primera línea de defensa.

El sistema *Sentinel* tampoco llegó a la etapa de construcción y emplazamiento. Los defectos técnicos seguían siendo insuperables, a pesar de que se consideraba a la fuerza estratégica china como tecnológicamente atrasada. Y uno de los problemas más importantes era el de la posible reacción de los soviéticos: en particular, varios observadores alertaron sobre la muy probable multiplicación de los arsenales nucleares soviéticos (Rathjens, 1969).

La obsesión por crear un sistema efectivo de defensa antibalística continuó y, en 1969, el presidente Nixon propuso un nuevo uso para los componentes del viejo sistema *Sentinel*. Esta vez se buscó obtener la aprobación del Congreso para instalar un sistema llamado *Safeguard* destinado a defender una parte de la fuerza de ICBMs norteamericanos en contra de un ataque soviético. El sistema estaría integrado por los mismos dos tipos de misiles anteriores (*Spartan* y *Sprint*), y éstos se colocarían en 12 bases que proporcionarían cobertura de las principales concentraciones de silos subterráneos con misiles intercontinentales.

Ése fue el último intento norteamericano por desplegar una defensa antibalística utilizando misiles superficie-aire. Después de años de polémica y de millones de dólares gastados en la fase de desarrollo experimental, Estados Unidos se convenció de la imposibilidad de establecer un sistema de defensa adecuado. Uno de los argumentos más poderosos sin duda fue el de la posibilidad de dar un nuevo impulso a la carrera armamentista y desembocar, al filo de varios años, en una posición todavía más peligrosa (por ejemplo, si los soviéticos recurrían a multiplicar sus cabezas nucleares). Otro argumento se relacionó con el altísimo costo de este sistema y el relativo bajo costo con el que un atacante podía engañar y evadir estas defensas. En última instancia, la superioridad tecnológica de una ofensiva con misiles balísticos se siguió imponiendo, aun frente a una defensa basada en la utilización de armas nucleares.

CARGAS NUCLEARES COMO DEFENSA ANTIBALÍSTICA

El ya clásico estudio realizado por Garwin y Bethe (1968) demostró que era imposible poner en pie una defensa antibalística basada en los principios tecnológicos de los sistemas propuestos. La utilización de cargas termonucleares para destruir misiles y cabezas de misiles enemigos parece prometedora porque el alcance del radio de destrucción es mucho mayor que con explosivos convencionales. Una carga termonuclear *defensiva* emite neutrones, rayos X y, desde luego, genera una onda de choque. Los neutrones pueden penetrar fácilmente el escudo térmico y el contenedor de la cabeza nuclear. Pueden penetrar hasta el material fisionable y fundirlo, alterando su forma especialmente diseñada para crear la masa crítica bajo la presión de los explosivos convencionales que la compriman. En ese caso, no será posible detonar la cabeza nuclear. Proteger el material fisionable de los neutrones de una carga termonuclear defensiva es posible, pero se requiere un escudo masivo y muy pesado que introduce limitaciones obvias.

Las detonaciones nucleares generan un flujo muy grande de rayos X y los efectos sobre un vehículo de reingreso pueden ser desastrosos. Los rayos X en cantidad suficiente pueden evaporar violentamente la primera capa del escudo térmico y generar una onda de choque que destruya todo el escudo. La cobertura de los rayos X en las capas más altas de la atmósfera sería muy grande, y ésta era la base de los sistemas *Sentinel* y *Safeguard*. Pero los vehículos de reingreso pueden ser protegidos para resistir el flujo de rayos X con relativa facilidad y sin agregar demasiado peso.

Por último, el tercer elemento destructor de una carga nuclear defensiva es su onda de choque. Este elemento solamente puede funcionar en la atmósfera. La cobertura de esta protección depende del poder explosivo de las cargas nucleares utilizadas; pero como la defensa tiene que ser a alturas mucho más bajas, no es muy recomendable utilizar cargas nucleares muy poderosas. Por otra parte, los vehículos de reingreso pueden ser dotados de una gran resistencia estructural y lograr un nivel muy alto de supervivencia frente a detonaciones endoatmosféricas.

En un ataque real los misiles y las cabezas nucleares enemigas no llegarían aislados, uno por uno. El ataque se llevaría a cabo con varias andanadas de misiles y los vehículos de reingreso armados con cargas nucleares no llegarían solos. Normalmente irían acompañados de miles de objetos con el mismo diseño y perfil en las pantallas de radar, de tal manera que el defensor no podría distinguirlos de las cabezas nucleares. El mismo cuerpo del misil intercontinental que transporta las cabezas nucleares, o el camión que distribuye las cabezas independientes, pueden fragmentarse de tal manera que se conviertan en una infinidad de objetos que contribuyen a saturar las pantallas de radar. Durante la fase de la trayectoria exoatmosférica se puede utilizar una gran cantidad de globos cubiertos con una fina capa de material similar al papel aluminio que no pesan casi nada y pueden muy bien simular cabezas nucleares en trayectorias de ataque.

Claro que una vez que entran en la atmósfera, casi todas las cabezas falsas pueden ser distinguidas por su comportamiento aerodinámico. Las cabezas falsas son más ligeras que las reales y, por lo tanto, su desaceleración es muy rápida al reingresar a la atmósfera. Pero en ese caso, la única defensa que queda disponible es una defensa terminal y su cobertura es muy limitada. Además de los vehículos con cargas falsas para engañar a las defensas, las detonaciones de cargas nucleares bloquearían el radar y harían impracticable la detección de los vehículos de reingreso. Estas detonaciones podrían realizarse a más de 100 kilómetros de altura y cubrir porciones importantes del perímetro defendido, anulando la efectividad de las defensas.

Además, en caso de ataque los misiles pueden traer trayectorias de poca altura, que son detectadas por los sistemas de radar mucho más tarde que cuando el misil recorre una trayectoria de mínimo consumo de energía. En estos casos, el misil atacante solamente es detectado cuando se encuentra ya muy cerca del blanco y es demasiado tarde para intentar una defensa. Por todas estas razones, el sistema de defensa antibalística fue considerado impracticable. La introducción de cabezas múltiples en los principales sistemas ICBM y SLBM acabó con las últimas ilusiones de poder construir un sistema de misiles antimisiles. Finalmente, los misiles crucero que vuelan a alturas muy bajas (hasta 30 metros) tendrían grandes posibilidades de evadir cualquier sistema de defensa anti-balística.

El tratado ABM

En 1972 la URSS y Estados Unidos firmaron el tratado ABM, que prohíbe el emplazamiento de un sistema general de defensa antibalística. El tratado permite a cada potencia mantener dos sitios protegidos con estos sistemas: el primero dispuesto alrededor de la capital nacional y limitado a 100 plataformas de lanzamiento y 100 misiles antibalísticos, apoyados por seis complejos de radar defensivos; el segundo emplazado alrededor de una base de ICBMs y restringido a un radio de 150 kilómetros con 100 plataformas de lanzamiento y 100 misiles antibalísticos, apoyados por dos grandes radares de arreglos de antenas individuales sincronizadas en fase (*phased array radars*) y 18 radares ABM.

Los radares de fases sincronizadas permiten identificar y seguir la trayectoria de cientos de objetos separados. El principio básico de radar no se altera (emisión de señales y cálculo de la posición de un objeto a través del muy conocido efecto doppler) pero sí cambia el diseño de las antenas emisoras y receptoras. En lugar del clásico diseño de un plato cóncavo que gira sobre su eje y va cambiando su orientación hasta cubrir todo el horizonte, los radares de fases sincronizadas colocan múltiples antenas idénticas sobre una superficie plana; la señal es enviada de un objeto a otro en fracciones de millonésimas de segundo. Este tipo de radares son utilizados para rastrear satélites y también para detectar el lanzamiento de misiles. Sus aplicaciones militares y civiles son múltiples, y han sido utilizados por lo menos desde 1981 en la base Otis de la Fuerza Aérea en Cabo Cod y en la isla de Shemya para detectar el lanzamiento de SLBMs desde el Atlántico y rastrear satélites y el lanzamiento experimental de ICBMs soviéticos en el Pacífico (Brookner, 1985). El tratado ABM prohibió el emplazamiento adicional de radares sincronizados en fase a menos que se situaran en las fronteras o litorales y estuvieran orientados hacia el exterior.

Estados Unidos instaló en 1974 un sistema ABM alrededor de los silos de misiles intercontinentales de la base de Grand Forks de la Fuerza Aérea en Dakota del Norte. El sistema sólo estuvo emplazado hasta 1975 porque se consideró incapaz de cumplir adecuadamente su misión defensiva. En esos años Estados Unidos etaba en plena instalación de la tecnología de cabezas múltiples en sus misiles intercontinentales y se consideró que ese sistema ofensivo hacía totalmente obsoleto un sistema ABM. Por su parte, la URSS desplegó un sistema ABM con misiles *Galosh* de defensa antibalística alrededor de la ciudad de Moscú. Este sistema es totalmente ineficaz frente a las capacidades ofensivas norteamericanas.

El tratado ABM constituyó un intento por limitar el crecimiento y desarrollo técnico de los arsenales de misiles ofensivos. Ambas potencias reconocieron que cualquier esfuerzo por construir defensas antibalísticas desencadenaría una nueva fase de desarrollo de armamento ofensivo. El artículo V del tratado ABM estableció restricciones a la actividad de desarrollo experimental de estos sistemas:

> *1.* Cada una de las partes se obliga a no desarrollar, probar o desplegar sistemas ABM o componentes que tengan bases en el mar, en el aire, en el espacio o bases móviles en tierra.
> *2.* Cada una de las partes se obliga a no desarrollar, probar

o desplegar plataformas de lanzamiento ABM para lanzar más de un misil interceptor ABM a la vez desde cada plataforma y a no modificar plataformas ya desplegadas para dotarlas de tal capacidad ni a desarrollar, probar o desplegar sistemas automáticos o semiautomáticos o sistemas similares para recarga rápida de plataformas de lanzamiento ABM.

Nuevas tendencias en defensa antimisiles balísticos

En marzo de 1983 el presidente Reagan propuso a la comunidad científica de Estados Unidos iniciar un vasto programa de investigaciones para "hacer impotentes y obsoletas a las armas nucleares" y realizar una "revolución tecnológica que permita interceptar y destruir a los misiles balísticos estratégicos antes de que lleguen a territorio norteamericano o de sus aliados". Esta revolución tecnológica podría liberar a la humanidad del peligro de la guerra nuclear y, a fin de evitar que se convirtiera en un factor desestabilizador del balance estratégico, Estados Unidos estaría dispuesto a compartir con la URSS la nueva tecnología desarrollada.

La "revolución tecnológica" de la que habló Reagan estaría basada en principios radicalmente diferentes de los utilizados por los anteriores intentos de defensa antibalística. Se trataría de una generación distinta de *innovaciones básicas*, capaces de competir con la generación anterior y de hacer valer su superioridad tecnológica. Estas innovaciones básicas consisten en dos tipos nuevos de armamento (armas de energía dirigida y de energía cinética) que ofrecen, a primera vista, un potencial interesante para sistemas de defensa antibalística.

Para examinar el potencial de estas innovaciones es necesario reconsiderar las características del problema que, en principio, ayudarían a resolver. Los sistemas de defensa ABM de los años sesenta y setenta revelaron claramente que no era posible ofrecer una cobertura adecuada para grandes regiones de un país. El último intento norteamericano para construir un sistema ABM (el *Safeguard*) se limitaba a defender una base de silos subterráneos de ICBMs y, aunque el alcance de la misión era muy limitado, muy rápidamente se reconoció la imposibilidad de asegurar una protección adecuada. Una de las deficiencias más importantes ya se ha comentado antes: la posibilidad de distinguir entre cabezas nucleares reales y falsas solamente se presenta en el momento del reingreso a la atmósfera, porque la fricción del aire frena más a los objeto ligeros. Pero al iniciarse la fase terminal ya sólo falta uno o dos minutos para que la cabeza nuclear verdadera llegue a su blanco.

Por otra parte, en la fase intermedia, el camión distribuye las cabezas independientes y la serie de dispositivos para engañar los radares defensivos. Después de que el camión ha ejecutado su maniobra, el misil inicial ha dejado de ser un blanco aislado y se ha multiplicado en una nube de blancos, algunos reales y otros falsos, pero todos con el mismo perfil en las pantallas de radar y la misma trayectoria. En consecuencia, una defensa efectiva en contra de misiles balísticos debería comenzar a localizar y atacar los misiles agresores mucho antes de las fases terminal e intermedia.

La Iniciativa de Defensa Estratégica descansa precisamente en esta premisa: una defensa efectiva debería buscar destruir los misiles atacantes desde el momento en que sean disparados de sus silos. Pero esto significa que habría que atacar a los ICBM mucho antes de que aparecieran en el horizonte. Precisamente durante esta fase los misiles son más fáciles de detectar por su cauda luminosa y fuente de calor; también es el momento en que son más vulnerables. Además, su velocidad es relativamente baja durante esos primeros 300 segundos que dura la propulsión. Por esta razón, la primera línea de defensa debería contar con una plataforma en el espacio para alcanzar a detectar un lanzamiento de misiles, identificarlos individualmente y proceder a destruirlos. La Iniciativa de Defensa Estratégica (SDI) es fundamentalmente un sistema diseñado para aprovechar militarmente el espacio exterior y buscar destruir los misiles atacantes en su fase de propulsión.

Las investigaciones iniciadas alrededor de la SDI han considerado varias clases de armas de energía dirigida y un tipo de armas de energía cinética (Bethe *et al.*, 1984; Patel y Bloembergen, 1987). Las armas de energía dirigida en estudio son las de rayos láser, que viajan a la velocidad de la luz (300 000 kilómetros por segundo), y las de rayos de partículas que viajan a casi la misma velocidad. Los proyectiles no explosivos que pueden encontrar a los misiles o los vehículos de reingreso y destruirlos en una colisión a muy altas velocidades, constituyen la principal versión de las armas de energía cinética.

Todos estos armamentos defensivos se encuentran en una fase experimental. Los láser que están bajo consideración tienen diferentes fuentes generadoras. Los láser *excimer* utilizan un rayo de electrones para excitar una mezcla de gases hasta que emiten el exceso de energía en forma de radiación ultravioleta. Los láser de rayos X se generan a partir de explosivos nucleares rodeados de fibras muy finas. Por último, otros láser se generan a partir de fuentes químicas, como los de fluoruro de hidrógeno ya probados por el Pentágono. Los flujos de partículas de energía podrían dirigir un rayo de estas partículas para penetrar un misil enemigo y destruir los semiconductores de su sistema de navegación. Estos rayos enfrentarían el problema de que serían doblados por el campo magnético de la tierra y no podrían ser utilizados para blancos muy lejanos. Sin embargo, podrían generarse rayos de partículas neutrales y evitar este problema; estas armas solamente podrían utilizarse fuera de la atmósfera. Por último, los proyectiles no explosivos no son nuevos, pero sí la forma de lanzarlos y orientarlos en contra de misiles en la fase de propulsión o en contra de vehículos de reingreso.

Un misil balístico puede ser destruido por un rayo láser (cualquiera que sea la fuente generadora de éste) o por flujos de partículas. De la misma manera, un objeto pequeño de gran densidad puede chocar con un vehículo de reingreso y destruirlo. Este último caso quedó demostrado perfectamente en una prueba realizada en junio de 1984, cuando un vehículo lanzado por un misil *Minuteman* desde la base Vandenberg, en California, fue interceptado 20 minutos más tarde sobre el atolón de Kwajalein, de las Islas Marshall en el Pacífico. Ese interceptor utilizó un sistema de orientación y seguimiento similar al de las armas antisatélite de los Estados Unidos, que se centró sobre la estela térmica del propulsor. El proyectil interceptor también desplegó una "red" metálica de unos 15 metros de diámetro para maximizar la probabilidad de impacto. De hecho, la colisión fue directa y en unos segundos los fragmentos se dispersaron en una zona de aproximadamente 40 kilómetros cuadrados.

Pero una cosa es destruir un misil aislado en condiciones experimentales (*i.e.*, controladas) y otra es destruir una andanada de misiles balísticos lanzados desde silos en tierra o submarinos estratégicos. Las dificultades que enfrenta una defensa antibalística de varias etapas son realmente formidables y, en el estado actual del conocimiento tecnológico, insuperables. Por estas dificultades, más que por los cambios en las relaciones estratégicas entre las superpotencias, la Iniciativa de Defensa Estratégica es hoy en día un programa de investigación experimental, más orientado hacia la necesidad de organizar el contacto con nuevas tecnologías con potencial militar que al ambicioso esfuerzo contemplado originalmente por la administración Reagan. Sin embargo, es interesante examinar la naturaleza de las dificultades porque su análisis revela cómo las innovaciones básicas originales de los años 1945-1957, perfeccionadas por un caudal de innovaciones menores durante los últimos 30 años, siguen manteniendo su superioridad tecnológica. Dejando de lado por el momento los misiles lanzados desde submarinos o los misiles crucero que recorren su trayectoria a muy baja altura, algunas de las dificultades más importantes que enfrenta una defensa ABM son las siguientes.

Para poder destruir los misiles balísticos durante la fase de propulsión se requiere una plataforma en el espacio que permanentemente mantenga una vigilancia estrecha sobre los silos y plataformas móviles de ICBMs. Los satélites de reconocimiento en órbitas geosincrónicas han demostrado que es posible cumplir con la tarea de vigilar permanentemente los silos de ICBMs de la otra potencia. Pero una defensa antibalística exige poder destruir los misiles durante los pocos minutos que dura la fase de propulsión, y para llevar a cabo esta tarea es necesario poder dirigir los láser o flujos de partículas, o los proyectiles no explosivos, desde una plataforma adecuada. Dos posibles soluciones han sido propuestas: la primera consiste en mantener plataformas permanentes en órbita; la segunda es un sistema de lanzamiento ultrarrápido desde submarinos que permitiera colocar estos armamentos en el espacio durante los primeros segundos del ataque.

Las plataformas permanentemente en órbita generarían láser químicos o láser de rayos X que dirigirían sus rayos hacia los misiles en la fase de propulsión. También podrían ser plataformas con espejos que reflejarían los láser *excimer* desde sus generadores en tierra hasta los ICBMs en ascenso. En este último esquema, la fuente generadora estaría en tierra y los componentes ópticos del sistema estarían en órbita. Se contempla un complejo sistema de dos satélites con espejos: el primero estaría en órbita geoestacionaria a 36 000 kilómetros de altura y reflejaría el láser *excimer* (emitido desde un generador en tierra) hasta otro espejo en órbita polar (a 1 000 kilómetros de altura), que se encargaría de dirigir el rayo de luz en contra de los misiles. El primer satélite llevaría, además, un pequeño láser *excimer* montado en un brazo de aproximadamente 900 metros de extensión que emitiría una señal al generador en tierra que permitiera precompensar las perturbaciones ocasidonadas por el ingreso del flujo en la atmósfera.

Por su parte, el sistema de lanzamiento ultrarrápido tendría que llevarse a cabo desde submarinos situados en zonas estratégicamente seleccionadas (por ejemplo, en el Océano Ártico, el Mar de Barents, el Golfo Pérsico o el Oceáno Índico). Desde estos puntos los submarinos estarían lo más cerca posible de las bases de silos soviéticos. El lanzamiento de las armas de láser y partículas tendría que llevarse a cabo en los primeros segundos del lanzamiento de los misiles para aprovechar la última parte de la fase de propulsión a fin de localizarlos y destruirlos. El misil con su arma antibalística tendría que recorrer una distancia de aproximadamente 900 kilómetros para poder tener en la mira a un misil atacante.

Ninguno de estos sistemas ofrece en la actualidad una posibilidad realista de servir como parte de una defensa antibalística. En primer lugar, el número de misiles soviéticos colocados en silos subterráneos o en plataformas móviles en tierra alcanza la cifra de 1 378 (SIPRI, 1989). La cantidad de cabezas nucleares en estos misiles es de 6 860 y sería crucial destruir los misiles antes de que el camión distribuyera las cabezas independientes y liberara una nube de artefactos para engañar a los radares defensivos.[3] El número de espejos en órbita necesarios para poder enfrentar un ataque general está en función de la intensidad de cada láser; por ejemplo, si un láser es muy intenso y puede destruir un misil en sólo *cinco* segundos, un espejo puede destruir 36 ICBMs en tres minutos (suponiendo que puede cambiar de blanco sin perder tiempo). Según este cálculo se necesitarían *por lo menos* unos 38 espejos en órbitas de baja altura y otros 38

---

[3] Un camión normal podría distribuir hasta *100* objetos distintos, como globos vacíos, globos con cabezas falsas, globos con cabezas reales y nubes de alambre (*chaff*) (Bethe et al., 1984).

en órbita geoestacionaria para poder destruir 1 378 ICBMs en tres minutos. En realidad se necesitaría mantener seis espejos en órbitas bajas para mantener cubiertos *permanentemente* los silos soviéticos. El total de espejos en órbitas bajas y geoestacionarias asciende a 266. Éste es el resultado de un cálculo muy optimista; otras estimaciones van desde 400 espejos en órbita (Bethe *et al.*, 1984) hasta 1 500 plataformas en órbita para flujos de rayos X (Tsipis, 1985). Si la intensidad del láser es inferior y el tiempo que es necesario mantenerlo enfocado sobre el fuselaje de un misil es mayor, el número de espejos deberá ser aumentado. Es evidente que mantener unos 266 o más espejos en órbita, perfectamente orientados y en estado permanente de alerta, constituye una tarea que ninguna potencia está en posibilidad de realizar actualmente ni en un plazo de varias décadas.

Aunque se pudiera colocar un cierto número de espejos en órbita o lanzarlos en unos segundos desde submarinos, los misiles balísticos pueden reducir de manera importante la duración de la fase de propulsión. De este modo, se reduce el tiempo que dura la fase más vulnerable del vuelo de un misil.[4] La duración de la fase de propulsión de diferentes tipos de ICBMs es de entre 300 segundos para el SS-18, 180 para el SS-25, 220 segundos para el *Midgetman* y 180 segundos para el MX; según Tsipis (1985) se puede esperar una nueva generación de ICBMs con fases de propulsión de sólo 50 segundos. Durante este breve lapso, los motores de combustión muy rápida proporcionarían la velocidad y orientación requeridas para el resto del vuelo. En este caso, el tiempo para destruir los misiles atacantes en la etapa más vulnerable impone restricciones insuperables a cualquier sistema defensivo (entre otras cosas, habría que multiplicar el número de plataformas en órbita y aumentar la intensidad de los láser utilizados). Y después de pasar esta primera fase del vuelo, los blancos se multiplicarían hasta saturar las siguientes líneas de defensa ABM.

Los ICBMs pueden ser dotados de escudos protectores para resistir los flujos de láser o rayos X. Probablemente adquieran

---

[4] Esta fase es la más vulnerable porque el misil está siendo guiado en ella; la cauda luminosa y térmica es visible para satélites con sensores adecuados y las velocidades que despliega el misil, por lo menos durante la primera parte de su ascenso, todavía no son las más altas que alcanzará durante su recorrido.

con ello un peso adicional, pero muy bien se puede sacrificar una cabeza nuclear o vehículos falsos para compensar el peso. Por ejemplo, una cubierta de una capa fina de material reflejante en el fuselaje exterior puede contribuir mucho a reducir el daño causado por un láser. En ese caso, el láser tendría que permanecer enfocado sobre un misil mucho más tiempo o ser de una mayor intensidad.

En términos de requerimientos de energía, un sistema de rayos láser para defenderse de un ataque de 1 378 ICBMs soviéticos necesitaría una fuente de energía de por lo menos 300 000 *Megawatts* (Bethe *et al.*, 1984), lo que representa algo así como la capacidad de unas 230 plantas como la de Laguna Verde, Veracruz, suponiendo que pudiera funcionar correctamente con sus dos unidades. Este supuesto es muy fuerte en el caso de dicha planta, pero un funcionamiento perfecto sería necesario porque la defensa antibalística no podría funcionar con fuentes de energía poco confiables. Las plataformas en el espacio necesitarían sus propias fuentes de energía para mantener los sistemas en operación. La energía estaría proporcionada por reactores similares a los que llevan algunos satélites. El riesgo de mantener permanentemente cientos o hasta miles de reactores en órbita no podría considerarse como despreciable.[5]

Un sistema de defensa antibalística necesita de una extraordinaria infraestructura de equipo de cómputo, muy eficiente y rápido, así como de los programas que permitan coordinar cada fase de sus operaciones. Las probabilidades de desperfectos en la compleja red de equipos de cómputo de muy alta velocidad son enormes. Pero aun suponiendo un funcionamiento perfecto de todos los circuitos electrónicos, el programa o la serie de programas para coordinar todas las operaciones no deben contener errores. Se calcula que el sistema global contemplado en la Iniciativa de Defensa Estratégica requiere de un programa de más de *10* millones de líneas de códigos (Lin, 1985). Cualquier pro-

---

[5] El 24 de enero de 1978 se estrelló en territorio canadiense un satélite soviético, el *Cosmos 954*, que utilizaba como fuente de energía un reactor de uranio enriquecido. Según los datos de SIPRI, (1979), los restos del satélite (algunos altamente radiactivos) fueron diseminados en un radio de más de 550 kilómetros. La región que puede verse afectada por fragmentos radiactivos varía en función del ángulo de reingreso de un satélite a la atmósfera.

gramador sabe que un programa nuevo tiene errores y sólo la experiencia permite introducir las correcciones que aseguran un buen funcionamiento. Pero en un sistema ABM no sería posible experimentar con el programa y expurgar los errores poco a poco; no se puede experimentar con miles de cabezas nucleares volando hacia Estados Unidos. El programa (o la serie de programas) tendría que funcionar perfectamente desde la primera vez.

Finalmente, la Iniciativa de Defensa Estratégica enfrenta varios problemas adicionales en el caso de misiles lanzados desde submarinos, porque, la localización exacta del punto de partida no puede ser conocida de antemano. Además, el tiempo de vuelo sería todavía menor y, en consecuencia, el estado de alerta, la identificación del misil, la preparación de los sistemas láser o de partículas dirigidas y el disparo tendrían que realizarse en tiempos mucho más cortos. Otra amenaza que sería necesario considerar en un escudo defensivo es la de los misiles crucero. El sistema de navegación de estos misiles les permite volar a muy baja altura (hasta 30 metros en terreno relativamente plano) y la posibilidad de detectar un blanco tan pequeño son todavía bajas.

En su estado actual, la Iniciativa de Defensa Estratégica puede describirse como un programa de investigaciones sobre aplicaciones militares de diversos tipos de láser y de armas de energía cinética. El ambicioso esquema original ha sido prácticamente abandonado, pero el desarrollo experimental a nivel de laboratorio o de prototipos continúa recibiendo un generoso apoyo financiero. En materia de armas de energía dirigida las investigaciones se llevan a cabo esencialmente sobre las aplicaciones de los láser químicos, *excimer* y de electrones libres. El potencial de este tipo de armamento para una defensa antibalística ha sido evaluado cuidadosamente por un comité especial de la Sociedad Americana de Física, cuyos trabajos se llevaron a cabo entre 1984 y 1987; los resultados han sido difundidos ampliamente (Patel y Bloembergen, 1987) y claramente señalan que las perspectivas de utilizar estas armas para una efectiva defensa antibalística no son muy prometedoras.[6] En cambio, el informe confirma que

---

[6] En el mejor de los casos, señala el informe, se requiere un decenio o más de investigación intensa para disponer de la información técnica necesaria para poder tomar una decisión fundada sobre la efectividad y capacidad de supervivencia de un sistema de armas de energía dirigida (Patel y Bloembergen, 1987:32).

estas investigaciones pueden desembocar en otras aplicaciones militares.

En cuanto a las armas de energía cinética, la SDI contempla un sistema mixto de interceptores colocados en orbita capaces de lanzar proyectiles en contra de los ICBM soviéticos (el sistema fue bautizado con el nombre "Smart Rocks") y un número aún indeterminado de vehículos que también estarían en órbita pero cada uno tendría un sofisticado equipo de detección de misiles soviéticos y de orientación para interponerse en su camino y destruirlos al chocar. Este último componente ha sido bautizado con el nombre de "Brilliant Pebbles" porque cada vehículo sería más pequeño (pesaría 40 kg) y llevaría una poderosa microcomputadora a bordo (SIPRI, 1990:62). Pero tanto la factibilidad de un sistema efectivo, como el costo de cada uno de sus componentes han sido severamente criticados (Foley, 1989; Garwin, 1990a y 1990b). El Ejército sigue probando un nuevo misil interceptor destinado a chocar con los vehículos de reingreso en lo que sería la última de varias líneas de defensa ABM. El misil KITE-1 (*Kinetic-kill Integrated Technology Experimental vehicle*) ya ha sido probado desde la base de *White Sands*, en Nuevo México.[7] No se han dado a conocer datos o especificaciones sobre este misil, pero las dificultades mencionadas anteriormente hacen del concepto algo poco realista.

En 1988 se publicó el resultado de una evaluación del Comité de Adquisiciones del Pentágono sobre la Iniciativa de Defensa Estratégica (Pike, 1989). El comité tenía que evaluar el programa en su conjunto para recomendar si se continuaba o se interrumpía. En su informe, el comité dividió en varias partes sus recomendaciones, de tal modo que ya no se trata de tomar una sola decisión. Entre las vías que se recomendó continuar están las aplicaciones militares como armas antisatélites (ASAT). A diferencia de sistemas anteriores probados por la Fuerza Aérea, la nueva generación de ASATs utilizaría rayos láser y proyectiles no explosivos.

En total, entre 1983 y 1990 las investigaciones de la IDE han recibido y consumido aproximadamente 19 000 millones de dólares. Entre 1984 y 1987 el presupuesto asignado a este progra-

---

[7] *Aviation Week and Space Technology*, 19 de marzo de 1990, pp. 62-63.

ma creció en un 50%, pero después ha crecido a un ritmo modesto.[8] Después de todo el debate sobre el programa lanzado por Reagan en 1983, lo que queda es un frente para el desarrollo de armamentos mucho más modestos, pero potencialmente muy desestabilizadores. La carrera armamentista continúa mejorando cualitativamente sus instrumentos y máquinas de guerra. Lo anterior no significa que se haya abandonado totalmente la idea de llegar a desplegar algún día una defensa ABM. No debe descartarse la hipótesis de que se mantengan vivas las investigaciones sobre aplicaciones de láser y energía cinética con el fin de desplegar una defensa antibalística *limitada*. El objetivo no sería el proporcionar una protección 100% segura en contra de misiles balísticos lanzados en un *primer ataque soviético*, sino el defender a Estados Unidos contra un enemigo debilitado y descoordinado después de recibir un *primer ataque norteamericano*. Esta hipótesis ha sido analizada ampliamente y se le conoce a partir de la metáfora del "paraguas con hoyos". Un paraguas defectuoso no protege mucho en caso de un aguacero, pero sí es bastante efectivo en caso de una llovizna ligera. En lugar del "aguacero" de misiles soviéticos lanzados inicialmente contra Estados Unidos, la defensa ABM serviría razonablemente contra la "llovizna" de una respuesta soviética a un primer ataque norteamericano. Dicha respuesta necesariamente consistiría en un contrataque descoordinado y débil.

[8] Según una fuente (*Aviation Week and Space Technology*, 19 de marzo de 1990:62-63), en 1990 el presupuesto disminuyó en términos reales.

VII. SOBRE LA AUTONOMÍA DE LA VARIABLE TECNOLÓGICA

Introducción

El periodo 1979-1985 es testigo de uno de los más intensos procesos de desarrollo de nuevos armamentos. En Estados Unidos se aprueba el desarrollo de los misiles MX, de los bombarderos *B-1* y *B-2*, de la nueva generación de misiles *Trident*, y se procede a emplazar los misiles *Pershing II* y crucero en Europa. Por su parte, la Unión Soviética construye dos nuevas clases de submarinos estratégicos (*Delta III* y *Taifun*), emplaza sus misiles SS-20 y desarrolla nuevos bombarderos de penetración. En todos los nuevos sistemas se introducen mejoras notables en la precisión, el alcance y el poder destructivo.

Para 1983 ambas superpotencias habían desplegado misiles extraordinariamente precisos. En el rango de los misiles intercontinentales los círculos de error probable se reducían a un centenar de metros, mientras que en los misiles lanzados desde submarinos se anunciaban CEPs equivalentes como resultado de mejoras en la tecnología de navegación inercial-estelar. En algunos misiles de alcance intermedio, como los *Pershing II*, la fase terminal contaba con sistemas de navegación que reducían el CEP a unas cuantas decenas de metros. Los misiles crucero, con su revolucionario sistema de navegación basado en la combinación de adelantos en tecnologías como la percepción remota y la microelectrónica, alcanzaron una precisión de sólo 30 metros de círculo de error probable.

Prácticamente cualquier blanco militar, pequeño y reforzado, podía ser destruido con esta nueva generación de misiles. Lejos estaban los tiempos en que el CEP de un misil era tan grande que solamente era posible utilizarlo en contra de grandes blancos como las ciudades y las concentraciones industriales. En consecuencia, ambas superpotencias se colocaron, por primera vez desde 1945, en una posición diametralmente *opuesta* a la disuasión nuclear. Cada una podía aspirar, con los arsenales desplegados, a *destruir las fuerzas nucleares del adversario antes* de que fueran utilizadas.

Por esta razón, en la literatura norteamericana y europea se señala que los arsenales nucleares tienen por primera vez una capacidad para desencadenar "ataques de contrafuerza", es decir, ataques en contra de las fuerzas nucleares del adversario. Los blancos de contrafuerza (silos y bastiones de mando y de control reforzados) comienzan a tener un peso más importante que los de "contravalor", es decir, las ciudades y concentraciones industriales.

La disuasión nuclear estaba basada en la premisa de que aun en el caso de sufrir un ataque por sorpresa, una superpotencia podía confiar en que sus fuerzas estratégicas sobrevivirían y podrían desatar una respuesta que provocaría daños intolerables al atacante. Con los nuevos sistemas el escenario se hacía más complicado: un primer atacante podía aspirar a destruir una parte importante de las fuerzas estratégicas del adversario y aun conservar suficientes misiles en reserva como para amenazarlo con un ataque sobre sus ciudades y concentraciones industriales. De esta manera, una guerra nuclear podía ser contemplada como cualquier otra guerra. Las armas nucleares adquirían una finalidad diametralmente opuesta a la disuasión: podían ser utilizadas en la búsqueda de una finalidad racional (la victoria).

Desde luego, surgieron críticos que con gran lúcidez demostraron que este tipo de supuestos era absurdo. Entre otras razones, se señaló en innumerables ocasiones que sería imposible "administrar" un conflicto nuclear. Seguramente desde el primer momento de un ataque serían destruidos los centros de control y mando de las fuerzas estratégicas, de tal manera que no sería posible mantener un proceso de "negociaciones" para limitar o concluir las hostilidades. También se señaló que, aunque estos centros de mando no fueran destruidos, sería muy arriesgado suponer que un contrincante no lanzaría todas sus fuerzas disponibles en respuesta a un ataque *antes* de que las cabezas nucleares llegaran a sus blancos de contrafuerza.[1]

---

[1] En testimonio frente a un comité del Congreso en 1984, el secretario de la Defensa, Caspar Weinberger, y el jefe del Estado Mayor Conjunto indicaron

Además, el país agredido difícilmente podría distinguir un ataque limitado a los blancos de contrafuerza de un ataque global (Drell y Von Hippel, 1976; Arkin *et al.*, 1982). Finalmente, un ataque de contrafuerza provocaría niveles de destrucción intolerables en la población civil porque las cargas nucleares usadas tendrían que ser detonadas a muy poca altura para maximizar el efecto destructivo en contra de blancos reforzados (silos subterráneos). Esas detonaciones son precisamente las que generan mayores efectos de precipitación radiactiva porque succionan una gran cantidad de polvo y partículas de tierra, que después son distribuidas por los vientos dominantes. La racionalidad de los ataques de contrafuerza quedó claramente cuestionada por estos estudios (véase el más reciente estudio en Von Hippel *et al.*, 1988). Sin embargo, el elemento más importante es que si bien la idea de un conflicto nuclear sigue siendo irracional, las nuevas generaciones de armamentos estratégicos incorporan *cambios técnicos* que las hacen más propicias para que sean utilizadas. Por esta razón, el tema de los factores que determinan la intensidad y la orientación del cambio técnico en armamentos estratégicos adquirió una importancia fundamental.

En el libro de York (1970) se menciona otra tendencia alarmante en el manejo directo de las armas nucleares: cada vez más se tiende a que oficiales de rango medio tengan en sus manos el poder de decidir sobre el uso de una devastadora fuerza destructiva. El ejemplo de York en ese año es el comandante de un submarino *Polaris*. Pero la conclusión es más alarmante todavía: la misma tendencia llevará a que sean las máquinas las que tengan que decidir sobre si se utilizan o no las armas nucleares (por ejemplo, en caso de decidir si una alerta de ataque enemigo es real o falsa). Esta idea se fue expresando con mayor claridad en los años siguientes y hasta se llegó a recrear el fantasma de una especie de marcha inexorable hacia una guerra nuclear en una analogía con el proceso que desembocó en la Primera Guerra Mundial. Así nació el llamado síndrome de 1914: una vez puestas en pie ciertas piezas del vasto mecanismo militar-estratégico,

---

que Estados Unidos podía adoptar una postura en la que los misiles intercontinentales serían utilizados ante una alerta *confirmada* de un ataque. Esta indicación fue formulada en el contexto de una discusión sobre la vulnerabilidad de los MX instalados en silos subterráneos (Steinbruner, 1984).

nada ni nadie podría detener la marcha inexorable hacia el conflicto (Kahler, 1979-1980).

En el sustrato de todos estos análisis yacía la idea del cambio técnico *autónomo*. El abandono de la antigua doctrina sobre disuación y su reemplazo por una doctrina combativa parecía no haber sido deseado sino *impuesto* por la dinámica autónoma del progreso técnico (en particular en materia de navegación). En otros términos, el cambio técnico en armamentos se introducía a través de un proceso no controlado y la elaboración de planes militares tenía que ajustarse pasivamente a las características de los nuevos arsenales. La conclusión de este cuadro era muy inquietante: las superpotencias estaban siendo colocadas en una postura bélica en la que existía una inclinación en favor del uso de las armas nucleares por el simple avance inexorable de la tecnología.

En el pasado muchos autores han adoptado esta visión sobre la autonomía de la variable tecnológica. En muchos análisis sobre la dinámica de la carrera armamentista se encuentra implícita esta idea, por ejemplo, en el clásico planteamiento del efecto "acción/reacción" de Rathjens (1969), uno de los científicos y especialistas más destacados en tecnología militar; la idea se encuentra también en el discurso político, como en un importante pasaje de la retórica de John F. Kennedy en 1963, que advierte sobre el hecho de que los nuevos armamentos siempre engendran contrarmamentos (citado por Freedman, 1985:244). También se encuentra formulada en los influyente trabajos de York (1970 y 1973b). Pero con mayor claridad y fuerza se expresa esta idea en el análisis del director de SIPRI, Frank Barnaby, sobre las aplicaciones de la microelectrónica en el terreno militar (Barnaby, 1982).

De acuerdo con estas ideas la posibilidad de seleccionar blancos militares o de contrafuerza había caído del cielo junto con una serie de innovaciones determinadas *exógenamente*. En el mejor de los casos, los mandos militares de los años ochenta solamente estaban definiendo sus objetivos de contrafuerza porque la tecnología disponible así se los permitía; en el peor de los casos, frente a una tecnología claramente ofensiva los mandos militares de ambas potencias estaban *obligados* a definir sus planes militares en consecuencia. Como corolario, las oportunidades para el proceso de control y reducción de armamentos eran bastante limitadas, pues no era posible identificar las fuerzas sociales que imprimieran alguna dirección al proceso de cambio técnico. Esta idea adquirió mucha fuerza durante los últimos años, pero es inexacta. El análisis histórico demuestra que en el caso de ambas superpotencias la destrucción de blancos militares fue un *desideratum* desde los albores de la era nuclear. Para abordar este problema es necesario desentrañar el contenido y significado de los planes operativos de los mandos militares desde 1945. En este capítulo se presentan los principales lineamientos de este análisis y, de paso, la estructura y contenido de los planes militares actuales de Estados Unidos y la Unión Soviética. En particular, se pretende demostrar que los elementos llamados de "contrafuerza" estaban presentes en los planes militares de las superpotencias mucho antes de que los armamentos nucleares tuvieran la precisión requerida para esta misión.

Aún queda mucho por hacer para identificar a los agentes sociales del cambio técnico en materia de armamentos. Sin duda es necesario avanzar en el análisis de lo que MacKenzie (1989) denomina la sociología histórica de la innovación; también es preciso estudiar el proceso de adquisición de armamentos en sus aspectos económicos y políticos. Pero por lo pronto es indispensable abandonar la idea superficial de que la tecnología está fuera de todo control y que nuevos sistemas de armamentos serán desplegados sin que se pueda hacer gran cosa al respecto.

El análisis histórico que se lleva a cabo en este capítulo tiene como marco general de referencia la evolución de la tecnología militar en armamentos estratégicos a partir de 1945. Las nociones de innovación básica, innovaciones menores y trayectorias tecnológicas son el telón de fondo de este análisis. Los cambios técnicos que han sido identificados y estudiados en la primera parte de este libro sirven de marco para llevar a cabo el análisis de los principales eventos en la historia reciente del pensamiento militar norteamericano. En el caso de la URSS, las limitaciones en las fuentes de información obligan a realizar un análisis más superficial.

La primera sección de este capítulo se concentra en la integración de los armamentos nucleares en la doctrina militar de las superpotencias. En ella se examina la herencia de la Segunda Guerra Mundial en materia de bombardeo estratégico, para después pasar a los primeros planes operativos de Estados Unidos.

En la segunda sección se estudia la evolucción de los planes y doctrina militar de las superpotencias entre 1960 y 1989. Se hace hincapié en la distorsión que introduce la diferencia entre objetivos declarados y planes operativos. Por último, en la tercera sección se examinan las principales directrices de la doctrina y planes militares en la URSS.

LA INTEGRACIÓN DEL ARMAMENTO NUCLEAR EN LA DOCTRINA MILITAR ESTRATÉGICA

La herencia del bombardeo estratégico en la Segunda Guerra Mundial

El punto de partida es el papel que jugó la noción de "bombardeo estratégico" durante la segunda guerra mundial. El bombardeo estratégico (*i.e.*, en contra de las estructuras industriales y concentraciones de población) fue utilizado por todos los contendientes. Pero al principio de las hostilidades el bombardeo de ciudades y los ataques indiscriminados a los centros de población civil no fueron generalizados: las experiencias de algunas ciudades europeas, como Varsovia o Rotterdam, y antes de la guerra el conocido ataque a Guernica, no deben engañar sobre este punto.

Desde un principio se buscó restringir el poderío aéreo para no provocar ataques a las ciudades (esto vale para Inglaterra, Francia y Alemania). Los principios definidos por el general Alemán Heinz Guderian, en los que se combinaba el poderío aéreo con las fuerzas mecanizadas de tierra (divisiones *Panzer*), no incluían la destrucción de ciudades. Sin embargo, la restricción del uso del poderío aéreo sobre ciudades se fue erosionando a medida que se desenvolvían las hostilidades (Kennett, 1984). Aún así, los primeros bombardeos sobre ciudades en la Segunda Guerra Mundial tuvieron como fin infundir terror en la población (aunque pueda parecer una distinción sutil, la finalidad no era exterminar a la población). Poco a poco este objetivo se fue transformando y la destrucción del potencial industrial se convirtió en una meta fundamental de la misiones de bombardeo (*ibid.*). Un elemento importante en esta evolución fue que, a diferencia de lo sucedido en la primera guerra, los teatros de batalla y las zonas de combate durante la segunda guerra no estuvieron nunca rígidamente definidos. Al intensificarse el uso de bombarderos de mediano y largo alcance, los blancos militares e industriales comenzaron a agotarse en algunas regiones. El ataque a centros de población civil comenzó a convertirse en una práctica usual y, al final de las hostilidades, era parte de la noción de bombardeo estratégico. En particular, los bombardeos sobre Japón en el último año de la guerra fueron cambiando de objetivos: de bases e instalaciones militares a centros industriales y, por último, a concentraciones de población.

La erosión en las restricciones a la utilización del poderío aéreo se intensifica al iniciarse los preparativos alemanes para la invasión de Inglaterra, tan pronto como Francia había sido vencida. Se inició una campaña por el predominio en el espacio aéreo; los ataques alemanes a blancos fundamentalmente militares (bases aéreas, depósitos de combustible, etc.) no tuvieron el resultado que se había pensado. La ofensiva aérea no pudo doblegar a los ingleses y, al contrario, los costos de la *Luftwaffe* comenzaron a ser muy elevados. La proximidad de los blancos militares a los centros de población, o los errores de navegación, contribuyeron a que la táctica del bombardeo aéreo sufriera un cambio gradual pero decisivo. Los ataques alemanes pasaron de ser considerados como un apoyo a una invasión que nunca se materializó a una manera de forzar a los ingleses a aceptar el nuevo *status quo* en Europa (*i.e.*, predominio alemán). En dos años las fuerzas aliadas se recuperaron y comenzaron a responder a los ataques aéreos siguiendo la tendencia ya iniciada: bombardeo estratégico del enemigo, cuyo objetivo era destruir su estructura social y económica (Freedman, 1985:11). Los aliados, especialmente los ingleses, buscaron desde el principio reducir el costo en términos de aviones derribados durante sus incursiones. La idea de bombardear blancos militares era atractiva, pero incompatible con el objetivo anterior. Se prefirió el bombardeo nocturno y esto aumentó la imprecisión; en la oscuridad las grandes ciudades y centros industriales quedaron como blancos naturales. Los bombarderos norteamericanos continuaron con la misión de llevar a cabo ataques diurnos contra concentraciones industriales y otros blancos que exigían una mayor precisión.

El objetivo de los bombardeos sobre ciudades no era romper la maquinaria bélica sino doblegar la voluntad del pueblo alemán para continuar la guerra. Desde luego, los resultados de los bombardeos diurnos sobre zonas industriales sí tuvieron repercusiones importantes, pero el objetivo de desmoralización no se pudo alcanzar. Los terribles ataques a Hamburgo y Dresden con bombas incendiarias tuvieron un fuerte impacto en la manera de pensar el bombardeo estratégico *después* de la guerra pero no se puede afirmar que tuvieron el efecto buscado. El bombardeo de Tokio con bombas incendiarias en marzo de 1945 (80 000 muertos) debe ser visto como una extensión al Pacífico de la tendencia iniciada en Europa.

Como ya se vio en los capítulos precedentes, durante la última fase de la guerra se introdujeron dos innovaciones básicas adicionales. La primera, fueron los misiles *V-2* utilizados por los alemanes. Estos sistemas corresponden a una innovación básica cuyos efectos se dejarían sentir plenamente hasta después de la guerra. El alto mando alemán introdujo los sistemas *V-2* como armas para vengar el bombardeo de las ciudades alemanas (el nombre de estas armas así lo traduce: *Vergeltungswaffe*, arma de venganza). No se contempló su uso en contra de concentraciones militares, bases o puertos.

La segunda innovación básica que se introduce al final de la guerra es la bomba atómica. La naturaleza de los blancos que fueron escogidos para la primera utilización de estos artefactos marcó algunas de las primeras interpretaciones sobre este nuevo tipo de armamento. En la imaginación popular quedó plasmada la idea de que la efectividad de la bomba atómica era decisiva cuando se utilizaba en contra de ciudades. Esta idea se extendió a todas las armas nucleares. Además, el brazo de las fuerzas armadas que había llevado a cabo el bombardeo de saturación de áreas en Japón (la Fuerza Aérea) fue también el encargado de realizar el primer bombardeo atómico. Y durante un cierto número de años (12) después de la guerra, fue el único brazo con cierta capacidad para colocar cargas nucleares sobre blancos enemigos. Al terminar la guerra persistió la idea de que la bomba atómica servía primordialmente como elemento de bombardeo estratégico (en el sentido de la Segunda Guerra: *area bombardment*, bombardeo de saturación, arma de terror). La Fuerza Aérea de Estados Unidos buscó siempre, a lo largo de los último años de la guerra y entre 1945-1947, independizarse del Ejército de tierra; la importancia atribuida al bombardeo estratégico y al bombardeo de largo alcance le proporcionaban la racionalidad deseada.

La Fuerza Aérea norteamericana osciló entre la selección de blancos civiles y blancos militares durante todo este periodo. Conscientes de que no sería posible evitar un ataque nuclear en contra de Estados Unidos, desde el principio se pensó en seleccionar blancos de contrafuerza en la URSS. La integración racional del armamento nuclear (y de los misiles balísticos) en el pensamiento militar comienza en los primeros años de la posguerra. Es importante analizar esta integración para poder desentrañar la relación entre el pensamiento militar y el proceso de cambio técnico en armamentos estratégicos.

DOCTRINA ESTRATÉGICA E INNOVACIONES BÁSICAS
EN EL PENSAMIENTO MILITAR DE ESTADOS UNIDOS

Los primeros planes operativos en Estados Unidos: de 1945 al primer SIOP

En los primeros años de la posguerra se pensó que la supremacía de Estados Unidos por su monopolio de la bomba atómica duraría muchos años. Sin embargo, poco a poco comenzó a surgir la idea de que no sería nunca posible asegurar una defensa absoluta en contra de un ataque con bombarderos a Estados Unidos. La única manera de prevenir este tipo de agresión sería a través de ataques de *contrafuerza*. Así se comienza la tendencia a definir los blancos de contrafuerza.

Entre 1945 y 1960 la estrategia nuclear de Estados Unidos se definió en tres niveles (Freedman, 1981; Rosenberg, 1983 y 1986; Ball, 1981a y 1986). En el primero y más alto nivel la presidencia y el Consejo Nacional de Seguridad (NSC, por sus siglas en inglés) definían los objetivos de seguridad nacional y la política sobre armamentos nucleares. Por ley, el presidente tenía la última palabra en materia de armamentos nucleares. En el segundo nivel se situaba el Estado Mayor Conjunto, cuya tarea consistía en traducir los lineamientos generales del presidente y el NSC en términos de planes estratégicos. Finalmente, en el tercer nivel se encontraba el Comando Aéreo Estratégico (SAC), encargado de definir listas de blancos conforme a los lineamientos de los niveles anteriores.

En diciembre de 1945 el Estado Mayor Conjunto de Estados Unidos tenía una lista de 20 ciudades de la URSS (entre las que se encontraban Moscú y Leningrado) que serían blancos nucleares en caso de guerra (Richelson, 1986). Para justificar esta selección de blancos se utilizaron los argumentos tradicionales en favor de una estrategia de bombardeo por zonas, en lugar de un bombardeo de precisión sobre blancos específicos.

Entre 1945 y 1947 existió una gran ambigüedad sobre el uso de la bomba atómica. El presidente Truman no parece haber elaborado indicaciones precisas y, más allá de las declaraciones relacionadas con la no proliferación, no se dieron directrices estratégicas. A partir de 1948 el Estado Mayor Conjunto comenzó a preparar planes operativos (de distintos horizontes temporales) en los que se definían criterios sobre objetivos, daños y uso de armamento nuclear. El Comando Aéreo Estratégico elaboró listas de blancos buscando conciliar los objetivos con el pequeño e incipiente arsenal nuclear norteamericano. En esta situación el Comando Aéreo Estratégico ocupó una posición privilegiada en relación con la Armada y el Ejército de tierra, porque era el único con capacidad para realizar ataques nucleares. Sin embargo, la Marina y Ejército siempre trataron de influir en este proceso a través de la revisión de las listas de blancos hechas por el Estado Mayor Conjunto.

A lo largo de este primer periodo (1948-1955) la definición de blancos para el caso de una confrontación nuclear estuvo marcada por: *a*) la tecnología para alcanzarlos; *b*) la información disponible sobre objetivos militares e industriales en la URSS, así como su localización precisa; *c*) los lineamientos preparados por el Estado Mayor Conjunto y las rivalidades entre los diferentes brazos de la fuerzas armadas.

a) *La tecnología*

Al finalizar la guerra, el arsenal nuclear de Estados Unidos era de sólo dos bombas atómicas. Ambas eran del tipo *Fat Man Mark 3*, utilizado contra Nagasaki. Para julio de 1946 el arsenal había crecido a nueve bombas, y paso a 50 en julio de 1948. Cada una de estas bombas pesaba 10 000 libras y la única manera de colocar una de ellas en el compartimento modificado de un bombardero *B-29* era construir un pozo capaz de albergarla, colocar el avión directamente encima y subirla con un elevador especial. Hasta finales de 1948 solamente existían 30 bombarderos *B-29* modificados para transportar bombas atómicas.[2] El alcance de los bombarderos *B-29* era de 4 000 millas, por lo que se hacía necesaria la utilización de bases o de cargar combustible en vuelo para poder completar el viaje hasta numerosos blancos situados en el corazón geográfico de la URSS.

b) Información sobre blancos y localización

Uno de los factores que más importancia tuvieron en la definición de blancos nucleares durante estos años fue la calidad y confiabilidad de la información proporcionada por los servicios de inteligencia en materia de blancos nucleares. Al finalizar la guerra, los militares norteamericanos no tenían información adecuada sobre posibles blancos de interés militar en la URSS. La mayor parte de las fuentes de información de los servicios de inteligencia provenía de fotografías aéreas alemanas que habían sido capturadas. Posteriormente se llevaron a cabo vuelos de reconocimiento en las fronteras de la URSS y, en raras ocasiones, la CIA proporcionó información sobre algunos blancos específicos.

La recolección de datos sobre blancos a lo largo del territorio de la URSS no se podía llevar a cabo. Uno de los episodios más absurdos del esfuerzo por obtener información fue representado por el programa *Moby Dick* de la CIA a través de globos equipados con cámaras de fotografía de gran altura. Estos globos eran lanzados desde Europa y transportados por las corrientes de vientos dominantes atravesaban la URSS hasta Japón. El programa fracasó porque era imposible saber con precisión dónde habían sido tomadas las fotografías (Rosenberg, 1986:40). La mayor parte de la información utilizada por la Fuerza Aérea en el periodo 1945-1955 provenía de interrogatorios a prisioneros de guerra repatriados. Sólo hasta 1956, cuando se inician los vuelos de gran altitud del avión espía *U-2*, se comenzó a tener acceso a una información actualizada y precisa.

[2] Su base estaba en Roswell, Nuevo México.

*c) Los lineamientos del Estado Mayor Conjunto
y las rivalidades interarmas*

Durante y después de la guerra se llevaron a cabo estudios para evaluar la eficiencia de la campaña de bombardeo estratégico sobre Alemania y Japón. Los resultados en lo que concierne a la voluntad del pueblo fueron muy negativos (véase la obra de Dyson [1984]). En términos generales se llegó a la conclusión de que los bombardeos sobre blancos específicos como instalaciones industriales, servicios de transporte y comunicaciones, centrales eléctricas y refinerías de petróleo eran más efectivos que el bombardeo indiscriminado de la población civil. Los primeros lineamientos del Estado Mayor Conjunto sobre bombardeos nucleares en caso de guerra con la URSS fueron fieles a las enseñanzas de esta experiencia, pero ni la tecnología disponible (*i.e.*, los bombarderos *B-29*), ni la información disponible permitían elaborar listas de blancos con el perfil deseado. En los hechos, entre 1948 y 1950 el Mando Aéreo Estratégico comenzó a preparar listas de blancos en la URSS y la mayoría eran concentraciones industriales, que fueron los unicos blancos considerados como alcanzables por los generales de la Fuerza Aérea.

Para 1950 el Estado Mayor definió por primera vez prioridades y una jerarquía de blancos nucleares. La prioridad se otorgó a la destrucción de cualquier objetivo relacionado con la capacidad soviética de llevar a cabo un ataque con bombas atómicas. El segundo lugar en orden de importancia lo ocupaban los blancos relacionados con la movilidad del ejército soviético en Europa. El tercer lugar lo ocuparon blancos en las industrias eléctrica, de refinación y de energía nuclear. Las tres categorías recibieron los nombres clave de *Bravo, Romero* y *Delta*.[3] Esta jerarquización de blancos nucleares formó la espina dorsal del pensamiento militar norteamericano durante más de 10 años.

Sin embargo, el SAC objetó estas directrices porque una lista de blancos de esta naturaleza requería numerosos vuelos de reconocimiento y muchos de los blancos específicos tendrían que ser localizados visualmente por las tripulaciones de los bombarderos. El costo de aviones y tripulaciones sería muy alto y el ar-

---

[3] El origen de los nombres clave proviene de las letras iniciales de los objetivos tácticos deseados: *blunting, retardation* y *destruction/disruption.*

senal nuclear norteamericano era todavía muy pequeño. Las objeciones de la Fuerza Aérea tuvieron eco en el Estado Mayor Conjunto y, a partir de 1952, se fortaleció la posición de la Fuerza Aérea en lo concerniente a participar en la definición de blancos nucleares. Surgió así una posición casi monopólica del SAC en la definición de blancos que fue aprovechada por este brazo de las fuerzas armadas para crecer y aumentar el acervo de cargas nucleares. Al identificarse más blancos se justificaba el aumento en la producción de cargas atómicas y la expansión del número de bombarderos del SAC se convertía en un imperativo. La Marina y el Ejército objetaron continuamente este círculo vicioso por el cual el SAC aumentaba su fuerza y acaparaba una parte sustancial de los presupuestos anuales para la defensa.

El balance entre blancos militares e industriales/civiles

El criterio dominante del SAC para la definición de blancos en este periodo se basaba en la idea siguiente: tomando en cuenta las dificultades de localización de blancos específicos (*i.e.*, instalaciones militares) y con el fin de evitar el desperdicio de cargas nucleares, la Fuerza Aérea debería concentrarse en blancos industriales. Como éstos estaban localizados en las zonas urbanas, aun cuando no se lograran impactos directos se obtendría una ventaja por la destrucción de las concentraciones urbanas. Además, el SAC tenía como objetivo el colocar a sus bombarderos en el espacio aéreo soviético y sacarlos de ahí lo más rápidamente posible, con lo cual el criterio dominante en la definición de blancos respondía esencialmente a un solo factor: producir el máximo daño posible en un solo ataque devastador y masivo.

Al iniciarse la administración del presidente Eisenhower se estableció formalmente (en un memorándum del Consejo Nacional de Seguridad) la doctrina de la respuesta masiva con armas nucleares a un ataque soviético, adoptándose la filosofía del SAC sobre bombardeo estratégico. Simultáneamente, se marcaron directrices para la fabricación y emplazamiento de bombas atómicas "tácticas" en Europa y para el desarrollo de sistemas de alerta y defensa de Estados Unidos. Pero en la práctica, el SAC continuó dominando la tarea de definir blancos y siguió sosteniendo que era necesario aumentar su capacidad y presupuesto para poder neutralizar la emergente amenaza soviética. La rivalidad entre la Fuerza Aérea, por un lado, y la Marina y el Ejército, por el otro, se intensificó entre 1954 y 1957. Sin embargo, aunque el papel del SAC se vio severamente cuestionado, continuó dominando la definición de planes operativos y listas de blancos. La Marina y el Ejército criticaron duramente la filosofía detrás de la noción de una respuesta masiva (*massive retaliation*) a cualquier ataque soviético, pero la realidad es que en 1955 el Estado Mayor Conjunto no controlaba al Mando Aéreo Estratégico.

En lo que concierne a los vehículos y medios de ataque del SAC, en 1955 había ingresado a sus arsenales un nuevo y poderoso bombardero de largo alcance, veloz y capaz de volar a una gran altura, en donde la resistencia del aire es menor y el gasto de combustible es maximizado: el *B-52*. Hasta este año, los principales instrumentos con los que el SAC contaba para realizar sus planes eran los viejos bombarderos *B-29* (alcance: 4 000 millas) y sus derivados (el *B-50*, que volaba a alturas relativamente bajas y por eso era considerado vulnerable a las defensas soviéticas).

Listas de blancos y lógica de contrafuerza

En 1956 los miembros del Consejo Nacional de Seguridad continuaban viviendo bajo la ilusión de la supremacía norteamericana en el terreno nuclear basada en los aviones del SAC. A partir de mejores servicios de inteligencia se estaría en posibilidad de destruir la capacidad soviética de respuesta en caso de conflicto. Sin embargo, las dos superpotencias estaban por ingresar en una nueva dimensión en sus relaciones estratégicas con la introducción de los misiles balísticos intercontinentales. Es aquí donde se puede observar el impacto de esta *innovación básica*.

La introducción en los arsenales norteamericanos de misiles balísticos intercontinentales (ICBMs) dotados de cabezas termonucleares de gran poder destructivo era algo que el Estado Mayor Conjunto veía para el corto plazo en 1956. Este nuevo tipo de armamento permitiría relajar los requerimientos de precisión por su enorme poder destructivo. Por otra parte, la velocidad a la que viajarían aseguraba casi completamente la penetración de las defensas enemigas. Pero el prospecto de ver un enemigo en posesión de este mismo tipo de armamento sacudió hasta lo más profundo las percepciones norteamericanas sobre su seguridad. Estos temores adquirieron una nueva dimensión cuando la URSS colocó en 1957 el primer satélite artificial. Ese mismo año se consideró que para el final de la década de los cincuenta la URSS tendría una capacidad de ataque con ICBMs sobre Estados Unidos frente a la que no habría defensa posible. De hecho, las bases y aviones del Mando Aéreo Estratégico serían totalmente vulnerables frente a un ataque con ICBMs.

La reacción de Eisenhower consistió en intensificar los preparativos para una estrategia de respuesta masiva, y continuó así el apoyo a la lógica del SAC en materia de uso de armas nucleares. Pero se le comenzó a dar más importancia a la idea de que la única defensa frente a la perspectiva de un ataque con armas atómicas por parte de la URSS consistía en un primer ataque que anulara o redujera considerablemente la capacidad nuclear de ese país (Rosenberg, 1986:49). Por esta razón la lista de blancos fue incluyendo cada vez más instalaciones militares relacionadas con la capacidad ofensiva nuclear de la URSS. El círculo vicioso "más blancos-más bombarderos-mayor presupuesto para la Fuerza Aérea" se intensificó y se le añadió el componente ICBM.

El miedo a un ataque soviético y la lógica de un posible primer ataque nuclear contra la URSS orientaron la definición de blancos nucleares hacia las instalaciones militares. A pesar de que el SAC había logrado desde 1951 la dispensa de atacar los blancos de la categoría *Romeo* por las dificultades intrínsecas de este tipo de misiones, sus propias listas de blancos incluyeron en 1956 más de 2 990 instalaciones militares como blancos específicos. En 1957 los blancos aislados (tipo *Romeo*) ya ascendían a 3 261, y para 1959 se habían identificado 20 000 instalaciones militares. Estas instalaciones recibieron prioridades de acuerdo a su jerarquía y se les fijó un punto llamado "Punto Cero Deseado" (*Desired Ground Zero*) para designar el sitio exacto en donde debía detonar una carga nuclear. Para determinar estos puntos de impacto se tomó en cuenta el radio de destrucción de las cargas de alto poder destructivo que estaban ingresando a los arsenales norteamericanos en esos años.

En 1959 los servicios de inteligencia de la Fuerza Aérea fueron encargados de preparar una nueva lista de blancos para los años sesenta. En esta nueva lista se contemplaba un aumento constante de blancos cada año: para 1960 se definían 3 560, y para 1970 se establecían 6 955. El aumento constante a una tasa media anual de 6.9% en el número de blancos estaba en función de las proyecciones sobre los aumentos en el número de bases de misiles ICBM soviéticos (Rosenberg, 1986:50).

Es muy importante examinar la evolución precisa de las listas de blancos para esta investigación sobre la autonomía del cambio técnico en armamentos estratégicos. A mediados de la década de los ochenta se pensaba que la dinámica de la variable tecnológica en armamentos estratégicos no respondía a ningún control. Las características de los armamentos emplazados presentaban una fuerte inclinación hacia los blancos militares (o de "contrafuerza"). En muchos círculos se pensó que esto estaba ocurriendo por primera vez y que el pensamiento militar, basado en la idea de la disuasión por el terror a la destrucción mutua, estaba siendo rebasado por la oleada de cambios técnicos en armamentos nucleares. Pero el estudio de la evolución de las listas de blancos militares desde 1945 revela otra realidad, mucho más compleja, en cierto sentido mucho más peligrosa, pero que también abre puertas a la acción política y diplomática.

El análisis de los grupos de blancos en estas nuevas listas revela que la mayor parte de esos blancos estaban en las categorías *Romeo* y *Bravo*; una minoría pertenecía a la categoría *Delta*. Esta configuración de blancos revela que para el Mando Aéreo Estratégico una guerra nuclear no duraría mucho tiempo, pues sólo los blancos clase *Delta* estaban destinados a perturbar el esfuerzo de recuperación enemiga durante una guerra prolongada. Los blancos de contrafuerza, y en especial las bases de ICBMs, constituían el corazón de la estrategia del SAC. Pero los blancos de contrafuerza solamente tienen sentido *antes* de que los misiles y bombarderos sean lanzados en un ataque. En el marco de una guerra nuclear en la que predominaba la idea de un ataque masivo, no tenía ninguna lógica militar el bombardear aerodromos y silos de misiles vacíos. En consecuencia, este patrón en las listas de blancos traducía una estrategia de primer uso del arma nuclear para anular la capacidad nuclear enemiga. Para el SAC, ésta era la única manera de reducir el daño que sufriría Estados Unidos en caso de guerra.

La rivalidad interarmas, los sistemas SSBN-SLBM y el primer SIOP

La polémica entre Fuerza Aérea y Marina/Ejército continuó hasta que los dos últimos lograron demostrar en 1957 que el patrón de blancos y la supuesta jerarquización establecidos por el SAC desembocaban en un desperdicio colosal de esfuerzo bélico. Se demostró que existía una redundancia de ataques sobre blancos en los planes del SAC y que la precipitación radiactiva que esto ocasionaría afectaría a países aliados, neutrales y a las propias fuerzas armadas de Estados Unidos. Estas críticas prepararon el terreno para una revisión profunda de la estrategia planeada por la Fuerza Aérea. Además, para finales de la década de los cincuenta la Armada ya estaba comenzando a introducir en servicio activo un nuevo tipo de armamento capaz de rivalizar con los bombarderos y misiles de la Fuerza Aérea: los submarinos nucleares armados de misiles balísticos (SSBN-SLBM). Estos nuevos sistemas de armamentos eran capaces de sobrevivir a un primer ataque nuclear y de responder con una fuerza destructiva que los convertía en el arma de disuación por excelencia. La Armada fortalecía su papel en la combinación de armamentos estratégicos (y en su participación en el presupuesto anual para la defensa) y, desde entonces, intensificó su defensa del concepto de *invulnerabilidad*.[4]

Los submarinos SSBN fueron postulados como un arma de disuación nacional (*i.e.*, estratégica) y la Armada dejó de ser un cuerpo secundario.[5] Su papel en la elaboración de la estrategia nuclear se transformó radicalmente. Junto con el Ejército, propuso desde 1957 (cuando el sistema SSBN estaba todavía en pleno desarrollo experimental) que Estados Unidos reconsiderara

---

[4] Para Clausewitz el conflicto bélico desempeña para los distintos armamentos el mismo papel que el mercado para los bienes: selecciona los más útiles. Pero en la ausencia del campo de batalla esta "selección" no es tan directa. Según Rosenberg (1986) la rivalidad interarmas es un proceso sucedáneo del conflicto armado en la selección de armamentos por su utilidad. Esta rivalidad implica una prueba para los conceptos y doctrina de cada brazo de las fuerzas armadas sin la destrucción de armamento que acompaña a un conflicto.

[5] A partir de 1960 la parte del presupuesto asignada a la Armada, aumentó considerablemente.

su estrategia en caso de conflicto: en especial, se recomendó que al lado de blancos de contrafuerza se tuviera una lista de blancos de contravalor (*i.e.*, ciudades) y de control político. Estas recomendaciones constituyen el orden del día de varios estudios y debates entre 1957 y 1960.

A punto de terminar su administración, el presidente Eisenhower recibió en febrero de 1960 los resultados de un estudio especial (estudio Hickey) sobre blancos y coordinación entre los diferentes componentes de las fuerzas armadas.[6] La lista de blancos alcanzó el total de 2 121, distribuidos de la siguiente manera (Rosenberg, 1986):

a) 121 bases de ICBMs;
b) 140 bases de aviones caza del sistema de defensa aérea;
c) 200 bases de bombarderos;
d) 218 centros de control militar y político;
e) 124 instalaciones militares diversas (incluyendo bases navales y centros de producción y almacenamiento de cargas nucleares);
f) 1 318 blancos en 131 centros urbanos en la URSS y la República Popular China.

Esta combinación de blancos fue considerada como la "mezcla óptima" y el presidente Eisenhower dio su autorización para que sirviera como lineamiento general para toda definición de blancos a nivel operativo. Sin embargo, la introducción de los misiles SLBM provocó una controversia más intensa entre Fuerza Aérea y Armada, de tal manera que para finales de 1960, a punto ya de entregar la presidencia a su sucesor, Eisenhower encargó una nueva y definitiva evaluación de las listas de blancos y preparativos bélicos del SAC a su asesor científico, el profesor George Kistiakowsky de la Universidad de Harvard. Se esperaba que un analista neutral, sin compromisos o alianzas dentro de las fuerzas armadas, llevaría a cabo un análisis objetivo de la situación. El resultado principal del estudio fue devastador para

---

[6] El estudio fue encargado por el presidente a raíz de las recomendaciones de su asesor especial en materia de seguridad nacional, Gordon Gray. Para Gray, la disuasión y los objetivos en caso de guerra no debían verse como separados de la identificación y selección de blancos.

Eisenhower: efectivamente había una capacidad redundante en materia de cargas nucleares y blancos, los criterios de planificación del SAC eran muy simplistas y descansaban esencialmente en la idea de la abundancia de aviones, misiles y cabezas nucleares. Sin embargo, el estudio no pudo alterar la tendencia iniciada hacía más de 10 años. El predominio de la Fuerza Aérea continuó y el primer plan de operaciones único e integral (SIOP), fue elaborado por el SAC. Quizás por su formación como militar profesional, Eisenhower prefirió dejar a su sucesor un plan integrado de operaciones que daba un aspecto de buena coordinación, a pesar de reconocer sus enormes defectos.[7] Einsenhower transmitió a su sucesor el primer SIOP y las críticas que se le habían hecho. Ese primer SIOP cristalizó las tendencias que hemos examinado hasta aquí y constituyó el más firme paso hacia la institucionalización de la redundancia y lo que hoy se conoce como la proliferación vertical de armamentos nucleares.

Declaraciones políticas y planes operativos

Robert MacNamara, secretario de la Defensa del presidente Kennedy, conoció los detalles del SIOP en febrero de 1961, y su impresión negativa fue similar a las críticas del estudio Hickey y del informe de Kistiakowsky. Inmediatamente ordenó una revisión del plan y pocos meses después definió su propia posición estratégica. Los elementos centrales de su nueva posición constituyeron un cambio importante: el esfuerzo de contrafuerza debería corresponder a un segundo ataque, se debía abandonar la idea de un ataque único y masivo (el antiguo credo del SAC) y se debía abandonar el objetivo de lograr una capacidad total de primer ataque por sus efectos desestabilizadores.

[7] Eisenhower abandonaría la presidencia con la sensación de que no había podido resolver el conflicto entre los objetivos de la disuasión y de la capacidad ofensiva. El reconocimiento de que el SAC había crecido demasiado, que la redundancia era la consecuencia del círculo vicioso entre SAC y empresas privadas productoras de bombarderos y misiles, es el antecedente de la célebre advertencia final de Eisenhower sobre el complejo militar/industrial. Sobre las reacciones de Eisenhower al conocer los resultados del estudio de Kistiakowsky, véase Rosenberg (1983).

Sin embargo, estas intenciones permanecieron fijadas a nivel de las declaraciones del secretario de la Defensa. En el nivel de la realidad operativa, las tendencias que se habían introducido en el SIOP no resultaron fáciles de cambiar. En 1962 se definieron las directrices de la segunda versión (el SIOP-63) y los blancos fueron nuevamente clasificados en las categorías originales de 1950: *Bravo* (contrafuerza nuclear), *Romeo* (capacidad bélica no nuclear) y *Delta* (capacidad económica/industrial). El pormenorizado estudio de Rosenberg (1983:68-69) demuestra que entre los lineamientos estratégicos fundamentales continuó predominando el credo de la Fuerza Aérea: en caso de conflicto armado sería necesario limitar al máximo el daño que sufriría Estados Unidos y, por esa razón, era importante aumentar el tamaño del arsenal nuclear (bombarderos, misiles y bombas) y dotarse de una capacidad de "primer golpe" en contra de las fuerzas soviéticas.

MacNamara habría de fijar en sus declaraciones públicas la idea de que la destrucción mutua asegurada era el eje central de la postura militar norteamericana en 1964-1965. Sin embargo, para esos años los misiles y un plan integrado que borraba la división entre blancos de disuasión y blancos de contrafuerza (inteligibles solamente en el marco de una estrategia de primer ataque) ya habían sido aprobados y desplegados. El poder destructivo de este arsenal excedía por mucho lo que la Armada y el Ejército consideraban suficientes como soporte de una política racional de disuasión y una estrategia de respuesta a un primer ataque. La rivalidad entre los distintos componentes de las fuerzas armadas no había podido encontrar una solución y las consecuencias estaban a la vista: predominio de la Fuerza Aérea y expansión desmedida del arsenal nuclear.

La postura de MacNamara evolucionó de la siguiente manera. Al tomar posesión como secretario de la Defensa interpretó el contenido del SIOP (legado de Eisenhower) como una camisa de fuerza, como un plan que carecía absolutamente de flexibilidad. En caso de estallar una guerra, solamente se contemplaba un ataque único, masivo y devastador. El primer SIOP contenía una sola lista de blancos y no incluía planes para mantener un arsenal nuclear de reserva. Más aún, desde el principio serían destruidos todos los centros identificados de control político y militar de la URSS, con lo cual se excluía cualquier posible negociación sobre la conclusión de las hostilidades. Esta inflexibilidad resultó totalmente inaceptable para MacNamara.

Para la nueva versión del SIOP (1963) MacNamara definió una estrategia basada en una extraordinaria ambigüedad que ha marcado el pensamiento militar norteamericano desde entonces. Estados Unidos debía mantener abiertas varias opciones en caso de conflicto y, entre otras, destacaba una estrategia de *contrafuerza*. Ésta sería la mejor (si no la única) manera de evitar el daño que podría sufrir Estados Unidos. La lista de blancos del SIOP-63 revela de manera clara la preferencia por una estrategia de contrafuerza (cuadro VII. 1)

Cuadro VII.1

Estructura de la lista de blancos del SIOP-2 (1962)

Tipo de Blancos	Número	Cabezas nucleares
Contrafuerza I	857	1 501
Contrafuerza II	793	1 403
Urbano/Industrial	210	349
Total	1 860	3 253

Fuente: Ball (1986:66).

La mayor parte del arsenal nuclear estaba destinado básicamente a atacar blancos militares de todo tipo (bases de misiles, de bombarderos, centros de almacenamiento, bases navales, etc.) y apenas el 10% de las cargas nucleares disponibles eran para blancos identificados como concentraciones urbano/industriales. Es cierto que este tipo de blancos requería menos cabezas nucleares para garantizar su destrucción y los blancos militares (en particular los que estaban reforzados, como las bases para misiles y los centros de comunicación y control) requerían, cada uno, más de dos o tres cabezas. De todas maneras, la distribución de los blancos en el SIOP-2 es suficiente para identificarlo como un plan de contrafuerza.

Tanto la URSS como Estados Unidos han estado constantemente obsesionados por la necesidad de limitar el daño que sufrirían en caso de guerra nuclear. En Estado Unidos esta preocupación ha cristalizado siempre en la definición de blancos de contrafuerza. Bajo MacNamara, la noción de "limitación del daño" se confundió más con la noción de "contrafuerza". Pero, en estricta lógica, no tiene sentido emplear armas nucleares en contra de bases de misiles o aviones que ya están *vacías*. En consecuencia, los planteamientos estratégicos de MacNamara fueron criticados porque se les consideró equivalentes de una estrategia de *primer ataque*.

La diferencia entre las listas de blancos del decenio anterior y el SIOP-2 de 1962 es una diferencia de grado, no de esencia. Lo que sí es necesario destacar es que la tecnología había cambiado el panorama de manera radical en lo que concierne a la calidad de la información utilizada en la lista del SIOP-2. Los satélites *Samos* (1961) y *Discoverer* (1960-1961) habían permitido cubrir todo el territorio soviético con fotografías de excelente calidad y por primera vez era posible identificar y *localizar* los blancos de contrafuerza que los lineamientos de MacNamara implicaban.

La idea de evitar atacar a las ciudades y concentrarse sobre blancos militares hacía hincapié en la necesidad de una mayor flexibilidad y de la limitación de daños como objetivo central. Pero la percepción de este principio como asociado a una estrategia de primer ataque hizo que se fuera abandonando en las declaraciones oficiales (desde MacNamara hasta Kennedy). El pensamiento militar de MacNamara también fue interpretado como si el Pentágono se estuviera preparando para la eventualidad de pelear (y ganar) una guerra nuclear. Esto tuvo implicaciones profundas.

En el plano doméstico, las fuerzas armadas continuaron su presión para aumentar la capacidad bélica de Estados Unidos, con lo cual uno de los objetivos del nuevo pensamiento de MacNamara (imprimir una mayor racionalidad en el gasto militar y eliminar la redundancia) se vio derrotado. En el plano externo, muy rápidamente se comprobó que la posibilidad de que los soviéticos se convencieran de las virtudes del pensamiento de MacNamara era muy remota. Al estallar las hostilidades los soviéticos no restringirían sus ataques de tal modo que los centros de control político y militar sobrevivieran para poder entablar negociaciones. Por otro lado, los aliados de Estados Unidos en la OTAN vieron en estas nuevas directrices el presagio de una desvinculación del compromiso norteamericano en Europa. La flexibilidad ofensiva podría desembocar en una guerra nuclear en Europa, sin que las ciudades soviéticas o norteamericanas se vieran afectadas. Además, el discurso pronunciado por MacNamara en la reunión de la OTAN en Atenas (1962) describió la estrategia de evitar ataques a ciudades en términos que provocaron alarma entre el auditorio europeo. Una frase destaca en ese discurso:

> Estados Unidos ha llegado a la conclusión de que, en la medida de lo posible, la estrategia básica en caso de guerra nuclear debe ser definida de la misma manera que en el caso de las operaciones militares convencionales en el pasado. Esto es, nuestro principal objetivo militar en caso de guerra nuclear debe ser la destrucción de las fuerzas armadas del enemigo... (Ball, 1986:64).

En pocos meses toda la retórica oficial tuvo que ser reorientada y se concentró en el concepto de la destrucción mutua asegurada (MAD, por sus siglas en inglés). La exposición de motivos del presupuesto federal para la defensa en 1965 contenía ya los lineamientos y un esfuerzo por cuantificar esta racionalidad:

> Un primer objetivo vital, que debe ser alcanzado por nuestras fuerzas estratégicas, es la capacidad de destrucción asegurada. Qué tipo y qué niveles de destrucción debemos infligir para alcanzar esta capacidad es algo que no se puede responder con absoluta precisión. Pero parece razonable suponer que la destrucción de una cuarta a una tercera parte de la población y dos terceras partes de la capacidad industrial ciertamente representan un castigo intolerable para cualquier país industrializado y, por lo tanto, sirve efectivamente como un factor disuasivo (Ball, 1986:69).

En 1968 MacNamara redujo las estimaciones sobre niveles de destrucción, pero la doctrina MAD quedaría como el eje central de las declaraciones oficiales. Hay que señalar que, *en el nivel operativo*, el contenido y objetivos del SIOP-2 no fueron modificados y MacNamara nunca tuvo dudas sobre la necesidad de contar con una mayor flexibilidad y con una serie de opciones de contrafuerza. Durante toda la década de los sesenta, el SIOP-2 se mantuvo como el edificio conceptual básico de la estrategia nuclear norteamericana. No fue sino hasta la toma de posesión de Nixon como presidente en 1969 que se inició una revisión en profundidad de la racionalidad del SIOP-2.

Este periodo se terminaría en medio de una serie de grandes acontecimientos en el terreno de los armamentos estratégicos. Dos de estos acontecimientos destacan por su importancia: la introducción de la tecnología de cabezas nucleares múltiples (MIRVs) y los primeros acercamientos entre las dos superpotencias para buscar limitar la carrera de armamentos nucleares. El primero de estos acontecimientos desembocó en una vertiginosa proliferación del número de cabezas nucleares en los arsenales de ambas superpotencias. El segundo ha sido interpretado como un tímido intento para poner límites a esa expansión del arsenal nuclear, pero en realidad, esos acercamientos formaron parte de un entendimiento entre ambas superpotencias para institucionalizar algunas prácticas de la carrera armamentista nuclear y terminarían sancionando niveles mucho más altos en el número de cabezas nucleares.

Flexibilidad y guerra nuclear limitada

Cuando la administración Nixon tomó posesión la influencia de Henry Kissinger dominó la definición de una estrategia nuclear. Desde 1970 ordenó la realización de estudios sobre opciones estratégicas en un mundo nuclear y llegó a la conclusión de que aun las opciones más restringidas del SIOP involucraban demasiadas cargas nucleares.

En realidad, los lineamientos que elaboraría Nixon, bajo la influencia de Kissinger, mantienen un claro vínculo de continuidad con los conceptos sobre la necesidad de una mayor flexibilidad emitidos en los años de MacNamara. En 1974, Nixon firma un memorándum de seguridad nacional ordenando la elaboración de un plan para encontrar "opciones de uso limitado (de armas nucleares) que permitirían a Estados Unidos el llevar a cabo operaciones nucleares limitadas" (Ball, 1986:73). Se trataba de reelaborar lo que MacNamara había tratado de mantener en el SIOP revisado (en 1962). El mismo Nixon se encargó de explicar que estas directrices no eran nuevas y no constituían una ruptura con la doctrina vigente hasta 1973. Simplemente se buscaba adaptar la postura militar a las realidades políticas de los años setenta y dotar al presidente de una mayor flexibilidad. Entre los lineamientos establecidos en el memorándum citado destacan las referencias a no incluir en las listas de blancos a los centros de control político y militar. El propósito de esta restricción era el mantener a un interlocutor con quien llevar a cabo negociaciones y definir las condiciones para terminar las hostilidades. Se hizo hincapié en un concepto sobre el control de las hostilidades una vez que estallara la guerra nuclear, jerarquizando los tipos de blancos y manteniendo algunos para las fases finales de la guerra. El objetivo central de todo el nuevo plan debería ser —continuaba el memorándum— la terminación de las hostilidades en las condiciones más favorables para Estados Unidos. Con estas novedades y con la ya tradicional importancia de los blancos de contrafuerza se elaboró el SIOP-5, que entró en vigor en 1976.

La idea de que se podía llevar a cabo una guerra nuclear (y ganarla) se profundizó con una categoría de blancos que no había sido incluida anteriormente. El SIOP-5 incluyó en sus lista de blancos a los recursos esenciales para el poderío enemigo de la posguerra, así como para su capacidad de recuperación. En la definición de estos blancos se utilizó lo que se consideraban las técnicas más refinadas del análisis económico. La oficina encargada de planeación estratégica sobre blancos (situada en la base del Mando Aéreo Estratégico, en Omaha, Nebraska), la RAND Corporation y el Hudson Institute, elaboraron sendos modelos econométricos destinados a identificar las interdependencias más importantes de la economía soviética. El tejido económico de la URSS debía tener, como cualquier otra economía, puntos en los que la red de relaciones interindustriales definía blancos clave para el esfuerzo de recuperación. Los modelos utilizaron las herramientas de los debates académicos sobre la teoría del crecimiento (con funciones de producción Cobb-Douglas y con elasticidad constante de sustitución de factores), así como una matriz de insumo-producto de la economía soviética para identificar los blancos que harían más difícil la recuperación económica de la posguerra.

El legado más importante de Kissinger (1957) a nivel de doctrina nuclear es la noción de que se puede combatir una guerra nuclear y terminarla en condiciones ventajosas. Para mediados de los años setenta ya se habían realizado importantes adelantos tecnológicos en materia de navegación inercial, de manera que se podían alcanzar niveles muy grandes de precisión. La reducción del CEP de los principales ICBM norteamericanos, así como el prospecto de SLBMs mejorados y el desarrollo de cabezas nucleares todavía más pequeñas y poderosas, hizo más factible la idea de una ofensiva con blancos de contrafuerza. Estas ideas serían retomadas bajo la nueva administración demócrata del presidente Carter, que tomó posesión de 1977.

El más importante planteamiento estratégico de Carter, la "Decisión presidencial 59" (PD-59), confirmó la presencia de los viejos patrones sobre grupos de blancos nucleares. Las directrices a nivel del Estado Mayor Conjunto confirmaron también los planes para continuar desarrollando nuevos tipos de armamentos estratégicos (el nuevo misil SLBM *Trident*, el ICBM *Minuteman III*, los misiles crucero, el nuevo ICBM MX con 10 MIRVs, etc.). Estos planes fueron la consecuencia de un debate durante la campaña presidencial sobre la "ventana de vulnerabilidad" que afectaba a los ICBM norteamericanos frente a los misiles soviéticos. Desde los primeros años de la década de los setenta, los soviéticos habían comenzado a colocar cabezas múltiples independientes en sus ICBM, pero en 1977 se apreciaba plenamente el error crucial cometido ocho años atrás: al no incluir los sistemas MIRV en los acuerdos SALT I Estados Unidos había creído aprovechar su liderazgo tecnológico, pero no se tomó en cuenta la mayor capacidad de carga de los misiles balísticos soviéticos. Entre 1977-1979 se esperaba que los misiles soviéticos acabarían de ser equipados con dispositivos MIRV y que las bases norteamericanas de silos subterráneos serían un blanco alcanzable en un primer ataque. El temor que esta situación provocó en los círculos políticos fue hábilmente explotado por todos los componentes de las fuerzas armadas.

También se introdujeron algunas novedades en la PD-59 de Carter que llamaron mucho la atención. En particular, se profundizó en algunas nociones que solamente tienen sentido si se piensa (como en los años de Kissinger) que es posible pelear una guerra nuclear. Los blancos económicos ya no fueron simplistamente definidos en función de una hipotética capacidad de recuperación (en parte porque se consideró que era imposible saber cómo y en qué actividades se podría originar una recuperación). Las concentraciones industriales que debían ser bombardeadas serían aquellas que sirvieran de apoyo directo al esfuerzo bélico de la URSS. Por otra parte, durante un conflicto nuclear los mandos militares debían estar en posición de identificar y localizar nuevos blancos; este nuevo elemento de flexibilidad permitiría redefinir blancos y reasignar cargas nucleares. Finalmente, la PD-59 estableció la necesidad de reforzar los módulos de control y mando militar precisamente con el fin de garantizar la supervivencia de un centro capaz de llevar a cabo la gestión de un "intercambio nuclear" y negociar la terminación de las hostilidades.[8] A nivel operativo, el secretario de la Defensa, Harold Brown, emitió en 1980 una nueva política sobre el empleo de armas nucleares (NUWEP) en la que se definen las directrices sobre las listas de blancos compatibles con la PD-59.

La última versión de un plan único e integrado de operaciones (el SIOP-6) fue aprobada por el presidente Reagan en octubre de 1983. El número total de blancos que incluye alcanza los 50 000, clasificados en cuatro grandes categorías (Ball, 1986):

La penúltima versión de un plan único e integrado de operaciones (el SIOP-6) fue aprobada por el presidente Reagan en octubre de 1983. El número total de blancos en ese plan alcanzó los 50 000 clasificados en cuatro grandes categorías (Ball, 1986:80):
— fuerzas nucleares (bases de ICBMs, IRBMs, bases de bombarderos y SSBN-SLBMs)
— fuerzas militares convencionales
— centros de control político-militar
— blancos económicos e industriales
— industria vinculada al esfuerzo bélico
— industria asociada a la recuperación económica.

En octubre de 1989 entró en vigor el SIOP-6F, última versión del plan integrado. Las categorías de blancos son esencialmente las mismas, pero se introdujeron cambios importantes en algunos renglones. En primer lugar, se eliminaron los blancos industriales asociados a la recuperación económica y se hace hincapié en la industria vinculada directamente al esfuerzo bélico. De golpe se eliminaron 15 000 blancos económicos, así como 25 000 blancos

[8] La PD-59 se complementó con otras decisiones presidenciales sobre los sistemas de mando, control e inteligencia (C3I). Sobre este punto véase Ball (1986).

de instalaciones militares menores. (Ball y Toth, 1990:72) El resultado final es una lista de 14 000 blancos entre los cuales destacan los centros de autoridad político-militar y los blancos móviles. Por esta última categoría se hace hincapié en la necesidad de contar con bombarderos estratégicos *B-2* capaces de reorientar sus ataques frente a blancos móviles (en particular, ICBMs móviles). (Rice, 1990; Lepingwell, 1990.) En general, con esta última versión del SIOP se confirma la tendencia a considerar a las armas nucleares como capaces de desempeñar una misión significativa desde el punto de vista militar.

Destacan varias omisiones importantes en estos grupos de blancos. En primer lugar, las concentraciones urbanas no están mencionadas explícitamente. De hecho, las opciones del SIOP-6 vigente excluyen a los centros de población civil como blancos; no se trata de una restricción inspirada en razones humanitarias sino que se busca mantener una serie de blancos como rehenes para que el enemigo pueda aquilatar bien sus posibles pérdidas en el caso de continuar las hostilidades.

En segundo lugar, se excluyen los submarinos estratégicos (SSBN) armados con SLBMs. Las bases de estos submarinos normalmente albergan un cierto número de ellos, con lo cual se aseguraría su destrucción bombardeándolas. Alrededor del 30% de la flota está en patrulla en un día cualquiera, pero en caso de alerta el número de submarinos en patrulla aumentaría notablemente. Los submarinos en operaciones, lejos de sus bases, constituyen un elemento crucial de las fuerzas estratégicas por su invulnerabilidad. Ni siquiera se les incluye tentativamente en la lista de blancos, aunque normalmente las fuerzas navales de cada potencia conducen operaciones de rastreo de los SSBN de la otra con el fin de poder destruirlos en caso de guerra. Los submarinos constituyen un componente de los arsenales más afín a la doctrina de la disuasión por su invulnerabilidad, pero los adelantos en el terreno de la precisión de los SLBMs los ha convertido en una posible arma de primer ataque.

Los grupos de blancos se encuentran articulados con varios tipos de opciones para el caso de un conflicto. Estas opciones están diseñadas para proporcionar alternativas de destrucción de blancos militares (fijos y móviles) seleccionados de antemano.

Las cargas nucleares disponibles en los arsenales norteamericanos no alcanzan para todos los blancos. En 1990, el total de

Cuadro VII.2
Cabezas nucleares en vehículos estratégicos norteamericanos, 1989

Vehículos	Número de vehículos	Número de cabezas
ICBMs		
Minuteman II	450	450
Minuteman III (Mk 12)	200	600
Minuteman III (Mk 12a)	300	900
MX	50	500
Total ICBMs	1 000	2 450
SLBMs		
Poseidon	208	2 080
Trident I	384	3 072
Total SLBMs	592	5 152
Bombarderos		
B-1B	90	1 600
B-52 G/H	173	1 100
FB-111A	48	1 800
Total bombarderos*	311	4 500
Total	1 903	12 102

* Es necesario aclarar que los bombarderos pueden ir armados de distintas maneras. Los bombarderos *B-52 G/H* y los *B-1B* pueden llevar entre 8 y 24 cargas (algunas montadas en misiles crucero ALCM). Los *F-111A* pueden llevar hasta seis cargas nucleares (no tienen capacidad para misiles ALCM).
Fuente: SIPRI, 1990.

cabezas nucleares desplegadas en vehículos estratégicos se distribuyó de la manera que se indica en el cuadro VII.2.

Las cargas nucleares en vehículos de largo alcance (estratégicos) solamente pueden cubrir un 26% del total de blancos potenciales identificados en el SIOP-6. La jerarquización que ha sido definida es testimonio nuevamente de la vieja tendencia a dar preferencia a los blancos de contrafuerza. Dicha jerarquización toma en cuenta dos posibles escenarios: en el primero, las fuerzas armadas norteamericanas son atacadas por sorpresa (grado de alerta de un día "como cualquier otro"); en el segundo, las tensiones políticas han desembocado en la confrontación y se ha generado un estado de máxima alerta.

En el primer escenario solamente 3 840 cargas nucleares llegarían a sus blancos (esencialmente se trataría de los SLBMs en los submarinos estratégicos que se encuentren en operaciones en el momento del ataque, algunos ICBMs y unos cuantos bombarderos). Como muchos de los blancos se encuentran cerca unos de otros, algunas cargas destruirían más de un blanco. En este primer escenario, se espera que el número total de blancos destruidos sea de 5 419: el 49% de estos blancos son de contrafuerza y el 51% son blancos económico/industriales y de control político/militar.

En el segundo escenario, las fuerzas estratégicas son puestas en el máximo grado de alerta antes del ataque. Se considera que 7 160 cargas llegan a sus blancos y (por la vecindad geográfica) se destruyen 8 757 de éstos. La mayor parte de las cargas que alcanzan sus blancos son transportadas por ICBMs y SLBMs, pero el número de bombarderos que logra penetrar las defensas soviéticas también aumenta. Del total de blancos destruidos (8 757), el 41% son de contrafuerza y el resto son concentraciones económico/industriales y de control político/militar.

Uno de los rasgos más sobresalientes del SIOP-6 es la restricción sobre el bombardeo nuclear de los centros de control militar al más alto nivel. Se trata nuevamente de evitar decapitar al enemigo antes de tiempo con el fin de poder establecer negociaciones para terminar las hostilidades. Manteniendo la continuidad con la tradicional postura de los SIOP anteriores, en la versión actualmente en vigor se considera que es posible conducir una guerra nuclear.

Las especulaciones sobre la posibilidad de llevar a cabo una guerra nuclear de manera más o menos racional han sido duramente criticadas en Estados Unidos. Por una parte, se ha hecho hincapié en un hecho fundamental: es imposible limitar los daños sobre la población civil *aun* aceptando el supuesto de que una guerra nuclear podría limitarse a blancos de contrafuerza. Los estudios más importantes sobre este punto (Hippel *et al.*, 1988; Levi *et al.*, 1987-1988; Daugherty *et al.*, 1986) revelan que en el caso de una guerra "limitada" a blancos de contrafuerza el número de víctimas dentro de la población civil de cada país sería muy elevado: del orden de los 12-27 millones de norteamericanos y de los 15-32 millones de soviéticos. En estas condiciones es evidente que un ataque de contrafuerza no podría *distinguirse* de un ataque contra centros de población civil y que una guerra limitada desembocaría muy rápidamente en una escalada y en el uso de la totalidad de los arsenales nucleares.[9]

Otro tipo de críticas hace hincapié en la imposibilidad de "administrar" una guerra nuclear limitada. En primer lugar, los sistemas de mando y control nunca estarán lo suficientemente reforzados como para resistir un ataque (Carter, 1985; Bracken, 1983; Ball, 1981a), y es muy difícil suponer que un ataque nuclear pueda ser tan "ascéptico" como para dejar sin dañar la cúpula de control de las fuerzas militares de un adversario. En el plano más general Dyson (1984) revela de manera convincente que el concepto de guerra en la URSS es radicalmente distinto al de Estados Unidos. En menos de un siglo la Unión Soviética ha sufrido una revolución y una guerra civil muy violentas, una intervención extranjera, largos años de represión masiva bajo la dictadura de Stalin y la traumática experiencia de la Segunda Guerra Mundial que le costó, según algunas estimaciones, unos 20 millones de muertes. Según Dyson, la guerra es sinónimo de caos total en la URSS y, por ende, no se le puede considerar como una situación susceptible de ser controlada. En contraste, en Estados Unidos se considera que la guerra es un proceso manejable: los canales de comunicación sobreviven y funcionan correctamente, la infraestructura tampoco es destruida y los recursos de la vida cotidiana simplemente se canalizan hacia las actividades de "emergencia".

La contradicción entre disuasión y primer uso

A lo largo de los últimos 45 años, la estrategia nuclear de Estados Unidos se ha mantenido relativamente estable. Después de un primer periodo en el que la novedad del armamento atómico y las perspectivas de un prolongado monopolio tecnológico man-

---

[9] Las estimaciones de los estudios citados están basadas en supuestos relativamente benignos sobre los efectos de las dosis de radiaciones. Si estos supuestos se modifican hacia abajo, el número estimado de víctimas aumentaría considerablemente. Por otra parte, las cifras citadas no incluyen el número de sobrevivientes que sufriría de cáncer provocado por la exposición a la radiación. Este número oscila entre 1-8 millones de individuos que morirían en los años siguientes al conflicto (Von Hippel, et al., 1988).

tuvieron en la ambigüedad el pensamiento estratégico norteamericano, se inicia una larga serie de planes y doctrinas que mantienen importantes elementos de continuidad. A partir del primer SIOP, en 1960, se introduce una constante fundamental: los blancos más importantes en un ataque nuclear contra la URSS son, en primer lugar, las bases de su capacidad de lanzar una contraofensiva nuclear y, en segundo lugar, las instalaciones que soportarían un esfuerzo bélico. Los blancos de contrafuerza han estado presentes en las listas de blancos de planes operativos y en los enunciados de doctrina estratégica desde (por lo menos) la administración del presidente Eisenhower.

Ésta ha sido la solución del pensamiento militar norteamericano al dilema que impone el doble papel de los arsenales nucleares. Por un lado está el papel disuasivo de este tipo de armas: cumplir su función en este ámbito significa que nunca deben ser utilizadas. Por otro lado está la necesidad de prevenir un ataque de un enemigo: para cumplir esta función es necesario contemplar y aun preparar el empleo del armamento nuclear. Todos los planteamientos militares norteamericanos (tanto de doctrina como en el nivel operativo) han tratado de articular de manera coherente estas dos funciones. Por esta razón coexisten en el pensamiento militar estadunidense dos nociones fundamentales y *contradictorias*: la disuasión (a través de la destrucción mutua asegurada) y la irrenunciabilidad al primer uso del arma nuclear.

La presencia de estas nociones contradictorias se explica históricamente. La génesis de este problema se encuentra en 1950, cuando Estados Unidos se enfrenta, por primera vez en su historia, a la realidad de un posible bombardeo sobre su propio territorio. En 1957, con el lanzamiento del primer satélite soviético, esta posibilidad genera un sentimiento de impotencia porque no existe una defensa segura o absoluta contra un ataque de ICBMs. En la evolución del pensamiento militar norteamericano, la idea de limitar daños proviene de la inaceptable realidad que han confrontado todos los presidentes de Estados Unidos desde Eisenhower: por primera vez en su historia, la guerra extranjera puede llegar a su propio territorio. Y no nada más se trata de un evento pasajero, sino que *permanentemente* una lista de blancos en Estados Unidos, cuidadosamente seleccionada, se encuentra en las coordenadas del servomecanismo de un número de ICBMs,

SLBMs y en los mapas de vuelo de bombarderos estratégicos soviéticos. Esta situación de paridad con la URSS nunca ha sido asimilada correctamente en el pensamiento militar norteamericano y se le ha pretendido superar a través de una falsa supremacía tecnológica.

En la administración del presidente Reagan se encuentra la última expresión de la contradicción *disuasión/primer uso* y de la inasimilable realidad de la *paridad esencial*. En marzo de 1983 el presidente Reagan presentó formalmente su Iniciativa de Defensa Estratégica (SDI), destinada a dotar a Estados Unidos de una defensa absoluta frente a un posible ataque soviético (de contrafuerza o contravalor). El objetivo último sería el de hacer obsoletos a los misiles balísticos intercontinentales y, una vez logrado este resultado, compartir la tecnología pertinente con la URSS para alejar definitivamente el espectro de una guerra nuclear.

El programa delineado por la IDE no es la simple recuperación de los programas *Sentinel* y *Safeguard* de los años sesenta. No se trata de organizar una defensa antibalística con misiles de gran velocidad dotados de cabezas nucleares. Se trata de establecer una defensa de varias capas en las que los misiles balísticos (con o sin cargas nucleares) serían la última línea de defensa. Las primeras líneas se integrarían con armas de energía dirigida y otros principios tecnológicos radicalmente distintos de la tecnología de misiles balísticos. Ya se ha analizado el verdadero alcance de esta iniciativa presidencial (véase el capítulo VI) y se ha demostrado que no existen bases para pensar que dicho sistema defensivo pueda cumplir con su misión original; en cambio sí puede convertirse en un componente de un sistema defensivo que proporcione protección en contra de una respuesta soviética a un primer ataque norteamericano. La misión asignada a la SDI está marcada por la contradicción fundamental en el pensamiento militar de Estados Unidos entre el papel disuasivo de las armas nucleares y la posibilidad de su utilización en un primer ataque.

DOCTRINA MILITAR Y PLANES OPERATIVOS EN LA URSS

En 1977 Richard Pipes, historiador de la Universidad de Harvard especializado en la Unión Soviética, publicó un artículo sobre la doctrina militar soviética que rápidamente se convirtió en un clásico. El artículo llevaba un título llamativo: "¿Por qué la Unión Soviética piensa que puede combatir y ganar una guerra nuclear?" (Pipes, 1977). El mensaje central de ese trabajo era sencillamente el siguiente: en contraste brutal con el pensamiento militar de Estados Unidos, la Unión Soviética considera que el arma nuclear es un instrumento que puede ser utilizado racionalmente en una guerra. Según Pipes, en Estados Unidos se considera que la disuasión nuclear, basada en la destrucción asegurada del atacante, relega el arma nuclear a un papel esencialmente pasivo. En cambio, en la URSS se piensa que la guerra histórica entre los sistemas capitalista y socialista es natural e inevitable, y el arma nuclear desempeñará un papel en este conflicto.

En apoyo de su argumentación Pipes menciona los siguientes elementos. Primero: la URSS ha emprendido un vasto esfuerzo de producción de armamentos estratégicos y en términos agregados mantiene un arsenal superior al de Estados Unidos. Segundo: la URSS también mantiene un importante programa de defensa civil destinado a proteger a la población en caso de conflicto nuclear. Tercero: el pensamiento militar soviético aparentemente es esotérico, pero si se le escudriña con cuidado se puede encontrar en él una clara adhesión al principio de Clausewitz de que la guerra no es más que una extensión de la vida política. En consecuencia, la URSS se prepara activamente para una guerra nuclear (con sus crecientes arsenales y programas de defensa civil) en consonancia con una posición de doctrina aceptada por los mandos políticos y militares: la guerra es inevitable. Para Pipes, la URSS es un Estado cuyas fuerzas armadas son necesarias para mantener el orden político interno; la idea de relegarlas a una función disuasiva es inaceptable para los altos mandos políticos y militares.

El análisis de Pipes es realmente superficial; por ejemplo, en varios pasajes del artículo se cae en pseudoexplicaciones sobre la inclinación del Estado soviético al empleo de la fuerza armada porque la sociedad soviética tiene una larga tradición de violencia en su historia. Pero lo importante del artículo es que sintetiza una serie de lugares comunes que tradicionalmente se esgrimen en Estados Unidos sobre el pensamiento militar soviético para justificar el desarrollo de nuevos armamentos y asegurar un presupuesto militar estable.

La realidad sobre el pensamiento militar soviético es mucho más compleja. Su estudio puede estructurarse alrededor de las declaraciones políticas (que en la jerga militar soviética son consideradas "doctrina militar") y de la política sobre los blancos estratégicos que las fuerzas soviéticas deben destruir. Bajo el término *doctrina militar* se incluyen normalmente una serie de planteamientos marxistas que las autoridades soviéticas tienen sobre el papel de la lucha de clases en el desarrollo de las fuerzas armadas (Grechko, 1978).

A nivel de la doctrina militar se definió una posición inicial durante los pocos años que duró el monopolio nuclear norteamericano. Esta primera posición consistía en la necesidad de prevenir el uso de las armas nucleares norteamericanas en caso de guerra. Las fuerzas armadas soviéticas tendrían que atacar *antes* y de manera preventiva a los norteamericanos para impedir que las bombas atómicas fueran utilizadas (Freedman, 1985). Es importante señalar que en esos años los soviéticos no sabían cuál era la dimensión del arsenal nuclear norteamericano y tenían que prepararse para lo peor.

Según varios analistas (Dyson, 1984; Freedman, 1985) la preocupación soviética para evitar un ataque en contra de sus ciudades, concentraciones industriales y fuerzas militares está fuertemente condicionada por la historia militar reciente de ese país. En particular, los niveles de destrucción de la última guerra dejaron una huella profunda. En los tiempos de la superioridad tecnológica de los misiles balísticos la única manera de evitar esos daños es a través de un ataque preventivo; además, es necesario canalizar recursos hacia un pograma nacional de defensa civil que ayude a salvar vidas y a una pronta recuperación después del conflicto.

Todo esto se traduce en señales que pueden ser interpretadas en el mal sentido. La idea de un ataque de contrafuerza implica en términos operativos la identificación y selección de blancos de contrafuerza. La postura militar implícita tiende a ser interpretada como ofensiva y contrasta fuertemente con una postura de disuasión. Los programas de defensa civil pueden ser vistos como parte de un vasto preparativo para desencadenar las hostilidades.

La doctrina militar soviética ha pasado por varias etapas, desde los primeros enunciados sobre la prevención de un ataque nuclear enemigo, hasta la idea de coexistencia pacífica expresada inicialmente en los años sesenta. De acuerdo con este último planteamiento, la lucha entre paises socialistas y capitalistas debía dirimirse en el terreno ideológico, político, científico y económico, sin recurrir al empleo de la fuerza armada (Sokolovsky, 1963). Parte de la coexistencia pacífica implica entablar negociaciones que conduzcan a acuerdos sobre control de armamentos.

En el año 1982 el primer secretario del Partido Comunista de la Unión Soviética (PCUS), Leonid Brezhnev, anunció en un discurso en las Naciones Unidas que la URSS asumía unilateralmente el compromiso de no ser la primera nación en utilizar el arma nuclear. Y aunque esta declaración no significa que se renuncia a la idea de guerra preventiva (Dyson, 1984), sí representó un cambio importante. Desgraciadamente en Estados Unidos se consideró que este tipo de declaraciones eran parte de un juego propagandístico.

Finalmente, los más importantes cambios en materia de doctrina militar soviética se presentan con las declaraciones y reformas introducidas por Gorbachov en este decenio. En febrero de 1986 se llevó a cabo el XXVII Congreso del PCUS y se adoptaron varias resoluciones de gran importancia en este terreno. Una de las más importantes determina que, en lo sucesivo, los temas relacionados con la defensa y la seguridad nacional son de la responsabilidad exclusiva del partido (Arkin *et al.*, 1986). El control político queda así definido sobre la formulación de la doctrina militar y la asignación de recursos a los preparativos de defensa (Larrabee, 1988:1007).

Bajo Gorbachov también se han consagrado dos conceptos relativamente novedosos en el marco de la doctrina militar: la "seguridad común" y la "suficiencia razonable". El primero de estos conceptos fue formulado inicialmente por la Comisión Palme (ICDSI, 1982) y su principal elemento es el reconocimiento de que no se puede aspirar a la seguridad a través de una superioridad militar.[10] Es importante señalar que aunque el impacto de

---

[10] Otros elementos del concepto de seguridad común utilizado por la Comisión Palme son los siguientes: *a*) todos los países tienen derecho a niveles adecuados de seguridad; *b*) la fuerza militar no es un instrumento legítimo para resolver conflictos entre naciones; *c*) no se puede obtener un nivel de seguridad mayor a costa de la seguridad de otro país; *d*) las reducciones cuantitativas y

la *Perestroika* sobre el tipo de armamentos estratégicos desplegados por Unión Soviética todavía está sujeto a debate, es posible afirmar que provocará cambios importantes en el pensamiento militar soviético (SIPRI, 1990). El concepto de "suficiencia razonable" es todavía más importante pues se refleja en variables sobre las que el Estado soviético tiene control directo. Esta idea fue propuesta en la reunión de la Organización del Pacto de Varsovia de mayo de 1987 en Berlín Oriental. Según este concepto las fuerzas armadas de la Unión Soviética tienen encomendada la misión de prevenir una guerra mediante el despliegue de una fuerza suficiente para alcanzar este propósito defensivo. La "suficiencia razonable" también significa que la URSS acepta que la paridad estratégica con Estados Unidos se sitúa a un "nivel inferior". En forma complementaria se propone que las superpotencias elaboren de manera conjunta una doctrina que conduzca inicialmente a prevenir ataques por sorpresa y, eventualmente, a una reducción y eliminación de los arsenales nucleares (Larrabee, 1988; Holloway, 1989). De esta manera, la prevención de la guerra se define como una tarea crucial de la política exterior soviética. La nueva doctrina no abandona los viejos postulados sobre la necesidad de una contraofensiva en caso de que la URSS sea atacada. Pero se vuelve a enfatizar que la URSS no será la primera en hacer uso de la fuerza militar (Arkin *et al.*, 1989).

Es claro que la iniciativa de Gorbachov marca un cambio importante en la postura militar soviética. Sin embargo, prevalecen muchas ambigüedades. Por ejemplo, un análisis reciente de la doctrina militar de la URSS (Odom, 1988-1989) señala que durante su visita a Estados Unidos en 1988 el mariscal Akhromeyev, una de las más altas autoridades militares soviéticas, insistió en que la nueva doctrina significa que en caso de estallar una guerra la Unión Soviética "permanecerá inicialmente en una posición defensiva durante unos 20 días tratando de negociar la paz y, si falla, entonces lanzará una contraofensiva".

Esta visión de las cosas es, por lo menos, tan ambigua como las fantasías sobre una guerra limitada del lado norteamericano.

---

cualitativas en el desarrollo de armamentos son necesarias para la seguridad común; *e*) es necesario evitar vincular las negociaciones sobre control de armamentos con acontecimientos políticos (ICDSI, 1982).

Todas las críticas que se han formulado al concepto de guerra nuclear limitada y controlable se pueden aplicar perfectamente a esta postura. Además, sostener que las fuerzas armadas de la URSS permanecerán en una postura defensiva durante un lapso de 20 días es radicalmente contrario al pensamiento militar soviético, que siempre ha sostenido que si algún día estalla una guerra nuclear, ésta será una guerra total que involucrará todo el arsenal nuclear de la URSS (Grechko, 1975; Ermarth, 1982). En consecuencia, es posible afirmar que subsisten muchas ambigüedades alrededor de las nuevas posiciones propuestas por Gorbachov. Las acciones relacionadas con importantes retiros unilaterales de tropas y equipo militar de Europa oriental aparentemente han sido aceptadas por los mandos militares, aunque no se sabe hasta qué punto ha existido oposición interna.[11]

Planes operativos y blancos militares

No existen muchas fuentes para analizar el contenido de los planes operativos soviéticos en materia de estrategia nuclear. Los análisis más importantes son los realizados por Ermarth (1982), Dyson (1984) y Lee (1986). Destacan dos conclusiones generales de estos trabajos. La primera se relaciona con las listas de blancos identificados para ser destruidos por las fuerzas soviéticas en caso de guerra. La segunda está vinculada al tema de la autonomía del cambio técnico militar, tal y como se ha formulado en este capítulo.

Los principios que rigen la estructura y contenido de los planes operativos soviéticos han sido identificados por Lee (1986:97) y son los siguientes:

1. Se debe buscar la destrucción de las fuerzas (militares) enemigas que implican mayor amenaza para los objetivos soviéticos;
2. Se debe evitar la destrucción indiscriminada de grandes extensiones de territorio, así como la creación de desiertos radiactivos;
3. se debe utilizar la mínima potencia explosiva en la destrucción de los blancos enemigos (tomando en consideración sus características y especificaciones de los medios de ataque);

---

[11] Véase en Arkin *et al.* (1989) la nota "Perestroika and the Soviet Military".

4. el ataque a los centros urbanos es poco efectivo e innecesariamente destructivo;
5. se debe atacar simultáneamente en todos los teatros de operación.

Estos principios rigen la identificación y selección de los blancos para las armas nucleares soviéticas. Pero se les puede hacer una crítica similar a la de los planteamientos norteamericanos. El punto más destacable es la importancia que tienen las fuerzas militares enemigas; pero, al igual que en la concepción norteamericana de una guerra de contrafuerza, no existe la manera de aislar a la población civil de los efectos de un ataque de contrafuerza. En un estudio reciente (Von Hippel et al., 1988) se analiza también la ubicación de los principales blancos de contrafuerza en Estados Unidos y se demuestra que aun un ataque con "precisión quirúrgica" sobre estos blancos provocaría la muerte de millones de ciudadanos norteamericanos. La misma conclusión se aplica a los dos países y revela que aunque la doctrina y principios estratégicos soviéticos señalen que se buscará evitar ataques a la población civil, millones de personas (incluso relativamente lejos de los blancos militares) resultarán afectadas por la precipitación radiactiva. Según las estimaciones del estudio citado, entre 12 y 27 millones de personas perecerían en Estados Unidos como consecuencia de un ataque de contrafuerza.[12]

No existe una publicación oficial con las listas y categorías de blancos asignados a las fuerzas militares soviéticas. Una fuente de información valiosa sobre la articulación entre doctrina y planes operativos en la URSS es la serie de publicaciones de los altos funcionarios del ministerio soviético de defensa. En particular, destacan los trabajos clásicos de Sokolovsky (1963), Grechko (1975) y, más recientemente, de Volkonogov (1987) y Yazov (1988). El análisis de estas publicaciones permite identificar por lo menos tres grandes categorías de blancos para los ICBM y SLBM soviéticos:

---

[12] Los rangos están definido por diferentes supuestos en los modelos de simulación sobre megatonelaje, sobrepresión y la dosis de radiación que normalmente resultaría mortal para la mitad de la población afectada (LD-50). Además de las cifras mencionadas, cabe mencionar que habría un número adicional de víctimas que moriría de cáncer (entre uno y ocho millones de personas).

— blancos de contrafuerza (silos y bases de misiles enemigos reforzados; bases de bombarderos estratégicos, bases de SSBN-SLBM; centros de control militar)
— blancos de contravalor asociados al esfuerzo bélico
— blancos de contravalor asociados a la infraestructura industrial y económica en general (vinculados a la recuperación económica).

La existencia de listas de blancos susceptibles de clasificarse en estas tres categorías puede corroborarse también a través de un análisis del tipo de armamentos desplegados por las fuerzas soviéticas. (Arkin *et al.*, 1989) También se puede confirmar indirectamente con los estudios sobre la evolución de los principales componentes de los arsenales soviéticos. En particular, los estudios de MacKenzie (1988) sobre los misiles ICBM y SLBM soviéticos, de Lepingwell (1989) sobre el sistema soviético de defensa aérea y de Stevens (1984) sobre los sistemas de defensa antibalística revelan la presencia de estas tres categorías de blancos en los planes operativos soviéticos.

Estas categorías de blancos probablemente subsisten en los planes operativos contemporáneos de los soviéticos. Destaca la similitud con las listas de blancos que se encuentran en el SIOP-6 norteamericano y se confirma así uno de los supuestos de Hafner (1987). En particular, se nota un balance cuidadoso entre blancos de contrafuerza y de contravalor. La postura militar soviética, en el terreno de los armamentos estratégicos, incluye un ingrediente importante de elementos asociados a la noción de guerra preventiva, sin abandonar los elementos de una doctrina de disuasión.

Por último, según Lee (*op. cit.*) la tecnología soviética de misiles balísticos y de cargas nucleares ha estado supeditada a los lineamientos de planes operativos. Ésta es la principal conclusión de Lee después de un cuidadoso análisis de la evolución y composición de los arsenales soviéticos. Además, el importante estudio de MacKenzie (1988) también permite concluir que el pensamiento militar estratégico en la URSS ha moldeado la evolución de la tecnología de misiles intercontinentales. Es decir, la dinámica del cambio técnico en armamentos estratégicos tampoco ha sido una variable independiente o autónoma en el caso de la URSS.

La selección de blancos y la asignación de medios de ataque (misiles y cargas nucleares de diferente capacidad) es un ejercicio cuidadoso al que los soviéticos han dedicado mucha atención. Los blancos se encuentran distribuidos en varios teatros de operación: cuatro en Europa, uno o dos en Asia y uno en Estados Unidos, designado con el calificativo de teatro transoceánico (Lee, 1986). Esto es producto de las diferencias geográficas entre Estados Unidos y la Unión Soviética: para los norteamericanos, en el terreno de las armas nucleares lo "estratégico" es sinónimo de "intercontinental", mientras que para los soviéticos el término se aplica a regiones relativamente cercanas a su territorio.

Los blancos son clasificados según su resistencia, y los misiles y cargas asignados en función de su precisión y poder explosivo. Así, en los años sesenta los soviéticos consideraban que los silos subterráneos de los ICBM norteamericanos podían resistir sobrepresiones de hasta 21 kg/cm^2; la primera generación de misiles intercontinentales soviéticos fue diseñada y equipada con cargas para asegurar la destrucción de este tipo de blancos. Cuando los silos subterráneos norteamericanos fueron reforzados para resistir sobrepresiones de hasta 140 kg/cm^2, la precisión de los misiles soviéticos y el poder de sus cargas fueron diseñados para blancos con esa resistencia. La correlación entre las especificaciones de los blancos y el desempeño de los misiles soviéticos es muy alta, según un estudio de Binninger y Powers citado por Lee (p. 96). En la actualidad, aproximadamente el 85% de las cargas nucleares soviéticas colocadas a bordo de ICBMs lo están en misiles con una precisión adecuada para destruir estos blancos reforzados (misiles SS-17, mod.2; SS-18, mods.2 y 4; SS-19, mods.1 y 3, y SS-24) (SIPRI, 1989).

DETERMINISMO TECNOLÓGICO, SOCIOLOGÍA HISTÓRICA Y PENSAMIENTO MILITAR

En los primeros años de la década de los ochenta surgió una abundante literatura que consideraba el proceso de cambio técnico en armamentos nucleares como una fuerza autónoma e incontrolable. El tema del proceso de cambio técnico en armamentos estratégicos adquirió una gran importancia y se llevaron a cabo numerosos estudios sobre el problema. Sin embargo, la preocupación por el tema del determinismo tecnológico y la autonomía de la variable tecnológica siguió flotando en el ambiente sin que se hubiera analizado de manera adecuada.

Recientemente surgió con renovado interés en este tema una línea de investigación que ha sido descrita como la "nueva sociología de la innovación" (un ejemplo es la serie de trabajos reunidos en Bijker, Hughes y Pinch, 1984; MacKenzie y Wajcman, 1985). Esta corriente pretende explicar no sólo cómo se lleva a cabo el proceso de innovaciones, el ritmo del proceso innovador y de difusión de las innovaciones, sino también explicar *el contenido* del proceso innovador (MacKenzie, 1989:175). La aplicación de este tipo de enfoque al estudio de los armamentos estratégicos busca demostrar que no existe un determinismo tecnológico y que el proceso de cambio técnico está moldeado por la interacción de muchos agentes sociales y por la disposición de diversas instituciones sociales. Estudios como el de MacKenzie (1990) sobre la evolución de la tecnología de navegación inercial e inercial-estelar para misiles balísticos son ejemplo de esta corriente analítica, al igual que la investigación de Graham (1987) sobre el desarrollo de los programas para misiles crucero en Estados Unidos. En el ámbito de las tecnologías civiles, estudios como el de Mack (1990) sobre la formación del sistema de satélites *Landsat* también se sitúan en la misma línea de análisis que busca demostrar que la tecnología es formada y transformada por agentes sociales sin que existan vías o senderos predeterminados por metas o parámetros ingenieriles. Por último, el estudio de Noble (1984) sobre el desarrollo de la industria de máquinas-herramienta de control numérico en Estados Unidos es uno de los ejemplos más interesantes en esta línea de investigación.

En el curso de estas investigaciones se han enfrentado problemas de índole conceptual que vale la pena examinar por su inmediato interés en el estudio del cambio técnico. La obra de MacKenzie (1988, 1989 y 1990) es particularmente importante para nuestra investigación porque en ella se critica el uso de la noción de "trayectoria natural" de una tecnología como instrumento de análisis. El ejemplo que utiliza MacKenzie en su estudio es la evolución de la tecnología de navegación inercial utilizada en los misiles balísticos (ICBM y SLBM). Y la pregunta central es la siguiente (MacKenzie, 1990:164 y 166):

Una vez que ha surgido una forma básica de tecnología como la forma dominante (algunos la llamarían "paradigma") ¿está determinado su sendero futuro de desarrollo? ¿Necesitamos recurrir al estudio de los factores sociales para explicar el crecimiento de la precisión proporcionada por la navegación inercial de los misiles balísticos después de 1960? ¿O se trata de una trayectoria natural de la tecnología que no requiere de una explicación adicional? ¿Qué clase de explicación se necesita para el aumento en la precisión de los misiles balísticos durante los últimos treinta años? El saber convencional diría que la explicación reside en una lógica interna del cambio técnico: un imperativo tecnológico. La precisión de los misiles aumentó porque era natural que así sucediera, natural que los que trabajaban sobre sistemas de navegación y los demás componentes que contribuyen a la precisión buscaran y encontraran mejoras.

MacKenzie reconoce el origen de la noción de "trayectoria natural" en la obra de Nelson y Winter (1982). Como ya se señaló (en el capítulo I) estos autores no ofrecen una definición rigurosa de esta noción. MacKenzie considera que en la obra de Nelson y Winter la noción de trayectoria natural denota una "dirección de desarrollo técnico que es simplemente natural, no creada por intereses sociales sino correspondiente a las posibilidades inherentes de la tecnología" (MacKenzie, 1990:167). En consecuencia, una trayectoria naural de una tecnología estaría marcada por una senda que inexorablemente debe recorrer el desarrollo de dicha tecnología. MacKenzie critica esta posición con severidad porque conduce al determinismo tecnológico. Según este autor, la idea de una trayectoria tecnológica no debe ser utilizada para insinuar que el desarrollo de una tecnología se lleva a cabo *independientemente* de la acción de los agentes sociales (individuos, instituciones, normas, procedimientos, etcétera).

Nuestro análisis de los planes operativos para el uso eventual de los misiles balísticos y cargas nucleares revela que el objetivo de mayor precisión era deseado por los altos mandos militares. Por esta razón podemos plantear la hipótesis de que los mandos militares tuvieron un papel importante en la determinación de la trayectoria tecnológica de los misiles (reducción del CEP) y las cargas nucleares (aumento en la relación poder explosivo/peso). Exactamente cómo se desarrolló la historia sociológica de la serie de cambios técnicos que moldearon estas innovaciones básicas desde sus orígenes hasta las versiones emplazadas actualmente es algo que no hemos establecido en nuestro análisis. El trabajo de MacKenzie abunda sobre este tema y confirma lo que hemos ido apuntando por lo menos para el caso de una de las innovaciones básicas analizadas (misiles balísticos): el papel de los mandos militares fue muy importante en el proceso de cambio tecnológico que marcó la evolución de esta innovación básica.

Particularmente importantes son los siguientes pasajes: (*op. cit.*; 203 y 207)

> El hincapié en la precisión y la idea de contrafuerza estuvo inscrito en la versión de 1964 de la *Doctrina Básica de la Fuerza Aérea*. Aunque estuvo conectado inicialmente con la lucha (infructuosa) para dotarse de un nuevo bombardero tripulado, ese planteamiento enfático tuvo un impacto sobre los misiles de la Fuerza Aérea.
>
> Si se (hubiera eliminado) el interés de la Fuerza Aérea en la idea de contrafuerza también se habrán eliminado los recursos para apoyar esta línea de desarrollo tecnológico (la precisión de los sistemas de navegación inercial para misiles balísticos).

Hemos tratado de demostrar que el pensamiento militar en ambas superpotencias siempre consideró prioritario el incluir blancos de contrafuerza en sus planes operativos. Para nosotros, éste es el indicio más claro de que los mandos militares siempre buscaron disponer de los medios que les permitieran destruir estos blancos. Las limitaciones en la tecnología de los primeros años de la posguerra no permitían esto. En particular, en 1946 no existía suficiente información sobre la localización precisa de los blancos de contrafuerza. Y hasta 1959 los misiles balísticos disponibles en ambos lados no tenían la precisión requerida para poder destruir los blancos de contrafuerza que fueron siendo identificados durante la década de los ciencuenta; así, la misión de atacar los blancos de contrafuerza estuvo inicialmente encomendada a los bombarderos estratégicos. A medida que la precisión de los misiles balísticos intercontinentales alcanzó los niveles requeridos su papel en los arsenales estratégicos cambió. Lo esencial aquí es comprender que los mandos militares tuvieron una meta y se mantuvieron al acecho del equipo y la tecnología que les permitiera alcanzarla.

Lo que este ejemplo también demuestra es que los mandos

militares no siempre saben lo que tienen en las manos cuando se enfrentan a una innovación básica. La introducción de una IB es algo que los militares rara vez preven o desean *ex ante*, aunque existen excepciones importantes. Pero una vez que han tomado conciencia del potencial de una innovación básica, sí se muestran interesados en las innovaciones menores que permiten desarrollar efectivamente dicho potencial.

El trabajo de MacKenzie permite complementar nuestro análisis examinando cómo diversos agentes sociales intervienen en el proceso de cambio técnico. La conclusión principal de MacKenzie es que *no* existe una trayectoria "natural" de la tecnología (*i.e.*, no hay cambio técnico autónomo) porque, en el fondo, los agentes sociales pudieron haber marcado un derrotero distinto para la evolución de la tecnología. Como ya advertimos, el ejemplo utilizado es la tecnología de navegación inercial y, según MacKenzie, la prueba decisiva de sus enunciados críticos contra la idea de que la evolución tecnológica está determinada naturalmente la encuentra en el hecho siguiente. La tecnología de navegación inercial siguió dos derroteros distintos. Por una parte está la evolución de los giroscopios utilizados en los misiles balísticos (se trata esencialmente de los giroscopios flotados en gas o en algún fluido para reducir la desviación) y los giroscopios utilizados en los aviones civiles y militares (giroscopios "secos" de rotores sincronizados y giroscopios de rayos láser que carecen de una masa en rotación constante). La segunda clase de giroscopios está asociada a un mercado importante de equipo de navegación: la aviación civil (aunque la aviación militar también los utiliza). En este caso, los requerimientos de desempeño tecnológico son distintos a los de los giroscopios para ICBMs: en particular, responden a la necesidad de una mayor facilidad en la producción y una mayor confiabilidad, mientras que los giroscopios flotados responden a la necesidad de una mayor precisión absoluta.

Según MacKenzie, esta bifurcación en la evolución tecnológica para navegación inercial demuestra que no existe un determinismo tecnológico. Una misma tecnología puede seguir una u otra trayectoria, dependiendo de la interacción entre diversos agentes e instituciones sociales. Sin embargo, el ejemplo de MacKenzie está mal fundamentado porque su comparación es entre *dos* tecnologías distintas y, desde el punto de vista de los objetivos de su investigación, incomparables. No se trata de "dos posibles trayectorias" para una "misma" tecnología, sino de trayectorias *distintas para tecnologías distintas*. Esta equivocación revela que es muy importante construir los conceptos necesarios para el análisis de la determinación social del cambio técnico de la manera más rigurosa posible. Especial relevancia adquieren los conceptos de innovación básica, formato mecánico e innovación menor para buscar construir la noción de trayectoria tecnológica que hemos tratado de presentar en el primer capítulo de este libro.

Se tiene que tener mucho cuidado con la idea de innovación básica: el formato mecánico de la innovación debe ser bien especificado para ser utilizado a lo largo de todo el estudio de una trayectoria tecnológica. Un ejemplo (entre muchos) permite aclarar lo anterior: si la caldera de vapor, utilizada como fuente de poder es vista como la *misma* tecnología en una fábrica de textiles y en un ferrocarril, se llega a conclusiones erróneas sobre el estado en el que se encuentra una tecnología. En ambos casos se van a seguir senderos tecnológicos muy diferentes pero eso se debe a que se trata de dos tecnologías distintas. Esto no demuestra que se tienen dos posibles trayectorias de una misma tecnología y que, por lo tanto, no hay determinismo tecnológico.

El punto es muy importante para nuestro análisis. Si no se tiene una definición rigurosa de innovación básica se pueden identificar dos tecnologías distintas como la misma y se llegará a conclusiones erróneas sobre la fase de desarrollo de una de ellas. Por ejemplo, se puede concluir erróneamente que una tecnología se encuentra todavía en su fase "progresiva" y no en la fase decadente de su evolución. Esto es algo que es susceptible de acontecer en el análisis de MacKenzie: nosotros argumentamos que la tecnología de sistemas de navegación inercial para misiles balísticos (giroscopios flotados y acelerómetros) está en su fase decadente, pero el desarrollo creciente de la aviación comercial civil permite decir que la tecnología de navegación inercial para aviones (giroscopios secos y ópticos) todavía se encuentra en una fase progresiva. Pero para cada una de estas tecnologías se aplicarían criterios de desempeño tecnológico *distintos*: para la primera, se examinaría la evolución de la precisión (radio del CEP), mientras que para la segunda se examinaría la confiabilidad (desviación del giroscopio a lo largo del tiempo, criterio particularmente relevante en recorridos de larga duración como los que lleva a cabo un avión comercial) y la reducción de costo de producción. El que se pueda trazar la trayectoria tecnológica de una innovación básica *ex post facto* no es incompatible con la idea de que el cambio técnico no es autónomo. Ex post, es posible reconstruir la evolución tecnológica seguida por las cuatro innovaciones básicas identificadas en este estudio. El sendero se define por la serie de innovaciones menores que permiten se realice el potencial ingenieril de las innovaciones básicas. El estudio de reconstrucción debe seleccionar los parámetros de desempeño técnico más importantes para medir la evolución de la tecnología: dimensión del círculo de error probable (para bombarderos estratégicos y misiles), coeficiente poder destructivo/peso (para cargas nucleares), nivel de ruido generado por vibraciones mecánicas o turbulencia hidrodinámica (para submarinos estratégicos).

La reconstrucción de la trayectoria tecnológica debe ir acompañada de un análisis sobre el proceso social que le imprimió su sentido u orientación. El sendero evolutivo de una tecnología no está determinado naturalmente; distintas fuerzas y agentes sociales forman su sentido y por esta razón se plantea el importante problema de la determinación social de la tecnología. Pero no se puede llevar el razonamiento al otro extremo: la tecnología no es algo que puede ser moldeada en cualquier dirección por agentes sociales. Al final de cuentas, el formato mecánico de una innovación está sujeto a una serie de restricciones físicas que debe respetar la evolución de esta tecnología.

COMENTARIOS FINALES

Es cierto que los planteamientos estratégicos soviéticos y norteamericanos mantienen fuertes contrastes (Ermarth, 1982). Sin embargo, más allá de las diferencias superficiales es posible identificar algunos elementos de continuidad profunda. Destaca la importancia de los blancos de contrafuerza en los planes operativos de ambas superpotencias. Este elemento sirve para desechar la tesis tan popular a principios de los años ochenta de que el cambio técnico en armamentos era una variable independiente que acercaba al mundo al abismo de la guerra nuclear: en particular, la precisión de los misiles permitía por primera vez pensar en ataques de contrafuerza y la misión disuasiva de las armas nucleares quedaba relegada a un segundo plano. Lo cierto es que las innovaciones básicas siguieron su trayectoria tecnológica (mejor desempeño tecnológico por las innovaciones incrementales o menores), pero los objetivos de contrafuerza *siempre* estuvieron presentes en los planes operativos de ambas superpotencias.[13]

Además de este hecho tan importante, hay otros paralelismos y semejanzas en el desarrollo de los arsenales soviéticos y norteamericanos. En primer lugar, el desperdicio de recursos asignados a la investigación tecnológica sobre nuevos armamentos y su producción ha dejado una marca profunda en el desempeño de ambas economías (este punto será examinado en la segunda parte de este libro). En segundo lugar, en ambos casos se aplica el primer absurdo identificado por York (1970): los arsenales crecen y se desarrollan cualitativamente y, sin embargo, las superpotencias viven en un mundo que es cada vez más inseguro. Lo que le falta añadir a York es que el resultado no ha sido sólo un mundo más inseguro para ambas superpotencias. Al buscar una solución para sus problemas de seguridad, ambas superpotencias han creado una situación en la que se ve amenazada la seguridad internacional (este importante aspecto de la tecnología decadente será examinada en la tercera parte).

---

[13] Sobre este punto, véase el comentario de Ball (1986:82) sobre la presencia casi permanente de los blancos de contrafuerza en los planes norteamericanos desde los años cincuenta hasta el SIOP-6. Por el lado soviético, véase la cita que presenta Mackenzie (1988:45) del mariscal Sokolovsky que reconoció la importancia de los blancos de contrafuerza desde los albores de la era nuclear.

Segunda Parte

IMPACTO ECONÓMICO DE LA TECNOLOGÍA DECADENTE

VIII. EFECTOS MACROECONÓMICOS DE LA TECNOLOGÍA MILITAR DECADENTE

Introducción

Hace ya más de 200 años, en su afán polémico en contra de los mercantilistas, Adam Smith señaló que la riqueza no consiste en un acervo de metales preciosos (oro y plata) sino en un conjunto de valores de uso, cosas necesarias, convenientes y gratas para la vida (Smith, 1981). En su descripción crítica del sistema económico propuesto por los mercantilistas (capítulo I, libro IV de la *Riqueza de las naciones*), Smith dice:

> No siempre es necesario atesorar oro ni plata para que una nación pueda sostener una guerra con países extranjeros, o mantener armadas o ejércitos en países distantes. Los ejércitos y las flotas no se mantienen con oro ni con plata, sino con provisiones consumibles (*op. cit.*, p. 388).

Este enunciado de Smith, sin embargo, deja de lado el problema del origen de los valores de uso que podían ser utilizados para sostener ejércitos y flotas, y tampoco se ocupa del impacto del gasto en este tipo de aventuras sobre el resto de la economía. Más allá de afirmar que el ejército realiza un trabajo *improductivo* (*ibid.*, p. 300) y no produce o añade valor, Smith no analizó el efecto que un gran dispendio en mantener ejércitos y flotas tendría sobre la economía. Se debe entender que ese trabajo improductivo de los ejércitos es indispensable para mantener y desarrollar un espacio económico, pero al mismo tiempo constituye una desviación de recursos que podrían utilizarse productivamente. Por esta misma consideración constituye, pues, un tema de la mayor importancia.

Sorprendentemente, desde la génesis de la teoría económica, las relaciones entre gasto militar y sistema económico no han sido un tema fundamental del análisis. Frente a los problemas teóricos fundamentales del análisis económico (determinación de precios, de las variables de la distribución, de la tasa de interés o de las variables macroeconómicas), el tema del gasto militar ocupa un lugar muy secundario. Sin embargo, en el estudio de los ciclos y las crisis económicas el tema del gasto militar sí ha ocupado un lugar más importante. Uno de los ejemplos más claros es el estudio de Goldstein (1988) pero no es el único. Además, en la teoría marxista el gasto militar es visto desde otra perspectiva. El capitalismo necesitaría, según esta visión, realizar un dispendio en material bélico (y ocasionalmente en guerras para destruir parte del acervo de armamentos) para salir adelante de crisis económicas. En términos generales, se considera que el gasto militar juega un papel importante en la dinámica de la acumulación y reproducción del capital.

Cualquiera que sea la posición adoptada en el estudio de la dinámica económica de la carrera armamentista, se debe reconocer que la asignación de recursos para fabricar armamentos reduce las posibilidades de utilizarlos en fines como servicios sociales, educación, obras de infraestructura, capacitación de la fuerza de trabajo y producción de bienes y servicios. Todos esos usos alternativos tienen un impacto económico importante y, por esa razón, el gasto militar representa un lastre más o menos considerable para cualquier sistema económico.

Tradicionalmente se han esgrimido dos *justificaciones económicas* del gasto militar. La primera es que le están asociados efectos benéficos accidentales (*i.e.*, no previstos) para el resto de la economía. Éste es el razonamiento que en la literatura anglosajona recibe el nombre de *spin-off effects* y que puede traducirse como efectos colaterales del gasto militar. En la teoría económica se puede describir este efecto colateral como una "externalidad" que recibe el aparato productivo y que se origina en las actividades del sector militar. Esta justificación será examinada en el siguiente capítulo.

La segunda justificación económica frecuentemente utilizada es la de la generación de empleo. Uno de los casos más recientes en los que se ha esgrimido esta justificación se encuentra en la frase del presidente Reagan sobre el efecto empleo de su

Iniciativa de Defensa Estratégica (*i.e.*, defensa antibalística): "La Iniciativa significa empleo para los norteamericanos." Nosotros dejaremos de lado esta justificación, y nos limitaremos a citar el estudio de Mosley (1985) en el que se hace referencia a trabajos que demuestran que las "inversiones" en armamentos generan menos empleo que las inversiones en el sector civil. Aunque en algunos de los estudios que Mosley somete a un meticuloso análisis crítico (véase su capítulo 5) la metodología adolece de defectos, en términos generales se demuestra que el efecto generador de empleo de cada dólar invertido en la producción de armamentos es menor que el de inversiones en actividades como producción de bienes duraderos, no duraderos, así como en la construcción (residencial y no residencial).[1] Por otra parte, los estudios sobre el impacto empleo de las inversiones en sistemas de armamentos específicos (como el MX o el bombardero *B-1*) también concluyen que la creación de empleo es relativamente modesta.

El objetivo de este capítulo es examinar el efecto del gasto militar sobre algunos indicadores macroeconómicos en el caso de ambas superpotencias. Ha sido más fácil obtener información sobre Estados Unidos y, por lo tanto, el capítulo se concentra más en la economía de ese país, pero en algunos momentos del análisis se presenta información sobre la Unión Soviética. Se busca mostrar cómo 40 años de carrera armamentista han dañado profundamente la salud económica de las superpotencias y apreciar el daño que este gasto improductivo ha tenido en el tejido económico de estos dos países. Igualmente podremos examinar en el capítulo siguiente las profundas raíces que tiene el sector militar en la matriz industrial; esa información es fundamental para evaluar las posibilidades de la reconversión económica (de la industria militar hacia fines civiles) de la que tanto se habla en nuestros días.

En el primer apartado se examina la relación entre los principales indicadores de gasto militar y la evolución de los déficits

---

[1] Otro ejemplo, Renner (1989) cita un estudio de Michael Oden realizado en 1988 cuya principal conclusión es la siguiente: el aumento en el gasto militar en Estados Unidos entre 1981 y 1985 (190 000 millones de dólares) ayudó a crear una ocupación de 7.2 millones de empleos-año; esa misma cantidad invertida en la economía no militar hubiera generado 8.4 millones de empleos-año.

macroeconómicos de Estados Unidos. Se incluye también una referencia a los efectos sobre la economía internacional, en particular a través del endeudamiento del gobierno federal, y su impacto sobre las tasas de interés del mercado financiero internacional.

Los efectos también pueden apreciarse sobre la evolución de la competitividad internacional, la productividad y el desarrollo tecnológico industrial. El estudio de estas consecuencias se lleva a cabo en un segundo apartado, que toma como punto de partida la evolución reciente de la productividad del sector manufacturero en Estados Unidos. Aunque no es posible establecer un vínculo directo entre la reducción de las tasas de crecimiento promedio anual de la productividad y el gasto militar, sí existen indicios de que un gasto militar desmedido es, por lo menos, otro elemento que afecta negativamente la evolución de la productividad.

Efectos macroeconómicos del gasto militar

**Los antecedentes del debate económico
sobre el gasto militar**

El nivel de gasto en armamentos que han mantenido las dos superpotencias en los últimos 40 años ha tenido profundas repercusiones económicas. Estas consecuencias se pueden identificar a nivel macroeconómico y sectorial, además de que algunas de ellas tienen serias implicaciones para la economía internacional. Normalmente se relacionan con los dos déficits macroeconómicos de la economía norteamericana (el déficit fiscal y el déficit externo) pero existe una polémica sobre esta relación porque se alega que el gasto militar, sobre todo el que se relaciona con compras de equipo y material, tiene un efecto multiplicador sobre la economía. Genera empleo y una demanda de bienes de capital, con lo cual se puede considerar que existe, por lo menos, un efecto positivo. La respuesta a esta posición es que el gasto militar constituye un desperdicio y actúa como una esponja que absorbe recursos que podrían encontrar un uso alternativo y realmente productivo.

Desde los años sesenta los economistas marxistas Paul Sweezy, de la Universidad de Harvard, y Paul Baran, de la Universidad de Stanford, presentaron una teoría sobre la *función económica* que tiene el gasto militar en las economías capitalistas y, en particular, en la norteamericana. En esencia, para estos autores la gran depresión de los años treinta fue el resultado de un *subconsumo* del excedente económico; en cambio, en los años sesenta el Departamento de la Defensa se encargaba de mantener el nivel de consumo a niveles adecuados para garantizar una acumulación-reproducción del capital satisfactoria para la clase capitalista. Pero, ¿por qué no se gastaba el excedente en servicios públicos, vivienda y alimentación? La respuesta de Sweezy y Baran es que este tipo de gastos generan una competencia para la empresa privada y, por lo tanto, representan un conflicto de intereses entre la clase dominante y el Estado. Ahora bien, el Estado no es más que el administrador de los intereses de la clase dominante y, en consecuencia, se tiende a gastar en armamentos (desperdicio que no genera competencia para la clase capitalista).

El análisis de Sweezy-Baran dejaba mucho que desear, entre otras cosas porque el gasto militar no es la mejor manera de mantener el consumo a niveles que garanticen tasas de rentabilidad adecuadas. De hecho, el empleo generado por el gasto militar es inferior al que se puede generar en otras actividades que difícilmente pueden considerarse como negativas para los intereses de una clase capitalista.

Pero el estudio de Sweezy-Baran estimuló una controversia interesante sobre los efectos del gasto militar. Uno de los críticos más lúcidos del análisis marxista de estos autores es Seymour Melman, cuyos trabajos han marcado orientaciones sumamente importantes para la investigación en este terreno. Para Melman (1970, 1974) el estudio de Sweezy-Baran está totalmente equivocado, tanto en los detalles como en la conclusión principal. En primer lugar, para Melman no es posible decir que la economía del sector militar forma parte intrínseca de la economía capitalista. Sí es una parte clave de un sector de la economía en el que las grandes corporaciones mantienen nexos fuertes con el aparato estatal, pero no se puede afirmar que existe una necesidad intrínseca al capitalismo privado de promover el gasto militar.[2]

---

[2] Ese sector de la economía en el que se vinculan grandes corporaciones con el aparato estatal corresponde en buena medida a la "tecnoestrutura", no-

En segundo lugar, no se puede afirmar que el gasto militar tuvo o tiene efectos positivos para la economía norteamericana ni para los intereses de la clase capitalista. Aquí asomó, por primera vez, el agudo sentido analítico de Melman, quien pudo identificar la manera en que el gasto militar destruye la eficiencia de la economía civil. El estudio de algunas industrias específicas reveló claramente que los malos hábitos de las relaciones en el interior del complejo militar-industrial contribuyen a socavar la base competitiva de la industria. Este aspecto del problema será examinado en los capítulos siguientes.

En algunos estudios recientes sobre la forma en que las economías industrializadas regulan sus ciclos de acumulación y crecimiento, se otorga cierta atención al tema de la función económica del gasto militar. Dos de los ejemplos más interesantes son los trabajos de Aglietta (1981) y Piore y Sabel (1984). Estos dos estudios observan cómo la intervención del Estado en la vida económica aumenta a partir de la guerra de Corea. Este incremento en la intervención estatal se cristaliza fundamentalmente en los aumentos del gasto público: el gasto público del gobierno federal expresado como porcentaje del PNB pasó de 7.3% en 1929 a 15.1% en 1950, 18.5% en 1960, 19.8% en 1970 y 21.9% en 1980 (Piore y Sabel, 1984:90). Una parte sustancial de este aumento en el gasto público estuvo provocado por el gasto militar (el promedio anual del gasto militar como porcentaje del PNB entre 1955 y 1965 alcanza 12.5%, mientras que en 1930 era de sólo 2.1%). El gasto militar pudo desempeñar una función de "regulación" porque, según Piore y Sabel, se aumentó la estabilidad en la economía privada al excluir una parte sustancial de las transacciones del mercado competitivo. Sin embargo, estos autores reconocen que el gasto militar también es volátil y que, por lo tanto, no es fácil determinar su impacto final como estabilizador macroeconómico.

El gasto militar como parte integral de una política económica también ha sido un tema recurrente en la historia reciente de Estados Unidos. En 1950 se expidió el memorándum núm. 68 del Consejo Nacional de Seguridad, y en ese documento se

---

ción que otro profesor de Harvard, John Kenneth Galbraith, introdujo para llevar a cabo su análisis del capitalismo norteamericano en la segunda mitad de los años sesenta (Galbraith, 1978).

hace referencia al efecto estabilizador del gasto militar sobre el empleo. Pero para mantener niveles adecuados de demanda efectiva para la valorización del capital no es indispensable recurrir a inversiones masivas en la industria militar. Como señalan Piore y Sabel, las experiencias de otros países revelan que es posible obtener resultados comparables sin necesidad de realizar gastos tan elevados en armamentos. Pero hay que añadir que no sólo no es necesario, sino que el gasto militar es un pésimo instrumento de política económica por sus efectos perversos sobre los niveles de competitividad. Esto será el objeto de análisis de los capítulos IX y X.

Gasto público y déficit comercial en Estados Unidos

Durante la administración del presidente Reagan el crecimiento en el gasto militar fue extraordinario. Los demás rubros del presupuesto federal no sufrieron recortes lo suficientemente grandes como para compensar este aumento y desde sus inicios, la administración anunció que el financiamiento del gasto público estaría basado en dos principios cardinales: no introducir aumentos en los impuestos y mantener una política monetaria restrictiva. El objetivo de reducir los impuestos (o mantenerlos estables) era incrementar la productividad y aumentar los incentivos a la inversión productiva. La meta de un control estricto sobre la oferta monetaria era mantener la inflación a niveles inferiores a los de los principales competidores norteamericanos en los mercados internacionales. Y en este marco, la única manera de financiar el déficit en el gasto público tenía que ser a través de un mayor endeudamiento. Esta demanda de crédito en los mercados financieros, aunada a la política monetaria restrictiva, necesariamente tenía que conducir a incrementos importantes en las tasas de interés. Como la inflación se mantuvo bajo control, el aumento en la tasa de interés real fue considerable y contribuyó a atraer capital extranjero hacia Estados Unidos; a su vez, esto provocó una fuerte apreciación del dólar y dañó la competitividad de las exportaciones norteamericanas (véase el capítulo sobre la sobrevaluación del dólar en Dornbusch, 1986). El incremento en el gasto público también sirvió para imprimir mayor impulso a la tasa de crecimiento de la economía norteamericana; la combinación de este crecimiento y la apreciación del dólar condujo a un incremento notable de las importaciones, con lo cual se deterioró todavía más la posición en balanza de pagos. Por otra parte, la combinación de políticas monetaria y fiscal en los competidores de Estados Unidos (Alemania y Japón) fue muy diferente, provocándose un diferencial importante entre las tasas de interés de esos países y Estados Unidos, con lo cual se contribuyó más a la apreciación del dólar.

En este contexto es interesante observar que una de las bases de la política económica del presidente Reagan era la reducción de controles y de la "excesiva intervención del Estado en la economía". Pero como señala agudamente Rothschild (1988:49-50), uno de los indicadores del "papel" del Estado en la economía es el déficit público; este indicador es utilizado en los programas de apoyo del Fondo Monetario Internacional a los países endeudados del Tercer Mundo y habría que preguntarse cómo le sería aplicado a Estados Unidos si tuviera que recurrir a la "ayuda" del FMI. Entre 1970 y 1980 el déficit anual del gobierno federal de Estados Unidos fue de 38.5 mil millones de dólares en promedio; entre 1981 y 1988 el déficit anual fue de 166 mil millones de dólares en promedio (*Economic Report of the President*, 1989). El cuadro VIII.1 permite hacer una compración entre la evolución reciente del déficit del gobierno federal y el gasto militar (compras, inversiones y gasto corriente). Por otra parte, la asignación presupuestal para el rubro "defensa nacional" en el presupuesto federal creció a una tasa anual de 9.3%. Durante el mismo periodo el gasto total del gobierno federal creció a una tasa anual de 7.5 por ciento.

Durante el periodo 1980-1989, la asignación presupuestal para ciencia, tecnología y sector espacial creció a una tasa de 8.9%, mientras que la asignación para el sistema de transporte creció a una modesta tasa de 3%. La de educación, capacitación y servicios sociales mantuvo una raquítica tasa de crecimiento de solamente 1.4% anual, mientras que la asignación para el desarrollo regional y de la comunidad se redujo a una tasa anual de —6.1%. Finalmente, el gasto para recursos naturales y conservación del medio ambiente creció a una tasa de 1.9 por ciento.

El problema del déficit del gobierno federal es muy profundo y no se resolvería aún con una reducción drástica del gasto militar. Basta considerar que el gasto en defensa nacional represen-

Cuadro VIII.1
Déficit del gobierno federal norteamericano y gasto militar, 1980-1989
(miles de millones de dólares)

Años	Déficit	Gasto total	Gasto militar
1980	73.8	590.9	133.9
1981	78.9	678.2	157.5
1982	127.9	745.7	185.3
1983	207.8	808.3	209.9
1984	185.3	851.7	227.4
1985	212.3	946.3	252.7
1986	221.2	990.2	273.3
1987	149.7	1 003.8	281.9
1988	155.1	1 064.0	290.3
1989	161.5e	1 137.0	298.2

e Estimación.
Fuente: *Economic Report of the President*, transmitted to the Congress, enero de 1989. Washington U.S. Gobernment Printing Office. (Cuadros B-76 y B-77.)

ta el 26% del gasto federal total. Sin embargo, se trata del rubro individual más importante en la estructura del presupuesto federal. Además, una buena parte de las asignaciones destinadas a ciencia, tecnología y sector espacial corresponden a objetivos militares. En resumen, si bien no todo el crecimiento del déficit del presupuesto federal es atribuible al incremento en el gasto militar, sí constituye la más importante desviación *individual* de recursos hacia fines improductivos. Ese gasto es económicamente improductivo aunque los secretarios de la Defensa normalmente aluden a su "efecto multiplicador" para minimizar el impacto sobre el déficit fiscal. Ciertamente rubros como educación y capacitación, así como la envejecida infraestructura del sistema de transporte norteamericano, podrían absorber de manera más productiva estos recursos; los efectos sobre el desempeño de la economía se harían sentir de maneras muy variadas, a mediano y largo plazos.

El impacto macroeconómico del gasto militar sobre el déficit también se traduce en una serie de efectos que rebasan el ámbito de la economía norteamericana. La deuda consolidada del gobierno federal pasó de 908 millones de dólares en 1980 a 2 868 millones de dólares en 1989. Durante estos años la presión fiscal no ha aumentado (algunos impuestos se redujeron), la expansión monetaria ha sido controlada y, por lo tanto, el crecimiento del gasto y del déficit tuvo que ser financiado con un incremento de la deuda pública. Esta forma de financiar el déficit aumentó las tasas de interés en Estados Unidos y convirtió al dólar en una divisa atractiva para el inversionista extranjero. Este impacto en el mercado de divisas se tradujo en un efecto negativo sobre la balanza comercial de Estados Unidos porque la apreciación del dólar fue un incentivo para incrementar las importaciones al tiempo que hacía más difícil exportar.

Esta modalidad de financiamiento también ha tenido un efecto sobre las tasas de interés que rigen en el mercado financiero internacional y, por lo tanto, ha contribuido a incrementar la carga que representa el servicio de la deuda de los países que, como México, se encuentran fuertemente endeudados. Desde luego, es muy difícil cuantificar con precisión este costo, pero la contribución negativa del gasto militar sobre los mercados financieros, por indirecta que sea, no deja de ser real. De hecho, para algunos analistas importantes, como Saadet Deger, economista que dirige el programa sobre gasto militar del SIPRI, el efecto ha sido más directo de lo que se cree: (Deger y Sen, 1990:131-132)

> Para fines de la década de los setenta el sistema financiero internacional tenía a su disposición grandes cantidades de fondos excedentes de los países productores de petróleo que prestó a bajas tasas de interés. En 1981, la administración Reagan aprobó el programa de gasto militar más grande llevado a cabo durante tiempos de paz en la historia de Estados Unidos. Este gigantesco aumento del gasto público fue financiado a través de préstamos del mercado internacional de dinero en lugar de impuestos o creación monetaria. Esto condujo a un rápido crecimiento de las tasas de interés y a una sobrevaluación del dólar. Las tasas de interés a nivel mundial aumentaron como resultado y la carga del servicio de la deuda de los países del tercer mundo se incrementó de manera dramática.

Además, es importante no perder de vista el hecho de que existen interdependencias muy complejas en la economía mundial y que el impacto negativo *indirecto* total del incremento del gasto militar norteamericano es difícil de ser capturado por un solo indicador. La apreciación real del dólar, por ejemplo, pudo haber provocado un deterioro importante en los términos de intercambio de los países no industrializados (sobre este punto, véanse los datos de Dornbusch [1986:70-72] utilizando diversos indicadores). Por la importancia de la economía norteamericana en la economía mundial, los efectos del gasto militar sobre variables como el valor real del dólar o la tasa de interés repercuten ampliamente sobre las economías de los países en vías de desarrollo (en los términos de intercambio y en su capacidad para mantener el servicio de la deuda externa).

El gasto militar también está relacionado indirectamente con el déficit de la balanza comercial. El deterioro de la balanza comercial de Estados Unidos adquiere proporciones realmente alarmantes a principios de la década de los ochenta. Todavía en 1981 la balanza comercial de bienes y servicios arrojó un superávit de 14 000 millones de dólares. Pero a lo largo de la década el déficit alcanzó niveles asombrosos: 140 000 millones de dólares en 1987.

Se ha dicho que no todo el deterioro de la balanza comercial norteamericana y su pérdida de competitividad puede atribuirse a la evolución de la productividad (Krugman, 1990). Algunas variables macroeconómicas han desempeñado un papel muy importante. En particular, el dólar se ha apreciado frente a las demás monedas del mundo entre 1981-1988. Y esta apreciación del dólar ha sido la consecuencia de las altas tasas de interés en Estados Unidos para atraer ahorro externo para financiar el déficit fiscal. Pero, a su vez, el déficit fiscal aumenta al aumentar el gasto militar (aunque no todo el aumento del déficit fiscal se explica por el incremento en el gasto militar).

En algunos círculos se ha afirmado que parte del crecimiento del déficit comercial de Estados Unidos fue provocado porque la tasa de crecimiento del PNB en los años ochenta fue más rápida que la del conjunto de las economías europeas (Dertouzos, 1989:34). Es cierto que este elemento habría provocado un aumento de las importaciones, pero la magnitud del déficit externo también revela la debilidad de la posición competitiva norteamericana.

De cualquier manera, es necesario subrayar que ninguna combinación de políticas macroeconómicas podrá restaurar sus an-

Cuadro VIII.2

Gasto militar total en Estados Unidos como porcentaje del PNB

Año	Gasto militar (% del PNB)
1950	11.4
1955	9.3
1960	8.5
1965	7.0
1970	7.7
1973	6.0
1974	6.1
1975	5.9
1976	5.4
1977	5.3
1978	5.1
1979	5.1
1980	5.4
1981	5.7
1982	6.3
1983	6.5
1984	6.4
1985	6.6
1986	6.7
1987	6.4
1988	6.0

Fuentes: Para el periodo 1950-1970: U.S. Department of Defense, *Your Defense Budget*, año fiscal 1987. Washington, U.S. Government Printing Office. Para los años siguientes: SIPRI, *Yearbook World Armaments and Disarmament*, varios años.

tiguos niveles de competitividad a la industria norteamericana. Es cierto que buscar controlar el déficit fiscal como lo pretende la ley Gramm-Rudman-Hollings es una medida racional; tasas de interés más acordes con una renovada actividad industrial también serán convenientes. Pero la industria de Estados Unidos deberá transformarse desde adentro, reorientando sus prioridades y en el caso de muchos sectores clave, modificando los malos hábitos adquiridos de la malsana economía de los armamentos.

Cuadro VIII.3

Tasas de crecimiento del PNB, 1961-1989
(promedio anual)

País	1961-1965	1966-1970	1971-1975	1976-1983	1984-1989
Estados Unidos	4.6	3.0	2.2	2.5	4.0
Canadá	5.3	4.6	5.2	2.7	4.4
Japón	12.4	11.0	4.3	4.4	4.5
Francia	5.9	5.4	4.0	2.5	2.3
Alemania	4.7	4.2	2.1	2.4	2.8
Inglaterra	3.2	2.5	2.1	1.7	3.4

Fuente: Economic Report of the President (1990).

La ley Gramm-Rudman-Hollings

Hasta 1985 el Congreso federal aprobó casi todo lo que el Departamento de la Defensa solicitó en sus presupuestos anuales. Pero el año de 1986 parece ser un parteaguas porque de una solicitud de 322 mil millones de dólares el Congreso solamente autorizó 297 mil millones. Quizás este primer recorte marca el comienzo de los efectos de la Ley sobre Presupuesto Equilibrado y Reducción de Emergencia del Déficit, más conocida como ley Gramm-Rudman-Hollings, aprobada en 1985. Esta ley, cuyo nombre oficial es *Balanced Budget and Emergency Deficit Reduction Reaffirmation Act*, establece que el déficit del presupuesto federal para el año fiscal 1989 no puede rebasar los 136 000 millones de dólares, y propone reducciones anuales en el déficit hasta alcanzar un presupuesto equilibrado en 1992. Las reducciones en el gasto deben llevarse a cabo a partir de estimaciones de la Oficina de Administración y Presupuesto, que forma parte del ejecutivo federal. Los recortes se deben realizar a través del proceso legislativo normal; si no son suficientes, deberán hacerse recortes automáticos con porcentajes fijos en todos los renglones no exentos de la ley (los renglones exentos son seguridad social, pagos de intereses y otros gastos en bienestar público). Las metas para los años 1991, 1992 y 1993 son déficits de 64, 28 y de cero billones de dólares para cada año respectivamente. Se prevé un margen de 10 billones anuales alrededor de cada meta anual. En principio, el déficit federal en 1992 no debería exceder los 10 000 millones de dólares. La ley Gramm-Rudman-Hollings no establece ninguna sanción si no se cumplen sus disposiciones sobre el monto de los déficit. Las metas se establecen al principio del año en función de los supuestos más prometedores sobre el comportamiento de la economía, pero dichos supuestos pueden no verificarse durante el ejercicio. Por esta particular forma de operación, la ley Gramm-Rudman no ha sido un instrumento eficaz y en la realidad, los déficit han sido mayores a lo permitido por la ley. Las metas para 1991 y 1992 no serán cumplidas.

Durante los años ochenta el gasto militar aumentó en Estados Unidos de manera importante. Las prioridades establecidas por el presidente Reagan fueron muy claras y permanecieron estables hasta 1989. Las consecuencias son (Deger, 1989): un incremento de los sistemas de armamentos sin precedentes en tiempo de paz; un aumento del número de personas en los niveles más pobres de la sociedad para las que el gobierno ahora tiene que proporcionar más ayuda,[3] y, finalmente, una reducción dramática de la participación gubernamental en obras de infraestructura económica.

Es muy difícil predecir cuál será el resultado final de la lucha por reducir el déficit fiscal. Ciertamente el Departamento de la Defensa no puede aspirar a mantener estable el monto absoluto asignado anualmente al sector defensa; la coincidencia de la ley Gramm-Rudman-Hollings con la distensión en las relaciones URSS-Estados Unidos seguramente podría tener un efecto importante en nuevas inversiones en armamentos estratégicos.[4] Las noticias sobre negociaciones entre el Departamento de la Defensa y el Congreso durante los primeros meses de 1990 parecían indicar que los armamentos estratégicos serán los más afectados por los recortes (Morocco, 1990). Los sistemas de armamentos tácticos también prometían ser objeto de reducciones importantes (Bond, 1990a). En contraste, el presupuesto destinado a la

---

[3] Ésta es la explicación de que en el presupuesto de egresos se identifiquen aumentos muy importantes en los rubros de seguridad social y de *Medicare*.
[4] Por esta razón los años 1986-1992 han sido bautizados como "la era Gramm-Rudman-Hollings-Gorbachov" (Bond, 1990a).

IDE militar se anunciaba como la parte menos afectada por las reducciones basadas en la ley Gramm-Rudman-Hollings (Gilmartin, 1990). En el presupuesto para el año fiscal 1991 los armamentos estratégicos no sufrieron las reducciones que se anunciaban uno o dos años atrás. La explicación puede encontrarse en una combinación de factores: el complejo proceso de negociaciones entre el ejecutivo y el Congreso, el impulso inercial de una década de incremento acelerado en el gasto militar (*i.e.*, las dificultades para detener programas militares ya echados a andar), cautela frente a los acontecimientos en las repúblicas bálticas y la evolución de la perestroika en la URSS. Por último, la guerra en el Golfo Pérsico puede acabar con las expectativas de una reducción en el gasto militar para los próximos años.

Gasto militar y efectos sobre la productividad

Introducción

Uno de los indicadores más importantes del desempeño y competitividad de una economía es la productividad. Existen dos formas de concebir a esta última. La primera es la productividad del trabajo, y se mide por la relación entre cantidad de producto y horas de trabajo. La segunda es la productividad total de los factores y se mide por la relación entre la cantidad de producto y los insumos utilizados en la producción. La primera medición puede considerarse como una medida "parcial" porque se refiere a la productividad de un solo factor. La productividad total de los factores mide, para una economía determinada, la eficiencia relativa en el uso de los insumos productivos. En otros términos, los cambios en la productividad total de los factores son la consecuencia del efecto neto de los elementos que contribuyen a la producción y que son *distintos* del simple incremento en la cantidad de los insumos utilizados por una unidad productiva, la industria o el sector (Kendrick y Grossman, 1980). Las medidas de productividad pueden ser consideradas como el indicador más rico sobre el estado relativo de la base técnica de producción de una economía.[5] Estas dos maneras de medir la productividad han ocupado la atención de numerosas investigaciones y, en general, son utilizadas normalmente en comparaciones sobre el desempeño y posición relativa de las economías industrializadas (Maddison, 1986).

Si se compara la evolución de la productividad y los niveles de gasto militar parece existir una relación inversa en el comportamiento de ambas variables. Es decir, aparentemente los países en los que existe un alto gasto militar son los mismos que presentan un desempeño desfavorable en el crecimiento de la productividad. El cuadro VIII.4 presenta la información más sobresaliente en este contexto. En la columna izquierda se incluyen datos sobre el gasto militar como proporción del producto nacional bruto de las superpotencias y los principales países industrializados; en la columna derecha se dan porcentajes de incremento de las tasas de productividad total de los factores. Se puede observar que Japón mantiene las tasas de crecimiento de la productividad más altas para todo el periodo 1960-1980. Durante ese mismo lapso no destinó a gastos militares más del 1.0% del PNB (es el único país en la lista sobre el cual se tiene este dato para todo el periodo). En el otro extremo está Estados Unidos, con un gasto militar equivalente al 6.6% del PNB y una evolución lamentable de la productividad.

El cuadro VIII.4 presenta datos sobre las tasas de crecimiento de la productividad total de los factores de producción (PTF). La evolución de la productividad total de los factores constituye un indicador del ritmo de incorporación de progreso técnico en la economía (*i.e.*, cambios técnicos incorporados en maquinaria y equipo, así como cambio técnico desincorporado que desembocan en el aumento de la cantidad de producto por unidad de insumos). También es un indicador de mejoras en la organización de la planta productiva, del acceso a escalas de producción eficientes y, en ciertos casos, por externalidades como vías de comunicación y transporte más eficientes. Por esta razón es un indicador interesante en el contexto de un análisis de los efectos

---

[5] La productividad total de los factores (PTF) también ha sido llamada el "residuo" porque la tasa de cambio de la PTF es la misma que la diferencia entre la tasa de cambio del producto en términos reales y un promedio ponderado de las tasas de crecimiento de los insumos tangibles (*ibid.*, p. 14).

Cuadro VIII.4

Gasto militar y crecimiento de la productividad total de los factores

País	Gasto militar (% del PNB) 1985	Crecimiento promedio anual de la PTF 1960-1973	1973-1980
Japón	1.0	5.8	3.2
Alemania (RF)	3.2	3.6	3.4
Francia	4.1	4.6	2.8
Reino Unido	5.3	2.6	0.1
Estados Unidos	6.6	2.4	0.3

Fuentes: El porcentaje del gasto militar en el PNB proviene de Renner (1990). La evolución de las tasas de productividad total de los factores proviene del informe de la Organización para la Cooperación y el Desarrollo Económico (OCDE), *Productivity in Industry. Prospects and Policies*, citado en Hernández Laos (1990:660).

de inversiones en armamentos. En la conclusión de este capítulo regresaremos sobre el tema del deterioro de las obras de infraestructura en Estados Unidos; por el momento conviene señalar que el gasto militar es una esponja de recursos que podrían utilizarse en otros renglones, tales como las obras de infraestructura, que tienen un efecto muy importante sobre la PTF.

No puede dejar de comentarse el hecho de que *todos los países* incluidos en el cuadro presentan tasas de crecimiento de la productividad más reducidas para el segundo periodo (1973-1980). Sin embargo, la caída en el aumento de la productividad es mayor en los dos países con gasto militar más alto (Reino Unido y Estados Unidos). Éste es un punto muy importante: como señalan Baumol y McLennan (1985), Estados Unidos enfrenta *no uno, sino dos* problemas de productividad. El descenso en la tasa de crecimiento de la misma es el primer problema. El bajo crecimiento de la productividad en Estados Unidos *en comparación* con otros países industrializados es el segundo problema. El desempeño deficiente de la industria norteamericana en el mercado mundial es el resultado de este segundo problema.

El comportamiento mas bien desalentador de la tasa de crecimiento de la productividad en Estados Unidos ha sido objeto de estudio desde hace muchos años (un excelente resumen de los principales estudios se encuentra en Wolff, 1985). La PTF puede ser medida de muy diversas maneras y los resultados pueden cambiar notablemente de un estudio a otro. Por ejemplo, Hernández Laos y Velasco Arregui (1990:659) mencionan algunos de los elementos que más influyen en la medición de la PTF: el número de insumos considerado, la capacidad productiva de los mismos, el grado de utilización de la capacidad instalada y, por último, la ponderación de los factores productivos. Esto explica las disparidades en los resultados que arrojan diversas investigaciones (véase el trabajo ya citado de Wolff); pero el punto importante es que hay un consenso sobre la disminución importante de la tasa de crecimiento de la PTF en Estados Unidos en el periodo 1960-1980.[6]

La productividad del trabajo o productividad laboral mide exclusivamente la cantidad de producto por unidad de tiempo trabajado. También es un indicador clave de la manera en que se utilizan los insumos pues el factor trabajo sigue siendo el elemento central del proceso productivo. Este indicador no sólo refleja su calificación y experiencia, su destreza y habilidad en el manejo de maquinaria y equipo; también capta parte del nivel tecnológico en el que se encuentra la planta productiva. Los estudios de Kendrick, Thurow y de Norsworthy, Harper y Kunze son los más importantes en materia de productividad del trabajo. Aunque presentan algunas diferencias por tomar unidades distintas para medirla, los tres estudios concuerdan en el diagnóstico medular: la tasa de productividad ha crecido a un ritmo cada vez más lento en el periodo 1948-1978. Los resultados son los que se incluyen en el cuadro VIII.5.

Se han identificado muchas posibles causas de la caída de la tasa de crecimiento de la productividad del trabajo; en muchos casos, las diferentes interpretaciones también se originan en formas distintas de medir la productividad. Entre las diferentes causas

---

[6] Una excepción es el estudio de Denison, pero sus conclusiones son divergentes del consenso porque utiliza parámetros distintos en sus mediciones. Por ejemplo, el denominador de su medida de productividad del trabajo es el producto nacional neto, mientras que los estudios clásicos de Kendrick y de Thurow utilizan el producto nacional bruto. La diferencia entre ambos es la depreciación del capital fijo, y para Denison esto se asemeja a un costo intermedio. Pero para Kendrick y Thurow la depreciación es parte de la medida de los servicios del capital en tanto factor primario de producción.

Cuadro VIII.5

Resultados de investigaciones sobre la evolución de la productividad del trabajo en Estados Unidos

Estudio	Concepto	Periodo	Tasa anual de crecimiento de la productividad del trabajo (%)
Kendrick	Producto real por unidad de trabajo en la economía	1948-1966 1966-1973 1973-1978	2.70 1.60 0.80
Norsworthy, Harper y Kunze	PIB por hora de insumo laboral	1948-1965 1965-1973 1973-1978	3.32 2.32 1.20
Thurow	PNB por hora de trabajo en el sector privado	1948-1965 1965-1972 1972-1977	3.30 2.30 1.20

Fuente: Wolff (1985:33).

de esa caída se menciona el bajo crecimiento del coeficiente capital/trabajo, consecuencia de una baja en la formación de capital privado. Un descenso en la formación de capital se traduce en poca incorporación de progreso técnico en la producción porque se considera que la nueva tecnología normalmente está incorporada en las adiciones al acervo de capital existente en el sector manufacturero.[7]

Sin duda, uno de los elementos que más influencia tienen sobre la productividad es el nivel de la formación de capital. Por un lado, la formación de capital civil está en función de las nuevas inversiones y éstas son el canal privilegiado de incorporación de progreso técnico en la economía. La productividad se ve favorecida por el progreso técnico incorporado en bienes de capital (máquinas herramienta, equipo para las industrias de procesos continuos) y en nuevos y más eficientes procesos productivos. Por otra parte, este indicador también muestra que la creciente

---

[7] La edad de los bienes de capital introducidos en la producción también parece ser un elemento importante en el proceso de *difusión* del cambio técnico y, por ende, en la evolución de la productividad.

competitividad de la industria japonesa proviene de la concentración del esfuerzo científico y tecnológico en desarrollar innovaciones para la industria y los servicios. El contraste entre Japón y Estados Unidos es muy marcado en este terreno.

El comportamiento de la formación de capital es reconocido como la causa más importante de la caída en la tasa de crecimiento de la productividad. Las investigaciones sobre este fenómeno coinciden en lo anterior, y atribuyen entre 20 y 50% de la disminución de esa tasa de crecimiento a la reducción del ritmo de formación de capital. Resulta interesante comparar la inversión privada neta total con la evolución del gasto militar. El indicador de la tercera columna del cuadro VIII.6, es una medida de la disparidad que mantienen la formación de capital en el sector privado y los recursos desviados hacia el gasto militar. En países en los que el gasto militar ha permanecido a niveles históricos relativamente bajos, como el caso de Japón y de Alemania Federal a partir de 1945, el coeficiente es muy bajo y parece demostrar que efectivamente existe un *trade-off* entre una y otra asignación de recursos.[8] Además del indicador anterior, cabe mencionar que la participación de las inversiones para fines militares en la inversión neta en capital fijo total de Estados Unidos es muy elevada. Se estima que en 1982 esa proporción alcanzó el 38% (Renner, 1989:22).

Entre los otros factores explicativos de la caída en el crecimiento de la productividad se encuentra la reducción de los recursos destinados a investigación científica y tecnológica, los cambios en la composición de la fuerza de trabajo y del producto agregado, las modificaciones en la estructura de precios relativos, el impacto de la crisis energética y los efectos de la excesiva reglamentación gubernamental (en particular en materia de controles sobre contaminación, manejo de desechos tóxicos y seguridad laboral) (Baumol y McLennan, 1985; *Economic Report of the President*, 1989).

Sin embargo, los estudios difieren en cuanto a la importancia de estos factores (véase el resumen de Wolff, 1985). En general se le otorga una importancia menor a la evolución del gasto en la IDE porque se alega que la reducción en los recursos asig-

---

[8] Sobre este punto, véase el capítulo 15 de Goldstein (1988).

Cuadro VIII.6

Relación entre inversión privada y gasto
militar en Estados Unidos
(miles de millones de dólares)

	Inversión privada fija neta total* (a)	Gasto militar** (b)	(b)/(a)
1980	88.9	133.9	1.50
1981	98.6	157.5	1.59
1982	65.5	185.3	2.82
1983	45.8	209.9	4.58
1984	91.1	227.4	2.49
1985	102.1	252.7	2.47
1986	78.2	273.3	3.49
1987	74.6	281.9	3.77

* Inversión privada fija neta no-residencial. Excluye cambios en inventarios y consumo de capital.
** Asignaciones presupuestales para el rubro "defensa nacional".
Fuente: *Economic Report of the President*, transmitted to the Congress, enero de 1989. Washington, U.S. Government Printing Office. (Cuadros B-16 y B-77.)

nados a la misma comenzó *después* de que se manifestara el retraso en el crecimiento de la productividad (Thurow), o porque la proporción de los recursos destinados a la investigación como proporción del PNB permaneció estable durante el periodo 1965-1985, o, finalmente, porque se estima que la elasticidad del producto global con respecto al gasto en la IDE es bajo (Griliches, 1980). Sin embargo, otros estudios otorgan mayor importancia a la IDE; en particular, el análisis de Kendrick y Grossman (1980) concluye que la contribución de la IDE al desempeño de la productividad pasó de 0.85% para el periodo 1948-1966 a 0.70% entre 1966-1976. Según estos autores, la PTF creció a una tasa de 2.9% en el primer periodo y solamente a 1.4% en el segundo.[9] En consecuencia, la mitad del crecimiento de la PTF se

[9] Kendrick y Grossman estiman que el gasto en la IDE como proporción del PNB pasó del 3% en 1966 al 2.2% en 1976. Según Denison, una parte importante de este cambio se explica por la reducción en el gasto federal destinado a defensa y espacio.

debería a la contribución de la IDE en expandir la frontera del conocimiento tecnológico. Cualquier asignación de recursos (financieros, humanos y materiales) a la investigación militar implica una desviación crucial de esos recursos.

Los cambios en la composición de la fuerza de trabajo tampoco han sido identificados como una causa importante; en contraste, la composición del producto sí es clave. La importancia que ha adquirido el sector servicios en Estados Unidos es el factor explicativo en este contexto: aproximadamente el 25% de la reducción en la tasa de crecimiento de la productividad encuentra su origen en el cambio de la composición del producto porque la productividad crece más lentamente en el sector servicios. Los costos de ajuste por cambios en la estructura de los precios relativos no pueden constituir una influencia tan importante en la evolución de la productividad; y el impacto de la crisis energética constituye una explicación de una parte relativamente pequeña del descenso en las tasas de productividad. Por último, es cierto que la reglamentación sobre contaminación y manejo de desechos industriales tóxicos y no tóxicos implica una reasignación de recursos y puede provocar una reducción en el producto por hombre ocupado. Sin embargo, las investigaciones citadas por Wolff coinciden en que el impacto es reducido: los estudios de Kendrick y de Denison consideran que este factor explica entre 10 y 16% de la caída en la tasa de crecimiento de la productividad. En todo caso, investigaciones más recientes (Leonard, 1989) revelan que los controles no son mayores que los de los demás países de la OCDE y, por lo tanto, no pueden ser considerados un elemento distorsionador importante en la asignación de recursos. En conclusión, todo parece indicar que la causa más importante del mal desempeño de la productividad en Estados Unidos es la escasa formación de capital. Y uno de los elementos que influye en este proceso es la asignación de recursos de la economía hacia el gasto en armamentos.

A partir de 1982 se incrementó de manera extraordinaria el esfuerzo del gobierno federal por dotar a Estados Unidos de un arsenal superior en cantidad y calidad. El gasto militar aumentó y pasó de 5.4% del PNB en 1980 a 6.6% en 1985 y 6.0% en 1988. Desde 1983 los economistas del presidente Reagan señalaron triunfalmente que las políticas económicas de su administración estaban desencadenando un acelerado crecimiento de la productividad. Pero la realidad es mucho menos espectacular. Como lo demuestran los datos sobre el producto por hora de trabajo por hombre ocupado entre 1983-1988, la tasa de crecimiento anual apenas alcanzó un modesto nivel de 1.5% (*Economic Report of the President*, 1989, cuadro B-46).

EL GASTO MILITAR EN LA UNIÓN SOVIÉTICA

En este capítulo no podemos ir más allá de algunas referencias aisladas al caso de la Unión Soviética. La razón principal es que hasta 1989 no existía información confiable sobre los niveles de gasto militar en la URSS; los datos existentes provienen de estimaciones realizadas por analistas individuales o por servicios de inteligencia. Entre la información divulgada por los servicios de inteligencia destacan las estimaciones de la Agencia Central de Inteligencia (CIA). Sobre las metodologías empleadas por la CIA y el Pentágono para llevar a cabo estas estimaciones, véase Holzman (1989). La primera estimación sobre niveles de gasto militar en la URSS la hizo en 1976 y el resultado fue duramente criticado: los niveles calculados de gasto militar resultaron ser más del doble de lo que tradicionalmente había sido estimado por analistas occidentales. Este resultado se debe a uno de los supuestos centrales utilizados en el estudio: el gasto en rublos debe duplicarse porque la planta industrial soviética es menos productiva (un 50% de la planta occidental) de lo que se suponía anteriormente. Posteriormente la CIA revisó los resultados y alcanzó estimaciones que determinan una tasa de crecimiento anual del gasto militar del 2% a partir de 1976, y para los años 1985-1987 la tasa de crecimiento se estima en 3%. Según estas estimaciones, el nivel de gasto para los años ochenta oscila entre el 15 y el 17% del PNB.

En 1989, el presidente Gorbachov pronunció un importante discurso en el que anunció que el monto de gasto militar para ese año era de 77.3 mil millones de rublos. Esta cifra es casi cuatro veces superior a la cifra que se había anunciado para 1987 (véase el cuadro VIII.7) porque incluye el rubro de compras de equipo y armamentos. Esta cifra se acerca bastante a la estimación presentada por Saadet Deger para la publicación anual de SIPRI (Deger, 1989) y que alcanzó la cantidad de 80 mil millones de rublos.

Cuadro VIII.7

Estimaciones sobre los niveles de gasto militar en la URSS
(billones de rublos corrientes)

Fuente	Rangos	Años 1970	1975	1980	1984	1987	1989	1990
URSS[a]		17.9	17.4	17.1	17.0	20.2	77.3	71.0
CIA[b]	Inferior	—	—	99.0	111.0	120.0	—	—
	Superior	—	—	112.0	125.0	137.0	—	—
Duchêne[c]		—	43.0	59.0	72.0	—	—	—
Lee[d]	Inferior	42.5	66.5	—	—	—	—	—
	Superior	49.0	76.0	—	—	—	—	—
Mochizuki[c]	Inferior	—	49.5	58.2	80.8	—	—	—
	Superior	—	61.4	73.9	113.0	—	—	—

[a] Datos oficiales.
[b] Las estimaciones de la CIA sobre el gasto militar soviético no han sido publicadas. Las cifras presentadas aquí provienen de reconstrucciones a partir de publicaciones del Congreso de Estados Unidos.
[c] Estimaciones a partir de las Cuentas de Producción Material.
[d] Estimaciones sobre compras de bienes duraderos, personal, construcción y actividades de IDE militar. La estimación sobre "bienes duraderos" ha sido duramente criticada: descansa en el supuesto de que toda la producción no especificada de las industrias metálica y de máquinas-herramientas está destinada a fines militares. El gasto en armamentos se calcula como un residuo.

Fuente: Para los años 1970-1984, Tullberg y Hagmeyer-Gaverus (1988). Los datos del año 1987 provienen de Deger (1989) y los datos para 1989 y 1990 provienen de Deger y Sen (1990).

Aunque esta cifra permite comparar de manera más realista el esfuerzo económico militar de la URSS con el de los países occidentales, todavía subsiste una gran incertidumbre sobre el peso *real* del gasto militar en la economía soviética. Esta incertidumbre subsiste porque el indicador tradicional que es el nivel de gasto militar como proporción del PNB es de muy difícil manejo en el caso de la URSS por varias razones. En primer lugar, hasta años recientes (1987) las estadísticas oficiales de la URSS solamente proporcionaban datos sobre el *producto material neto*, noción que corresponde *grosso modo* al producto nacional bruto *menos* los ingresos por concepto de servicios. En segundo lugar, también subsiste una polémica importante sobre el valor real del producto nacional bruto de la URSS. En general, se dice que el valor del PNB soviético está sobreestimado y, por lo tanto, el peso del gasto militar es mayor que el que se obtiene con las cifras oficiales. En tercer lugar, se considera que los precios de los armamentos están subvaluados y que, en realidad, el valor de los recursos asignados a los sistemas de armamentos es mayor. Por estas razones, el peso del gasto militar en el PNB soviético es considerado mucho más alto que lo que anuncia la cifra oficial: entre 8 y 9% para 1989 (Deger y Sen, 1990:68). Las estimaciones de los analistas de SIPRI se sitúan alrededor del 12%, es decir, casi el doble del peso que tiene este indicador para Estados Unidos (*Ibidem*). Desde luego, si el valor del producto nacional bruto está sobreestimado, y el de los armamentos está subestimado, entonces el indicador tendrá un nivel más elevado.

Ese nivel de gasto militar corresponde a una economía con programas muy ambiciosos de producción de armamentos, nucleares y convencionales, y necesariamente se tiene que reflejar en el resto de la economía. Las consecuencias del enorme peso que tiene el gasto militar en la economía soviética no se limitan a una baja productividad, ya que es posible observar los efectos negativos en la composición misma del producto a nivel agregado. En otros términos, la enorme importancia del gasto militar en la URSS se refleja en la escasez de bienes de consumo duradero y no duradero para el mercado interno.

La economía soviética enfrenta severas restricciones por el lado de la oferta de ese tipo de bienes. En buena medida, éste es el reflejo de una estrategia de crecimiento seguida desde los primeros planes quinquenales. Es interesante observar que uno de los modelos de crecimiento económico utilizados en la URSS en los años veinte fue el del ingeniero-economista G.A. Fel'dman, preparado para el plan general de la agencia de planificación soviética GOSPLAN. El modelo de Fel'dman apareció publicado en 1928 y consiste en una división de la economía en dos sectores: el sector I incluye todas las actividades susceptibles de aumentar la capacidad productiva; el sector II incluye aquellas actividades que mantienen la producción en el nivel actual. Esta arquitectura del modelo contiene un sesgo en favor del sector I como "motor del crecimiento" y difusor de progreso técnico. Los problemas conceptuales de este primer modelo resultaron insuperables y Fel'dman tuvo que adoptar una definición distinta de los dos sectores en versiones ulteriores del modelo: el sector I se convirtió en el de bienes de capital y el II en el de bienes de consumo. De todos modos, desde los primeros planes la industria pesada resultó privilegiada. Por esta razón no es posible considerar que el gasto militar sea la única causa de que la demanda de bienes de consumo haya permanecido durante tanto tiempo sin satisfactores adecuados. Sin duda, la importancia otorgada a la industria pesada y a las grandes obras de infraestructura también fue determinante. Pero ciertamente el gasto militar de la URSS representa un esfuerzo colosal y contribuye a empeorar la situación. En una economía en la que la demanda agregada supera por mucho la oferta de bienes y servicios cualquier desviación de recursos para fines militares (improductivos) tiene efectos muy negativos. En el pasado estos efectos se han concentrado sobre el consumo y no sobre la industria pesada.

Sin duda las restricciones económicas pesarán fuertemente en el ánimo de los líderes soviéticos para limitar el crecimiento de los arsenales estratégicos. También es posible que la reducción del enorme gasto militar soviético tenga su fuente en las reducciones unilaterales de armamentos convencionales que ha propuesto el presidente Gorbachov en las Naciones Unidas y otros foros. En enero de 1989 Gorbachov anunció que se aplicarían reducciones del 14.2% en el presupuesto (gasto operativo) militar soviético y de 19.5% en el presupuesto para compras de armamentos. Estas reducciones son realmente importantes, pero no está claro a qué tipo de armamentos estarán asociadas. Un mes antes, en diciembre de 1988, el presidente Gorbachov anunció en un discurso ante la Asamblea General de las Naciones Unidas que la URSS llevaría a cabo reducciones unilaterales de armamentos convencionales en sus fuerzas armadas (un recorte de 500 000 hombres y del equipo correspondiente) y retiros de tropas de Europa y los distritos occidentales de la URSS (10 000 tanques, 50 000 hombres, 8 500 piezas de artillería y 800 aviones de combate). La magnitud de estas reducciones de tropas tendrá un impacto importante en el presupuesto militar soviético; pero, por otro lado, una parte de los recursos así liberados puede mantenerse canalizada para los programas de "modernización" de los arsenales nucleares estratégicos. Existen numerosos indicios de que el desarrollo de dichos programas no ha disminuido y no disminuirá en el futuro próximo.

El tamaño del sector militar en la Unión Soviética es muy grande y, en cierto sentido, la presencia del "complejo militar-industrial" en la URSS es mayor que en Estados Unidos. Durante más de 50 años el sector defensa ha sido prioritario y la organización institucional necesaria para desarrollar el sistema es muy pesada. La Comisión de la Industria Militar es responsable de la asignación de recursos para la producción y la IDE militares. En general, esta comisión otorga prioridad al sector militar en la asignación de recursos humanos altamente calificados, material y equipo.

En la URSS existen nueve ministerios cuyas plantas industriales producen armamentos de diverso tipo y bienes de consumo duradero para la población. Los nueve ministerios que integran el llamado "Grupo de Industria Militar" son los siguientes (Holloway, 1983):

Ministerio	Producción militar
Industria de aviación	Aviones y partes
Industria para la defensa	Armas convencionales
Construcción naval	Barcos
Electrónica	Componentes electrónicos
Radio	,, ,,
Medios de comunicación	,, ,,
Maquinaria mediana	Armas nucleares
Maquinaria general	Misiles estratégicos
Maquinaria	Explosivos y municiones

No toda la producción de estos ministerios se dirige a fines militares; pero, por otra parte, la capacidad productiva de otros ministerios e industrias se destina parcialmente al sector defensa. En consecuencia, el complejo militar-industrial soviético es más extenso que lo que la enumeración de los integrantes del Grupo de Industria Militar da a entender.

Existe evidencia de que los mismos vicios que se dan en otras ramas de la producción en la URSS se presentan en el complejo militar-industrial. Los innumerables cuellos de estrangulamiento que caracterizan las relaciones interindustriales en la economía soviética también se presentan en el grupo de la industria militar. Los ministerios vinculados a esta última optan en muchos casos por mantener inventarios muy costosos con el fin de reducir su dependencia de otros ministerios y poder cumplir con las metas de los planes definidos por el de la Defensa. Esta excesiva integración vertical no es el resultado de una racionalidad económica competitiva sino la consecuencia de una gran ineficiencia. La integración vertical así inducida no permite alcanzar economías de escala y, en términos generales, conduce a una mala asignación de recursos aunque el sector de la industria militar mantiene una eficiencia muy superior a la de la industria en general.

COMENTARIOS FINALES

La relación entre el desempeño menos dinámico de la economía norteamericana y la espectacular evolución de las economías de Alemania y Japón nos permite regresar al trabajo de Kuznets. Como se ha señalado en el primer capítulo, una de las preguntas centrales de este autor es la siguiente: ¿por qué las industrias viejas tienden a mostrar cierta tendencia a crecer más lentamente? Algunos analistas norteamericanos han examinado el fenómeno de la pérdida *relativa* de competitividad de la economía norteamericana con el fin de tener una perspectiva más amplia. El fenómeno se examina teniendo como telón de fondo la evolución histórica de las economías de los países industrializados.

Uno de estos trabajos es el de Abramovitz (1988), para quien el fenómeno debe examinarse a la luz de la tendencia "natural" para que países con tasas de productividad inicialmente muy divergentes converjan hacia niveles más uniformes. Los países atrasados tienen un mayor potencial de crecimiento y los adelantados no pueden mantener indefinidamente el liderazgo por una razón básica. Cuando un país líder desecha el capital físico anterior y lo reemplaza por una nueva generación de equipo y maquinaria, los aumentos en productividad dependerán del avance del conocimiento técnico entre la fecha de instalación del capital viejo y su reemplazo. Pero si los países que siguen al líder utilizan la tecnología descartada, el potencial para realizar ganancias de productividad es todavía mayor en sus economías. Por esta razón, entre más grande sea la brecha de productividad entre varias economías, mayor será el potencial de crecimiento en los países que siguen al líder.

Es cierto que algunos aspectos de la experiencia histórica demuestran que existe una tendencia "natural" a la convergencia. Los trabajos de Kuznets, Alvin Hansen y Arthur Burns, hábilmente sintetizados por Norton (1986), identificaron desde hace muchos años una serie de causas profundas que determinan este proceso. Entre esas causas se encuentra la interacción entre los niveles de oferta y demanda, ahorro e inversión, así como la interacción comercial (y de transferencia de tecnología) entre los países líderes y los seguidores. Sin embargo, eso no significa que la contaminación que trae aparejada la militarización de una economía no cause estragos y que no se pueda cambiar. En el próximo capítulo se analiza este fenómeno a nivel más desagregado.

Para concluir, es importante enfatizar el hecho de que las expectativas de una gran reducción en los niveles agregados de gasto militar deben ser matizadas a la luz de los acontecimientos del segundo semestre de 1991. En particular, el conflicto del Golfo Pérsico y los eventos en las repúblicas bálticas seguramente tendrán repercusiones importantes sobre el orden de magnitud de las reducciones. Dentro de la incertidumbre que existe sobre la evolución futura, nadie hace referencia (a finales de 1990) a los famosos "dividendos de paz" (de los que se hablaba con tanta insistencia a principios del año).[10]

---

[10] A principios de 1990 no era raro encontrar en la literatura referencias al problema de "qué hacer con los dividendos de paz" (*i.e.*, con los recursos económicos que la distensión este-oeste iba a liberar de la producción de armamentos). Algunos ejemplos son Heilbroner (1990) que estimaba el monto de estos "dividendos" en unos 50 mil millones de dólares anuales a partir de 1991, y Renner (1990).

IX. DESEMPEÑO INDUSTRIAL Y TECNOLOGÍA MILITAR

Introducción

En su clásico estudio sobre el auge y caída de las grandes potencias, el historiador inglés Paul Kennedy (1987) concluye que existe una relación causal entre los cambios ocurridos en el balance económico y productivo internacional, y las modificaciones en la posición relativa de las potencias individuales en el sistema internacional. Desde las transformaciones en los flujos de comercio internacional hasta la redistribución de la participación en el producto manufacturero mundial, pasando por las modificaciones en el orden financiero, Kennedy identifica los factores que rigen los ciclos de ascenso y declinación del poderío militar. Los conflictos bélicos estarían estrechamente relacionados con la necesidad de vincular de manera efectiva el poder económico con la influencia política y diplomática en el orden internacional.

Para Kennedy la Segunda Guerra Mundial no habría sido otra cosa que un inmenso proceso de redistribución de poder e influencia diplomática más acorde con las bases de poder económico (efectivo y potencial) que existían en 1939. En la década de los años treinta Inglaterra y Francia ya mostraban signos de un debilitamiento económico pero seguían jugando un papel clave en el plano diplomático internacional; todavía podían aspirar a defender sus intereses con cierta efectividad. El ascenso alemán y japonés se convirtió en una amenaza real, pero en el fondo las grandes potencias emergentes eran Estados Unidos, primera potencia manufacturera a nivel mundial, y la Unión Soviética, que bajo Stalin realizaba grandes transformaciones económicas a marchas forzadas. Para Alemania y Japón era urgente "expandirse" rápidamente, antes de que el poderío norteamericano y soviético pudiera impedir la redistribución de poder.

La guerra desgastó irreversiblemente a la Gran Bretaña y Francia. La Unión Soviética y Estados Unidos emergieron como superpotencias militares y económicas, prácticamente sin rivales durante las décadas de 1950 a 1970. Pero la transformación económica a nivel mundial conduce a cambios profundos a medida que se acerca el final del siglo XX. La redistribución del producto industrial a nivel mundial ha sido muy rápida y adquiere magnitudes impresionantes. Entre 1960 y 1980 Japón pasa de producir el 4.5 al 9.0% del producto bruto mundial. Estados Unidos y la URSS ven su participación reducirse de 25.9 a 21.5% y de 12.5 a 11.4%, respectivamente, en ese mismo periodo. El conjunto de países en vías de desarrollo aumentan su parte de 11.1 a 14.8%, y algunos de los países de reciente industrialización comienzan a ser grandes competidores de los productos norteamericanos en los mercados internacionales.

En este contexto uno de los elementos que influye de manera decisiva en la evolución de la posición de la URSS y Estados Unidos es el dispendio de recursos que conlleva el extraordinario gasto militar emprendido desde los años cincuenta. El desgaste que implica el esfuerzo por mantener un nivel adecuado entre los "medios para proteger intereses" y los "intereses globales" representa una manifestación de lo que Kennedy denomina el ciclo de ascenso y declinación.

La relación entre poder político y militar no ha seguido líneas paralelas a lo largo de la historia. Quizás el mensaje más importante de la monumental obra de Kennedy es que la posición *relativa* de las potencias es el elemento determinante en la articulación entre poder económico, influencia política y poderío militar.[1] Para el año 1990 Estados Unidos se ha convertido en el primer país deudor del mundo y la deuda pública del gobierno federal alcanza niveles realmente asombrosos (3 107 mil millones de dólares), mantiene un déficit del presupuesto fede-

---

[1] La posición relativa se determina por el estado en que se encuentran otras potencias emergentes o cuya posición se va deteriorando. Una potencia, señala Kennedy, puede comenzar a asignar más recursos a fines militares y, aun así, encontrar que vive en un mundo mucho más amenazador porque otras potencias están creciendo más rápidamente. Entre muchos ejemplos que presenta Kennedy destaca el siguiente: la España imperial de los años 1630-1640 gastaba más en armamentos que en 1580, cuando su economía era más robusta. Sin embargo, en el siglo XVII su entorno internacional era más inseguro.

ral superior a los 92 mil millones y un déficit de balanza comercial superior a los 160 mil millones en 1987. La comunidad financiera internacional sabe que la economía norteamericana deberá enfrentar un serio programa de ajuste dentro de unos pocos años. Sin embargo, Estados Unidos sigue esgrimiendo un poderío inmenso en la esfera internacional; ningún país hubiera podido mantenerse indefinidamente con ese *status* de gran potencia (con gran influencia en el orden político y diplomático a nivel mundial) con indicadores macroeconómicos tan desastrosos. Tres factores ayudan a explicar por qué Estados Unidos todavía mantiene ese *status*.

En primer lugar, Estados Unidos se ha beneficiado durante 45 años del orden internacional que ayudó a construir después de la guerra. En particular, obtuvo extraordinarios beneficios derivados de las funciones clave que desempeñó en el orden monetario del sistema de Bretton Woods. Esos beneficios incluyeron la posibilidad de usufructuar un papel de banquero internacional durante muchas décadas. En el mercado internacional de divisas el dólar fue la pieza clave durante 40 años. Como medio de pago privilegiado en las transacciones internacionales esa moneda fue utilizada como reserva por los bancos centrales de los principales socios comerciales. Hoy en día, el ahorro internacional fluye hacia Estados Unidos no sólo porque hay tasas de interés atractivas, sino porque ese país goza de una especie de "credibilidad estratégica". En buena medida, esa credibilidad puede atribuirse a los hábitos creados mientras duró el sistema de Bretton Woods; pero los analistas financieros más agudos señalan que esta situación no podrá continuar por mucho tiempo (Rohatyn, 1988).

En segundo lugar, el poderío económico de Estados Unidos, el de la llamada "economía real", todavía es considerable. Es cierto que la pérdida de competitividad ha sido muy marcada en ramas de la industria consideradas como estratégicas (por ejemplo, la de máquinas-herramienta), pero la planta industrial norteamericana no es totalmente obsoleta y en algunas ramas de la industria siguen manteniendo un liderazgo importante (sector aeroespacial). Por otra parte, la economía norteamericana sigue teniendo una base de recursos muy grande y diversificada. Si las condiciones macroeconómicas lo permiten, y si el empresariado industrial norteamericano deja de lado su obsesión por la rentabilidad de corto plazo, muchas de las tendencias negativas que hoy se observan en esa economía pueden revertirse.

En tercer lugar está la posición central de Estados Unidos en el ámbito militar. Los problemas de seguridad de los países de Europa occidental, así como de Japón, han sido resueltos por la postura militar norteamericana desde 1945. Aquí es crucial observar que la crisis económica por la que atraviesa Estados Unidos no implica que los misiles intercontinentales, los bombarderos estratégicos y los submarinos nucleares desaparezcan de la escena mundial. Esos sistemas de armamentos siguen estando desplegados, en estado de ser utilizados si es necesario; y frente a esos armamentos también están los misiles y submarinos soviéticos. Aunque la distensión internacional es un factor dominante hoy en día, no se puede afirmar que la carrera armamentista ha terminado; tampoco se puede considerar que los problemas de seguridad han sido resueltos. En consecuencia, el inmenso poderío militar de Estados Unidos continúa siendo otro factor de su "credibilidad estratégica".

Un análisis similar del desequilibrio entre influencia en el orden internacional y poderío económico podría realizarse para la Unión Soviética. Los problemas económicos que enfrenta esa potencia tienen una manifestación clara en la pobre oferta doméstica de bienes de consumo duradero y no duradero. Es casi un lugar común la afirmación de que la industria de bienes de consumo es raquítica porque la mayor parte de los recursos productivos se destinaron a construir obras de infraestructura y a la industria pesada. Sin embargo, aun en industrias estratégicas se han presentado grandes dificultades para la economía soviética. Uno de los ejemplos más importantes es la industria de bienes de capital. Si en los años cincuenta la URSS estuvo a punto de acceder a niveles de competitividad internacional en las industrias de maquinaria y equipo para trabajar metales, así como para las industrias de procesos, muy rápidamente se invirtió la situación y comenzó a importar bienes de capital de diversos países (Renner, 1989). El gasto militar desmesurado en la Unión Soviética ha alcanzado niveles de hasta el 12.5% del PNB; aunque este porcentaje es resultado de estimaciones de la Agencia Central de Inteligencia y ha sido muy debatido, sí hay consenso entre los especialistas acerca de que el gasto militar como porcentaje del PNB de la URSS durante los años setenta y ochenta fue muy superior al de Estados Unidos. Por otra parte, según Seymour Melman (1986:64), la relación entre gasto militar y formación de capital en la industria civil soviética es la más alta del mundo. Ese indicador muestra el desequilibrio extraordinario existente entre la masa de recursos destinados a la industria militar y los que se destinan a la inversión para fines no militares; el lastre para la economía soviética ha sido demasiado.

El punto central que aborda este capítulo es el del impacto del gasto militar y el desarrollo tecnológico decadente sobre las economías norteamericana y soviética. El análisis sobre la decadencia de las superpotencias de Paul Kennedy no es suficiente. Es cierto que se invierte más en armamentos; pero es necesario examinar cómo le hace daño a la economía el gasto militar. En particular, cómo afecta negativamente al sector manufacturero, deteriorando la competitividad internacional y destruyendo el tejido interindustrial.

Como se sabe, existe una vieja justificación económica del gasto militar basada en la idea de que le están asociados efectos benéficos accidentales (*i.e.*, no previstos) para el resto de la economía. Éste es el razonamiento que en la literatura anglosajona recibe el nombre de *spin-off effects* y que puede traducirse como efectos colaterales del gasto militar. En la teoría económica se puede describir este efecto colateral como una "externalidad" que recibe el aparato productivo y que se origina en las actividades del sector militar.

Existen varias maneras de describir estos efectos. La más conocida es a través de ejemplos de innovaciones militares que después han tenido una aplicación importante en el terreno comercial e industrial. Los ejemplos típicamente citados son el radar, el motor de turbina (propulsión a chorro) y los instrumentos de navegación inercial. Pero no existe una fuente de información que permita sistematizar los datos sobre una muestra suficientemente grande de aplicaciones con el fin de evaluar este impacto. Es necesario analizar las principales características de la tecnología militar (identificadas en nuestro análisis de las trayectorias tecnológicas de las innovaciones básicas) para poder aproximarnos a una evaluación sobre el efecto "usos no previstos" de la tecnología militar.

El primer apartado de este capítulo examina la importancia del sector militar en el esfuerzo científico-tecnológico. En el segundo se analiza una justificación típica del gasto militar: los efectos positivos e imprevisibles sobre el resto de la economía de la investigación científica y tecnológica emprendida originalmente con fines militares. Para este análisis se requiere examinar el flujo de tecnología del sector defensa (e industria aeroespacial) hacia el resto de la industria. Hasta hace algunos años esta tarea no hubiera sido posible por falta de información sobre los indicadores básicos. La línea de investigación inaugurada por Scherer (1986) permite abordar este tema con mayor número de elementos, aunque es cierto que aún queda mucho por hacer para llenar lagunas de información.

El tercer apartado examina el efecto que tiene el peso enorme del sector defensa sobre el sector manufacturero. Este análisis incluye una descripción somera de la estructura del sector defensa en Estados Unidos. Pero también se identifican las principales características de la tecnología militar (así como de algunos aspectos institucionales de la economía militar) y sus efectos perversos sobre el sector manufacturero. Esta parte del estudio desborda parcialmente el tema de los armamentos estratégicos (identificados en este estudio con los armamentos nucleares de alcance intercontinental) y abarca rasgos de la producción de armamentos convencionales.

Gasto militar y esfuerzos científico y tecnológico

Hasta hace pocos años los estudios sobre gasto militar se concentraban en sus efectos macroeconómicos. Recientemente se ha cobrado conciencia de que el gasto en investigación científica y tecnológica para desarrollar nuevos armamentos también tiene efectos económicos negativos sumamente importantes. Pero no es fácil identificar esos efectos. Se ha dicho con insistencia que se trata de una desviación improductiva de recursos humanos y materiales, pero a este argumento se ha respondido que este gasto tiene efectos secundarios, no previstos, muy benéficos para el resto de la economía.

En estas posiciones encontradas se mezclan dos cosas distintas. En primer lugar, el costo de oportunidad del esfuerzo científico y tecnológico dirigido a diseñar y mejorar armamentos. Este costo puede reflejarse en las ganancias que una rama industrial hubiera obtenido si el mismo esfuerzo de investigación se hubiera concentrado en mejorar su tecnología de procesos y de productos no militares. En segundo lugar, los resultados de la investigación para crear nuevos armamentos pueden o no tener consecuencias en otras ramas de la vida económica, ya sea porque se aplican algunas innovaciones militares en la esfera civil, ya sea porque hay ganancias de productividad inducidas por innovaciones generadas en los laboratorios y centros de investigación militares. En este apartado examinaremos estas dos facetas del fenómeno.

Las inversiones en investigación científica y desarrollo experimental realizadas en Estados Unidos, tanto por el sector privado como por dependencias gubernamentales, alcanzaron la cifra de 124 900 millones de dólares en 1988. Este monto representó el 2.7% del PNB; ese mismo año, Alemania y Japón invirtieron el 2.7% y el 2.8% del PNB en investigación y desarrollo experimental (IDE). La posición un tanto triunfalista del informe económico del presidente de Estados Unidos es que lo importante no es la proporción del PNB que se destina a IDE, sino el monto absoluto de recursos que se invierten en IDE (*Economic Report of the President*, 1989:225). Y en términos absolutos, la inversión en IDE de Estados Unidos sigue siendo mucho más grande que la de Alemania y Japón juntos.

Pero igualmente importante es la proporción del gasto en investigación científica que se destina a fines militares. Y desde este punto de vista, la distancia que separa a Estados Unidos de sus principales rivales en la economía mundial es mucho menor. De hecho, Alemania y Japón mantienen los porcentajes más altos del PNB destinados a investigación *no* militar (2.5 y 2.8%, respectivamente). Estados Unidos apenas destina el 1.9% del PNB a la investigación no militar (*Economic Report*, 1989:226). En términos absolutos, esto significa que Alemania y Japón invierten alrededor de 22 000 y 40 000 millones de dólares en IDE no militar, respectivamente, mientras que Estados Unidos invierte unos 80 mil millones de dólares en ese rubro.

Según estos datos, Estados Unidos invirtió en 1986 aproximadamente 45 000 millones de dólares en IDE con fines militares. Esto representa más del 36% del gasto total en IDE. Existen otras estimaciones que arrojan un porcentaje mucho más alto para finales de los noventa: por ejemplo, para Renner (1989) el por-

centaje del gasto en IDE militar alcanza el 45% del total.
Por otra parte, del total de 124.9 mil millones de dólares destinados a IDE en Estados Unidos, el 47% proviene de aportaciones del gobierno federal y el 49% es aportado por las empresas del sector industrial (el resto proviene de las universidades y de instituciones no lucrativas). De los 58 000 millones de dólares que aporta el gobierno federal para la investigación, más del 70% se destina a fines militares. De acuerdo con datos de la National Science Foundation, en 1988 el presupuesto federal asignado para la investigación científica y tecnológica se descomponía de la siguiente manera:

Departamento de la Defensa   34 mil millones de dólares
Departamento de Energía   4 mil millones de dólares
NASA   4 mil millones de dólares

Estas tres agencias realizan investigación esencialmente dirigida a fines militares. En el caso del Departamento de la Defensa y de la NASA lo anterior es bastante obvio; en el del Departamento de Energía se debe señalar que ésta es la rama del poder ejecutivo encargada de producir el material de fisión y fusión de las cargas nucleares del arsenal estadunidense. En consecuencia, una parte importante de su presupuesto para IDE se destina a fines militares.

En una comparación internacional (cuadro IX.1) sobre la proporción de los recursos gubernamentales destinados a IDE militar, Estados Unidos ocupa el segundo lugar; el dudoso privilegio del primer lugar corresponde a Israel. Nuevamente, se puede observar que los países con mejor desempeño relativo en productividad y competitividad internacional desvían muy pocos recursos del sector público a la IDE militar.

El nivel de 1985 no es más que el resultado de una tendencia histórica que puede observarse en el cuadro IX.2. La evolución del gasto en IDE militar en Alemania y Japón y la asignación de la mayor parte de los recursos invertidos en IDE a fines no militares ha permitido a estos países reforzar su capacidad competitiva en la arena económica internacional.

Hay varios elementos notables en estos datos. En primer lugar, el gasto en IDE militar, *como proporción del PNB*, no ha aumentado a lo largo del periodo. En segundo lugar, en térmi-

Cuadro IX.1

Gasto en investigación y desarrollo experimental (IDE) para fines militares, 1985
(Incluye solamente inversión de recursos públicos en IDE)

País	Porcentaje del gasto público total en IDE destinado a proyectos militares
Israel	72
Estados Unidos	70
Unión Soviética	60
Reino Unido	30
Francia	20
Suecia	18
India	17
Alemania (Federal)	5
Japón	0.8

Fuente: Organización para la Cooperación y el Desarrollo Económico (OCDE), *Main Science and Technology Indicators, 1981-1987.* Paris, OCDE, 1988.

nos absolutos sí ha crecido y ese es el indicador importante. Además, "los países que gastan grandes cantidades en términos absolutos en IDE militar tienden a utilizar proporciones muy importantes de la IDE gubernamental y de la IDE total para estos fines, y de hecho, existe evidencia de que han realizado esa IDE militar a expensas de su IDE civil" (Acland-Hood, 1986:302).

Los efectos negativos de esta tendencia no son pequeños. Por ejemplo, en los últimos años Estados Unidos ha visto erosionarse su ventaja competitiva en productos de alta densidad tecnológica. Los "productos de alta intensidad tecnológica" son aquellos que involucran gastos en IDE por encima del promedio; la intensidad tecnológica se expresa a través de un coeficiente que mide la relación entre gastos en IDE y valor del producto en una rama determinada. En 1980, el coeficiente promedio para todas las ramas de la industria era de 2.36; por encima de este promedio se situaban las siguientes industrias (Sköns, 1986:278):

Industria	Coeficiente de intensidad tecnológica
misiles y vehículos espaciales	64.00%
aviación y partes	12.41
computadoras	11.61
componentes electrónicos y equipo de comunicaciones	11.01
instrumentos ópticos	9.44
motores y turbinas	4.76
instrumentos científicos	3.17
químicos industriales	2.78

La proporción de productos de alta densidad tecnológica en las exportaciones de Estados Unidos era mayor que la de sus principales competidores en 1980 (aproximadamente 40% *versus* 25 y 30% en Japón, Alemania o Francia). Destacan dos grupos de productos especialmente importantes: los aviones y los bienes relacionados con equipo de cómputo. Estos dos grupos de productos representaban más del 50% del excedente comercial en productos de alta densidad tecnológica de Estados Unidos en 1980.

En la actualidad, Estados Unidos sigue manteniendo una posición fuerte en este terreno, pero ya se observan signos de que sus principales competidores están quitándole parcelas importantes del mercado internacional. Por ejemplo, Europa, Japón y la Unión Soviética han comenzado a competir exitosamente con Estados Unidos en el campo del lanzamiento de satélites comerciales. El consorcio europeo de aviación *Airbus* ya controla una tercera parte del mercado mundial de aviones de pasajeros, y fue el primero en introducir innovaciones tecnológicas muy importantes en diseño y sistemas de vuelo (el sistema *fly-by-wire*) a finales de la década. Los productores europeos y brasileños de aviones para ejecutivos de empresas también se han establecido sólidamente en nichos del mercado internacional sumamente rentables. Por otra parte, en las exportaciones de equipo de cómputo y de semiconductores el desafío japonés es muy importante. De hecho, Japón cuenta con una industria de robótica industrial mucho más diversificada y fuerte que la de Estados Unidos. Algo

Cuadro IX.2

Gasto público y civil en IDE militar y no militar
(Porcentaje del PNB)

País y origen de recursos para la IDE	1964-1966	1973-1975	1982-1984
Estados Unidos			
IDE militar	1.09	0.67	0.79
IDE civil/gub.	0.97	0.60	0.45
IDE total	3.06	2.42	2.73
Reino Unido			
IDE militar	0.73	0.58	0.63
IDE civil/gub.	0.60	0.79	0.69
IDE total	2.36	2.18	2.27
Francia			
IDE militar	0.53	0.36	0.46
IDE civil/gub.	0.87	0.80	0.92
IDE total	1.98	1.79	2.15
Alemania Federal			
IDE militar	0.16	0.14	0.11
IDE civil/gub.	0.65	1.07	1.05
IDE total	1.51	2.16	2.58
Japón			
IDE militar	0.01	0.01	0.01
IDE civil/gub.	0.49	0.58	0.62
IDE total	1.31	2.03	2.40
Suecia			
IDE militar	0.40	nd	0.19
IDE civil/gub.	0.54	0.77	1.01
IDE total	1.23	1.65	n.d.

Notas: Las definiciones utilizadas para IDE provienen del *Manual Frascati* de la OCDE.
   IDE militar: Gasto en IDE militar.
   IDE civil/gub: Gasto estimado del gobierno en IDE no militar.
   IDE total: Gasto total (gubernamental y no gubernamental) en IDE de todo tipo.
   n.d.: no disponible.
Fuente: Acland-Hood (1986: cuadro 15.3).

similar puede decirse en el terreno de fibras ópticas para comunicaciones.[2] La aparición de la URSS en la lista de países que ahora competirán en el lanzamiento de satélites comerciales no es sorprendente; la utilización dual de la tecnología de misiles y de colocación de satélites militares en órbita para fines civiles es una posibilidad abierta. Pero ése es uno de los pocos campos en donde el uso dual es una posibilidad real. Eso no significa que, por su parte, la URSS no haya sufrido los estragos de la tecnología militar en su estructura productiva. Es más, muchos analistas concuerdan que el efecto negativo en el tejido industrial de la URSS ha sido mucho más dañino que en Estados Unidos. La falta de competitividad de los productos soviéticos no es el único resultado. La extraordinaria ineficiencia de la economía soviética se puede observar en indicadores sobre su utilización de los principales insumos físicos (materias primas, insumos intermedios y energía) de la industria contemporánea. Por ejemplo, en 1979-1980 la economía soviética consumía 1 490 kilos de carbón y 135 kilos de acero para producir 1 000 dólares de producto nacional; en cambio, las cantidades de esos insumos utilizadas por la economía de Alemania Federal fueron 565 y 52 kilos, respectivamente (Deger, 1989).

Efectos benéficos imprevisibles de la IDE militar

Flujos interindustriales de tecnología

Se ha dicho con insistencia que la IDE militar tiene efectos benéficos en el resto de la economía. En materia de gasto en IDE los efectos benéficos requieren que exista un flujo de tecnología de la industria en la que *se lleva a cabo* la actividad de investigación

[2] El peso de la investigación tecnológica para fines militares en este terreno es y será determinante. Particularmente importante es el caso de la industria de componentes electrónicos y equipo de cómputo. El interés de los militares en desarrollar computadoras especialmente diseñadas y construidas para fines militares se fortaleció con la Iniciativa de Defensa Estratégica del presidente Reagan. En particular, el "Plan Estratégico de Cómputo" tendrá un impacto negativo sobre la industria de computadoras y componentes electrónicos en Estados Unidos.

hacia otras industrias que *se benefician* de los resultados de esa investigación. La línea de investigación inaugurada por Scherer (1986) sobre los flujos interindustriales de tecnología en Estados Unidos permite, analizar la articulación de los sectores en los que se realiza IDE militar con el resto de la economía. Los antecedentes de esta línea de investigación son muy importantes. Los trabajos econométricos sobre la evolución de la tasa de productividad cuentan con muy escasa información sobre el vínculo entre inversión en IDE y productividad. Scherer (1982) encontró que aproximadamente el 75% de la IDE realizada por empresas industriales está orientada hacia la tecnología de producto y no hacia la tecnología de proceso. Desde el punto de vista de las ganancias en productividad, normalmente la innovación en productos beneficia a industrias *distintas* de las que llevaron a cabo la investigación. Por ejemplo, el desarrollo de nuevos aviones se transforma en un nuevo producto que es utilizado por las compañías de aviación; las ganancias en productividad se presentan en las operaciones de estas compañías.

Con el fin de desentrañar los vínculos IDE y ganancias en productividad, Scherer utilizó los datos de encuestas de la National Science Foundation (NSF) sobre el gasto en IDE por industria y la relación entre patentes e inversión en IDE. Más importante aún, utilizó datos sumamente desagregados sobre origen de la IDE por *giro de actividad comercial* a través de la encuesta de la Federal Trade Commission para 1974.[3] Posteriormente se identificaron 15 112 patentes de invención registradas por estas empresas entre 1976 y 1977 y cada patente individual pudo ser asociada con una industria usuaria. La codificación de las patentes por industria usuaria se realizó por un equipo de ingenieros de acuerdo con las especificaciones de las patentes y, en particular, con la descripción de la invención proporcionada por las empresas en sus solicitudes de patente. Por último, los gastos *promedio* en IDE para obtener una patente en cada industria (datos de las encuestas de la NSF) fueron utilizados para convertir los números

---

[3] El alto nivel de desagregación es indispensable para determinar el flujo interindustrial de tecnología. La encuesta sobre giro comercial de la Federal Trade Commission permitió conocer el gasto en IDE de 443 grandes corporaciones industriales norteamericanas desagregado en 4 274 giros comerciales distintos de esas empresas.

de patentes a magnitudes monetarias.[4] De esta manera se pudo construir una matriz de flujos tecnológicos interindustriales en la que las industrias que llevan a cabo la IDE aparecen en las líneas y las que adquieren el producto de la IDE (nueva tecnología de producto) aparecen en columnas. Las entradas de la diagonal principal de la matriz representan tecnología de proceso. La matriz no incluyó las patentes generadas por la IDE llevada a cabo en laboratorios del gobierno o en universidades; esta omisión abarca al sector "defensa nacional". Sin embargo, la muestra utilizada incluyó empresas que realizaron IDE bajo contrato con agencias del gobierno federal por un monto total de 6.77 mil millones de dólares. Así fue posible identificar inventos patentados que se generaron a partir de IDE realizada por empresas privadas pero financiada por agencias del gobierno federal. Y con los datos de esta parte de la muestra es posible construir una matriz de flujos tecnológicos interindustriales que toma en cuenta el 84% de estos recursos invertidos en IDE.

La matriz construida por Scherer permite hacer algunas observaciones interesantes sobre los efectos imprevisibles de la IDE militar para beneficio de la industria en general. Dentro de la muestra del estudio citado las industrias que recibieron los contratos de agencias federales para IDE fueron las siguientes (Scherer, 1986:53):

Industrias	Recursos federales para IDE bajo contrato (porcentajes)
Motores y turbinas	0.5
Equipo para oficinas	4.9
Equipo de radio y comunicaciones	24.0
Componentes electrónicos	2.9
Aviones y motores	19.8
Misiles, vehículos espaciales y armamento	31.9
Otras industrias	15.7
Total	100.0

[4] El número de patentes obtenido por cada millón de dólares invertido por

Las industrias que más fondos federales recibieron para IDE fueron las de misiles y sector aeroespacial,[5] equipo de comunicaciones y la de aviones (incluye motores para aviones). Pero, como se puede observar en el cuadro IX.3 que presenta la matriz parcial relacionada con el sector defensa, la mayor parte de la tecnología desarrollada en estos contratos con agencias federales *no* tiene aplicaciones en el sector civil. Las compañías de transporte aéreo fueron las que más se beneficiaron de los resultados de la IDE realizada por la industria fabricante de aviones. Es posible que muchos de los beneficios se derivaron de las innovaciones en motores *turbo-fan*, más ligeros y mucho más eficientes que los motores de turbina tradicionales. Estos motores *turbo-fan* fueron diseñados a principios de la década de los setenta específicamente para los misiles crucero (la encuesta de la Federal Trade Commission es sobre gastos en IDE de 1974).

La IDE de la industria de misiles y vehículos espaciales tuvo un impacto muy pequeño en otras industrias; en cambio, el 75% de la IDE se destinó al sector defensa y espacio y un 20% desembocó en innovaciones de proceso. En conclusión, más del 71% del total de estos recursos federales destinados a la IDE acabaron beneficiando directamente al sector defensa y espacio. Si a esta cantidad sumamos las innovaciones de proceso de la industria de misiles, vehículos espaciales y armamento, el porcentaje de IDE relacionado con innovaciones para fines militares se eleva a 77 por ciento.

Por último, la balanza tecnológica de cada industria es la relación entre IDE cuyos resultados fueron "exportados" hacia otras industrias y las "importaciones" de IDE realizada en esas otras industrias. De acuerdo con este coeficiente, las industrias relacionadas con el sector defensa fueron muy malas canalizadoras de progreso técnico hacia las civiles. Es posible examinar la matriz completa elaborada por Scherer y comprobar que las industrias ligadas al sector defensa son, en términos generales, malas exportadoras de tecnología hacia el sector civil.

---

compañías privadas en IDE va desde 0.47 en vehículos automotores hasta 3.98 en equipo eléctrico. El promedio para todas las industrias consideradas fue de 1.70.
[5] El nivel de agregación en esta clasificación es todavía muy alto. El rubro misiles y vehículos espaciales está incluido con el de armamentos (*i.e.*, cargas nucleares y explosivos de alto poder).

Cuadro IX.3

Matriz de flujos tecnológicos para IDE ejecutada por empresas privadas con recursos del gobierno federal

Industria de origen	Recursos federales (millones de dólares)	IDE procesos internos	Transporte aéreo	Defensa y espacio	Otros usos industriales
Motores y turbinas	34	n	n	11	23
Equipo para oficinas	336	n	n	214	122
Equipo de radio y comunicaciones	1 631	133	16	53	
Componentes electrónicos	202	100	n	99	3
Aviones (incl. motores)	1 342	213	190	927	12
Misiles, vehículos espaciales y armamento	2 162	448	0	1 639	74
Otras industrias	1 063	42	9	503	509
Total	6 770				
Total IDE utilizada		936	214	4 822	796

Nota: n significa que no existen datos a ese nivel de desagregación y que las cifras correspondientes pueden estar incluidas en "Otras industrias".

Fuente: Véase la matriz truncada de flujos tecnológicos a partir de actividades de investigación con recursos del gobierno federal, Scherer (1986:53).

El enorme desperdicio que significa canalizar talento científico y recursos financieros al desarrollo de tecnología militar no se limita a las cuatro innovaciones básicas que hemos identificado en la primera parte de este libro. Es cierto que en el caso de algunas industrias, como la de componentes electrónicos o la de reactores nucleares, los gastos iniciales para el desarrollo de la tecnología fueron colosales y que fue necesario un subsidio enorme para cubrirlos. Pero precisamente ese subsidio estuvo contaminado por las prácticas malsanas del sector defensa. Además, la cultura tecnológica de los sistemas de armamentos está impregnada de una racionalidad que se opone radicalmente a la tecnología de la industria civil, y se puede afirmar que contribuye al deterioro del desempeño industrial. En el siguiente apartado se analizan estas características y sus implicaciones para la industria civil.

El efecto perverso de la tecnología militar sobre la industria civil

Uno de los grandes temas en la literatura sobre cambio técnico es el del efecto de la demanda sobre las innovaciones. Para muchos autores, las fuerzas del mercado son el elemento determinante del proceso de cambio técnico.[6] En su afán por demostrar que este tipo de razonamiento se aplicaba también a la tecnología militar, el Departamento de la Defensa encargó la realización de un proyecto sobre cambio técnico en el desarrollo de armamentos. El proyecto, denominado *Hindsight*, examinó los elementos determinantes del proceso innovativo en 20 sistemas de armamentos (citados por Mowery y Rosenberg, 1982a). El estudio considera que las "necesidades" del Departamento de la Defensa pueden ser consideradas como la "demanda", y concluye que el desarrollo tecnológico de estos sistemas de armamentos fue dirigido y orientado exclusivamente por las "fuerzas del mercado". El estudio identificó 710 "eventos de investigación

---

[6] Quizás el ejemplo más notable sea Schmookler (1966), quien sostiene la posición extrema de que no sólo es posible explicar el proceso de difusión de las innovaciones por las fuerzas de la demanda, sino que también es posible que esas fuerzas expliquen la asignación de recursos para la actividad inventiva.

científica y tecnológica" definidos como el "surgimiento de una nueva idea que no había sido probada o examinada". Haciendo a un lado la extraordinaria torpeza de los analistas del Pentágono que diseñaron el proyecto *Hindsight*, el punto importante aquí es la conclusión de los directores del estudio: casi el 95% de los "eventos de investigación" estuvieron orientados directamente por las necesidades del Departamento de la Defensa. En otros términos, el estudio *Hindsight* confirmó la especificidad de una gran proporción del trabajo de IDE orientado hacia fines militares.

Lo anterior no tendría mayor problema de no ser porque la tecnología militar difiere en su racionalidad medular de la tecnología civil. A pesar de que algunos inventos inicialmente aplicados en el terreno militar tuvieron gran éxito como innovaciones en el ámbito civil, los parámetros que configuran el desarrollo tecnológico militar no sólo no concuerdan con los de la tecnología civil sino que hasta llegan a ser totalmente incompatibles con los requerimientos de la industria civil. Algunas de las características más importantes de la industria y tecnología militares que se encuentran totalmente *opuestas* a los intereses de la industria civil son las siguientes:

Maximización de costos

Muchos economistas estudiosos del proceso de cambio técnico han reconocido que el desarrollo de nuevas tecnologías para armamentos responde a un principio radicalmente contrario a la racionalidad que debe prevalecer en el mercado. Se trata de la maximización de costos. Para Rosenberg (1982b) los productores y diseñadores de nuevos armamentos organizan sus líneas de producción alrededor de un supuesto básico: cualquier consideración sobre los costos de producción es secundaria. Por eso, el que la actividad de estos sectores esté plagada de sobre-costos es absolutamente normal. El mismo Departamento de la Defensa ha definido explícitamente los criterios para los contratistas que resulten ganadores en las licitaciones correspondientes: el factor costo solamente tiene un "peso relativo" de 15% (Melman, 1983:5). Por último, Peck y Scherer (1962) demostraron que los esfuerzos por reducir el tiempo de desarrollo de una innovación llevan aparejados un aumento en los costos. Este principio se aplica en el terreno de la industria militar porque los pedidos normalmente tienen restricciones de tiempo muy severas. Además, los castigos por exceder los costos originalmente planeados son casi inexistentes o son marginales. La maximización de costos no significa que el productor puede aumentar éstos sin límite. Simplemente significa que dentro del margen de los subsidios oficiales se puede buscar un aumento sostenido de los costos.

Desde luego, la estructura de costos así definida está asociada a una rentabilidad nada despreciable. Una de las raras fuentes de información que permite comparar rentabilidad de contratistas privados relacionados con proyectos para el Departamento de la Defensa y rentabilidad comercial de productores de bienes de consumo duradero, es el trabajo de Reppy (1983). Este análisis se basa en cifras del Pentágono para una muestra de 64 contratistas y se compara con una muestra representativa de la Comisión Federal de Comercio (FTC) de 5 000 empresas dedicadas a la producción de bienes de consumo duradero. Según Reppy, la relación entre ganancias brutas (antes de impuestos) y activos totales para los contratistas del Pentágono entre 1970-1974 fue de 13.5%, mientras que para la muestra de la FTC fue de 10.7%. Como se puede observar en el cuadro IX.4, a nivel desagregado el contraste es todavía más marcado.

Cuadro IX.4

Tasas de ganancia comparadas en las industrias militar y civil
(Promedios anuales, 1970-1974)

Industria	Tasa de ganancia en Contratos del Pentágono	Actividad comercial
Aviones	11.2	6.9
Electrónica	15.3	10.0
Misiles	20.0	6.9
Barcos	5.8	—
Otros	11.5	—
Promedio	13.5	10.7

Fuente: Reppy (1983).

Alto desempeño tecnológico

El criterio fundamental en la industria militar es el alto desempeño tecnológico en entornos que no existen en la vida civil normal. Los aviones, helicópteros, motores, componentes electrónicos y materiales deben estar diseñados y construidos para resistir sobrepresiones, pulso electromagnético, altas temperaturas, nubes de polvo y materiales químicos particularmente agresivos, etc. Y no sólo deben resistir, sino deben seguir funcionando adecuadamente pues de eso depende poder destruir al enemigo. Además, los equipos militares deben poder funcionar en la noche, con lluvia o en el frío extremo.

Estos requisitos constituyen una enorme presión sobre los diseños y el producto final. A diferencia de la industria civil, el costo de no lograr estas metas de desempeño tecnológico es altísimo: el productor puede perder sus contratos futuros... y los militares pueden perder sus batallas.

Desprecio por los parámetros tecnológicos civiles

Esta característica es el corolario de la anterior. Los parámetros que rigen el desempeño de la industria civil son ajenos a la tecnología militar: la simplicidad en el funcionamiento, la robustez para el uso repetido de componentes como puertas de un camión o un vagón de metro, o de las ventanillas de un automóvil. Por ejemplo el superhelicóptero militar debe viajar a grandes velocidades y gran altura, debe tener un rango de autonomía muy elevado y una estructura que proporcione una gran capacidad de carga de alta densidad (cajas de municiones); al mismo tiempo se requiere que sea capaz de maniobrar ágilmente para evadir el fuego del enemigo y que se le pueda dotar de plataformas laterales para colocar armamento (misiles). La sola descripción de los requerimientos es un indicador de la distancia que separa a un helicóptero militar de uno civil. Por eso no es sorprendente que en su aplicación civil muchos equipos producidos por contratistas para el Departamento de la Defensa deben ser rediseñados y las líneas de producción deben ser modificadas sustancialmente.

En el terreno de los armamentos convencionales se encuentran ejemplos que dramáticamente ilustran este conflicto con los principios más elementales de la tecnología civil. Un estudio reciente presenta algunos ejemplos que parecen bromas (Biddle, 1986). El Ejército de tierra de Estados Unidos siempre ha deseado contar con un *bulldozer* para remover escombros en el campo de batalla. En particular, se pide que el *bulldozer* pueda ser transportado por aire y pueda ser soltado en paracaídas, que sea anfibio y tenga el blindaje necesario para operar en el campo de batalla. Un pequeño problema fue detectado en la primera prueba de campo del *bulldozer* (cuyo costo unitario es superior a los 19 millones de dólares): la escotilla principal no puede abrirse desde adentro por su enorme peso.

Otros ejemplos son grotescos. Durante la guerra de las Malvinas el *Exocet* que provocó el hundimiento del HMS *Sheffield* demostró la necesidad de contar con un sistema de defensa naval contra estos pequeños misiles. La Armada de los Estados Unidos aprobó el diseño y construcción de una ametralladora especial llamada *Phalanx* capaz de colocar una cortina de plomo enfrente de un misil tipo *Exocet* a muy corta distancia; ésta es la última línea de defensa de muchos navíos de superficie norteamericanos contra ese tipo de ataques. Pero las características de tan sofisticado armamento realmente sorprenden. La ametralladora ultrarrápida tiene seis cañones y dispara balas de alta velocidad que llevan uranio en su centro a un ritmo de más de 50 balas por segundo. Tiene algunas pequeñas limitaciones: su almacén solamente puede llevar 989 balas y, por lo tanto, solamente puede disparar drante 20 segundos. Aunque se le rediseñe con un almacén más grande, el principal problema es el calor: los cañones de la ametralladora comienzan a fundirse a los siete minutos de uso y "toda la ametralladora queda inutilizada en unos 50 minutos de uso" (Walker, 1983).

Capacidad instalada excedente

Uno de los requisitos que el Departamento de la Defensa está solicitando a los productores de armamentos convencionales es que puedan mantener una capacidad de satisfacer un incremento repentino e importante en la demanda de los equipos producidos. De esta manera, en el caso de una crisis o de un conflicto regional, la provisión de los equipos no corre el riesgo de interrumpirse. Esta capacidad de respuesta rápida (o *surge capacity* en la jerga del Pentágono) implica en muchos casos mantener cierta capacidad ociosa *permanentemente* y de manera deliberada; en otros casos implica un manejo de inventarios completamente ineficiente y radicalmente contrario a los principios de nuevas técnicas de administración de la planta productiva (como el sistema de manejo de inventarios *just-in-time*).

La incompatibilidad de la tecnología militar con los requisitos de la competencia intercapitalista en los mercados modernos genera malos hábitos en la industria:

La influencia corrupta de la maximización de costos en las prácticas de adquisición de armamentos ha dado origen a generaciones de administradores incapaces de llevar a cabo una producción eficiente, independiente e innovadora o económica y a legiones de personal que por su incompetencia no puede producir para el mercado competitivo, o no puede satisfacer especificaciones como bajo precio, simpleza y fácil acceso (Noble, 1985:331).

Y mientras más intensa sea la penetración del complejo militar en la industria, mayor será la magnitud de la penetración de estos vicios antieconómicos. En Estados Unidos el Departamento de la Defensa y la NASA cuentan con una lista de 37 000 empresas contratistas primarios y unos 100 000 contratistas secundarios (o indirectos); el Pentágono dispone de equipo industrial por un valor de 3 800 millones de dólares asignado a las 642 empresas que son sus contratistas primarios más importantes (Melman, 1983).

El sector industrial vinculado con la producción de armamentos es un componente fundamental (y en muchos sentidos un lastre extraordinario) del sector manufacturero. El peso del sector militar en muchas ramas de la industria ha crecido, como puede observarse en el cuadro IX.5, y es predominante en algunas que bien merecen el calificativo de estratégicas.

Como se puede observar, casi todas las industrias del cuadro IX.5, forman parte del grupo de industrias de alta densidad tecnológica (véase la enumeración basada en el trabajo de Sköns citada antes). Y en casi todas ellas Estados Unidos ha perdido competitividad en términos relativos: sus exportaciones han disminuido y sus importaciones se incrementaron en los últimos 10

Cuadro IX.5

Importancia del sector militar en algunas ramas de la industria
Consumo militar del producto total por rama industrial (%)

Rama industrial	1977	1985
Construcción y reparación naval	45	93
Aviones	43	66
Radio, TV y comunicaciones	35	50
Máquinas-herramienta (corte de metales)	3	34
Instrumentos de ingeniería	19	28
Instrumentos ópticos	14	24
Componentes electrónicos	15	20
Máquinas-herramienta (deformación)	2	15
Cojinetes	7	15
Acero	5	12
Cobre	5	11

Fuente: Renner (1989:19).

años. En total, el Departamento de la Defensa compra el 21% del producto bruto del sector manufacturero y más del 30% de la producción de todas las ramas industriales de alta densidad de tecnología (Dertouzos, 1989).

Esta estrecha vinculación no es nada más una fuente de dificultades para la industria norteamericana de hoy en día. También plantea grandes problemas para una eventual reconversión de la industria militar a la producción de bienes para el mercado civil. Algunas de estas dificultades se relacionan con el problema de identificar mercados para productos que no han sido bien desarrollados, o con la forma de compatibilizar las inversiones hundidas en la planta productiva de armamentos con las necesidades de la producción civil. Precisamente porque la tecnología militar contiene parámetros cuya racionalidad es distinta y hasta opuesta a los de la industria civil, la tarea de la reconversión se anuncia muy difícil. Renner (1990) contiene una larga lista de ejemplos de empresas contratistas del Pentágono que fracasaron estrepitosamente al buscar penetrar mercados civiles sin reorientar adecuadamente sus operaciones y recapacitar a su personal.

Así, la compañía Boeing-Vertol buscó diversificar sus operaciones a mediados de los setenta para no depender demasiado del Pentágono; la empresa obtuvo un contrato inicial para producir trolebuses para transporte urbano. Pero los equipos que produjo no pudieron cumplir con requisitos como simpleza y durabilidad, su costo fue muy elevado y al poco tiempo de su adquisición tuvieron que ser reemplazados. La compañía no volvió a recibir pedidos para este tipo de material.

El caso de la URSS no es muy diferente, aunque se presentan particularidades interesantes. Como resultado de la reestructuración económica y las reducciones en el gasto militar, ya se ha iniciado un proceso de reconversión de algunas industrias. Sin embargo, las rigideces tecnológicas son quizás más importantes que las de la industria militar de los países occidentales. La razón es que en el pasado, la industria militar soviética ocupó un lugar prioritario y se le mantuvo en un subsistema relativamente libre de las deficiencias que aquejaron al resto de la industria. En particular, las plantas industriales vinculadas a la producción de armamentos tuvieron durante largos años el privilegio de tener acceso a los insumos que necesitaron sin los retrasos experimentados en otras ramas de la producción. El análisis de Deger y Sen (1990:81) revela que sin los privilegios que la industria militar tuvo anteriormente (acceso a insumos sin retrasos, a precios inferiores, contratación de la mano de obra y técnicos mejor calificados, subsidios) su eficiencia y productividad no van a mantener los mismos niveles. Así, será muy difícil transferir la eficiencia del complejo militar-industrial soviético a la industrial civil.

X. EL DETERIORO DE INDUSTRIAS ESTRATÉGICAS

Introducción

En 1986 el Massachussetts Institute of Technology integró una Comisión sobre Productividad Industrial encargada de analizar las tendencias y, sobre todo, las causas del deterioro en la productividad de la industria norteamericana. La comisión debía presentar una serie de recomendaciones para remediar esta situación. Las recomendaciones están dirigidas a los empresarios, sindicatos y diversas agencias gubernamentales relacionadas de una manera u otra con ocho industrias. En términos generales, esas recomendaciones van en contra de los principios que rigen la dinámica de la industria y tecnología militares (un ejemplo entre muchos se encuentra en Dertouzos, 1986:68).

En varios pasajes los miembros de la comisión consideraron importante mencionar la vinculación de la industria civil con el *establishment* militar. Pero para darse una idea más precisa de la forma en que la industria militar daña la industria civil es necesario profundizar en los estudios de algunas industrias específicas. A continuación presentamos de manera sintética las experiencias de industrias que muy bien pueden considerarse estratégicas: la de máquinas-herramienta, semiconductores, reactores nucleares y la industria aeronáutica.

Máquinas-herramienta

La industria de bienes de capital de una economía es probablemente el principal agente de incorporación de progreso técnico en el aparato productivo. En particular, las máquinas-herramienta para trabajar metales constituyen la industria de maquinaria industrial más importante. Desde hace varios años, la industria de máquinas-herramienta de Estados Unidos comenzó a mostrar signos de una gran debilidad. De haber sido el productor número uno a nivel mundial en 1960, con cerca del 25% del total de la producción, Estados Unidos vio su participación reducirse a menos del 10% en 1986. En el mismo periodo, Japón aumentó su participación del 7.5 al 24% (Dertouzos, 1986:234-235). Por otra parte, las importaciones adquirieron gran importancia y el valor de la producción en términos *reales* (dólares de 1982) descendió a lo largo de la década de los ochenta.

¿Cómo explicar la pérdida de competitividad de la industria norteamericana de máquinas-herramienta? Hasta los años cincuenta, estas máquinas tradicionalmente habían estado diseñadas para trabajar piezas metálicas (a través de operaciones de corte, de pulido o de formación/deformación) que eran colocadas por un operador. Éste seleccionaba la herramienta a ser utilizada y aplicaba el poder de la máquina. Después de cada operación volvía a colocar la pieza para nuevas operaciones y a seleccionar la herramienta correspondiente. A partir de la Segunda Guerra Mundial surgió un gran interés en sustituir al operador manual de las máquinas-herramienta por un sistema que permitiría controlar automáticamente la colocación de las piezas de metal y las operaciones con las diferentes herramientas. Esta nueva tecnología recibió el nombre de "control numérico", y en Estados Unidos la Fuerza Aérea fue su principal patrocinador. La historia completa y detallada de este papel desempeñado por la Fuerza Aérea se encuentra magistralmente analizada por David Noble (1984).

Al terminar la guerra de Corea la Fuerza Aérea experimentó la necesidad de contar con un sistema productivo de piezas y componentes para aviones, helicópteros y misiles. El proceso de producción que utilizaba los tornos, taladros, fresadoras, prensas, cortadoras y troqueladoras convencionales podía haber sido suficiente; pero la Fuerza Aérea quería un sistema productivo que tuviera una muy alta versatilidad y que pudiera producir una gran variedad de piezas de formas muy complejas y de todos tamaños a muy grandes velocidades, todo ello bajo un mayor control de los administradores de las plantas.

Cuadro X.1

Producción e importaciones de máquinas-herramienta
en Estados Unidos, 1972-1987

	1972	1980	1987
MH de corte de metal Importaciones/ nueva oferta (%)	7.7	20.0	40.0
Producción (millones de dólares de 1982)	3 766	5 720	2 348
MH para formar metales Importaciones/ nueva oferta (%)	4.0	9.7	27.4
Producción (millones de dólares de 1982)	670	1 749	1 300

Fuente: Perlman (1988).

En 1949, uno de los industriales que intentaba desarrollar la tecnología de control automático para máquinas-herramienta buscó y obtuvo el apoyo de la Fuerza Aérea. El primer proyecto consistió en demostrar la factibilidad de un prototipo de fresadora de tres ejes, controlada automáticamente y capaz de producir paneles para las alas de aviones. (March, 1989a; Noble, 1984). Este industrial subcontrató con el Laboratorio de Servomecanismos (Servo Lab) del Massachusetts Institute of Technology el diseño y desarrollo del sistema de control, así como el de la fuente de poder. El estudio sumamente detallado de Noble reconstruye el largo proceso por el cual el Laboratorio de Servomecanismos orientó el proyecto en dirección de una innecesaria complejidad (solución del problema de corte continuo de contornos) en lugar de resolver los problemas más inmediatos y sencillos. Esta orientación complació a la Fuerza Aérea y a principios de los cincuenta el Servo Lab se convirtió en el principal contratista de la Fuerza Aérea. La línea de desarrollo tecnológico que se siguió giró alrededor de la mayor complejidad y se dejaron de lado las necesidades de la mayoría de los usuarios potenciales de este tipo de máquinas. Desde el principio, los industriales norteamericanos se mostraron siempre muy escépticos frente a esta nueva tecnología. En particular, el incremento en los costos de los sistemas de control alcanzaba niveles muy altos: el sistema de control de una MH de control numérico alcanzaba hasta el 50% del valor de la máquina, comparado con el 3% de una MH convencional. Así que el Servo Lab buscó resolver los problemas de programación en los nuevos sistemas de control durante la década de los cincuenta. Pero la industria civil no quizo contribuir a cubrir los costos de este desarrollo y la Fuerza Aérea invirtió más de $30 millones de dólares para crear un mercado lo suficientemente amplio para cubrir los costos del desarrollo de la nueva tecnología. Así, la Fuerza Aérea creó un mercado importante para máquinas-herramienta de control numérico capaces de realizar las operaciones de corte de contorno continuo y comprometió a productores de máquinas y de sistemas de control con este mercado. De esta manera, a finales de la década la Fuerza Aérea había podido crear un subsistema industrial privilegiado, capaz de utilizar la nueva tecnología en operaciones sobre piezas metálicas muy complejas y muy altos niveles de precisión y, al mismo tiempo, había dejado de lado el desarrollo de tecnologías más adaptadas a las necesidades de la industria civil. El principal atractivo para la Fuerza Aérea (control automático de las operaciones sin intervención del obrero calificado) constituyó el principal obstáculo para la rápida adopción de esta tecnología. En una industria en la que el peso de las industrias usuarias de máquinas-herramienta en el desarrollo de la nueva tecnología ha sido decisivo el papel "promotor" de la Fuerza Aérea fue realmente pernicioso. En este terreno, el contraste entre Estados Unidos y Alemania o Japón es muy fuerte.

El sistema de control automático nació de los sistemas de control electrónico de cañones antiaéreos durante la Segunda Guerra Mundial. En 1952 se produjeron los primeros prototipos de máquinas-herramienta, y para 1955 ya se estaban utilizando en la industria de aviones. Pero los mecanismos de control resultaron tener dos grandes inconvenientes. Por un lado, el énfasis exagerado de la Fuerza Aérea en un sistema de control total de las operaciones hizo que se abandonaran tecnologías alternativas que podían haber sido competitivas. En particular, se abandonaron los sistemas de control que aprovechaban los conocimientos de una mano de obra experimentada.[1] En lugar de aprovechar la alta calificación de los operadores en la industria usuaria de máquinas-herramienta, la línea favorecida por el enorme subsidio de la Fuerza Aérea requería un complejo sistema intensivo en capital; en general, la industria metalmecánica descubrió poco a poco que los complejos sistemas de control de las máquinas norteamericanas eran menos confiables que los sistemas de control en máquinas de otros países fabricantes. Y el segundo inconveniente fue el precio más alto que era necesario pagar por estas máquinas. Para 1978, Estados Unidos era ya un importador neto y, desde entonces, su posición se ha deteriorado (Noble, 1985; March, 1989a).

Un pasaje clave en el análisis de la Comisión de MIT sobre productividad sintetiza una de las causas principales de la lentitud de la industria de máquinas-herramienta en Estados Unidos para adoptar la nueva tecnología de control numérico: (March, 1989a:24)

> El problema más profundo fue la incompatibilidad entre los productos complejos (tanto las máquinas-herramienta como los sistemas de control) y las necesidades de los usuarios. Durante los años sesenta y principios de los setenta, la capacidad de las máquinas y los controles continuaron excediendo las necesidades de los usuarios. Con pocas excepciones, los productores de máquinas y controles no orientaron su producción de equipo complejo a equipo más sencillo (...) para asegurar su utilización generalizada por usuarios medianos y pequeños. Detrás de este fracaso está su enfoque particular sobre diseño: mayor atención al alto desempeño tecnológico y capacidad para realizar funciones complejas, en detrimento de las operaciones simples.

La conclusión es que los productores de máquinas-herramienta y de los sistemas de control no fueron capaces de diseñar productos que se prestaran a su uso genérico por una multitud de usuarios.

La difusión de la nueva tecnología enfrentó numerosos tro-

---

[1] Para una descripción detallada de las tecnologías abandonadas, véase el capítulo VII de Noble (1984).

piezos iniciales en Estados Unidos. Sin embargo, un importante estudio comparado sobre tasas de difusión de innovaciones en varios países industrializados concluye que la tasa de difusión de las máquinas-herramienta de control numérico en Estados Unidos fue más rápida que en los demás países a principios de los años setenta (Gebhardt y Hatzold, 1974). Pero el estudio se concentró en medir la difusión de la tecnología en las industrias *usuarias* y no examinó la tasa de crecimiento de la industria *productora* de máquinas-herramienta. Así, mientras en Estados Unidos el porcentaje de empresas que utilizaban esta tecnología en 1970 era más elevado que en los demás países, para 1980 los norteamericanos eran los importadores netos más importantes, de máquinas-herramienta de control numérico. En términos absolutos Estados Unidos tiene hoy en día el parque de máquinas-herramienta más grande (aunque no de robots industriales), pero una proporción dominante de esas máquinas es de origen extranjero (alemán y japonés, principalmente). Cuando en los años setenta se introdujeron los sistemas microelectrónicos en los dispositivos de control de máquinas-herramienta, los fabricantes de Alemania y Japón estaban en una mejor posición para aprovechar esta innovación. Finalmente, la experiencia adquirida también permitió a estos países (y en particular a Japón) obtener una gran ventaja en materia de robots industriales. A mediados de los años ochenta Japón tenía instalados en sus fábricas más de 14 000 robots industriales; en Estados Unidos apenas operaban 4 500 (DeGrasse, 1984).

El caso de la industria soviética de máquinas-herramienta también revela que el desarrollo de la tecnología militar destruye las bases de la competitividad de la industria civil. El enorme esfuerzo que desempeñó la economía soviética durante el periodo 1925-1939 (en la llamada "construcción de la base material del socialismo"), y después de la Segunda Guerra Mundial, se concentró en las grandes obras de infraestructura, en la industria pesada y en la industria militar. Alrededor de esta actividad se comenzó a desarrollar una industria de máquinas-herramienta; sin embargo, a medida que se intensificó la carrera armamentista la industria soviética de bienes de capital sufrió un retroceso. Aunque no se tienen datos desagregados sobre las importaciones soviéticas de máquinas-herramienta, sí se sabe que son considerables y que la URSS carece de una industria exportadora de este tipo de equipo.

Para ilustrar lo anterior es interesante recordar el incidente de la exportación ilegal, por parte de la compañía japonesa Toshiba, de cuatro fresadoras controladas por una computadora hacia la Unión Soviética en 1988. Estas fresadoras podrían ser utilizadas para trabajar a niveles de tolerancia de muy alta precisión el eje principal y otras piezas de la maquinaria de un submarino nuclear. El Congreso norteamericano sancionó a la compañía Toshiba prohibiendo su participación en cualquier licitación para un contrato público (a partir de abril de 1988) porque la detección acústica sigue siendo el medio más útil para localizar submarinos. Hasta finales de los años ochenta los submarinos soviéticos seguían siendo más ruidosos que los norteamericanos (Stefanick, 1987) y este hecho es la consecuencia de una falta de precisión al trabajar piezas metálicas.[2] La industria soviética de máquinas herramienta mantiene un rezago importante frente a países como Japón en el terreno de máquinas de alta precisión.

SEMICONDUCTORES

En la industria electrónica Estados Unidos ha tenido un cuasimonopolio en las innovaciones mayores. Pero en ninguna industria se puede observar un deterioro más dramático de la posición inicial. En los años setenta Estados Unidos controlaba más del 60% del mercado mundial de semiconductores, 95% del mercado doméstico y más de la mitad del mercado europeo. Pero para 1987 la parcela del mercado mundial ocupada por los pro-

---

[2] La mayor fuente del ruido generado por un submarino sumergido proviene de las piezas mecánicas en el interior del submarino, del golpe de las aspas de la(s) hélice(s) y de la turbulencia y flujo hidrodinámico al desplazarse el casco del submarino bajo el agua. Aparentemente existen medios alternativos para detectar submarinos (bioluminiscencia, ondas hidrodinámicas en la superficie, generación de olas al extinguirse la estela, cambios en temperatura inducidos por el submarino, detección por rayos láser), pero el estado actual de la tecnología todavía no permite utilizarlos. Además, casi todos los medios no acústicos de detección de submarinos adolecen de un defecto clave: se resuelven operando el submarino a mayores profundidades y menor velocidad. Para una discusión detallada de estos puntos véase la obra citada de Stefanick. Por estas razones, la exportación de las cuatro fresadoras por Toshiba fue considerada tan importante.

ductores norteamericanos era de sólo 40%, mientras que los japoneses ocupaban ya el 50% del mercado mundial y eran responsables del 25% del mercado estadunidense. Además, como señala la Comisión del MIT sobre productividad industrial, el deterioro de la posición norteamericana es más importante de lo que estas cifras indican porque en las líneas de producción más dinámicas y prometedoras hay un claro predominio de los productores japoneses: en circuitos integrados de aplicaciones específicas, microprocesadores y microcontroles acaparan respectivamente 40%, 45% y 65% del mercado mundial. Además, Japón controla el 90% del mercado mundial del circuito integrado más utilizado en equipo digital: los DRAM (*dynamic random-access memory*) (Clausing, 1989).

La producción de semiconductores es fundamental para una gran variedad de industrias muy dinámicas y de alta densidad de tecnología. Los productos de estas industrias son de uso generalizado (industrias extractivas, agricultura, manufacturas de bienes de capital y de consumo, servicios, etc.). Desgraciadamente también tienen usos militares sumamente importantes, y este hecho ha contribuido en el deterioro de la posición de los productores norteamericanos.

Desde sus orígenes, la industria de semiconductores estuvo fuertemente orientada a satisfacer necesidades de índole estrictamente militar (*ibid.*; 11-12). En los años sesenta el Departamento de la Defensa consideró que era necesario contrarrestar la ventaja que los soviéticos tenían por la mayor potencia de sus misiles. Entre otras cosas, se buscó reducir el peso de los sistemas de control y navegación a fin de tener más disponibilidad para el peso de cargas nucleares y satélites. Para lograr lo anterior, se apoyó fuertemente el desarrollo de semiconductores y, después, de circuitos integrados. Las compras del sector militar exigían tecnología mucho más avanzada que la requerida para usos comerciales y, como es normal en la tecnología militar, el costo no era importante. El alto desempeño tecnológico era el criterio fundamental. La extraña economía del sector militar permitió cubrir generosamente los costos de IDE y aun los de las primeras fases de la producción. Cuando se redujo el apoyo del Departamento de la Defensa a estos proyectos a mediados de los setenta las compañías norteamericanas se encontraron frente a una competencia extranjera que había orientado sus esfuerzos a desarrollar una tecnología comercial. En particular, el desafío de las empresas japonesas es el resultado de un esfuerzo muy bien coordinado por el Ministerio de Comercio Internacional e Industria (MITI) para evitar compras dobles de tecnología y favorecer la integración vertical de las empresas en un contexto en el que se necesitaba estabilidad financiera.

Las tres principales innovaciones en semiconductores desde la Segunda Guerra Mundial (transistores, circuitos integrados y microprocesadores) se originaron en empresas norteamericanas (Bell, Texas Instruments e Intel, respectivamente). Inicialmente cada una de estas innovaciones estuvo financiada con fondos privados y los contratos militares de las empresas mencionadas solamente jugaron el papel de mantener una rentabilidad adecuada para las inversiones de esas empresas. Pero las aplicaciones militares del transistor y de los circuitos integrados generaron un mercado importante. Hasta finales de los años setenta el sector militar fue el principal apoyo de la industria en Estados Unidos: algunos sistemas de armamentos, como el *Minuteman II*, constituyeron una fuente de ingresos extraordinaria para los fabricantes de semiconductores (DeGrasse, 1984).

Al madurar la tecnología fue posible utilizar estas innovaciones en la industria civil. Las compras de semiconductores por el sector público representaron el 36% de la producción total en 1969; para 1978 solamente eran el 10% (*ibid*: 94). Gradualmente el mercado civil se hizo más importante y las empresas norteamericanas se convirtieron en licenciantes de la tecnología, iniciándose un proceso de difusión tecnológica internacional muy importante. El mercado de componentes electrónicos dejó de estar dominado por contratos militares y las innovaciones subsiguientes se concentraron en mejoras en la tecnología de proceso y no tanto en la de producto. Precisamente en este tipo de innovaciones las empresas japonesas y alemanas tenían una mayor experiencia y una ventaja comparativa que explotaron en los últimos años de los setenta. Los japoneses dominan ahora la industria electrónica de bienes de consumo duradero de audio y video, de relojes digitales y calculadoras, y han ocupado ciertos nichos importantes en la rama de computadoras. Las empresas japonesas y alemanas son las más importantes en las aplicaciones industriales de la electrónica, en robots industriales y en máquinas-herramienta de control numérico (Kaldor, 1982:93). Pero lo más importante es que un segmento muy dinámico del mercado mundial de componentes electrónicos es dominado por las pastillas de memorias RAM (*random access memories*), de origen japonés. En 1981 Japón ya controlaba el 70% del mercado mundial de memorias RAM de 64 KB y comenzaba a realizar un enorme esfuerzo de desarrollo tecnológico para las memorias VLSIC (*very large scale integrated circuits*) de la segunda generación. En 1985 Japón ya acaparaba un ipresionante 90% del mercado mundial de memorias RAM de 256 KB. Y los productores japoneses se preparan para desplazar a los norteamericanos en memorias de mayor capacidad (RAMs de un *megabyte*) (Sköns, 1986; DeGrasse, 1984).

Las grandes compañías norteamericanas que introdujeron las principales innovaciones comprendieron justo a tiempo que para sobrevivir en el mercado civil era necesario contar con una base distinta a los jugosos contratos militares. Solamente así han podido mantener una posición ventajosa en ciertos nichos del mercado (por ejemplo, en computadoras y equipo periférico).[3] Algunas empresas en esta rama han sido muy lúcidas en su estrategia comercial; por ejemplo, en 1978 el Departamento de la Defensa presentó planes para el desarrollo de circuitos integrados de alta densidad (VLSIC) y de muy alta velocidad para usos militares. Intel, la empresa que desarrolló el primer microprocesador, percibió ese mercado como una amenaza potencial para los esfuerzos comerciales que ya se estaban llevando a cabo en el campo de la tecnología VLSIC (Kaldor, 1982:94). En el mercado civil de circuitos VLSIC el costo es lo más importante, mientras que en las aplicaciones militares el desempeño es lo principal y los costos excesivos prácticamente no se castigan (Rosenberg y Steinmueller, 1982). Además, el Departamento de la Defensa apoya proyectos de investigación vinculados estrictamente con necesidades militares (Clausing, 1989:11).

Durante la década de los ochenta el interés de los militares en la tecnología electrónica ha continuado desviando los recursos de la industria. El programa VHSIC ("Very High Speed Integrated Circuit") iniciado en 1980 tuvo como objetivo principal

---

[3] Los casos de la industria aeronáutica y de construcción naval pueden documentarse de la misma manera que el de la industria electrónica.

el desarrollo de pastillas con una densidad 10 veces mayor y una velocidad 100 veces superior a las de las pastillas existentes. Estas pastillas son las que ahora se encuentran en los sistemas de navegación de bombas de alta precisión, misiles aire-aire, aire-tierra y cruceros, dispositivos para visibilidad nocturna, misiles anti-misiles, etc. Éstos son los sistemas de armamentos que han sido utilizados en la guerra del Golfo Pérsico y que la prensa norteamericana ha descrito con tanta admiración. Pero ya desde 1980 la industria civil norteamericana había expresado sus temores sobre los efectos del programa: desvío de recursos humanos y financieros en una industria ya muy afectada por la competencia japonesa y desarrollo de pastillas VHSIC para fines militares que prácticamente no tienen ninguna otra aplicación (DeGrasse, 1984:98). En 1983 la agencia DARPA de proyectos avanzados del Departamento de la Defensa lanzó una convocatoria para la industria y centros de investigación con el fin de desarrollar "sistemas inteligentes con una mayor capacidad que las computadoras existentes, para ser utilizados en sistemas autónomos y personalizados, así como sistemas de manejo del campo de batalla; estos nuevos requerimientos constituyen un desafío para la tecnología y la comunidad tecnológica" (Din, 1986:181). En realidad, tan grande es el desafío que amenaza con deteriorar todavía más la posición de la industria norteamericana en este renglón.

El mismo problema se ha presentado con los planes y presupuestos para desarrollar computadoras de muy alta velocidad como parte de la Iniciativa de Defensa Estratégica del presidente Reagan. Mientras las empresas japonesas se concentran en este tipo de computadoras para usos comerciales y civiles en general, una buena parte del esfuerzo norteamericano se dirigirá a usos muy específicos que impodrán escalas de producción muy bajas y costosas y que, de todas maneras, serán militarmente ineficientes.[4] A pesar de todo lo anterior, el papel negativo del Pentágono continuará en el programa Sematech del gobierno federal para los años noventa.

---

[4] De todas maneras, ese equipo será inútil porque el desempeño que demanda una defensa antibalística es tan elevado que no se puede contar con los programas de cómputo necesarios para alcanzar el estándar de desempeño tecnológico requerido (Lin, 1985).

Reactores nucleares

El origen militar de los reactores comerciales de agua ligera es bien conocido. Y las dificultades actuales de la industria nucleoeléctrica provienen de estos antecedentes tecnológicos. Las expectativas optimistas que la industria nuclear generó en los años cincuenta no se han cumplido y la industria se encuentra, por el momento, en un callejón sin salida. El formato básico de los reactores actuales deberá ser modificado de manera importante si es que la industria nucleoeléctrica desea prosperar. La historia de esta tecnología es una ilustración clara de los problemas que entraña el vínculo con el sector militar.

Desde 1948 el capitán Hyman Rickover trabajaba en la división de reactores navales de la Comisión de Energía Atómica (al mismo tiempo que dirigía la oficina nuclear de la Armada) y tenía como misión principal desarrollar un reactor nuclear para ser utilizado en un submarino (Thompson, 1984a). Rickover mantenía contactos con miembros influyentes del congreso y con la industria privada, en particular con Westinghouse y General Electric. Con recursos de la Comisión de Energía Atómica Westinghouse construyó un nuevo laboratorio en Bettis (cerca de Pittsburgh); la compañía fue contratada para diseñar y construir en ese laboratorio un reactor de agua presurizada (PWR) que en 1955 serviría de sistema propulsor de un submarino. El USS *Nautilus*, primer submarino nuclear, entró en servicio activo ese año propulsado con un reactor PWR. Así, Westinghouse adquirió una ventaja inicial frente a la competencia.

También General Electric (GE) había estado trabajando para el grupo de Rickover; en 1950 comenzó a diseñar un reactor enfriado por sodio para submarinos. Después de la guerra esta compañía había aceptado operar los reactores para producir plutonio situados en Hanford (estado de Washington), a condición de recibir apoyo financiero (de la Comisión de Energía Atómica) para construir un nuevo laboratorio de investigaciones nucleares. Ese laboratorio se construyó cerca de Schenectady, Nueva York, en donde GE tenía sus laboratorios más importantes. El reactor enfriado por sodio fue instalado en el segundo submarino nuclear (el USS *Seawolf*), pero al cabo de dos años de operación las numerosas dificultades provocaron que se desechara ese diseño (Lamperti, 1984). De esta manera General Electric perdió frente a Westinghouse la primera batalla comercial de la industria nuclear. Sin embargo, GE no escatimó esfuerzos ni recursos (¡sobre todo si eran públicos!) para alcanzar al líder de la industria. En el Laboratorio Nacional de Argonne, General Electric encontró la idea de un diseño alternativo para reactores de agua ligera y en sus propios laboratorios de California desarrolló el primero de agua hirviente (BWR). Este diseño novedoso, en el que el circuito de agua ligera sirve como refrigerante y moderador al mismo tiempo, permitía competir con los reactores de Westinghouse en materia de costos porque algunos componentes de los reactores PWR fueron suprimidos. Muchos analistas consideran que el diseño de GE es todavía menos seguro que el de Westinghouse.[5] GE comenzó a compartir con Westinghouse el lucrativo negocio de los reactores para los navíos de la Armada.

Esta base económica permitió a los dos gigantes financiar sus operaciones iniciales en el sector comercial. En 1957 inició sus operaciones la primera planta comercial en Shippingport, Pennsylvania, con un reactor Westinghouse de 60 megawatts.[6] En 1960 GE inició las operaciones comerciales de su primera planta. Entre 1953 y 1962 se encargaron 16 plantas nucleares en Estados Unidos y el mercado creció muy rápidamente hasta 1970. El apoyo de la Comisión de Energía Atómica fue determinante para poder iniciar las operaciones a escala comercial. En promedio, cada año las agencias vinculadas al Departamento de la Defensa sufragaron más del 67% de los gastos de IDE entre 1950 y 1955 para el desarrollo de la tecnología nuclear comercial (Thompson, 1984a: cuadro 4.2).

En cuanto a la estructura de la industria, a pesar de que el diseño de GE para sus reactores BWR permitía abatir costos, los PWR siguieron dominando: en 1982 Westinghouse absorbía el 56% de la capacidad nuclear comercial instalada y el 66% de la de los reactores en construcción en el mundo. Los BWR apenas representan el 26% de la capacidad instalada y el 21% de la de los reactores en construcción.

[5] Véase Pinguelli Rosa (1985).
[6] El diseño del reactor de Shippingport se basó en la tecnología desarrollada para el reactor del primer portaviones nuclear. Ese primer proyecto de navío nuclear había sido cancelado en 1953.

El optimismo de los años sesenta no pudo encontrar bases reales para mantenerse en la década de los setenta; a pesar de que los incrementos en el precio del petróleo hacían un poco más competitiva la energía núcleo-eléctrica, los costos de construcción de las plantas aumentaron vertiginosamente (Thompson, 1984b). Con el accidente de la planta de Isla de Tres Millas en 1979 los costos se incrementaron todavia más. La causa principal de este incremento de costos está en el renglón de seguridad. Aun antes del desastre de Chernobyl, la Nuclear Regulatory Commission de Estados Unidos estableció nuevas obligaciones en materia de seguridad externa y operaciones internas de las plantas nucleares. Las nuevas exigencias en materia de dispositivos de seguridad han incrementado los costos notablemente. Además, la exigencia de un "plan de emergencia externo" que contempla la evacuación de la población cercana a la planta se hizo obligatoria. Es éste el único ejemplo en la historia de la industria en el que se exige la elaboración de un "plan de seguridad externo". Ésta es una de las razones por las cuales entre 1980 y 1987 se cancelaron 55 contratos para construir plantas nucleoeléctricas en Estados Unidos y de que las 16 plantas que están por terminarse y deberían haber entrado en operación a fines de los ochenta sean verdaderos desastres financieros (Flavin, 1987).

La amarga experiencia de los dos principales accidentes en plantas nucleares (Isla de Tres Millas y Chernobyl) ha demostrado que los operadores de la planta pueden perder el control del reactor. Además, se han presentado numerosos "incidentes" (eufemismo utilizado por la industria nuclear para designar eventos no controlados, en principio menos peligrosos que un accidente) que demuestran que la tecnología nuclear, tal y como existe en la actualidad, es insegura y peligrosa. Pero precisamente, la tecnología nuclear comercial en la actualidad se originó en diseños para fines militares. Como ha señalado Alvin Weinberg, inventor de los reactores PWR, esos diseños militares enfatizaban la reducción del tamaño como criterio medular para los reactores de agua ligera.[7] La seguridad no era importante y no forma

---

[7] Weinberg sabe de lo que está hablando: en 1946 Rickover y su grupo de expertos asistieron a una serie de conferencias en los laboratorios de Oak Ridge; Rickover se enteró por primera vez de la tecnología PWR en la conferencia de Weinberg, director del laboratorio (Thompson, 1984a).

parte de los parámetros técnicos del sistema medular.[8] Por eso el concepto de seguridad es el llamado sistema de seguridad en profundidad (*in-depth safety systems*), que básicamente consiste en construir varias líneas de defensa que se respaldan secuencialmente para contener los efectos de la radiactividad en operación normal y de la presión en caso de accidente severo. La triste historia de la industria nuclear civil ha demostrado cuán inútil es esta concepción de un sistema de seguridad.

En la actualidad se trabaja en el diseño de reactores nucleares en los que se incorpora, como parte esencial del reactor, un sistema de seguridad. Estos reactores "intrínsecamente seguros" se basan en un concepto inicialmente desarrollado por la compañía sueca Asea-Atom y combinan características de los reactores PWR y BWR (utilizan agua ligera presurizada como refrigerante y moderador), además de encontrarse sumergidos en una alberca de grandes proporciones situada en el interior de un contenedor de concreto localizado por debajo del nivel del suelo (Thompson, 1984a). Otro elemento importante en los diseños nuevos es la incorporación de medidas "pasivas" de seguridad (*i.e.*, dispositivos basados en la gravedad o fuerzas de convección) en lugar de dispositivos "activos" como bombas y válvulas (Lester, 1986). Sin embargo, los nuevos diseños están muy lejos de haber sido perfeccionados y habrá que esperar entre 10 y 15 años para tener reactores intrínsecamente seguros (Häfele, 1990; Golay y Todreas, 1990).

Es importante señalar que los llamados reactores intrínsecamente seguros no constituyen un rompimiento radical con el formato de los reactores actualmente en operación. Existen tres modelos en Estados Unidos del nuevo diseño; el *AP600* de Westinghouse que continúa con la tecnología PWR; el MHTGR de General Atomics enfriado por helio; y el PRISM de General Electric enfriado por sodio líquido y que es un reactor de cría. En 1987 la Union of Concerned Scientists encargó a una empresa consul-

---

[8] Otro aspecto de este tema es el siguiente: en la actualidad, Estados Unidos, la Unión Soviética, el Reino Unido, Francia y la República Popular China mantienen unos 544 reactores nucleares como sistemas de propulsión de diversos navíos militares y civiles. La seguridad no puede ser el principal elemento en el diseño de esos reactores porque las consideraciones de tamaño son prioritarias (Handler y Arkin, 1988).

tora independiente (MHB Technical Associates, de San José, California) un estudio sobre los reactores de diseño avanzado. El informe señala que, aunque el diseño de los reactores mencionados incorpora algunas mejoras en materia de seguridad, *no existe* tal cosa como un reactor intrínsecamente seguro. El mejor ejemplo (no el único) que menciona el informe es el de los dispositivos pasivos del reactor *AP600* cuyo diseño permite mantener el agua refrigerante en el reactor sin necesidad de los sistemas de bombas utilizados en los reactores normales porque, en caso de emergencia, el agua sería inyectada por la presión del gas almacenado en tanques. Pero aún así se necesitan instrumentos para detectar una falta de agua y enviar una señal para que se abran las válvulas en los tanques; estos instrumentos y las válvulas pueden fallar, como a veces sucede en los sistemas de enfriamiento actualmente utilizados (MHB Technical Associates, 1990). Este informe sobre "reactores avanzados" contiene un análisis detallado sobre estos nuevos diseños y demuestra que se está muy lejos de un formato de reactor distinto a los de la actualidad.

Se podría pensar que el desastre económico de la industria nuclear norteamericana es un caso particular porque en otros países la industria se desarrolló sin vínculos con el sector militar. Sin embargo, no es así; el patrón general de desarrollo de la tecnología nuclear comercial ha sido similar en el resto del mundo. El estudio de Thompson (1984a) concluye que en la Unión Soviética el diseño de reactores PWR para la industria nucleoeléctrica tuvo el mismo origen que en Estados Unidos (*i.e.*, sistemas de propulsión para submarinos). En 1984 más del 65% de la capacidad de plantas en construcción en la URSS provenía de reactores PWR. Por otra parte, el reactor RBMK de Chernobyl, moderado con grafito y enfriado con agua, estaba basado en un diseño de reactor para fines militares. Por cierto que el contenedor primario del RBMK y su alberca de eliminación de presión, considerados en la actualidad poco eficaces para el caso de un accidente, son similares a los de los reactores GE de agua hirviente, como el de la planta de Laguna Verde (Flavin, 1987:35). Aunque los reactores occidentales (incluyendo el GE de Laguna Verde) cuentan con un contenedor secundario, nadie sabe en realidad si dicho sistema de seguridad puede resistir un accidente como el de Chernobyl.

En Francia y el Reino Unido la vinculación con la industria

militar pasa además por otro canal. En contraste con la industria nuclear de Estados Unidos que se encuentra separada de los reactores que producen el material de fisión para las cargas nucleares, en Francia y el Reino Unido la industria nucleoeléctrica comercial está ligada a la producción del plutonio de sus armamentos nucleares.

Por otra parte, con el fin de mantener una capacidad tecnológica en el terreno nuclear, la compañía estatal "Éléctricité de France" (EDF) ha sido el cliente cautivo de la compañía estatal FRAMATOME y ha tenido que comprar más plantas de las que realmente necesita el país. En 1987 la deuda de EDF ascendía a 32 000 millones de dólares (Flavin, 1987). Algunas estimaciones de la capacidad excedente de generación de nucleoelectricidad en Francia indican que en 1990 alcanzará los 19 000 megawatts (capacidad equivalente a la de los 16 reactores nuevos comprados desde 1979). Para justificar sus inversiones nucleares, EDF ha tenido que cerrar plantas termoeléctricas relativamente nuevas (que utilizaban combustóleo y carbón) y se ha embarcado en programas de promoción de consumo de energía eléctrica con bajas tarifas; igualmente exporta energía eléctrica a varios países vecinos y, aún así, tiene que mantener un alto nivel de capacidad ociosa en sus plantas nucleares. Por último, la seguridad en las plantas nucleares francesas no es un asunto que se discute abiertamente y las poblaciones vecinas a los reactores no tienen el mismo poder que en Estados Unidos. Las plantas francesas enfrentan restricciones mucho menos pesadas que las de las plantas norteamericanas; sin duda, el impacto en las estructuras de costos es mucho menor. Sin embargo, por sus vínculos con la industria militar, la industria nucleoeléctrica francesa también es un desastre financiero.

Aviones

La industria aeronáutica de Estados Unidos sigue manteniendo un fuerte liderazgo en el mercado mundial de aviones de pasajeros. Como la vinculación entre el sector militar y la industria privada en esta rama ha sido particularmente intensa, parecería que estamos frente a un contraejemplo y que en esta rama el papel de la industria militar es benéfico. Sin embargo, un examen más detallado de las principales tendencias en la industria norteamericana permitirá confirmar nuestras conclusiones.

La estructura de la industria de aviones es muy compleja, y la historia de su desarrollo tecnológico reciente revela que una combinación de factores ha regido la trayectoria tecnológica de la industria. Un avión comercial, de pasajeros o carga, es una máquina que requiere una perfecta integración de subsistemas muy complejos: la estructura principal y sus componentes aerodinámicos; los motores; los subsistemas de navegación y control, y, por ultimo, los sistemas hidráulicos y tren de aterrizaje. Además, la tecnología de la aviación comercial exige un control muy sofisticado de los materiales utilizados en la construcción. Es muy difícil que una sola empresa pueda reunir, bajo un mismo techo, la capacidad tecnológica para dominar todos estos aspectos de la tecnología aeronáutica. Además, cuando se emprende el diseño y producción de un nuevo avión, el riesgo comercial no puede ser asumido por una sola empresa. Por estas razones, la producción de aviones no se lleva a cabo por una sola empresa sino por un conjunto más o menos grande de empresas. Los fabricantes de la estructura principal (cuerpo, alas, fuselaje y controles aerodinámicos) adquieren los motores y sistemas de navegación y control de otras empresas. En este apartado, cuando usamos el término "productores de aviones", nos referimos a los fabricantes del cuerpo principal porque son ellos los que ensamblan los demás componentes.

Hasta hace poco tiempo el liderazgo tecnológico de las compañías norteamericanas fue considerado como la base para dominar el mercado. En su análisis, la Comisión del MIT sobre Productividad Industrial reconoce que esta superioridad tecnológica se ha diluido (Dertouzos, 1989:202). Y la causa principal de esta erosión de una posición tecnológica dominante proviene del desvío de recursos de IDE hacia el sector espacial, fuertemente vinculado con las necesidades militares (*ibid*):

> La IDE para la industria de aviación en Estados Unidos no está recibiendo la atención que recibió en el pasado. Las necesidades del programa espacial han desviado los recursos que la NASA destinaba anteriormente a la industria de aviación, mientras que la *divergencia entre las necesidades de la aviación comercial y las de la aviación militar* han reducido el valor de desarrollar tecnología militar para la aviación comercial. (Cursivas del autor.)

En cambio, en otros países se ha incrementado el flujo de recursos para realizar investigación científica y tecnológica orientada a la aviación comercial. La misma Comisión del MIT señala que en muchos renglones de la industria de aviación civil la capacidad tecnológica de los competidores extranjeros es mayor que la de las compañías norteamericanas. Los principales productores de aviones de pasajeros en Estados Unidos son (por orden de importancia) Boeing, McDonnell-Douglas y Lockheed. El primero fue el más exitoso al combinar innovaciones clave con el concepto de una familia de aviones de pasajeros de diferentes capacidades. McDonnellDouglas es una fusión relativamente reciente; desde los años treinta y cuarenta la compañía Douglas pudo consolidar una cómoda base a partir de algunas innovaciones importantes y, desde entonces, se mantuvo activa en la industria. Lockheed acabó por retirarse de la industria porque varios de sus productos resultaron ser un desastre financiero. En particular, el *L-1011* de pasajeros y el transporte militar *C-5A* hubieran llevado la compañía a la quiebra de no ser por la intervención del gobierno federal.

A fines de los setenta Boeing y McDonnell-Douglas se convirtieron en los proveedores principales de las compañías de aviación a nivel mundial. Boeing introdujo el concepto del avión de pasajeros de gran capacidad (en el rango de los 350 pasajeros) y pudo capturar una parte del mercado que resultó fundamental para el desarrollo de los años setenta. McDonnell-Douglas nunca pudo recuperar la posición que había tenido en los años cincuenta y su programa de avión ''jumbo'', el *DC-10*, ha continuado provocando grandes pérdidas para la compañía. Pero, en su conjunto, la industria aeronáutica norteamericana siguió conservando una parcela dominante del mercado mundial de aviones de pasajeros.

Desde 1980 dicha participación de la industria norteamericana en el mercado mundial de aviones de pasajeros ha comenzado a disminuir. Ese año, Boeing acaparaba el 80% del mercado mundial (los tres grandes productores norteamericanos prácticamente tenían el monopolio del mercado mundial); un competidor europeo, el consorcio multinacional Airbus Industrie, apenas alcanzaba el 5% del mercado.[9] Para 1987, la parcela del mercado

---

[9] El consorcio se integra por las siguientes compañías: Aerospatiale (Fran-

de Boeing se había reducido a 45% y la de Airbus Industrie había crecido a 28%. En la actualidad, el consorcio europeo es el competidor más serio y amenaza con obtener parcelas del mercado más grandes con sus nuevos aviones para corta y media distancia, con capacidad de 150 pasajeros. Se calcula que los tres modelos de aviones producidos por Airbus Industrie representarán más del 30% del mercado mundial de aviones para 1992 (Lenorovitz, 1990).

Los vínculos de todos los productores norteamericanos de aviones con la industria militar han sido más o menos intensos. Y las consecuencias negativas se han dejado sentir en la pérdida reciente de competitividad. Si no se presentó antes un deterioro de la posición norteamericana muy probablemente se debe a que la industria europea no estuvo en posición de vencer las extraordinarias barreras a la entrada de esta industria sino hasta hace poco. Entre 1965 y 1980 los europeos apenas pudieron montar la organización multinacional necesaria para ingresar en esta rama; esos fueron años de aprendizaje que ahora están rindiendo frutos.

La industria de aviones es un negocio muy arriesgado para las compañías individualmente consideradas. Son muchos los ejemplos de nuevos aviones que han llevado a los productores a la ruina o a una debilidad financiera crónica. El costo para desarrollar un nuevo avión es muy alto y las compañías productoras han aprendido a diversificar su producción para diferentes segmentos del mercado. Los productores principales producen aviones de diversas especificaciones, en particular, basándose en la estrategia de la "familia de aviones" que permite explotar de manera muy eficaz la misma trayectoria tecnológica (Mowery y Rosenberg, 1982). Pero también han diversificado sus líneas de producción: Boeing produce misiles intercontinentales y misiles crucero y McDonnell-Douglas y Lockheed producen misiles de varios tipos. El apoyo financiero recibido en este mercado ha sido clave para soportar las épocas de "vacas flacas" en esta rama de la producción.

Los vínculos entre la industria de aviones y el Departamento de la Defensa tradicionalmente fueron justificados para propor-

---

cia), Deutsche Airbus (Alemania), Aerospace (Inglaterra) y CASA (España). Sin embargo, los componentes utilizados provienen de una infinidad de compañías medianas y pequeñas en otros países europeos.

cionar estabilidad económica a los productores. Desde las recomendaciones de la Comisión Finletter (Mowery y Rosenberg, 1982b) hasta las declaraciones más recientes del director de programas industriales del Pentágono (Bond, 1990b), se ha buscado asegurar una estabilidad financiera en una industria que demanda grandes inversiones de capital fijo y que está expuesta a grandes variaciones en la demanda. La importancia del sector militar en esta industria ha ido creciendo en los últimos años: las compras del sector militar a la industria de aviones en su conjunto pasaron de representar el 43% en 1977 al 66% en 1985 (Renner, 1989).

Los productores de aviones en Estados Unidos gozaron además de muchas ventajas que el paso del tiempo ha ido disipando. En primer lugar, el mercado más grande de aviones era el doméstico; los productores no tenían que arriesgarse buscando desarrollar mercados de exportación. Esto ha cambiado en la actualidad. En segundo lugar, en Estados Unidos se llevaron a cabo inversiones gigantescas en infraestructura (aeropuertos y servicios auxiliares) que actuaron como una especie de externalidad a la rama.[10] En tercer lugar, las aerolíneas en Estados Unidos ofrecieron sus servicios en un mercado fuertemente regulado que garantizó una rentabilidad elevada durante muchos años. De esta manera, las aerolíneas pudieron renovar sus aviones frecuentemente, y al mismo tiempo mantuvieron equipos de ingenieros que estuvieron en contacto estrecho con los fabricantes de aviones; de este modo, la industria de aviones tuvo acceso constante a un mercado dinámico que le exigía y sugería cambios y mejoras de diseño.

Esta situación ha cambiado notablemente en los últimos años. El mercado mundial de aviones ha crecido mucho, mientras que el mercado norteamericano, en donde han imperado altas tasas de interés, no ha mantenido el mismo ritmo. Por otro lado, el transporte aéreo ha sido desreglamentado, lo que ha promovido la competencia entre las aerolíneas. Las jugosas ganancias garantizadas por el régimen anterior han desaparecido.

Todos los productores de aviones comerciales fabricaron diversos tipos de aviones de combate. Es cierto que en muchos ca-

---

[10] Sobre estas inversiones véase el concepto de "parcialidad" de Emma Rothschild (citada en Kaldor, 1982:85).

sos los desarrollos tecnológicos realizados para el sector militar sirvieron en el sector comercial. Pero a medida que la trayectoria tecnológica de la aviación militar siguió una dirección radicalmente distinta de la de la aviación civil, los beneficios por el "uso dual" de las innovaciones sólo se han presentado excepcionalmente. Tanto en diseño aerodinámico, como en materiales utilizados, la divergencia entre la aviación civil y la militar es cada vez mayor. La conclusión de March (1989b:16-17) es la siguiente:

> Cuando los productos militares y comerciales son muy similares en su geometría y líneas, los productores [que eson apoyados por el Pentágono] pueden compartir los costos de desarrollo y moverse a lo largo de la misma curva de aprendizaje en muchas partes del proceso productivo. Por ejemplo, los pedidos de 800 unidades del KC-135 [avión cisterna] redujeron los costos del Boeing 707 mucho más rápido que si el 707 no hubiera tenido un modelo hermano. Este tipo de transferencia militar-comercial directa ha disminuido considerablemente durante los últimos 20 años y continuará disminuyendo debido a la divergencia creciente en los requisitos exigidos para cada misión (necesidad militar de ultradesempeño versus necesidad comercial de eficiencia), y menos programas militares nuevos.

Esta misma conclusión (casi textualmente) se puede encontrar también en Mowery y Rosenberg (1989:185). Pero es importante aclarar que el Departamento de la Defensa sí ha iniciado programas nuevos cuyos requisitos tecnológicos han resultado ser incompatibles con las necesidades de la aviación comercial (es el caso de los bombarderos *B-1, B-2*, y el caza *F-117* y otros).

En los últimos años la rentabilidad asociada a esta rama de la producción no ha sido buena, aun para los más grandes productores (Kaldor, 1982; Kernstock, 1990; O'Lone, 1990). Sin embargo, las compañías grandes han podido distribuir sus ingresos de tal manera que los recursos recibidos del sector militar han servido como subsidio indirecto. Pero los vicios y malos hábitos de producción del sector militar han acabado por afectar las líneas de producción comerciales. Mientras los productores norteamericanos destinaron muchos recursos para incorporar las innovaciones de la microelectrónica en los misiles y aviones de combate, el competidor europeo buscó adaptar esas innovaciones a los aviones comerciales. El resultado es que algunas tecnologías de punta en materia de aviones comerciales para pasajeros han sido introducidas primero por el consorcio Airbus Industrie (los mejores ejemplos son el del sistema de control y vuelo electrónico conocido como *fly by wire* que proporciona mayor estabilidad, y el sistema de protección contra ráfagas encontradas [*windshear*]). La nueva serie del Airbus (el sistema *A340*) incorpora novedades en el diseño de las alas que reducen el peso y un sistema computarizado de control de centro de gravedad que utiliza tanques de combustible en la cola. Mientras tanto, la Fuerza Aérea norteamericana ha incorporado estas tecnologías en su avión de combate *F-117* ("invisible") (Dornheim, 1990).

Esta tendencia innovadora que puede cambiar la organización de la industria no se limita a la producción de aviones de pasajeros. En el sector aeroespacial la competencia europea y japonesa (quizás hasta soviética) ha comenzado a penetrar el mercado de los satélites de comunicaciones, percepción remota y para exploración científica. Mientras en Estados Unidos predomina la asignación de recursos a la tecnología militar, los europeos y japoneses han iniciado un gran esfuerzo para desarrollar el mercado de usos civiles del espacio. Ya en 1990 el 55% del mercado internacional para el lanzamiento de satélites comerciales ha sido ocupado por Arianespace, la compañía de la Agencia Espacial Europea.[11] Además, un estudio sobre la evolución del mercado de usos civiles del espacio (satélite de comunicaciones, percepción remota, meteorología y desarrollo de nuevos productos en condiciones de microgravedad) demuestra que las dos superpotencias deberán enfrentar una competencia creciente de Europa, Japón, la India y Brasil para finales de la década de los noventa.[12]

Comentarios finales

Ya nadie pone en duda la influencia negativa del Pentágono sobre la estructura y competitividad de varias ramas estratégicas

---

[11] Véase la nota "Ariane Will Broaden Launch Services to Counter Competition", *Aviation Week and Space Technology*, 3 de septiembre de 1990.
[12] Un resumen del estudio de mercado se encuentra en "Space Industry-10 Year Survey", *Space Policy*, 4 (3), 1988, pp. 244-252.

de la industria norteamericana. La vieja racionalización de los efectos benéficos imprevistos para justificar altos niveles de gasto militar es cada vez más difícil de fundamentar. En cierto sentido, se puede afirmar que Estados Unidos ha tenido una especie de "Ministerio de Industria" malévolo que ha contribuido a socavar las bases de la competitividad industrial. Ese ministerio es la sección de compras militares del Departamento de la Defensa. En radical contraste con agencias oficiales de otros países, como el MITI de Japón, el Departamento de la Defensa, con su colosal presupuesto, ha desviado recursos y contaminado el potencial competitivo de la industria norteamericana hasta ponerla seriamente en peligro. Hoy es posible afirmar que la organización de la industria para la defensa nacional ha atentado seriamente contra la seguridad de Estados Unidos.[13]

La Unión Soviética no es un caso distinto. En estos capítulos hemos centrado la atención sobre el caso de Estados Unidos simplemente porque existe más información. Pero el efecto nocivo de la industria militar sobre la industria civil ha sido quizá mucho más intenso en la URSS. El que no se tenga información detallada sobre la evolución de diversas ramas de la industria no quiere decir que el problema no se presente. Es más, en cierto sentido el complejo militar-industrial es más extenso y tiene más ramificaciones en la URSS que en Estados Unidos. El lamentable estado de las industrias de bienes de consumo duradero, así como las deficiencias del sector de bienes de capital, son quizás el testimonio más claro de la negativa influencia de la industria militar en la URSS.

[13] Los efectos negativos del gasto militar no se limitan a socavar las bases de competitividad sino que también afectan la organización industrial. Este aspecto del problema ha sido dejado de lado en nuestro análisis. Un estudio reciente (Smith, 1990) para el caso de Inglaterra revela que el impacto puede ser importante y, de hecho, recomienda que se use el poder de compra del Ministerio de la Defensa como un instrumento de política industrial. El estudio citado se concentra en la problemática de la organización industrial (competencia *vs.* falta de competencia) y no en la eficiencia de la asignación de recursos en términos de *competitividad.*

Tercera Parte

Tecnología militar decadente y la ilusión del control de armamentos

XI. LA ERA NUCLEAR Y EL DERECHO INTERNACIONAL

INTRODUCCIÓN

Desde 1955 las negociaciones sobre control y reducción de armamentos han sido extraordinariamente complejas, largas y han desembocado en resultados muy desalentadores. No sólo no se han establecido bases firmes para reducir la cantidad y calidad de los armamentos nucleares, sino que ni siquiera se ha podido frenar el crecimiento vertiginoso del número de cargas nucleares (cabezas de misiles y bombas de gravedad) y de vehículos de lanzamiento (misiles y bombarderos). La triste historia de los tratados sobre control de armamentos firmados entre la URSS y Estados Unidos parece más bien una secuencia de intentos por administrar la carrera armamentista. Éste es el mensaje de Alva Myrdal (1976) cuyo análisis reveló que las superpotencias han pretendido realizar negociaciones sustantivas para limitar el crecimiento de sus arsenales nucleares, pero en realidad sólo han tratado de "administrar la carrera armamentista".

El esfuerzo por administrar la carrera armamentista adopta varias direcciones. La primera consiste en la delimitación espacial de la carrera: las superpotencias buscan evitar que ésta se desborde hacia zonas o regiones en las que el riesgo y costo de emplazar armas nucleares es muy elevado. La segunda consiste en evitar que otros países obtengan la tecnología nuclear y participen en la carrera armamentista (proliferación horizontal). Los esfuerzos de ambas superpotencias les permitieron orientar o encauzar la carrera armamentista por un sendero adaptado a sus necesidades estratégicas. A lo largo de este proceso, los arsenales nucleares sufrieron una expansión cuantitativa y un desarrollo cualitativo formidables; la historia del control de armamentos es la triste historia de la proliferación vertical de las armas nucleares.

El régimen de derecho internacional no ha sabido cómo responder al desafío de la posesión y desarrollo de armamentos nucleares. Desde hace un siglo la comunidad internacional ha buscado definir normas jurídicas para limitar el desarrollo de nuevos tipos de armamentos, frenar la carrera armamentista, imponer limitaciones en el uso de nuevos armamentos en caso de guerra y, por último, reducir el tamaño de los arsenales militares. En cada caso, el régimen de derecho internacional ha tratado de regular el desarrollo y utilización de innovaciones técnicas en el ámbito militar: acorazados, submarinos, aviones, misiles y cargas nucleares; cada uno de estos intentos está asociado a innovaciones básicas en armamentos. Es necesario examinar algunas de estas experiencias para poder apreciar sus limitaciones y fortalezas; de este análisis se pueden derivar lecciones importantes.

En este capítulo se examina el problema de las relaciones entre armamentos nucleares y derecho internacional. El primer apartado analiza la evolución de las leyes internacionales sobre conflictos bélicos y su aplicabilidad a los armamentos nucleares. El segundo está centrado en el estudio de la relación entre el cambio tecnológico en armamentos y el derecho internacional. El tercer y último apartado busca demostrar que el régimen de derecho internacional *vigente* prohíbe la posesión y empleo de las armas nucleares.

Armamentos Nucleares y Derecho Internacional

Desde hace varios siglos se ha buscado definir y establecer cierta normatividad sobre la conducta a seguir por los adversarios en la guerra. Las "leyes humanitarias" que debían regir la conducta de los ejércitos en caso de conflicto tienen un origen obscuro en la antigüedad. Algunos de los preceptos medulares de estas leyes humanitarias fueron los siguientes: no matar heridos o enfermos, respeto a la población no beligerante, no imponer malos tratos a los prisioneros de guerra.

La idea misma de leyes humanitarias para la conducta en la guerra puede parecer un contrasentido porque la guerra significa violencia y destrucción. Sin embargo, existe una larga historia de intentos por codificar las relaciones que se establecen en un combate armado entre dos países con el fin de evitar daños a terceros, daños innecesarios o la destrucción sin objeto. Uno de los más ilustres fundadores del derecho internacional, el holandés Hugo Grocio, estableció en su obra sobre el derecho en la guerra y la paz (1625), que el empleo de ciertas armas (por ejemplo, las flechas envenenadas) estaba prohibido. Estas armas eran juzgadas como inmorales y particularmente crueles, pues infligen un daño que va más allá de lo que, desde el punto de vista militar, es estrictamente necesario. Para Grocio, el derramamiento de sangre de las guerras religiosas de su tiempo debía ser contenido. Sus limitaciones sobre el tipo de armas a ser utilizadas no eran más que una consecuencia de un principio más importante: no puede haber una distinción entre guerras "justas" e "injustas".

Es cierto que muchas de estas prohibiciones sobre armamentos llevaban aparejado un cierto ingrediente de cinismo: el Consejo de Letrán, en el año 1132 DC, decretó que el uso de la ballesta era "no cristiano", sobre todo cuando se empleaba en contra de los ejércitos papales. El cinismo se basa en consideraciones de ventajas políticas y estratégicas, y ha llegado a corromper la idea fundamental de imponer reglas humanitarias sobre la conducta en la guerra. Afortunadamente, más allá del cinismo que está detrás de algunas de estas prohibiciones existe un consenso histórico sobre la necesidad de imponer algún tipo de reglamentación sobre la conducta en una guerra. El dictado de Cicerón, *Inter Arma Silent Leges* (en la guerra, las leyes guardan silencio), ha sido modificado desde hace mucho tiempo: el derecho de los ejércitos a conducir las hostilidades como mejor les convenga no es ilimitado. Y *antes* de que estalle la guerra es necesario codificar la conducta de comandantes y ejércitos.

El consenso histórico está basado en el reconocimiento de que existen valores que están por encima de cualquier causa de conflicto armado: cualquiera que sea el *casus bellum*, los principios generales de la civilización tienen una jerarquía superior. Entre estos principios se encuentra la prohibición del comercio de esclavos y de la piratería, de los actos de genocidio, de crímenes de guerra y, en general, de todo acto que choque con los fundamentos de la civilización y la razón humana.

Así, el derecho de gentes contiene normas de carácter perentorio que están por encima de cualquier forma de relación entre los Estados. Estas normas de derecho internacional se denominan *ius cogens* y su fuerza es absoluta, decisiva. Los principios universales del derecho internacional constituyen un cuerpo de doctrina que está por encima de las formas coyunturales que adopten las relaciones entre los Estados, incluyendo la guerra. El artículo 53 de la Convención de Viena sobre la Ley de los Tratados (1969) estipula que un tratado es nulo de pleno derecho si, al momento de suscribirse, entra en conflicto con una norma perentoria del derecho internacional general.[1]

Las leyes de la guerra

El *ius cogens* establece, entre otras cosas, que el derecho de las partes beligerantes en la conducta de las hostilidades *no* es ilimitado. Este hecho, de fundamental importancia, no es una simple declaración de buenos deseos o la opinión de algún jurista iluminado.[2] Este principio ha sido reconocido explícitamente en una serie de tratados y convenios suscritos por la mayor parte de los miembros de la comunidad internacional y la experiencia histórica reciente (primera y segunda guerras mundiales) los ha consagrado como parte esencial de la cultura jurídica internacional. Quizás el precepto más explícito sobre este punto es el artículo 22 de la Cuarta Convención de La Haya (1907) que establece que "el derecho de los beligerantes a adoptar medios para infligir daños al enemigo no es ilimitado".

Este principio fundamental se encuentra en una permanente tensión con la noción del "interés militar" que predica la necesi-

---

[1] La Carta de las Naciones Unidas establece el mismo principio en su artículo 103.

[2] De cualquier manera es importante señalar que la opinión de los jurisconsultos es una fuente importante del derecho internacional y, como tal, se le sitúa al lado de los principios generales del derecho tal y como son reconocidos por las naciones civilizadas, así como de las decisiones judiciales. Sobre este punto en particular, véase el artículo 38 del Estatuto de la Corte Internacional de Justicia.

dad de subordinar todo al fin de la guerra (*i.e.*, alcanzar la victoria). Pero el interés militar tiene límites: aun en el análisis clásico de Clausewitz (1976), el interés militar se rige por la necesidad de debilitar o destruir las *fuerzas militares* del enemigo. La destrucción *sin* objetivo militar es un contrasentido, es contraria a los principios del *ius cogens*. Éste es el mismo principio que recogió la Declaración de San Petersburgo, luego de una conferencia que reunió a los oficiales de alto rango de las principales potencias (en 1868) para prohibir el uso de una nueva clase de bala que se expandía al penetrar el cuerpo de una víctima y causaba lesiones imposibles de curar. La Declaración de San Petersburgo afirmó el principio general de que el derecho a causar daños *no* es ilimitado.

Las principales limitaciones que se imponen a las fuerzas armadas en un conflicto han sido recogidas en tratados internacionales de diversa índole. Entre las disposiciones más importantes y los instrumentos que las reconocen se encuentran los siguientes (Van den Biesen e Ingelse, 1986; McBride, 1983):

1. Respetar la distinción entre población no beligerante y fuerzas armadas enemigas y prohibición de atacar la población civil y objetivos civiles: Declaración de San Petersburgo (1868); Octava Convención de La Haya sobre Minas Submarinas de Contacto (1907); Reglas de La Haya sobre Guerra Aérea (1923); Carta de Nuremberg (1945); Primer Protocolo de la Cruz Roja (1977).

2. Prohibición de atacar iglesias, monumentos históricos, propiedad cultural, bienes básicos, hospitales, médicos, enfermeras, así como las instalaciones en donde se ubican fuerzas naturales peligrosas: Reglamento de las Leyes y Usos de la Guerra en Tierra (1907); Novena Convención de La Haya sobre Bombardeos por Fuerzas Navales (1907); Reglas de La Haya sobre Guerra Aérea (1923); Cuarta Convención de Ginebra (1949); Convención de La Haya para la Protección de la Propiedad Cultural en Caso de Conflicto Armado (1954); Primer Protocolo de la Cruz Roja (1977).

3. Prohibición de atacar objetivos desprotegidos: todos los tratados y convenios mencionados en el punto anterior.

4. Prohibición de dañar o modificar el medio ambiente: Primer Protocolo de la Cruz Roja (1977); Tratado sobre Prohibición del Uso Militar de Técnicas para Modificar el Medio Ambiente (1977);

5. Prohibición de atacar países no involucrados en las hostilidades: Quinta Convención de La Haya (1907); Carta de Nuremberg (1945); Carta de las Naciones Unidas.

6. Prohibición de causar daños innecesarios o sufrimiento excesivo:[3] Reglamento de las Leyes y Usos de la Guerra en Tierra (1907); Protocolo de Ginebra sobre Gases (1925); Primer Protócolo de Ginebra para la Protección de las Víctimas de Conflictos Armados Internacionales (1977); Tratado que Prohíbe y Limita el Uso de Ciertos Armamentos Convencionales (1981).

7. Prohibición de causar o infligir daños una vez que han cesado las hostilidades:[4] Reglamento de las Leyes y Usos de la Guerra en Tierra (1907); Primer Protocolo de la Cruz Roja.

8. Prohibición de usar métodos de guerra que imposibiliten el tratamiento médico de los heridos:[5] Convenciones Primera, Segunda y Cuarta de Ginebra (1949).

9. Prohibición de cometer genocidio: Tratado de las Naciones Unidas para la Prevención y Castigo del Genocidio (1948).

Desde luego, estas reglas se acompañan de prohibiciones sobre la posesión, el uso o la amenaza de uso de cierto tipo de armamento. En particular, destacan las prohibiciones sobre armas venenosas, químicas, bacteriológicas y análogas. Esta prohibición tiene un alcance muy general porque, por analogía, se extiende a todo tipo de armamento que provoque efectos similares a los del envenenamiento, asfixia y enfermedad infecciosa inducida. La famosa cláusula De Martens, integrada al texto del Preámbulo de la Cuarta Convención de La Haya (1907), permite extender la prohibición explícita a tipos de armamentos novedosos que no existían en el momento de la redacción de estos tratados:

> Hasta que pueda contarse con un código de leyes de guerra más apropiado, las Altas Partes Contratantes consideran necesario de-

---

[3] Esta regla se aplica a los miembros de las fuerzas armadas. La población civil se encuentra protegida por los principios mencionados en los puntos *1 y 2*.

[4] Esta prohibición también se refiere a las fuerzas armadas del enemigo. En particular, se relaciona con el caso de tropas que se han rendido o que han sido puestas *hors de combat*.

[5] Esta prohibición está asociada a la obligación de proteger la integridad física de los prisioneros de guerra.

clarar que, en los casos no cubiertos por las reglas adoptadas por ellas, los habitantes y partes beligerantes permanecen bajo la protección y gobierno de los principios generales del derecho de gentes, derivados de los usos establecidos entre las naciones civilizadas, de las leyes de la humanidad y los dictados de la conciencia pública.

El interés principal de la cláusula De Martens y de la analogía jurídica se relaciona con la prohibición sobre el empleo de armas nucleares. Varios autores consideran que la prohibición sobre armas crueles, inhumanas y contradictorias con los principios del derecho internacional, se extiende a la posesión y empleo de armas nucleares (Falk *et al*., 1981; Lawyers for Nuclear Disarmament, 1982; McBride, 1983; Van de Biesen e Ingelse, 1986). El fundamento jurídico de la prohibición sobre las armas nucleares también se encuentra en varias resoluciones de la Asamblea General de las Naciones Unidas cuyo texto señala explícitamente que el uso de armas nucleares es contrario al espíritu, letra y objetivos de la Carta de las Naciones Unidas.[6] Hay que notar que las resoluciones de la Asamblea General tienen poder vinculatorio y que la fuerza y vigencia de estas normas *no* se ven afectadas por el hecho de que algunas potencias nucleares no han votado en favor de estas resoluciones.

TECNOLOGÍA MILITAR Y DERECHO INTERNACIONAL

Es preciso reconocer que en este siglo, la tensión entre los principios del *ius cogens* y los del interés militar se ha agudizado porque muchas innovaciones técnicas han incrementado el poder destructivo de los armamentos y aumentado las dimensiones de las hostilidades. Varios nuevos armamentos (minas de contacto, submarinos, aviones) llamaron la atención sobre la necesidad de reafirmar los principios del derecho internacional relacionados con la guerra y se desarrolló una importante actividad diplomática para limitar la construcción y uso de estos armamentos. La ra-

[6] Nos referimos a las resoluciones 1 653, 2 936, 71 B/XXXIII, 83 G/XXXIV y 152 D/XXXV de la Asamblea General de las Naciones Unidas (de 1961, 1972, 1978, 1979 y 1980, respectivamente).

zón básica para buscar esta limitación fue la contradicción entre estos armamentos y varios principios del *ius cogens*. El resultado ha sido desalentador porque las potencias no han querido renunciar a las ventajas (reales o percibidas) que las nuevas tecnologías les brindan. En consecuencia, es necesario examinar la relación entre el proceso de cambio técnico militar y el derecho internacional para situar en una perspectiva histórica adecuada los esfuerzos más recientes por regular la posesión y posible empleo del armamento nuclear.

Navíos de superficie

Las grandes flotas de acorazados, cruceros y destructores fueron consideradas a principios de siglo como fuerzas de disuasión; al mismo tiempo, se les consideró como una fuerza estratégica, capaz de imponer el poder de un país en grandes regiones del planeta. Por estas razones, y porque su desarrollo imponía un peso exagerado sobre las economías de las principales potencias, se intentó limitar su crecimiento y desarrollo cualitativo. Los intentos por limitar el crecimiento de las flotas navales y restringir el tipo de armamento que llevaba cada clase de navío mantienen un paralelismo muy cercano con los esfuerzos por frenar el desarrollo de los arsenales nucleares de las superpotencias.

Hasta el siglo XVIII el típico navío de superficie era el barco de dos cubiertas y 74 cañones; el navío más poderoso tenía tres cubiertas y unos 100 cañones. En 1850 se instaló el primer motor de vapor (con fines auxiliares) en un navío de guerra, y el advenimiento de las balas con explosivos de alto poder hizo necesario que se adoptara la coraza de hierro en los navíos de fin de siglo. El uso de velas y mástiles todavía se mantuvo hasta bien entrada la era del motor de vapor, hasta que el duelo entre coraza y poder de fuego comenzó a dictar el formato de los barcos de guerra modernos.

En 1906 el Almirantazgo británico nombró un comité especial para diseñar un nuevo tipo de acorazado, aprovechando las enseñanzas del conflicto ruso-japonés de 1905. El resultado fue el HMS *Dreadnought*, un acorazado de 18 000 toneladas de desplazamiento, 10 cañones con calibre de 12 pulgadas, corazas de 11 pulgadas y motores de turbina (23 000 caballos de fuerza) que permitían una velocidad de 21 nudos. Éste fue el paradigma tecnológico para una generación de navíos de superficie, que dominó la doctrina naval entre 1905 y 1945 (aunque no los combates durante las dos guerras mundiales) hasta que fue reemplazado por el portaviones.

Antes de la Primera Guerra Mundial, Alemania y Gran Bretaña se enfrascaron en una intensa carrera de armamentos navales. Para ambas potencias el peso económico de esta carrera era excesivo, aunque había intereses evidentes de las industrias metalmecánica y de construcción naval. Con el fin de frenar esta carrera se llevaron a cabo diversas negociaciones, pero no pudieron fructificar en limitaciones efectivas. El proceso de cambio tecnológico se intensificó (desaparición total de las fuerzas navales de vela, sustitución de la madera por corazas de metal, introducción de cañones estriados capaces de disparar proyectiles con explosivos de alto poder, torpedos y aviones) y el deseo de mantener una hegemonía en los mares condujo a Gran Bretaña a un extenso programa de construcción naval,[7] por lo que Alemania se vio obligada a desarrollar su propio programa de industria naval. Las negociaciones sobre control de armamentos navales surgieron en las conferencias de La Haya en 1899 y 1907, pero sin resultados. Sin embargo, estas negociaciones constituyeron un antecedente importante para los tratados navales firmados a partir de 1922. Lo interesante de este episodio es el paralelismo que tiene con los esfuerzos para limitar el crecimiento de los arsenales nucleares de las superpotencias a partir de los acuerdos SALT I firmados en 1972. En efecto, las negociaciones sobre fuerzas navales introdujeron una sofisticada contabilidad de tonelaje y características de la artillería emplazada en cada navío, similar a las complicadas reglas utilizadas en los acuerdos sobre misiles, bombarderos y cargas nucleares. Las negociaciones navales también tenían por objeto limitar el crecimiento de sistemas tecnológicos que nunca habían sido probados en condi-

---

[7] Para mantener su hegemonía naval, Gran Bretaña tenía que construir acorazados para dominar en duelos cerrados de artillería pesada, cruceros que proporcionaban mayor movilidad, así como destructores y lanchas rápidas para el lanzamiento de torpedos. Estas necesidades nacieron de la gran variedad de cambios tecnológicos en varios de los elementos integrantes de la Armada a principios de siglo.

ciones de combate. Además, al igual que en el caso de los armamentos nucleares, en cada una de las potencias involucradas había una especie de "complejo militar-industrial" que mantenía un bien coordinado sistema de cabildeo para asegurar que los presupuestos correspondientes fueran aprobados oportunamente. Finalmente, esas negociaciones también se llevaron a cabo sobre armas que eran consideradas "armamento disuasivo". Éstos son los elementos del paralelismo con los intentos de control de armamentos modernos; queda por verse si la analogía histórica concluye a este nivel o si el desencadenamiento de las hostilidades y el fracaso de la misión disuasiva también entra a formar parte del paralelismo.

El Tratado de Versalles impuso las primeras restricciones a Alemania en el marco de la construcción de navíos de guerra. Pero para principios de los años veinte, Inglaterra y Estados Unidos promovieron la celebración de un tratado que impusiera límites a la construcción de acorazados; el objetivo era frenar el desarrollo francés e italiano en este terreno, pero sobre todo el japonés. Así nació el tratado de Washington de 1922, que además de fijar límites cuantitativos a las flotas de los países signatarios, estableció las siguientes obligaciones:

a) prohibición de construir o adquirir acorazados de más de 35 000 toneladas de desplazamiento;

b) prohibición de construir o adquirir navíos de guerra (diferentes de los acorazados y portaviones) de más de 10 000 toneladas de desplazamiento;

c) prohibición de establecer nuevas instalaciones o bases navales en territorios o posesiones de Estados Unidos, Gran Bretaña y Japón.

El tratado de Washington no pudo establecer limitaciones al tonelaje total que cada país podía mantener distribuido en cruceros, destructores y submarinos. Sin embargo, se le consideró un éxito porque, por primera vez en la historia, varias potencias accedieron a limitar el tamaño de sus arsenales (y de los armamentos más importantes y formidables existentes). Pero como no había restricciones sobre el tonelaje total, casi todos los países signatarios se embarcaron en sendos programas de construcción naval militar (a pesar de que el tratado debía tener una vigencia de 14 años).

Uno de los rasgos negativos del tratado fue la percepción japonesa de que el tratamiento que había recibido era inequitativo. Sobre este país se ejercieron muy fuertes presiones diplomáticas para que aceptara un tope en tonelaje y número de acorazados más bajo que los de Estados Unidos y Gran Bretaña. Durante los años que siguieron, la opinión pública japonesa (y los militares) percibieron este hecho como una humillación y se generó una tendencia militarista contraria a cualquier limitación en el número y tipo de armamentos (Stanford Arms Control Group, 1984:339).

En 1930 se llevó a cabo una segunda conferencia naval en Londres con el fin de extender el alcance del tratado de Washington. En términos generales se puede afirmar que la conferencia no tuvo el éxito esperado porque Francia no aceptó las reglas de contabilidad del tonelaje establecidas en el tratado de Washington y, además, declaró inaceptable la demanda italiana de paridad (con Francia) en lo que concernía a cruceros, destructores y submarinos. Sin embargo, nuevamente se dijo que el tratado era un parteaguas histórico porque las grandes potencias navales habían aceptado imponer límites en el tamaño de sus flotas y se estableció la obligación de reducir el tonelaje total. Para 1934, Japón consideró que los límites cuantitativos eran injustos y denunció el tratado de Washington (Goldblat, 1982).

En 1936 se firmó un nuevo tratado en Londres con el fin de establecer limitaciones cualitativas en los tipos de armamento que podían llevar los navíos de superficie. Estas limitaciones se referían al tipo de artillería y probablemente estaban relacionadas con la carrera entre el espesor de las corazas (que en algunos casos rebasaban las 14 pulgadas en el costado de los buques) y el poder explosivo de la artillería moderna. Este es el tipo de competencia que recuerda la carrera entre misiles y defensa antibalística, submarinos nucleares y sistemas de detección no acústica, blancos móviles y tecnología de vehículos de reingreso maniobrables (MARV).

La similitud entre los tratados para limitar el crecimiento de los arsenales navales y los acuerdos para limitar el número de misiles y cargas nucleares es, en verdad, una señal de alarma. Dos razones importantes así lo indican. En primer lugar, los acuerdos internacionales para limitar el crecimiento de los arsenales han conducido invariablemente a una expansión de éstos. Los tratados navales de 1922, 1930 y 1936, al igual que los acuerdos SALT I y SALT II sobre misiles y cargas nucleares, no son ninguna excepción. En segundo lugar, los acorazados y flotas navales de principios de siglo, al igual que los misiles y cargas nucleares de hoy en día, eran considerados armamentos disuasivos. Pero la función disuasiva falló; es decir, ya antes en la historia de la humanidad se ha hablado en términos de "armamento disuasivo" y se ha desembocado en la utilización de este armamento.

Submarinos

Durante la Primera Guerra Mundial Alemania introdujo el empleo de submarinos como instrumento para equilibrar el tradicional dominio marítimo británico. Por su parte, Gran Bretaña insistió en que este tipo de armamento era contrario a los usos y costumbres del conflicto armado en el mar. Hasta antes del empleo de submarinos en un conflicto naval, se reconocía el derecho de un buque armado a detener, abordar e inspeccionar barcos de la marina mercante en alta mar. También se aceptaba que, si las circunstancias hacían imposible capturar un barco mercante (por el clima, la naturaleza del barco o la presencia de fuerzas enemigas en la cercanía), dicho navío podía ser hundido siempre y cuando se tomaran las debidas precauciones para garantizar la vida de la tripulación y pasajeros. Si un barco mercante intentaba la fuga o desplegaba armas para contratacar, también podía ser hundido.

Estas reglas tradicionales (y no escritas) sobre la conducta de la guerra en el mar fueron violadas en más de una ocasión, tanto por los submarinos alemanes como por la flota inglesa. Los alemanes hundieron muchos buques sin previo aviso y utilizaron el factor sorpresa que les proporcionaba el nuevo armamento. Los ingleses, por su parte, procedieron a armar a buques mercantes con el fin de que atacaran a cualquier submarino que intentara capturarlos.

Alemania y Francia vieron en el submarino un eficaz instrumento para nivelar las fuerzas marítimas; Gran Bretaña rápidamente tomó conciencia de la amenaza que este armamento representaba para su flota, considerando que un uso hábil del submarino podía compensar grandes disparidades de cantidad y calidad de barcos de superficie. En consecuencia, después de la guerra Gran Bretaña trató de que se aceptara una prohibición total para el uso de submarinos en caso de conflicto y las potencias continentales se opusieron. Estados Unidos adoptó una posición mediadora, probablemente considerando que el uso extenso del submarino era ya inevitable.

El resultado es que se aprobaron varias restricciones al uso de submarinos en combate: los barcos mercantes podían ser detenidos e inspeccionados; podrían ser hundidos por un submarino siempre y cuando se asegurara la supervivencia de la tripulación o pasajeros; si un barco mercante intentaba escapar, o contratacaba al submarino, éste podía hundirlo. Es decir, se adoptaron las mismas reglas que para los navíos de superficie. Las lecciones de la Primera Guerra Mundial fueron ignoradas, en particular que el nuevo tipo de armamento hacía muy difícil pensar que se podía respetar la vieja distinción entre beligerantes y no beligerantes en el combate marítimo.

El contenido de las normas del derecho internacional no pudo evolucionar porque algunas potencias no querían renunciar a las ventajas que les confería el viejo sistema de armamentos; por su parte, otras potencias veían en el submarino nuevas ventajas que permitirían nivelar el balance de fuerzas marítimas. Así, las normas internacionales se quedaron congeladas en una realidad más ligada a los principios del siglo XIX que a los del nuevo siglo (Falk et al., 1981). La Segunda Guerra Mundial vería una intensificación en el uso del submarino y confirmaría que se había quedado atrás el tiempo de la ''detención e inspección'' de un navío mercante. Los mares se convirtieron en un espacio de guerra indiscriminada en donde se hizo cada vez más difícil la distinción entre beligerantes y no beligerantes.

Aviones

El uso de aviones para bombardear al enemigo también hizo su aparición en la Primera Guerra Mundial. Aunque la escala de los bombardeos distaba mucho de lo que sería tres décadas más tarde, muy rápidamente se pudo apreciar el enorme potencial del bombardeo aéreo. Con el bombardeo de sus ciudades y concentraciones industriales, un país podía sufrir la destrucción de su base material para sostener una guerra, al mismo tiempo que sus tropas enfrentaban al enemigo en el frente de batalla. La población podía ser víctima de aterradores ataques aéreos, minando su voluntad para seguir apoyando una guerra. Ya desde la Primera Guerra Mundial el objetivo rector de la guerra aérea fue el llamado "bombardeo estratégico" de ciudades y concentraciones industriales. El fin era doblegar la voluntad de combate de la población.

Durante el periodo entre las dos guerras, los esfuerzos por limitar el empleo de los aviones se concentró en dos líneas de acción. En primer lugar, se trató de imponer límites al número y calidad de aviones que cada país podía tener. En segundo lugar, se buscó prohibir o por lo menos limitar el uso de cierto tipo de armamento arrojado desde aviones. Al final de todo el proceso, el impetuoso dinamismo del cambio técnico relegó las discusiones de los jurisconsultos a la categoría de anacronismos; el interés nacional en obtener ventajas estratégicas predominó y el resultado fue la concepción de "bombardeo estratégico" que se impuso en la Segunda Guerra Mundial.

La conferencia de Washington de 1922 organizó una comisión de juristas para examinar si las leyes existentes eran suficientes para cubrir el caso de nuevos armamentos utilizados en la Primera Guerra Mundial. En su informe general, la comisión *recomendó* que no se utilizara el bombardeo aéreo para infundir terror en la población. Este instrumento sería legítimo si se empleaba exclusivamente contra blancos militares. En los casos en que fuera imposible evitar daños a la población civil por el bombardeo de blancos militares, no debería haber bombardeos aéreos. Está comisión fue seguida por la Conferencia Mundial sobre Desarme, celebrada en Ginebra, Suiza, en 1932. Las mismas recomendaciones fueron presentadas a los delegados y no se pudo avanzar más allá de los simples buenos deseos.

Para 1933 las potencias europeas estaban enfrascadas en una nueva carrera armamentista y los intereses estratégicos nuevamente predominaron sobre las ilusiones de estas recomendaciones visionarias sobre lo que debía ser un bombardeo aéreo. Nuevamente el derecho internacional apareció como una fuente de preceptos anacrónicos, incapaces de regular la nueva realidad engendrada por las innovaciones técnicas en armamentos. Poco a poco, la brecha entre los arsenales militares y el derecho internacional se fue ensanchando más; hoy en día un verdadero abismo separa a los armamentos nucleares y las doctrinas sobre su utilización de las leyes más elementales de la guerra.

LAS ARMAS NUCLEARES ESTÁN PROHIBIDAS POR EL DERECHO INTERNACIONAL

El 8 de agosto de 1945, el día en que se inició la misión atómica contra la ciudad de Nagasaki, se expidió el Acuerdo de Londres para establecer un Tribunal Militar Internacional, con sede en Nuremberg, Alemania, para juzgar a los principales criminales de guerra nazis. Ese acuerdo reconoció el "principio de responsabilidad individual" para juzgar a posibles criminales de guerra (*i.e.*, quienes cometen crímenes contra la humanidad perpetrados cuando el orden jurídico civilizado se ve perturbado por causa de una guerra).

El fundamento jurídico del tribunal de Nuremberg es una norma perentoria del derecho internacional que establece que el derecho de la guerra se encuentra no sólo en los tratados, sino en la práctiva y usos de los Estados, y que su reconocimiento es parte de un proceso dinámico en el que participan las decisiones de las cortes (militares) y las enseñanzas de los jurisconsultos (en derecho castrense). El propio tribunal de Nuremberg explícitamente reconoce que éste es su fundamento jurídico y que, por lo tanto, no se le puede invalidar con el argumento de que los acusados estaban siendo juzgados con respecto a leyes que no existían con anterioridad al delito cometido. Es cierto que en materia penal el concepto de la no retroactividad de una ley es un principio rector (al menos desde que Beccaria escribió su célebre tratado sobre los delitos y las penas en 1761); pero en materia de crímenes contra la humanidad, se entiende que la cláusula De Martens tiene una jerarquía mayor y determina que las normas generales del derecho de gentes y los usos de las naciones civilizadas protegen a la población (a cualquier población) de los abusos que puedan cometerse contra ella en caso de conflicto armado.

Este antecedente es muy importante en el caso de las armas nucleares porque con frecuencia se argumenta que no están prohibidas por ninguna ley o tratado internacional. Esto no es cierto por dos razones. La primera es que las prohibiciones de los tratados mencionados antes se extienden por lógica jurídica elemental a las armas nucleares. La segunda es que las resoluciones de la Asamblea General de las Naciones Unidas tienen fuerza y vigencia en el ámbito del derecho internacional. Y ya se han citado cinco resoluciones en este sentido adoptadas por la aplastante mayoría de los integrantes de la comunidad internacional (véase la nota 6 *supra*).

Hoy en día se puede afirmar sin ambigüedades que las armas nucleares, su posesión y despliegue con intenciones de usarlas, son absolutamente ilegales ante el derecho internacional. Violan todas y cada una de las disposiciones arriba enlistadas y no se puede concebir ninguna justificación para su emplazamiento, dentro o fuera del territorio de las potencias nucleares. Como ejemplo sobre algunas de las violaciones más importantes al derecho internacional vigente podemos enumerar cuatro violaciones fundamentales, íntimamente entrelazadas.

Violación a la distinción fundamental entre beligerantes y no beligerantes

La estructura del orden político y jurídico internacional se basa en la existencia de Estados independientes. El régimen jurídico aplicable a la conducta de la guerra establece que en todo caso y en todo momento debe respetarse la distinción entre Estados beligerantes y Estados neutrales o no beligerantes. Esta norma está consagrada en varios de los instrumentos jurídicos arriba mencionados. Destacan la Quinta Convención de La Haya (1907), la Carta de Nuremberg (1945) y la Carta de las Naciones Unidas. Cualquier posible utilización de armas nucleares en un conflicto armado tendrá efectos negativos sobre países no beligerantes. Desde luego, un ejemplo claro es el caso de México y de cualquier vecino geográfico de las potencias nucleares. Los efectos del pulso electromagnético (provocado por detonaciones exoatmosféricas) y de la precipitación radiactiva no se detendrán en las fronteras de los países beligerantes, de la misma manera que los efectos de las ondas de sobrepresión, calor y radiación local tampoco dejarán de ocasionar severos daños en las poblaciones del lado mexicano en la frontera con Estados Unidos. Además, las características técnicas de los misiles balísticos intercontinentales, y las trayectorias que deben recorrer en caso de un intercambio nuclear, hacen concebible que países no beligerantes (vecinos de las superpotencias) sean los desafortunados recipientes de impactos directos de cargas nucleares (Nadal, 1989 y 1990). No existe un ejemplo más evidente de violación a la obligación de respetar la neutralidad de los países no beligerantes.

Violación a la prohibición de utilizar armas que no discriminan entre la población civil y las fuerzas armadas

En el capítulo VIII se ha señalado cómo los planes operativos de guerra de ambas superpotencias incluyen blancos civiles (concentraciones urbanas). Esta amenaza de utilizar armas nucleares contra blancos civiles es violatoria de la Octava Convención de La Haya sobre Minas Submarinas de Contacto (1907), de las Reglas de La Haya sobre Guerra Aérea (1923), del Primer Protocolo de la Cruz Roja (1977), de la Carta de Nuremberg (1945) y de otros instrumentos. Aunque las Reglas de La Haya sobre Guerra Aérea no se convirtieron en un tratado formal, sí constituyen una codificación de los principios básicos que debían regular el uso de bombarderos. Estos principios constituyen una extensión de los preceptos que rigen el combate en tierra y en el mar. Por lo tanto, la distinción entre blancos civiles y blancos militares debe ser reafirmada para el caso de bombardeo aéreo (y debe cubrir todo vehículo de lanzamiento, bombarderos y misiles de todo tipo). Ahora bien, aun en el caso de que se considere el empleo de armas nucleares en los llamados "ataques de contrafuerza" (*i.e.*, exclusivamente contra blancos militares), los efectos son tan devastadores e incontrolables que los daños a la población civil no beligerante alcanzan los millones de víctimas (Von Hippel *et al.*, 1988). Estimaciones sobre el número de víctimas que se producirían por una guerra nuclear alcanzan cifras del orden de los 750 millones de muertes como resultado inmediato de las detonaciones, 1 100 millones de muertes adicionales por los efectos del calor y la radiación y unos 1 100 millones de heridos que requerirían atención médica. (Ehrlich *et al.*, 1983). Estas cifras son suficientes para considerar ilegales a las armas nucleares por tratarse de armas de destrucción masiva e indiscriminada.

El Primer Protocolo de Ginebra para la Protección de Víctimas de Conflictos Armados Internacionales (1977) establece una prohibición absoluta para realizar ataques "indiscriminados", definidos en el artículo 51(4) como sigue: ataques no dirigidos contra un objetivo militar específico; ataques que emplean métodos de combate que no permiten ser dirigidos contra un objetivo militar específico; cualquier ataque que utiliza instrumentos de combate cuyos efectos no pueden ser limitados en los términos del protocolo. Entre varios ejemplos, el protocolo señala que se consideran "ataques indiscriminados" los siguientes:

a) Un ataque por bombardeo de cualquier tipo que considere como un solo objetivo militar un número de objetivos militares distintos y claramente separados localizados en una ciudad, pueblo o caserío, o alguna otra área que tenga una concentración similar de civiles.

b) Un ataque que puede causar la muerte incidental de civiles, daños a civiles y a objetos civiles o una combinación de los elementos anteriores que sería excesiva en relación con la ventaja militar directa y concreta que se espera obtener.

Los términos del protocolo no pueden ser más claros y explícitos. Las armas nucleares son el ejemplo más claro de armas que solamente serán utilizadas en ataques indiscriminados y, en consecuencia, su empleo queda terminantemente prohibido.

Violación a la prohibición de armas que causan daño innecesario, imposible de someter a tratamiento médico y sufrimiento cruel

Los efectos de las explosiones nucleares sobre el ser humano (y sobre cualquier forma de vida) demuestran que la analogía con los efectos de armas venenosas, asfixiantes y biológicas es muy fuerte. Los trabajos de Glasstone y Dolan (1977), Rotblat (1981), Barnaby y Rotblat (1982), Geiger (1984) y Daugherty (1986) demuestran sin lugar a dudas que, por sus efectos, las armas nucleares constituyen un caso extremo de armamento que provoca daños y sufrimiento innecesario y particularmente cruel. Además, frente a muchos de los efectos no existe la posibilidad de ofrecer algún tipo de tratamiento médico. La radiación produce síntomas similares o peores que los de las armas venenosas: la toxicidad de la radiactividad perdura durante mucho tiempo (en el caso de algunas sustancias radiactivas, durante miles de años). Así que las armas nucleares claramente pueden considerarse en la misma categoría de las armas venenosas, químicas y bacteriológicas que han sido prohibidas. Finalmente, los daños genéticos que provocan las armas nucleares no pueden considerarse, en ningún caso, como consecuencia de la utilización de armamento con fines militares. En resumen, las armas nucleares son el ejemplo más acabado de armamento cuya utilización es oprobiosa y debe ser prohibida por las leyes que rigen la conducta de las fuerzas armadas en combate.

Cuando Estados Unidos se adhirió al Primer Protocolo de la Cruz Roja en 1977, el representante norteamericano expresó la reserva siguiente: "Estados Unidos entiende que las reglas establecidas por este protocolo no están dirigidas a tener efectos sobre y no rigen ni prohíben el uso de armas nucleares" (Van den Biesen e Ingelse, 1986). Este tipo de reservas o cláusulas de salvaguarda son nulas de pleno derecho porque se oponen a las normas perentorias del derecho internacional; además, se oponen a la letra de la Convención de Viena sobre la Ley de los Tratados.

Violación a la prohibición de utilizar armas que modifican el medio ambiente

Esta violación requiere atención especial, sobre todo por los estudios que se llevaron a cabo a partir de 1982 sobre efectos climáticos de una guerra nuclear. Hasta principios de la década de los ochenta se pensaba que los efectos nocivos sobre el medio ambiente derivados de detonaciones múltiples de cargas nucleares se producirían por la precipitación radiactiva. Sin embargo, varias investigaciones novedosas cambiaron esta percepción. Las investigaciones de química atmosférica del holandés Paul J. Crutzen demostraron que a raíz de una guerra nuclear grandes cantidades de humo serían inyectadas en la atmósfera, reduciendo drásticamente la cantidad de luz solar que llegaría a la superficie de la tierra.[8] Por su parte, el equipo de Turco *et al.* (1983) pu-

---

[8] La historia de estas investigaciones es un interesante ejemplo de las interdependencias en los trabajos científicos sobre cambio climático global y efectos

blicó un año después el primer resultado de sus investigaciones sobre la inyección de polvo y humo en la atmósfera. En estas investigaciones se utilizaron modelos para predecir los efectos atmosféricos y climáticos de diversos escenarios de guerra nuclear en los que el megatonelaje y el tipo de blancos varían. El principal resultado es que el polvo y humo generados por las detonaciones y los incendios que éstas provocarían bloquearían la luz solar; la temperatura ambiente en la superficie de la tierra y el mar descendería, oscilando entre los -15 y -25 grados centígrados, durante periodos que van de 20 a 60 días. Aun en el caso de una guerra "limitada" en la que sólo se utilizara un porcentaje relativamente pequeño de los arsenales nucleares disponibles (unas 100 megatoneladas de 12 000 existentes) se podrían crear profundidades ópticas promedio de dos en el hemisferio norte durante una o dos semanas, haciendo que la temperatura en la superficie fuera inferior a los cero grados centígrados. Por último, las perturbaciones atmosféricas en el hemisferio sur podrían presentarse en un lapso relativamente breve por fenómenos de transporte interhemisférico. Por esta razón, es posible que la mayor parte de los habitantes del planeta sobreviva a los efectos iniciales de las detonaciones en caso de guerra nuclear. Pero los efectos de mediano y largo plazo serán desastrosos y constituyen una amenaza real de extinción de la especie. Por eso se puede concluir que los efectos de mediano y largo plazo de múltiples detonaciones nucleares son al menos tan importantes como los de corto plazo (esencialmente debidos a la onda de sobrepresión, calor y radiación).

---

ambientales de una guerra nuclear. Entre 1976 y 1977 Crutzen llevó a cabo una serie de estudios sobre los efectos de los incendios en la selva amazónica sobre la capa de ozono; sus investigaciones estaban orientadas a desentrañar el impacto de la emisión de gases sobre la delicada capa de ozono. En 1981 el editor de *Ambio* (revista de la Real Academia Sueca de Ciencias) invitó a Crutzen a escibir un artículo sobre daños a la capa de ozono después de una guerra nuclear. Crutzen encontró que los efectos de una guerra nuclear sobre la capa de ozono no serían tan importantes, pero su experiencia con los humos de incendios forestales le permitió fundamentar el pronóstico sobre el invierno nuclear. Posteriormente se encontró que sí habría efectos sobre la capa de ozono que perdurarían más allá de los descensos en la temperatura y que la radiación ultravioleta presentaría un peligro adicional. La historia de estas investigaciones puede encontrarse en Weiner (1986).

Las críticas que se han presentado a los modelos utilizados para alcanzar los resultados de Turco *et al.* (1983) no son del todo convincentes. En particular, Thompson y Schneider (1986), dos especialistas en estudios atmosféricos, critican algunos de los supuestos básicos y la arquitectura general del modelo utilizado. En particular, se criticó la crudeza del modelo utilizado por la falta de distinción entre norte y sur, este y oeste, y por considerar al planeta como formado enteramente de una masa terrestre. El nuevo estudio utilizó un modelo más sofisticado (del Centro Nacional de Investigaciones Atmosféricas, NCAR) que introduce estas diversas dimensiones y la conclusión central de la crítica es que los efectos atmosféricos y climáticos serían graves, pero que no serían tan negativos como los mencionados en Turco *et al.*

Así, en lugar de utilizar el término "invierno nuclear" sería mejor utilizar la expresión "otoño nuclear". La respuesta a estas críticas se encuentra en Sagan (1986) y Turco (1986). El modelo "más sofisticado" del NCAR adolece de muchos defectos: se considera que el humo solamente es inyectado en las capas más bajas de la atmósfera, ignorando la evidencia de que las tormentas de fuego inyectan humo y hollín en la estratósfera; se introduce el supuesto de que la mayor parte del hollín es retirado de la atmósfera por lluvias a los pocos días de su inyección, cuando la evidencia disponible sugiere tiempos de residencia mucho más largos. El relajamiento de estos supuestos restrictivos conduciría a estimaciones sobre descensos en la temperatura más importantes. De cualquier manera, aun cuando los modelos más sofisticados sobre comportamiento climático demuestren que los efectos no serían tan severos como los mencionados en Turco *et al.*, el impacto sobre la agricultura y la vegetación a nivel mundial muy bien puede ser considerado una amenaza real a la supervivencia de la especie.

En efecto, diversas investigaciones han demostrado que los efectos sobre la agricultura y la economía mundial son tan graves que pueden conducir a la extinción de la especie humana. Así, por ejemplo, el estudio de Harwell y Hutchinson (1987) concluye que la destrucción de la agricultura y los sistemas que la soportan a nivel mundial resultaría en la muerte de "casi todos los seres humanos que habitan el planeta, casi en proporciones iguales entre los países beligerantes y no beligerantes". El estudio de Kelly y Karas (1986) explica cómo se verían afectadas las estructuras productivas en todo el hemisferio sur, y cómo diversos ecosistemas se verían sometidos a una presión intolerable. La fragilidad de las cosechas más importantes en el hemisferio sur frente a cambios bruscos en la temperatura hace que la agricultura en estas regiones sea particularmente vulnerable (Erhlich *et al.*, 1983). En 1977 se firmó el Primer Protocolo de la Cruz Roja. Estados Unidos y la Unión Soviética suscribieron este instrumento cuyo artículo 35(3) establece la prohibición del uso de métodos de combate que puedan concebiblemente causar daños severos, generalizados y duraderos en el medio ambiente. El artículo 36 establece la obligación para las Altas Partes Contratantes de determinar si un nuevo tipo de armamento está prohibido por el protocolo o algún otro precepto del derecho internacional. Es evidente que las armas nucleares, aunque no están explícitamente mencionadas en el documento, quedan incluidas en la categoría de armamentos prohibidos por este instrumento.

Por último, esta violación a las normas del derecho internacional también está vinculada con la Convención que Prohíbe la Utilización de Técnicas de Modificación del Medio Ambiente con Fines Militares (ENMOD), suscrita en 1977. Esta convención establece la prohibición de emplear métodos o técnicas que alteren el medio ambiente con el objeto de causar daños a otro Estado. La prohibición se refiere a la utilización de técnicas que *directamente* tengan por objeto esta perturbación ambiental. Desde el punto de vista legal, es claro que el espíritu de la convención ENMOD hace extensiva esta prohibición al empleo de armas que *indirectamente* provocarían graves perturbaciones en la atmósfera y estratósfera a nivel planetario.

Comentarios finales

La prohibición de la posesión y uso de armas nucleares por el derecho internacional no es difícil de demostrar. Lo que es difícil aceptar es que no se afirme con más frecuencia esta prohibición. Quizás esta omisión es un síntoma de la degradación de la cultura jurídica a nivel internacional. Este triste estado de cosas, en el que los arsenales más terribles son almacenados, desplegados y atendidos con esmero en espera del día en que serán utilizados, todo esto al mismo tiempo que se firman tratados y se suscriben convenciones internacionales sobre el cuidado de las víctimas en caso de guerra, es la consecuencia de la carencia de una cultura jurídica sólidamente anclada en el *dictum* básico del derecho internacional: *Pacta sunt servanda* (los pactos deben ser cumplidos).

Es desalentador observar que parte del debate alrededor del tema del invierno nuclear otorga más importancia al problema de si una potencia nuclear podría utilizar los resultados de los estudios en la elaboración de su estrategia y planes operativos (véase Thompson y Schneider, 1986; Sagan, 1986; Turco, 1986) que al problema de la prohibición establecida por el derecho internacional vigente. En ninguno de los estudios sobre invierno nuclear se consideró siquiera interesante incluir una referencia al régimen jurídico internacional. Es realmente extraordinario que los científicos que más claramente demostraron la capacidad destructora total de las armas nucleares no se hayan preguntado sobre las implicaciones jurídicas de esta demostración.

Uno de los principales autores de estas investigaciones (y creador de la expresión "invierno nuclear") afirma que "la amenaza de un invierno nuclear claramente refuerza los conceptos que nos mueven hacia fuerzas nucleares más pequeñas, capaces de sobrevivir [un ataque nuclear] y que por lo tanto enfatizan el carácter disuasivo de las armas nucleares" (Turco, 1986:168). De este modo, las enseñanzas de la investigación sobre el invierno nuclear se han visto degradadas al nivel de simples ejercicios "realistas" sobre la composición y niveles cuantitativos de los arsenales nucleares para asegurar una mayor "estabilidad" estratégica. El estudio de Turco *et al.* (1983) demuestra que aun el empleo de "solamente" 100 megatoneladas sobre centros urbanos sería susceptible de provocar oscuridad y enfriamiento de la superficie terrestre con daños severos a la biósfera. Cualquier discusión sobre "estabilidad estratégica" sale sobrando si se considera que menos del 1% del poder explosivo disponible en los arenales estratégicos puede provocar el fenómeno del invierno nuclear.

Quizás este tipo de desviación en la forma de razonar es el producto de varias décadas de vivir bajo normas morales deterioradas por la presencia de los arsenales nucleares. El mundo se ha acostumbrado a convivir con decenas de miles de cargas nucleares que amenazan la existencia del género humano; esa complacencia no va sin un alto costo moral. Aquí parece aplicarse con una terrible precisión el siguiente pasaje del libro *The Fate of the Earth* del escritor Jonathan Schell (1982:153):

> Los planteamientos sobre la estrategia (nuclear) nos comprometen con actos que no pueden ser justificados por ninguna regla moral. Introducen en nuestras vidas una vasta dimensión moralmente incomprensible, en la que cualquier escrúpulo o regla que pretendamos afirmar o cumplir quedan suspendidos. El ser un blanco desde la cuna hasta la tumba de armas que prometen un asesinato en masa es degradante en un sentido, pero el tener a otros seres humanos como blancos del mismo tipo de armas es quizás más degradante en otro sentido. Decimos que consideramos a la vida como algo sagrado, pero al aceptar nuestros papeles de víctimas y perpetradores de un asesinato nuclear masivo transmitimos el mensaje de que la vida no sólo no es sagrada, sino que carece de valor; que de alguna manera, de acuerdo con una lógica "estratégica" que no alcanzamos a comprender, se juzga aceptable que todo el mundo muera. Este mensaje es transmitido de manera continua y, con el paso inadvertido de los años, se graba de manera cada vez más profunda en nuestras almas.

XII. ESTABLECIENDO LAS REGLAS DEL JUEGO: LA DELIMITACIÓN DE LA CARRERA ARMAMENTISTA NUCLEAR, 1957-1970

Introducción

Uno de los primeros pasos adoptados por las superpotencias al iniciarse la carrera armamentista nuclear fue la delimitación geográfica de ésta. El objetivo central era simple: había que evitar que la carrera desbordara los canales "normales" y se desencadenara una carrera irracional, costosa y potencialmente más desestabilizadora. Muy rápidamente se percibió el peligro de la colocación de armas nucleares en órbita terrestre, en el fondo de los océanos o en regiones deshabitadas, como la Antártida. Estos temores estuvieron íntimamente asociados a los esfuerzos científicos y los adelantos tecnológicos en cada una de estas áreas. El Año Geofísico Internacional de 1957-1958, la colocación de los primeros satélites en órbita y las investigaciones oceanográficas de los años sesenta condujeron a la firma de tres tratados internacionales que restringen el emplazamiento de armas nucleares en la Antártida, el espacio exterior y los fondos oceánicos.

Además de delimitar las fronteras de la carrera armamentista nuclear, estos tratados fueron presentados a la opinión pública mundial como importantes avances en materia de control de armamentos, parte de la vocación de las superpotencias para liberar el planeta de la amenaza nuclear. En realidad, como demostraremos en este capítulo, a través de estos tratados las superpotencias simplemente procedieron a codificar algunas reglas que debían regir la carrera armamentista. No se desplegarían armas nucleares (o de "destrucción masiva", como señalan estos tratados) pero *tampoco se prohibirían otros usos militares* del espacio exterior y de los fondos marinos y oceánicos. La carrera armamentista podía proseguir sin tropiezos, con esta limitación que, como veremos, no es importante por una razón fundamental: *de todos modos no tiene una gran utilidad militar el desplegar armas nucleares en estas regiones o ambientes.* En este capítulo demostraremos que la intensa militarización y "nuclearización" del espacio y los océanos está asociada a la trayectoria tecnológica de las innovaciones básicas que hemos analizado en la primera parte de este libro. Las necesidades de la tecnología decadente de los arsenales estratégicos imprimen un desarrollo espectacular a la utilización de todo tipo de innovaciones en materia de sistemas periféricos en el espacio y el océano: control, mando e inteligencia; identificación de blancos; cartografía militar y definición de mapas de contorno (digitalizados); imágenes de radar; detección de actividades militares (en tierra y en los océanos). Los adelantos tecnológicos en estos renglones se han revelado como indispensables para el continuo desarrollo de los sistemas medulares: cargas nucleares, bombarderos, misiles balísticos y submarinos estratégicos. El desarrollo continuo de esta tecnología en su fase madura, y aun decadente, ha requerido de una extensión en el espacio y el océano (incluyendo los fondos oceánicos). Por esta razón, el espacio exterior y los océanos se han militarizado de una manera muy intensa, *no a pesar* de estos tratados, *sino precisamente por causa de ellos*. Ésta es nuestra hipótesis: los tratados no prohíben nada que sea militarmente interesante, simplemente delimitan el ámbito de la carrera armamentista y, de hecho, constituyen un incentivo para continuar dicha carrera en todo aquello que no está prohibido.[1]

En este capítulo presentamos un análisis detallado de estos tres tratados y la manera en que las necesidades de la tecnología decadente han impuesto una militarización intensa del espacio y los océanos. Este análisis es un requisito indispensable para proceder a estudiar el régimen y la dinámica de los tratados sobre control de armamentos (limitación de pruebas nucleares, no proliferación nuclear, control y reducción de armamentos estratégi-

---

[1] Una advertencia muy importante es necesaria: el régimen del tratado sobre la Antártida es muy diferente, en buena medida porque sus orígenes están íntimamente ligados a un esfuerzo científico sin paralelo en la historia reciente. El contenido básico del tratado no estuvo diseñado por las superpotencias y, como se verá más adelante, este hecho es determinante.

cos) que se examinan en los capítulos siguientes. En particular, la evaluación de los resultados alcanzados con los tratados sobre el espacio exterior y los fondos oceánicos sirve de marco de referencia para la evaluación del Tratado de No Proliferación Nuclear (NPT).

TRATADOS QUE PROHÍBEN EL EMPLAZAMIENTO DE ARMAS NUCLEARES EN ZONAS O REGIONES GEOGRÁFICAS

Las potencias nucleares diseñaron y promovieron, entre 1959 y 1977, una serie de tratados que prohíben el emplazamiento de armas nucleares en diversas regiones del planeta. Es cierto que hubo una serie de presiones de parte de los países no nucleares para lograr este objetivo, pero los arreglos principales provinieron de las potencias detentadoras de las armas nucleares. Las fuerzas que impulsaron a las potencias nucleares en la promoción de estos tratados pueden sintetizarse en una frase: se consideró necesario establecer algunas reglas elementales para eliminar el costo y los riesgos de una carrera armamentista incontrolada.

Entre los principales tratados suscritos desde 1959 se encuentran los siguientes: Tratado sobre la Antártida (1959); Tratado sobre los Principios que Rigen la Exploración y Uso del Espacio Exterior, Incluyendo la Luna y Otros Cuerpos Celestes (1967), y Tratado que Prohíbe el Emplazamiento de Armas Nucleares y Otras Armas de Destrucción Masiva en los Fondos Marinos y Oceánicos y en su Subsuelo (1971). El contenido de cada uno de estos tratados se adapta a su objeto particular, pero los tres tienen un elemento común: se proscribe el emplazamiento de armas nucleares en las regiones mencionadas.

Si los arsenales nucleares hubieran disminuido durante los últimos 30 años, se podría concluir que estos tratados realmente sirvieron para apuntalar la reducción de la carrera armamentista; en realidad, el espectacular crecimiento de los arsenales nucleares nos orilla a pensar que estos tratados no han sido otra cosa que una forma de delimitar el terreno de juego para el desarrollo de la carrera armamentista. La prueba contundente de lo anterior es la creciente militarización del espacio exterior y los océanos. El caso de la Antártida es diferente y ahí se presentan problemas de otra índole.

Tratados sobre la Antártida

En 1957-1958 se llevó a cabo el Año Geofísico Internacional, con la participación de la comunidad científica mundial. El Consejo Internacional de Uniones Científicos (ICSU), máximo organismo patrocinador, propuso establecer un régimen especial para el último continente inexplorado del planeta: la Antártida. Este régimen reservaría la Antártida para la investigación científica y prohibiría cualquier actividad militar y el emplazamiento de instalaciones con fines militares. Desde luego, el despliegue de armas nucleares y de destrucción masiva quedaría igualmente prohibido. Estas propuestas tomaron forma definitiva en el Tratado sobre la Antártida, firmado en 1959.

Durante algunos años se consideró que este tratado era un logro del régimen de derecho internacional; el artículo I del instrumento señala que la Antártida (toda la zona al sur del paralelo 60°, incluyendo las capas de hielo) será utilizada exclusivamente con fines pacíficos, y se prohíbe toda actividad militar, incluidos el emplazamiento y pruebas de armas de cualquier tipo. El artículo V prohíbe las explosiones nucleares y el almacenamiento de desechos nucleares en la Antártida. Las disposiciones del tratado en lo que concierne a la investigación científica parecen ser un modelo para la cooperación entre equipos de científicos desinteresados de varios países.

Sin embargo, en los últimos años este tratado ha comenzado a ser duramente criticado. En primer lugar, el régimen establecido por el mismo es claramente discriminatorio. Un grupo de 12 países (los que originalmente llevaron a cabo investigaciones científicas en el marco del Año Geofísico Internacional) forma el núcleo del tratado: son los signatarios originales y miembros con plenos derechos. Los demás países que se han adherido al tratado son, en realidad, miembros de segunda clase. Los primeros pueden participar en las reuniones del comité consultivo permanente que establece el artículo IX, llevar a cabo inspecciones para la verificación del cumplimiento del tratado, decidir modificaciones a éste en cualquier momento y si un miembro de las Naciones Unidas puede adherirse al tratado o no. Los Estados que se adhieren al tratado no tienen estos derechos, a menos que conduzcan investigación científica "sustancial" o establezcan una estación científica en la Antártida (artículo IX.2). Pero los miembros originales son los únicos autorizados para decidir si la investigación es sustancial o no lo es.

En segundo lugar, las estaciones científicas que han sido establecidas en la Antártida han comenzado a generar volúmenes de desechos sólidos que son una amenaza para la frágil ecología de la región. La presencia humana en el continente comienza a ser un factor importante; no sólo han proliferado las estaciones y expediciones científicas, también han prosperado las compañías de turismo que ofrecen la aventura turística "más espectacular" (pisar el polo sur).

Algunos de los 12 miembros originales realizan actos que han sido claras violaciones al articulado del tratado. El caso más grave, sin lugar a dudas, es el del emplazamiento de un generador *nuclear* en la estación norteamericana de McMurdo; para operar este generador se tuvo que introducir combustible fisionable, se generaron desechos que fueron almacenados cerca de la estación y se contaminó parte de la zona (Tobias, 1989).

La actividad comercial sobre los recursos de la región no ha comenzado porque se enfrenta a numerosos problemas naturales e institucionales (en particular, varios países han afirmado el derecho a explorar y explotar recursos en la misma zona). Sin embargo, sí se lleva a cabo un gran esfuerzo de investigación para identificar y medir yacimientos de gas natural, petróleo y varios minerales importantes. Las actividades de investigación y exploración sobre recursos minerales de la región están regidas por la Convención que Regula las Actividades Relativas a los Recursos Minerales de la Antártida (CRAMRA), firmada en 1988 por los 12 países signatarios originales del tratado. Esta convención abrió las puertas a la explotación de recursos minerales y establece reglas sobre responsabilidad civil internacional en caso de daños a los ecosistemas (Brown, 1990; Wolfrum, 1990). Desgraciadamente, este tipo de reglas no sirven para prevenir los accidentes. La CRAMRA constituye el primer paso hacia la explotación comercial de los recursos minerales de la Antártida por algunos de los 12 miembros originales del tratado.[2]

---

[2] En la actualidad, Australia y Francia encabezan la oposición a la iniciación de operaciones comerciales sobre los recursos minerales de la Antártida; Estados Unidos y el Reino Unido consideran que la explotación comercial de estos recursos es perfectamente razonable y segura. Las presiones para que en

Por su parte, la explotación de recursos marinos vivos está regulada por la Convención para la Conservación de los Recursos Marinos Vivos de la Antártida (CCAMLR), firmada en 1980. Esta convención ha sido aclamada como un ejemplo de sistema regulatorio para pesquerías porque establece principios básicos de conservación de las especies explotadas. Sin embargo, la experiencia que se tiene sobre el manejo de pesquerías (abiertas) internacionales demuestra que este tipo de convenciones no pueden detener la tendencia hacia la sobreexplotación de los recursos marinos vivos (Nadal, 1989b). Un recurso particularmente importante es el *krill* antártico (*Euphausia superba*), crustáceo que ocupa una posición clave en la cadena alimentaria de la región. El supuesto régimen de explotación racional impuesto por la CCAMLR no evitará la sobre-explotación de este recurso[3] (Beddington *et al.*, 1990).

El artículo XII.2(a) señala que a propuesta de cualquiera de los miembros originales del tratado, éste podrá ser revisado y modificado al cumplirse 30 años de vigencia. En cierto sentido, el régimen del tratado constituye una especie de moratoria. En 1991 se vence este plazo y seguramente varios de los países signatarios habrán de solicitar la revisión del tratado. En particular se teme que se solicite el relajamiento de las medidas restrictivas sobre exploración de recursos naturales y explotación de recursos marinos vivos.

El tratado es único en su género por cuanto un puñado de países con reclamos territoriales explícitos sobre una región del planeta deciden juntar esfuerzos para proteger sus intereses en dicha región. El pretexto fue la investigación científica, pero ahora los intereses comerciales amenazan claramente las bases mismas del Tratado de la Antártida. En el fondo, el tratado constituye un esfuerzo para consolidar, al paso del tiempo, un *status* que es claramente discriminatorio.

En el plano de la desmilitarización este tratado parece haber cumplido una función importante. Sin embargo, hay que insis-

---

1991 se abra la región a la explotación comercial son considerables. El régimen establecido por la CRAMRA es muy ambiguo y no existen los medios para aplicar muchos de los preceptos destinados a "proteger el medio ambiente".

[3] El desarrollo de tecnologías para procesar el *krill* constituye un paso importante en la intensificación de esta explotación por parte de las flotas soviética y japonesa (Nicol, 1989).

tir en que, en lo que concierne a las armas nucleares y misiles balísticos, ninguna potencia sacrificó ventajas militares porque la Antártida está lejos de cualquier blanco y el costo de mantener bases militares sería muy alto. Ni siquiera se sacrificaron ventajas al prohibir *cualquier* actividad o uso militar (por ejemplo, en el terreno de las comunicaciones, reconocimiento o sistemas de detección). El enfoque general de declarar una región reservada para actividades pacíficas no pudo seguirse en el caso de los tratados sobre el espacio exterior y los fondos oceánicos porque esos ambientes sí poseen gran utilidad militar.

Tratado sobre el Espacio Exterior y Cuerpos Celestes

El Tratado sobre los Principios que Rigen las Actividades en el Espacio Exterior, la Luna y Otros Cuerpos Celestes prohíbe colocar en órbita terrestre cualquier objeto portador de armas nucleares o cualquier otro tipo de armas de destrucción masiva. Igualmente prohíbe colocar dichas armas en cuerpos celestes, así como el emplazamiento de instalaciones o fortificaciones militares en dichos cuerpos.[4]

En el caso del espacio exterior la desmilitarización es algo muy relativo; por una parte, como bien señala Goldblat (1983), la existencia de misiles balísticos intercontinentales conlleva el uso del espacio exterior para fines militares y mientras no desaparezcan, el objetivo de desnuclearizar el espacio no será alcanzado.[5] Por otra parte, lo que es más interesante desde el punto de vista de la racionalidad del tratado, desde hace muchos años las superpotencias realizan experimentos con fines militares a través de satélites o vehículos espaciales recuperables. Algunos de estos experimentos están relacionados con el diseño de sistemas

---

[4] El término "armas de destrucción masiva" es utilizado en el tratado para designar a las armas nucleares, químicas y bacteriológicas. Este término aplicado a las armas nucleares confirma la tesis expuesta en el capítulo anterior: las armas nucleares están prohibidas por las normas perentorias del derecho internacional.
[5] El Tratado de Prohibición Parcial de Pruebas Nucleares (1963) también está relacionado con el fin de desnuclearizar el espacio exterior, toda vez que prohíbe las detonaciones de cargas nucleares en la atmósfera y el espacio.

de defensa antibalística[6] y suscitan problemas de interpretación para el tratado que prohíbe estas defensas (tratado ABM, al que dedicaremos mayor atención más adelante. (Para un análisis de las dificultades que estas pruebas plantean para el tratado ABM, véase Carter, 1989).

La tendencia a la creciente militarización del espacio exterior predomina hoy en día entre las superpotencias. En Estados Unidos la proporción del gasto en actividades espaciales destinado a fines militares ha crecido espectacularmente en el último decenio. En la actualidad, por cada dólar que gasta la NASA (la agencia esencialmente civil para actividades espaciales) el Pentágono gasta *dos* dólares (Kingwell, 1990).

Satélites militares

El espacio exterior es utilizado, hoy en día, por una gran cantidad de satélites militares. Estos satélites desempeñan varias misiones, desde las de inteligencia militar, hasta las de servir de alerta en caso de ataque nuclear, pasando por las de verificación (en el caso de los satélites que forman parte de los llamados "medios nacionales de verificación"). Los satélites utilizados en la red de información y determinación de posición geográfica global son realmente vitales para los sistemas de lanzamiento de misiles balísticos desde submarinos estratégicos. Sin estos satélites, estos sistemas de armamentos no podrían desempeñar la misión que hoy tienen asignada; no solamente los submarinos necesitan de estos sistemas de comunicación por satélite para recibir instrucciones y confirmar la realización de un ataque nuclear, sino que los satélites son absolutamente indispensables en la fijación de la posición exacta de un submarino y, por esta razón, son fundamentales para calibrar las computadoras del sistema de navegación de los misiles balísticos SLBM antes del lanzamiento (MacKenzie, 1990). De una buena información sobre la posición tridimensional del submarino depende la precisión de sus misiles balísticos.

---

[6] En la actualidad, el desarrollo de estos sistemas antibalísticos se orienta cada vez más a defender los emplazamientos más vulnerables de misiles balísticos intercontinentales que para proteger a centros de población contra las armas nucleares.

Para el tema que nos ocupa, el caso más interesante quizá sea el de los misiles *Trident II*. En la literatura especializada se considera que estos misiles han llegado a tener la capacidad de atacar y destruir blancos de contrafuerza (*i.e.*, silos reforzados) precisamente porque esta tecnología de satélites ha contribuido a mejorar su precisión. Hasta mediados de los años ochenta el sistema de navegación de los submarinos norteamericanos descansaba en la fijación de su posición con el sistema de señales *Loran-C* de una red de transmisores terrestres, calibrada a intervalos regulares con las señales de los satélites *Transit* de la Armada (Wilkes y Gleditsch, 1987). En 1978 se puso en órbita un primer satélite del sistema *Navstar* que funciona con principios distintos: en lugar de utilizar el efecto *Doppler* de un solo satélite, el sistema *Navstar* determina las diferencias de las señales de los cuatro satélites que estén a la vista en el momento de la medición. La red completa *Navstar* consistirá de 18 satélites que estarán en órbita a principios de la década de los noventa (Pike, 1989) y los submarinos que los utilicen podrán determinar su posición y velocidad con un margen de error no mayor de siete metros y 1/20 de nudo (Wilkes y Gleditsch, 1987:114).

Las antenas que debe desplegar un submarino y el tiempo necesario para captar y procesar las señales no representan un riesgo adicional de detección para el submarino porque de todas maneras tiene que acercarse a la superficie para la operación de lanzamiento. Las coordenadas sobre la posición del lanzamiento son alimentadas a los misiles y los CEP así logrados permiten atacar todo el espectro de blancos, desde contravalor (ciudades) hasta contrafuerza (silos reforzados), pudiendo hacer frente a cualquier grado de provocación (respuesta flexible). Es más, los satélites *Navstar* podrían, en un futuro cercano, proporcionar los insumos de información necesarios para corregir los errores acumulados hasta la mitad del vuelo de un vehículo de reingreso de los misiles *Trindent II*; en ese caso, se tendría la posibilidad de alcanzar niveles de precisión comparables a los de los misiles crucero.

Más aún, el sistema *Navstar* puede servir como sistema de control y coordinación de operaciones de bombardeo de precisión en caso de conflicto nuclear. Por ejemplo, los bombarderos de penetración *B1* y *B2* (*Stealth*) pueden utilizar las señales de los satélites *Navstar* para obtener una mayor precisión en el seguimiento de su plan de vuelo, con la ventaja adicional de que no tendrán que utilizar su radar (ni en la navegación ni en la delicada operación de localización de sus blancos). Con sus mo-

Cuadro XII.1

Satélites militares en órbita, diciembre de 1988

País	Misión	Número
Unión Soviética	Foto-reconocimiento	1
	ELINT[a]	10
	ELINT océanos	2
	Comunicaciones militares	54
	Alerta	10
	Navegación	16
	Cartografía militar	1
	Mediciones geodésicas	4
	Otros usos militares	7
	Total URSS	*105*
Estados Unidos	Foto-reconocimiento	2
	ELINT[a]	4
	ELINT océanos	16
	Imágenes radar	1
	Comunicaciones militares	40
	Alerta	5
	Navegación[b]	19
	Meteorología	2
	Detección nuclear	9
	Mediciones geodésicas	1
	Otros usos militares	2
	Total Estados Unidos	*101*
China	Comunicaciones	4
Francia	"	2
Gran Bretaña	"	2
Total de todos los países		214

[a] ELINT: inteligencia electrónica.
[b] Está cifra se descompone como sigue: 13 satélites del sistema *Transit*, 6 satélites de la red *Navstar*.
Fuente: Pike (1989, apéndice 3B).

dernos dispositivos de guerra electróncia, las defensas antiaéreas soviéticas no podrán identificar fácilmente a estos bombarderos una vez que hayan penetrado el espacio aéreo soviético.

Los satélites de la red *Navstar* están diseñados para orientar a casi todos los componentes de las fuerzas estratégicas de Estados Unidos en caso de guerra nuclear. Estos satélites forman parte integral de los arsenales nucleares estratégicos de Estados Unidos, y seguramente lo mismo se puede decir de los satélites soviéticos encargados de la misma función, sólo que la información detallada sobre la arquitectura del sistema soviético no está disponible.

Algunos de los satélites son elementos clave de los sistemas de control, comunicaciones y mando. Particularmente importantes son los satélites de alerta, así como los de detección de detonaciones nucleares. Los primeros incorporan la tecnología necesaria para detectar el lanzamiento de misiles balísticos, ya sea desde plataformas en tierra o desde submarinos (una vez que los motores principales del misil son accionados). Estos satélites transmitirían la información sobre las características de estos lanzamientos (número de misiles, bases de lanzamiento, posible trayectoria, etc.) para que los sistemas de control y mando centrales puedan evaluar la dimensión del ataque y decidir sobre el tipo de respuesta. En otros términos, estos satélites son la pieza clave del manejo de los arsenales nucleares en caso de conflicto.

Los satélites de detección de detonaciones nucleares pueden ser considerados como parte de los llamados "medios técnicos nacionales" para verificar el cumplimiento de tratados sobre control de armamentos. Sin embargo, una parte de estos satélites tiene una misión bastante más activa: en caso de un conflicto nuclear con intercambios de andanadas de misiles y cargas nucleares, será necesario evaluar el daño causado sobre el enemigo y estos satélites proporcionarían la información necesaria para evitar saturar de cargas nucleares el mismo blanco.

Los satélites de imágenes de radar sirven para desarrollar los mapas digitalizados que permiten determinar, con una gran precisión, la configuración de una región. Estos mapas digitalizados son alimentados en la memoria de la computadora de los sistemas de navegación *Tercom* (*terrain countour matching*) de los misiles crucero (Graham, 1987). Este revolucionario sistema de

Cuadro XII.2

Usos de la información obtenida por satélites militares de la Agencia de Cartografía Militar (Estados Unidos)

Sistema usuario	*Tipo de Información*			
	(1)	*(2)*	*(3)*	*(4)*
Bombarderos				
B-52G y H	x	x	x	
B1	x	x	x	
FB-111	x	x	x	
B2	x	x	x	
Otros aviones de combate				
F-14	x	x	x	
F-15	x	x	x	
F-16	x	x	x	
Sistemas de control y mando				
AWACS		x	x	
Misiles				
Minuteman III	x	x		x
MX	x	x		x
Pershing[a]	x	x	x	
Crucero	x		x	
SRAM[b]	x	x		
Poseidon	x			x
Trident	x			x

Clave: (1) Posiciones precisas.
      (2) Mapas.
      (3) Mapas digitalizados (contorno de terreno).
      (4) Datos geofísicos y campo gravitacional.
Notas:
    [a] Estos misiles están prohibidos y han sido retirados de sus emplazamientos desde la firma del tratado INF en 1987.
    [b] SRAM(Short Range Attack Missile): misiles balísticos lanzados desde bombarderos *B-52* y *B-1* (también podrán ser lanzados por el *B-2*). Alcance: 250 kilómetros. Precisión para blancos de contrafuerza.
Fuentes: Ondrejka (1986, cuadro 7.1) y SIPRI (1989).

navegación es lo que permite a un misil crucero colocar una carga nuclear en un blanco con una precisión de 30 metros a distancias de hasta 2 500 kilómetros. Sin los mapas proporcionados por estos satélites el sistema de navegación de los misiles crucero no existiría.

Los satélites para mediciones geodésicas son indispensables para mejorar el conocimiento sobre el tamaño y forma de la Tierra, así como sobre su campo gravitacional. Este conocimiento es indispensable para calibrar los sistemas de navegación de los misiles balísticos, de los que depende su precisión.[7]

En consecuencia, los satélites militares (en particular los de los sistemas de comunicaciones, como los norteamericanos de la serie *Transit* y los de la red *Navstar* del Global Positioning System, y algunos satélites soviéticos de la serie Cosmos), *forman parte esencial de los arsenales nucleares* de estos países. No pueden ser considerados como un simple apéndice secundario: son parte medular de la tecnología decadente que hemos identificado en la primera parte de este libro. Una prueba contundente es el lugar central que ocupan en la doctrina militar de las superpotencias, tanto para planear el desarrollo de las operaciones en caso de estallar una guerra, como para controlar la distribución de cargas nucleares en el abanico de blancos identificados (Karas, 1984). Por estas razones se desarrollan tecnologías de armamento antisatélites (ASAT) que convertirían el espacio exterior en una extensión de los campos de batalla de una guerra nuclear (Smith, 1984; Pike, 1989:69-72).

Reactores y pilas nucleares en el espacio

No es necesario aguardar a que estalle una guerra nuclear para que los riesgos de la nuclearización del espacio se transformen en daños efectivos. Los transmisores-receptores de los radares, sensores, cámaras, computadoras y equipos de comunicación de los satélites militares están hambrientos de energía. Las celdas solares son utilizadas en muchos de los satélites militares, pero este sistema de generación de energía ofrece varios inconvenientes: se necesitan muchas más celdas que para los satélites civiles

[7] Véase el capítulo sobre misiles balísticos.

y, por otro lado, dichos sistemas son vulnerables en caso de explosiones exoatmosféricas. Por estas razones se prefiere dotar a los satélites militares de pilas y reactores nucleares. En las pilas nucleares la energía se genera al decaer los radionucleótidos; la fuente de energía es una sustancia altamente radiactiva y el calor que despide el material puede ser convertido en electricidad de dos maneras: por conversión dinámica utilizando un turbogenerador, o por conversión estática utilizando dispositivos termoeléctricos (Jasani, 1980). Entre las sustancias radiactivas que reúnen las condiciones para ser utilizadas como fuentes de poder en satélites militares destaca el plutonio-238, con una vida media de 87.8 años. El diseño de estas pilas es sencillo: en un contenedor cilíndrico se coloca el plutonio-238 y el recipiente se rodea de convertidores termoeléctricos.

Otros satélites utilizan reactores nucleares muy compactos como fuente de poder. En este caso, la energía se genera a través de la fisión de uranio enriquecido: los reactores soviéticos típicos llevan una carga de hasta 50 kilogramos de uranio-235 altamente enriquecido (*ibid.*, 252). El inventario de material radiactivo muy dañino para la salud es variado. En términos generales, las sustancias radiactivas generadas en estos reactores pueden afectar los tejidos óseo y muscular, la glándula tiroides y los riñones. La cantidad de radiactividad es muy alta, aun después de cerrar el reactor.

Entre 1961 y 1982 Estados Unidos y la Unión Soviética colocaron en órbita satélites civiles y militares con 55 reactores y pilas nucleares. De este número de generadores nucleares, 36 correspondió a satélites militares y 19 a satélites civiles. Los satélites norteamericanos utilizan más intensamente las pilas nucleares, mientras que en los soviéticos predominan los reactores nucleares. Ambos sistemas son altamente contaminantes y peligrosos.

Los primeros accidentes no se hicieron esperar. En abril de 1964 un satélite de la armada norteamericana destinado a la navegación no pudo entrar en su órbita correcta y la carga (junto con una pila nuclear con aproximadamente un kilogramo de plutonio-238) reingresó a la atmósfera sobre el hemisferio sur. La pila nuclear se desintegró en el reingreso y las partículas radiactivas fueron diseminadas a una altura de aproximadamente 50 kilómetros. Hasta finales de 1970 se pudo medir la radiactividad proveniente de este accidente y se calcula que el 95% del plutonio-238 se depositó en la superficie de la tierra. Muestras de tierra tomadas en 65 sitios alrededor del mundo entre 1970 y 1971 revelaron que la mayor parte del plutonio-238 fue depositado en el hemisferio sur. La precipitación radiactiva en el hemisferio sur fue 2.5 veces mayor que la del hemisferio norte. Pero el dato más importante es el siguiente: la precipitación de plutonio-238 de este satélite fue casi el doble de la precipitación provocada por pruebas nucleares realizadas a fines de 1970 (Jasani, 1983).

En abril de 1965 Estados Unidos colocó en órbita un satélite con el primer reactor nuclear como fuente generadora de energía. Como combustible, el reactor utilizaba elementos de uranio-zirconio anidados en un recipiente de berilio. El calor generado por el reactor era absorbido por un refrigerante a base de sodio-potasio líquido; el uranio utilizado estaba enriquecido al 93% de uranio-235 y la energía eléctrica generada llegaba a los 600 W. Una serie de fallas a los 43 días de estar funcionando acabaron por cerrar el reactor en la órbita 555.

Dos satélites norteamericanos con pilas nucleares tuvieron que ser destruidos en 1968 y 1970. En el primer caso el material radiactivo fue recuperado (y no hubo contaminación) antes de que el satélite fuera destruido por una explosión. En el otro caso la pila fue expulsada del satélite y cayó al mar. No es posible asegurar, como lo hace Jasani (1983), que no hubo contaminación pues el recipiente del material radiactivo pudo ser destruido al chocar con el agua o sufrir rupturas con el tiempo en el fondo del mar.

Por su parte, la Unión Soviética ha sido responsable de dos accidentes importantes. El satélite Cosmos 954 reingresó a la atmósfera en enero de 1978 y se incineró parcialmente, contaminando la atmósfera con material radiactivo. Otra parte del satélite se estrelló en territorio canadiense y contaminó una zona muy extensa (la dispersión de los materiales depende del ángulo de reingreso a la atmósfera). Este fue el segundo satélite que contaminó la atmósfera y una extensa zona con material radiactivo; el daño pudo haber sido mucho mayor si se hubieran visto afectadas zonas densamente pobladas.

En agosto de 1982 el satélite soviético Cosmos 1 402 fue colocado en una órbita baja; en diciembre se iniciaron las maniobras para alcanzar una órbita más alta. Las maniobras fracasaron y el vehículo se dividió en tres secciones: el motor, el satélite propiamente dicho y el reactor nuclear. Este último ingresó en la atmósfera en febrero de 1983, contaminando peligrosamente una zona muy extensa.

Un satélite puede permanecer en órbita durante un lapso muy largo (por ejemplo, 500 años), lo que depende de su plano orbital. Los satélites soviéticos de la serie Cosmos utilizan reactores y son colocados en órbitas bajas para obtener una mejor resolución en sus equipos de radar. Para cuando terminen su misión, los técnicos soviéticos idearon una solución increíble a fin de enfrentar el problema de la contaminación con material radiactivo: el satélite es llevado a una órbita mucho más alta, de tal manera que pueda permanecer en órbita el tiempo necesario para que decaigan las sustancias radiactivas utilizadas en el reactor. Pero esta "solución" es absurda porque no puede anularse la posibilidad de un accidente. De cualquier manera, dejar basura nuclear en órbita durante siglos no parece ser la mejor manera de desnuclearizar el espacio exterior.

Por último, el cumplimiento de la letra del tratado sobre el espacio exterior y cuerpos celestes ha sido acompañado de actos que realmente ponen en tela de juicio la solidez del compromiso adquirido por las superpotencias. Estos actos son, esencialmente, parte de los programas de investigación de ambas superpotencias orientados a explorar el posible desarrollo de nuevas tecnologías para sistemas de defensa antibalística. La evidencia parece indicar que las superpotencias no se han resignado a renunciar definitivamente a las posibles ventajas estratégicas que podrían derivar de adelantos tecnológicos relacionados con la materia objeto de este tratado. En resumen, el tratado no es letra muerta, pero se le puede describir como un árbol que está muerto de pie.

Tratado sobre Fondos Marinos y Oceánicos

En el caso del Tratado sobre Fondos Marinos y Oceánicos es todavía más claro que el objetivo de desnuclearización está lejos de realizarse. Este tratado establece la prohibición de emplazar armas nucleares o armas de destrucción masiva en los fondos marinos y oceánicos o en su subsuelo. También se prohíbe el emplazamiento de estructuras, plataformas de lanzamiento de misiles o cualquier otro tipo de instalación para el almacenamiento, pruebas o despliegue de este tipo de armamento. Pero los artículos I y II expresamente dejan fuera de esta prohibición a la zona cubierta por el mar territorial tal y como se define por la Convención de Ginebra sobre Mar Territorial de 1958 (12 millas). De hecho, tampoco se prohíbe a las potencias nucleares emplazar armas nucleares en el fondo marino cubierto por aguas territoriales de otro Estado (cuando se tenga el consentimiento expreso de éste).

Este tratado se firmó en 1970 y es el resultado de una preocupación de las superpotencias por la posible aplicación militar de conocimientos oceanográficos generados por varios años de investigación científica. Al principio se pensó que los fondos marinos y oceánicos podían ser reservados para actividades pacíficas exclusivamente, pero las superpotencias prefirieron un texto más restringido. Si se hubiera adoptado el enfoque inicial (fondos marinos para actividades pacíficas solamente) se hubiera tenido que renunciar a toda utilización militar. Esa hubiera sido una solución interesante, no sólo en el caso de este tratado sino en el del espacio exterior. Sin embargo, a diferencia de la Antártida, el espacio exterior y los fondos marinos y oceánicos sí tienen utilidad militar aunque no para emplazamiento de armamentos nucleares.

El alcance de las prohibiciones establecidas en el tratado sobre fondos marinos es realmente muy limitado. El tratado SALT II entre la URSS y Estados Unidos (no ratificado por el Senado norteamericano, pero respetado por ambas potencias) aparentemente fue más lejos. Entre otras cosas, en su artículo IX el SALT II estableció la prohibición para las dos superpotencias de instalar plataformas de lanzamiento de misiles balísticos o crucero en los fondos marinos, oceánicos y de aguas interiores; también prohibió el emplazamiento y prueba de plataformas *móviles* para el lanzamiento de estos misiles siempre y cuando dichas plataformas *se muevan al estar en contacto con los fondos marinos y oceánicos.* Es decir, los submarinos nucleares con misiles balísticos (SSBN/SLBM) *no* están prohibidos. La prohibición afecta vehículos o formas de emplazamiento de misiles que serían muy vulnerables (por la escasa movilidad) y probablemente muy costosas de instalar.

En otros términos, la utilidad militar de las armas prohibidas es realmente marginal. No resulta sorprendente observar que los artículos I y II del tratado sobre fondos marinos, así como las disposiciones aplicables del tratado SALT II, han sido cumplidas al pie de la letra: prohíben actos que, de todos modos, no tiene sentido llevar a cabo.

En cambio, la proliferación de armas nucleares en los mares es algo realmente preocupante. Desde que se firmaron estos tratados hasta la fecha, el número de submarinos estratégicos con misiles balísticos y misiles crucero ha crecido de manera espectacular. No sólo se trata de misiles balísticos con alcances estratégicos; el número de armas nucleares de teatro o tácticas también ha crecido vertiginosamente. Y este tipo de armas constituye un peligro muy serio de guerra nuclear porque durante las maniobras de rutina de los navíos de las superpotencias los incidentes navales suelen ser frecuentes y potencialmente muy peligrosos. Además, estas armas nucleares están en un *status* muy particular frente a la cadena de mando normal: se dice que la autoridad para utilizarlas está "predelegada" (es decir, los capitanes de los navíos están plenamente autorizados para utilizarlas y los SLBMs carecen de los sistemas de seguridad para evitar accidentes y uso no autorizado que existen en los ICBM y bombarderos estratégicos). El cuadro XII.3 proporciona una idea aproximada del riesgo que se corre y de los niveles que ha alcanzado la proliferación de armas nucleares en los océanos. Frente a estas cifras, el texto de los tratados sobre fondos marinos y oceánicos y del SALT II pueden considerarse como anodinos.

Además, el número de navíos de todo tipo con propulsión nuclear también creció: se estima (Handler y Arkin, 1987) que para diciembre de 1987 había 544 reactores nucleares en navíos de todo tipo pertenecientes a Estados Unidos, la URSS, Gran Bretaña, Francia y China. La mayor parte de estos reactores constituyen el sistema propulsor de submarinos con misiles balísticos o crucero, así como submarinos de ataque. Como ya se ha visto (capítulo XI) el diseño de estos reactores ha tenido como principal objetivo el de lograr reactores compactos; las consideraciones sobre seguridad no fueron el elemento más importante al ser diseñados. En consecuencia, los riesgos de acidente en estos reactores deben ser tomados en cuenta.

Los submarinos con misiles balísticos constituyen una pieza

clave de los arsenales nucleares. Se trata del único componente de los arsenales de las superpotencias que puede sobrevivir a un ataque sorpresivo; en tanto garantía de respuesta, constituye el

Cuadro XII.3

Armas nucleares en el mar

País	Vehículos	Número de cabezas nucleares	
Estados Unidos	Balísticos	5 312	
	Crucero	200	
Sistemas ASW[a]	1 756		
	Sistemas SAM[b]	290	
	Aviones[c]	1 450	
	Total		9 008
Unión Soviética	Balísticos	3 602d	
	Crucero	414e	
	Sistemas ASW	1 000	
	Sistemas SAM	260	
	Aviones	880	
	Total		6 156
Total: Estados Unidos y Unión Soviética			15 164
Francia			292
Gran Bretaña			326
China			24
Total de todos los países			15 806

Notas:
 [a] ASW = Sistemas antisubmarinos.
 [b] Sistemas de misiles superficie-aire.
 [c] Se refiere a las cargas nucleares desplegadas en aviones de portaviones no utilizados en sistemas ASW.
 [d] Esta cifra solamente incluye las cargas nucleares en misiles balísticos *estratégicos*. Además, la URSS posee 36 misiles balísticos *Sark* SS-N-5 con un alcance de 1 400 kilómetros.
 [e] Los misiles crucero lanzados por las fuerzas navales de la URSS son, en su gran mayoría, armas tácticas. Los nuevos sistemas SS-NX-24, con un alcance superior a los 3 000 kilómetros, están apenas entrando en servicio activo.
Fuentes: Los datos para Estados Unidos y la URSS provienen de SIPRI (1989, cuadros I.1, I.2, I.4 y I.5) y corresponden a 1989. Los datos para los demás países corresponden a 1987 y provienen de Handler y Arkin (1988).

fundamento de la disuasión nuclear. Por esta razón se destinan grandes cantidades de recursos a desarrollar la tecnología de comunicaciones adecuada a estos sistemas que deben ser capaces de recibir instrucciones y órdenes para responder en caso de conflicto. También se destinan grandes cantidades de recursos a la investigación y desarrollo de tecnologías para *detectar* y *destruir* a estos submarinos.

Cuando los submarinos estratégicos están en sus puertos o bases navales, cualquier satélite o avión de reconocimiento puede detectarlos, y fácilmente pueden ser destruidos. Pero una vez que los submarinos inician sus operaciones de patrullaje, es muy difícil localizarlos. Y las zonas de patrullaje son tan extensas que no se puede pensar que una andanada de cargas nucleares pueda destruir un número significativo de submarinos. Una táctica para destruir submarinos *sin* tener que localizarlos consistiría en cubrir totalmente con cargas nucleares las zonas de patrullaje de los submarinos estratégicos. El análisis más completo y detallado de las operaciones de estos submarinos publicado a la fecha (Stefanick, 1987) revela que Estados Unidos posee suficientes cargas nucleares para cubrir apenas el 6% de las zonas de patrullaje de los submarinos estratégicos de la URSS, mientras que la Unión Soviética apenas posee el megatonelaje suficiente para cubrir el 1% de las zonas de patrullaje de los submarinos norteamericanos.[8]

Es evidente que esta táctica no es un método eficiente; en la medida en que los métodos de detección sean más eficientes, la cantidad de cargas nucleares que pueden ser usadas en este tipo de misión se reduce drásticamente.

Si una potencia pudiera alcanzar adelantos significativos en este terreno, habría adquirido una ventaja militar muy impor-

---

[8] El cálculo de Stefanick está basado en las consideraciones siguientes: se necesita crear sobrepresiones de por lo menos 590 libras por pulgada cuadrada (590 *psi*) para vulnerar el sistema de doble casco de los submarinos; cada carga nuclear de una megatonelada equivalente puede generar estas sobrepresiones en un círculo con radio de 4 millas náuticas; las cifras se corrigen con un 35% adicional de megatoneladas equivalentes para cancelar el efecto de la falta de precisión de los misiles y los círculos que se sobreponen. Estados Unidos requeriría 67 100 megatoneladas; los soviéticos requerirían una cantidad mayor porque los submarinos norteamericanos tienen zonas de patrullaje mucho mayores y operan en aguas más profundas (Stefanick, 1938:37 y 76).

tante: sus misiles balísticos y bombarderos podrían destruir en un primer ataque las fuerzas estratégicas enemigas (o por lo menos una parte importante de dichos arsenales), y aún conservar suficientes cargas nucleares y misiles como para amenazar las ciudades más importantes de su enemigo. Por esta razón, uno de los canales más importantes de la carrera armamentista es la lucha antisubmarina.

Los sistemas más comunes para la detección de submarinos son los sonares pasivos y activos. El sonar es una tecnología relativamente vieja que registra las ondas sonoras generadas (sonar pasivo) o reflejadas (sonar activo) por un submarino. El sonar pasivo utiliza sensores que se encuentran instalados en los fondos marinos y oceánicos y que registran las señales sonoras de submarinos (y otros navíos). Estos sensores están fijos y conectados con estaciones costeras encargadas de procesar la información recabada. Los sensores se denominan, individualmente y en conjunto, *Sosus* (siglas para *sound surveillance systems*) y se encuentran desplegados de tal manera que varios hidrófonos permiten detectar y localizar a un submarino comparando las señales captadas. Los conjuntos de *Sosus* han sido instalados desde finales de la década de los cincuenta; para 1974 Estados Unidos contaba con 22 instalaciones de sistemas *Sosus* alrededor del mundo (Wilkes, 1980). Desde entonces se ha adelantado mucho en la tecnología de detección acústica, transmisión de datos a distancia (telemetría) y métodos de anclaje en el fondo del mar. Un ambicioso programa de investigación científica y tecnológica es el soporte de este sistema; los recursos asignados se consideran bien utilizados porque la propagación del sonido en el mar es bastante coherente y con suficiente equipo de cómputo, es posible procesar grandes volúmenes de datos en tiempo casi real.

Los *Sosus* fueron precedidos por sistemas de detección acústica que escudriñaban el llamado canal de sonido profundo que transmite naturalmente y con gran eficiencia el sonido de baja frecuencia emitido por máquinas a grandes distancias en las grandes profundidades oceánicas.[9] Esos primeros sistemas fueron co-

---

[9] El canal de sonido profundo es el nombre utilizado para designar un eje de transmisión de sonido bajo el agua particularmente eficaz. La transmisión del sonido bajo el agua depende de la profundidad (la presión afecta la velocidad de propagación de las señales sonoras), la salinidad y la localización de la

locados en las costas de Estados Unidos y permitían (teóricamente) detectar submarinos soviéticos a distancias de hasta 150 kilómetros (Wilkes, 1980). Los submarinos soviéticos con misiles balísticos durante esa década (y hasta los ochenta) necesitaban acercarse bastante a las costas norteamericanas, así que los *Sosus* permitían cierta capacidad para detectarlos y, eventualmente, atacarlos. Más adelante, las líneas de *Sosus* fueron colocadas en aguas más profundas y, eventualmente, en algunos puntos geográficos que tradicionalmente han representado "cuellos de botella" para la armada soviética: la línea GIUK (Groenlandia, Islandia, Reino Unido), la línea del norte de Noruega hasta Svalbard[10] y en el Mediterráneo (entre Sicilia y la costa de África del Norte). Otros puntos importantes son las Islas Kuriles y varios sectores del Pacífico occidental.

Al perfeccionarse los hidrófonos se presentó un nuevo problema: ¿cómo separar la señal buscada de la gran cantidad de señales captadas? Para resolver este problema se han desarrollado sistemas de comparación de las huellas sonoras, así como métodos de limpieza de sonidos con la ayuda de las más avanzadas tecnologías en electroacústica y computación. Pero los problemas subsisten y los *Sosus* están ahora mucho más lejos de poder resolver el problema planteado por las modalidades de operación de los submarinos estratégicos.

La carrera entre submarinos discretos y tecnologías de detección se ha intensificado. Los submarinos *Delta* y *Taifun* de la Unión Soviética están dotados de misiles de un alcance mucho mayor que sus predecesores y, por lo tanto, pueden operar en las aguas del Mar de Barents y en el Océano Ártico. En el Mar de Barents la profundidad no es muy grande y, por lo tanto, la posibilidad de detección acústica no es tan buena como en el

---

termoclima (zona que separa las dos capas de temperaturas diferentes del océano: la superficial, calentada por el sol, y la más profunda y fría). Bajo ciertas condiciones, la termoclima forma un ducto natural que transmite el sonido a muy grandes distancias. Las leyes que rigen la transmisión de sonido en el mar y la forma de aprovecharlas se presentan de manera detallada en el apéndice "Los océanos y la detección de submarinos", de Stefanick (1987).

[10] Paradójicamente, el primer tratado en la historia reciente que prohibió el despliegue de armamentos y de cualquier instalación militar en una zona geográfica bien delimitada fué el tratado que prohibió toda actividad militar en Spitzbergen.

Atlántico Norte, el Mar de Noruega o el Pacífico Norte. En general, las zonas marítimas aledañas a territorio soviético parecen tener excelentes propiedades para *obstaculizar* la detección acústica (Stefanick, 1987:38-46).

En el Océano Ártico la capa de hielo presenta obstáculos adicionales a la detección acústica por la refracción de las señales sonoras. La instalación de *Sosus* en el Océano Ártico no es factible en la actualidad. Las distancias de las estaciones costeras más cercanas son demasiado grandes, la vulnerabilidad de todo el sistema es muy alta y los costos son casi inabordables. Por estas razones, el Océano Ártico se ha convertido en una zona de operaciones ideal para los submarinos estratégicos de ambas superpotencias. La capacidad para navegar en aguas poco profundas, entre el fondo del mar y una gruesa capa de hielo, es un atributo de los submarinos nucleares casi desde el principio de su historia. Y la posibilidad de disparar sus misiles balísticos desde el Ártico es muy real: la tecnología decadente no tiene límites. Una fotografía tomada por un satélite *Landsat* en marzo de 1984 captó a un submarino soviético probando un equipo especial para perforar la capa de hielo para permitir el lanzamiento de misiles. Este tipo de equipo aumenta notablemente la versatilidad de un submarino estratégico pues le proporciona un vastísimo territorio desde donde lanza su temible carga (*ibid.*, 43). De todos modos, conviene recordar que los submarinos estratégicos también pueden disparar sus misiles desde la superficie y romper el hielo para salir a la superficie no es una tarea difícil para este tipo de submarinos. La perforación de la capa de hielo para disparar uno o varios misiles es una operación delicada pues el submarino deberá maniobrar con absoluta precisión para evitar que el misil sufra daños al rozar con el borde del hielo (aun así puede ser dañado al chocar con pedazos de hielo flotantes).

Los sistemas activos de detección acústica no sólo son utilizados por navíos de superficie y submarinos. Estados Unidos los utiliza en boyas que son dejadas caer desde el aire (por los conocidos aviones *Orion P3-C*) o dejadas en el mar por barcos especiales. Una serie de innovaciones ha permitido mejorar el desempeño de estas boyas, pero su principal defecto sigue siendo el alcance limitado (Wilkes, 1980). También se utilizan sistemas de boyas arrastradas por cable desde navíos de superficie y los sistemas de "despliegue rápido" que consiste en torpedos que pueden ser dejados caer por aviones *Orion*, bombarderos *B-52* o lanzados desde los tubos lanzatorpedos de un submarino.

La tecnología de la detección acústica de submarinos estratégicos ha llegado a sus límites ingenieriles. Los submarinos soviéticos más recientes ya alcanzan un nivel sonoro similar al de los submarinos norteamericanos más silenciosos construidos en la década de los setenta. Por su parte, los submarinos estratégicos de la clase *Ohio* de la Armada norteamericana emiten una señal sonora tan débil que aunque los soviéticos tuvieran una línea *Sosus*, la señal sonora sólo se podría descifrar a muy poca distancia. Por estas razones, y dada la importancia de los submarinos estratégicos como *blancos*, ambas superpotencias han lanzado sendos programas de detección *no acústica*.

La investigación para desarrollar tecnologías de detección no acústica es la última frontera de esta carrera militar en el mar. Los sistemas considerados abarcan un espectro de posibilidades tecnológicas realmente impresionante; no se escatiman recursos y esfuerzos con tal de alcanzar el resultado deseado. Y en este proceso se ha recurrido al refinamiento elevado de los equipos científicos más sofisticados en materia de sensores a muy larga distancia. Las posibles tecnologías que están siendo investigadas son las siguientes (Stefanick, 1988):

a) Detección magnética: el casco metálico de un submarino genera una anomalía magnética que puede ser detectada fácilmente, pero sólo a muy cortas distancias. Los sensores magnéticos ya son utilizados rutinariamente por aviones y barcos norteamericanos y soviéticos; se espera poder mejorar la capacidad de los sensores utilizando superconductores de alta temperatura. Ambas superpotencias desarrollan tecnologías para engañar a los sensores magnéticos con submarinos falsos.

b) Detección bioluminescente: un efecto indirecto de la hidrodinámica de un submarino es la generación de una estela luminosa. El océano contiene organismos planctónicos (en particular el dinoflagelado *Noctiluca miliaris*) que generan luminosidad y el desplazamiento de un submarino puede estimular la generación de luz de estos organismos. Es posible que la estela bioluminosa de un submarino suba a las capas superficiales de la columna de agua y pueda ser detectada por satélites, pero los sensores deben ser extraordinariamente finos para detectar una señal tan débil y poder distinguirla del "ruido" de otras señales. De cualquier modo, este sistema solamente podrá ser utilizado de noche.

c) Detección hidrodinámica: el desplazamiento de agua de un submarino puede ser detectado por sus efectos en la superficie. En primer lugar, un submarino estratégico sumergido genera una joroba de agua en la superficie y olas Kelvin (el patrón de olas divergentes y transversales de cualquier estela). En segundo lugar, si la turbulencia hidrodinámica de la estela de un submarino perturba la termoclina (capa a partir de la cual la temperatura desciende y la densidad aumenta) se generan pequeñas corrientes de superficie que, además de poder ser observadas directamente, pueden alterar los patrones de distribución de la película de material orgánico y aceites en la superficie del océano. Los sensores más sofisticados no han podido detectar submarinos desplazándose sumergidos muy cerca de la superficie; a mayores profundidades y bajas velocidades, la joroba, las olas Kelvin y las corrientes de superficie serán muy difíciles de detectar. Además, será imposible eliminar el ruido de otro tipo de señales provocadas por todo tipo de fenómenos hidrodinámicos y por la topografía del fondo del océano.

d) Detección térmica: un submarino que utiliza un reactor nuclear como medio de propulsión deja una estela de agua más caliente a su paso. Esta diferencia de temperaturas puede ofrecer la posibilidad de detectar al submarino con sensores de rayos infrarrojos y microondas. Pero subsisten problemas muy serios para poder detectar esta señal térmica: el agua más caliente no sube hasta la superficie porque paulatinamente se encuentra con agua de la misma densidad y, además, la disparidad de temperaturas se desvanece muy rápidamente en la estela de un submarino.

e) Lidar: éste es un método para detectar submarinos emitiendo una señal de láser y observando el reflejo en el casco metálico. El agua del mar es opaca a la mayor parte de la radiación electromagnética, pero la luz azul-verde puede penetrar a distancias considerables. Un satélite puede emitir un intenso pulso de láser de este tipo de luz y un sensor puede identificar el reflejo en el submarino. La señal reflejada es, sin embargo, muy débil. La dispersión, características del pulso de láser y la necesidad de eliminar ruido hacen que este sistema no pueda ser montado en satélites. Desde aviones, el lidar solamente podrá cubrir una zona muy reducida.

f) Detección por el lanzamiento de misiles: el disparo de misiles por un submarino sumergido o en la superficie sí es fácil de detectar. Pero los sistemas de control de los disparos están siendo mejorados y en muy pocos minutos un submarino estratégico puede disparar todos sus misiles: un submarino *Trident* puede disparar sus 24 misiles en sólo 6 minutos y los tiempos de disparo de los SSBN soviéticos son comparables (Stefanick, 1987:22).

Se puede afirmar que ninguna de las tecnologías mencionadas ofrece perspectivas positivas para la detección de submarinos. Sin embargo, la importancia estratégica es tal que ninguna de las superpotencias está dispuesta a abandonar una sola avenida tecnológica antes de agotar todas sus posibilidades. La carrera armamentista en los océanos se ha intensificado en el terreno de las mejoras *cualitativas* y esto puede hacer todavía más peligrosa su militarización.

El artículo VII del tratado sobre fondos marinos prevé la celebración de una primera conferencia de revisión a los cinco años de haber entrado en vigor el tratado. En particular, se prevé tomar en cuenta el cumplimiento y los desarrollos tecnológicos que pueden ser importantes para los objetivos del tratado. Esa primera conferencia se llevó a cabo en Ginebra entre junio y julio de 1977 con la participación de 42 de los Estados signatarios. Además de los debates sobre los problemas inherentes a la verificación y los posibles conflictos de leyes (con las disposiciones emanadas de la Conferencia sobre Derecho del Mar que fue aprobada después de este tratado), algunos de los participantes provocaron un debate sobre el alcance del tratado y las negociaciones relacionadas con la carrera armamentista.

El artículo V del tratado sobre fondos marinos y oceánicos establece que las partes contratantes llevarán a cabo negociaciones en el campo del desarme tendientes a evitar la carrera armamentista en las zonas cubiertas por el tratado. La carrera armamentista ha continuado en las regiones cubiertas por el tratado, pero más grave aun, se ha intensificado en los océanos *precisamente* en virtud de las disposiciones del tratado.

Conclusiones

Ninguno de estos tres tratados puede ser considerado como un régimen jurídico satisfactorio. Son demasiadas las omisiones y lagunas y, por otra parte, son muchos y muy importantes los compromisos que no han sido cumplidos. Destaca, desde luego, la falta de un verdadero adelanto en las negociaciones sobre desarme entre las dos superpotencias. Aun cuando en los últimos años hay un progreso tangible, los arsenales nucleares han aumentado en volumen y letalidad.

Una de las características básicas de estos tres tratados es la siguiente: la prohibición de emplazar armas nucleares en estos ambientes no representó para las superpotencias el sacrificio o la renuncia a importantes ventajas militares. El colocar armas nucleares en la Antártida es un contrasentido militar evidente: los blancos están muy lejos, el costo de mantenimiento de bases y emplazamientos de misiles sería altísimo, la vulnerabilidad de los misiles sería considerable y la coordinación, control y mando se verían obstaculizados constantemente por la distancia y las condiciones climatológicas.

En cuanto al espacio exterior, el colocar armas nucleares en órbitas geoestacionarias no tiene mayor interés militar. Las posibilidades de destruir una carga o varias cargas nucleares colocadas en órbita no representaría un obstáculo tecnológico insalvable.[11] Además, las cargas nucleares así colocadas permanentemente en el espacio estarían en órbitas muy altas que representarían una clara desventaja militar. Si se optara por colocar cargas nucleares en órbitas más bajas, además de la mayor vulnerabilidad habría el inconveniente de que sólo se podrían utilizar en ciertos periodos de tiempo (en función del sendero recorrido por las órbitas y su frecuencia).

Finalmente, la prohibición de colocar armas nucleares en los fondos marinos y oceánicos, así como en su subsuelo, tampoco puede considerarse como una renuncia a importantes ventajas

---

[11] En la actualidad, Estados Unidos y la URSS cuentan con armas antisatélite (ASATs) capaces de destruir satélites en órbitas bajas. Pero la tecnología para la destrucción de un satélite en órbita geoestacionaria está al alcance de ambas superpotencias; el problema es quizás el costo pues para cada satélite se necesita *otro* satélite que lo destruya.

militares. Los océanos tienen una gran importancia estratégica en la medida en que plataformas de lanzamiento *móviles* utilizan una vasta región para sus operaciones y no pueden ser detectadas; esta ventaja se cancela al instalar plataformas *fijas* en el fondo o plataformas que se muevan estando en contacto con los fondos oceánicos (como lo establece el tratado SALT II). El espacio exterior y los fondos oceánicos sí tienen usos militares muy importantes. En este capítulo hemos demostrado que los instrumentos utilizados con fines militares en el espacio y los fondos oceánicos forman parte esencial de los arsenales nucleares. Por esta razón, siempre se ha estado muy lejos del objetivo de desmilitarizar estas regiones. En realidad, estos tratados solamente han servido para codificar algunas reglas para delimitar la carrera armamentista.

El caso de la Antártida es diferente. En el Tratado sobre la Antártida se adoptó una posición más amplia y se declaró una prohibición general para cualquier actividad militar (no sólo el emplazamiento de armas nucleares). Esta diferencia probablemente está asociada a la génesis del tratado: en lugar de haber sido promovido directamente por las superpotencias, el Tratado de la Antártida nace como propuesta de la comunidad científica internacional.

Finalmente, la evaluación de estos tratados tiene que llevarse a cabo tomando en consideración el régimen establecido por el Tratado de No Proliferación de Armas Nucleares (NPT) de 1970. Este tratado es uno de los elementos más importantes en las relaciones internacionales. Establece simple y llanamente un régimen discriminatorio para la posesión de armas nucleares: algunos Estados están autorizados a poseer estas armas, mientras que otros no lo están. A cambio de este régimen discriminatorio, las superpotencias se comprometen a realizar un esfuerzo serio en favor del control y reducción de armamentos nucleares. En el próximo capítulo veremos cómo han entendido este compromiso las superpotencias.

XIII. LA DINÁMICA DEL CONTROL DE ARMAMENTOS: LA EXPANSIÓN DE LOS ARSENALES NUCLEARES, 1970-1990

INTRODUCCIÓN

En los últimos cuatro años se desencadenó una euforia optimista alrededor del proceso de control y reducción de armamentos nucleares. La distensión sin precedentes entre las superpotencias y sus aliados parecía haberse consolidado y cada día se cristalizaba en nuevas medidas concretas. Entre estas medidas destacan los cambios geopolíticos en Europa oriental: la reunificación alemana; la transformación que todavía se está gestando en la naturaleza y objetivos de los pactos militares de la Organización del Tratado del Atlántico del Norte (OTAN) y del Pacto de Varsovia; reducciones de fuerzas convencionales en Europa oriental, y un tratado sobre *reducción* efectiva de armamentos de alcance intermedio (tratado INF). Sobre todo, se anunciaron dos tratados sumamente importantes en el ámbito de la reducción de armamentos: uno sobre armas convencionales y otro sobre los arsenales nucleares estratégicos de las superpotencias. El primero de estos tratados se firmó en la conferencia sobre seguridad y cooperación europea celebrada en noviembre de 1990 en París y dio lugar a la reducción de armamentos convencionales más importante en la historia de la humanidad.[1] El segundo tratado deberá ser el resultado de las conversaciones sobre reducción de armamentos estratégicos (START) que las dos superpotencias llevan a cabo desde 1982 en Ginebra.

Estos cambios son realmente formidables; hace apenas unos años algunos de ellos no hubieran sido considerados posibles. Sin

---

[1] Se estima que la Unión Soviética tendrá que destruir alrededor de 40 000 tanques como consecuencia de los compromisos adquiridos en este tratado.

embargo, un estudio cuidadoso del proceso de control de armamentos y del posible contenido del tratado START aconseja cierta prudencia y aun escepticismo al considerar la evolución futura de los arsenales. El balance de 40 años de negociaciones sobre control y reducción de armamentos nucleares entre las superpotencias es muy negativo; el número de cabezas nucleares y de vehículos de lanzamiento ha crecido a pesar de que se han firmado varios tratados y acuerdos. La gran pregunta hoy en día es si el tratado START realmente conducirá a los "recortes profundos" en los arsenales nucleares que los líderes de las superpotencias no han cesado de anunciar. En un contexto de distensión generalizada, un tratado START *por lo menos* debería desembocar en una reducción de 50% de las cargas nucleares estratégicas existentes. Este capítulo tiene por objeto examinar el estado actual de las negociaciones y el posible contenido del tratado START. En particular, se busca analizar qué tan "profundos" serán los recortes en los arsenales, las vías que quedarán abiertas a una nueva expansión cuantitativa y las implicaciones para el mejoramiento cualitativo de los armamentos estratégicos.

A lo largo de este análisis se puede observar cómo las características de la tecnología militar decadente también están presentes en el proceso de control de armamentos, sobre todo en lo que concierne a las medidas para la verificación del cumplimiento de los tratados. En más de una ocasión, la posibilidad de realizar progresos importantes en materia de control y reducción de armamentos se ha visto frenada por las implicaciones que la tecnología decadente tiene en materia de verificación.

Pero todavía más importante es el hecho de que las posibles ventajas que el desarrollo futuro de la tecnología puede tener ha sido el factor clave para que las superpotencias sistemáticamente dejen *fuera* de los tratados senderos tecnológicos considerados como potencialmente valiosos. Un pretexto usual es el de que, como estos senderos todavía no se han consolidado, la verificación del cumplimiento de un tratado no puede garantizarse. De este modo, nuevas avenidas para la tecnología decadente y los supuestos obstáculos a la verificación se dan la mano y han jugado un papel clave en la expansión de los arsenales nucleares.

En la primera parte del capítulo se examinan los alcances y resultados de los tratados sobre *control* de armamentos (prohibición de pruebas nucleares, SALT I y SALT II). En la segunda parte se analizan los tratado sobre *reducción* de armamentos (tratados INF y START). La estructura y objetivos de estos tratados y la expansión de los arsenales nucleares es el eje central de nuestro análisis.

LOS TRATADOS SOBRE CONTROL DE ARMAMENTOS ESTRATÉGICOS

La Unión Soviética y Estados Unidos han invertido miles de horas en negociaciones sobre el control y reducción de armamentos nucleares. Desde 1963, año en que suscriben el Tratado sobre Prohibición Parcial de Pruebas Nucleares, ambas potencias firmaron los acuerdos SALT I (1972) y SALT II (1979), el acuerdo de Vladivostok (1974), así como el tratado INF de reducción de fuerzas intermedias (1987). La URSS y Estados Unidos están a punto de suscribir un tratado sobre reducción de armas estratégicas (START) que ha sido presentado a la opinión pública mundial como fundamental por las profundas disminuciones en los arsenales estratégicos que traerá aparejadas.

Cada vez que se ha firmado un tratado de control de armamentos nucleares, la URSS y Estados Unidos invariablemente han anunciado que se ha dado un gran paso hacia adelante y que el mundo se ha convertido en un lugar más seguro. Al mismo tiempo, se ha insistido en que la firma de los tratados demuestra que las dos superpotencias pueden llevar a cabo negociaciones *bilaterales* serias y constructivas, por las que se alcanzan resultados tangibles. El corolario de este enunciado es un mensaje cifrado para los foros multilaterales: no es necesario que otros países o foros intervengan porque se perturbarían las negociaciones y el resultado sería contraproducente.

Aun antes de que se firme el tratado START que debería permitir llegar al siglo XXI con arsenales nucleares reducidos de manera significativa, las dos superpotencias están triunfalmente señalando que están a punto de lograr un tratado único en la historia, un gran éxito diplomático y un resultado fundamental: el número de cargas nucleares y de vehículos de lanzamiento será reducido drásticamente. El corolario de este tratado sería un mundo más seguro y un alejamiento del espectro de una guerra nuclear. ¿Qué mejor prueba de que las superpotencias son entidades que pueden solucionar sus problemas de seguridad internacional de manera responsable (*i.e.*, sin comprometer el futuro del planeta)? La comunidad internacional tiene todos los motivos para alimentar un escepticismo marcado sobre los resultados de estas negociaciones. En los últimos años los tratados sobre "control" de armamentos han estado seguidos por un incremento espectacular en la cantidad de armamentos desplegados, tanto misiles como cargas nucleares. Las cifras se presentan en el cuadro XIII.1.

Cuadro XIII.1

Tratados sobre control de armamentos y expansión de arsenales estratégicos

Tratado	Fecha	EE.UU.	URSS	Total
PTBT*	1963	4 100	300	4 400
NPT	1968	4 250	1 100	5 350
SALT I	1972	5 800	2 500	8 300
Vladivostok	1974	7 600	2 500	10 100
TTBT	1974	"	"	"
SALT II	1979	9 200	6 100	15 300
INF	1987	13 683	9 950b	23 633
START	1991(?)	13 000	11 562	24 562

Número de cargas nucleares[a]

* *Equivalencias*: PTBT = Tratado sobre Prohibición Parcial de Pruebas Nucleares; NPT = Tratado de No Proliferación de Armas Nucleares; TTBT = Tratado sobre Prohibición de Pruebas Nucleares (con Capacidad Superior a las 150 Kilotoneladas); INF = Tratado sobre Reducción de Armas de Alcance Intermedio; START = Tratado sobre Reducción de Armas Estratégicas.

[a] El número de cargas nucleares es el existente efectivamente el año de la firma y no el límite impuesto por el tratado.

[b] Promedio de las cotas inferior y superior de las estimaciones de SIPRI para ese año.

Nota importante: Los datos solamente cubren el número de cargas nucleares estratégicas. En el periodo de tiempo cubierto por el cuadro también crecieron de manera exponencial las cargas nucleares llamadas "tácticas" o de teatro. Las estimaciones sobre el número de cargas nucleares tácticas (en bombas, proyectiles para artillería y cabezas de misiles) rebasan la cifra de 20 000 cargas nucleares adicionales desplegadas por las dos superpotencias. A estas cifras es necesario añadir las cargas nucleares desplegadas por Inglaterra, Francia y China, además de un número no especificado de cargas almacenadas y guardadas en "reserva" por Estados Unidos y la URSS.
Fuente: Anuarios de SIPRI, varios años.

Entre el primer acuerdo para controlar la carrera armamentista y el tratado START próximo a firmarse, el número de cargas nucleares creció a una tasa promedio anual de 6.5%. Es decir, cada día, durante estos 28 años, se han aumentado 2.4 cargas nucleares a los arsenales *estratégicos* de las superpotencias.[2] Esta expansión de los arsenales nucleares condujo a la grotesca posibilidad de que cada superpotencia pueda destruir cientos de veces al adversario. En síntesis, ésta es la triste historia del proceso de control de armamentos.

Una advertencia se impone. En términos de números de cargas nucleares y de vehículos de lanzamiento, la expansión de los arsenales nucleares es realmente escandalosa. Pero por lo que se refiere al poder explosivo en estas cargas nucleares (es decir, en términos del megatonelaje equivalente), aparentemente se tiene un indicador distinto sobre la carrera armamentista. En efecto, el megatonelaje total ha disminuido, especialmente en los últimos 10 años. Esta reducción debe ser interpretada correctamente para que no haya equivocaciones. En la medida en que los misiles balísticos y crucero fueron aumentando su precisión desapareció la necesidad de contar con cabezas nucleares de gran capacidad destructiva (medida en megatoneladas equivalentes de explosivo de alto poder).[3] En consecuencia, la reducción del megatonelaje equivalente total no sólo no implica un mayor control de armamentos, sino que es la consecuencia de una *modernización cualitativa* de los arsenales nucleares.

¿Cómo es posible que al firmarse tratados sobre control de armamentos se obtenga el resultado totalmente adverso que revela el cuadro XIII.1? En cada uno de los tratados suscrito han quedado excluidas las tecnologías o armamentos que pueden ofrecer ventajas o las superpotencias. Estas ventajas pueden ser reales (objetivas) o simplemente percibidas (subjetivas), pero lo cierto

---

[2] Hay que añadir el número de cargas nucleares tácticas, que también ha aumentado vertiginosamente.

[3] La letalidad (L) es un parámetro utilizado para medir la capacidad destructiva de los armamentos nucleares en el caso de blancos militares reforzados. Se expresa matemáticamente como sigue: $L = Y^{2/3} \div CEP^2$, en donde Y es el poder destructivo medido en megatoneladas equivalentes y CEP es el círculo de error probable medido en metros. Como se puede observar, los cambios en la precisión dominan la evolución del coeficiente de letalidad. (Tsipis, 1984.)

es que han sido determinantes para el alcance de los tratados. Veamos brevemente de qué manera.

Tratado sobre Prohibición Parcial de Pruebas Nucleares (1963)

Este tratado fue firmado después de un breve pero intenso proceso de negociaciones entre las superpotencias en 1963. El tratado prohibió todas las pruebas nucleares en la atmósfera, en el espacio exterior y bajo el agua, pero dejó abierta la puerta para la realización de pruebas subterráneas. Indiscutiblemente se trató de un adelanto; las pruebas nucleares en la atmósfera y los oceános contaminaron seriamente el planeta entero y la literaura especializada que permite documentar este hecho es muy abundante. La presión internacional para que cesaran este tipo de pruebas nucleares fue, sin duda, determinante en la firma del tratado.

Sin embargo, las superpotencias se negaron a cerrar todas las puertas. La necesidad de continuar, e incluso intensificar los programas de pruebas, impidió elaborar un tratado de prohibición total de las pruebas. El argumento fue el de la imposibilidad de contar con un sistema confiable de verificación de su cumplimiento. Las pruebas subterráneas constituyeron un canal seguro (y sujeto a menos objeciones por parte de la opinión pública mundial) para proseguir el desarrollo de la tecnología decadente. El diseño de los componentes de las cargas nucleares, la combinación ideal entre detonantes, material de fusión y de fisión, así como las posibilidades de aumentar el rendimiento explosivo por unidad de material fisionable (lo que permite reducir el tamaño de las cargas) fueron algunas de las vías que, en 1963, se consideraba era necesario seguir explorando.

Lo más probable es que, para 1963, Estados Unidos y la Unión Soviética ya habían realizado las prueba nucleares *menos interesantes* desde el punto de vista tecnológico. En la década de los años cincuenta y a principios de los sesenta se llevó a cabo una gran serie de pruebas nucleares en las zonas de pruebas de las Islas Marshall (atolón de Bikini y Eniwetok), Nevada y Nuevo México, por parte de Estados Unidos, y en Novaya Zemlya y Semipalatinsk, por parte de la URSS. Algunas de estas pruebas son más conocidas que otras: destacan la prueba "Bravo" sobre Bikini, en 1954, que dejó una triste estela de muerte y contaminación, así como la prueba de la "superbomba" de más de 58 megatoneladas detonadas por la Unión Soviética en Novaya Zemlya en 1961. Pero todas llevaron a una conclusión: la detonación de artefactos nucleares grandes en la atmósfera y el océano no es necesaria para continuar desarrollando la tecnología de las cargas nucleares (capacidad destructiva, rendimiento, composición y arquitectura de los principales componentes, etc.), y en cambio, sí entraña un costo (económico, ambiental y político) elevado. Así que cuando el secretario de Estado norteamericano, Averell Harriman, llegó a Moscú en 1963 para dar los toques finales al tratado con su contraparte, Andrei Gromyko, las superpotencias estaban listas para proscribir una actividad que ya no era interesante continuar. El entonces presidente Kennedy declaró que el mundo había dado un paso en la vía del desarme y la amenaza nuclear se había alejado.

En realidad, Kennedy tuvo que dar todo tipo de garantías a los sectores más conservadores de que Estados Unidos se embarcaría en un intenso programa de pruebas nucleares subterráneas y de que los laboratorios para el diseño de nuevos armamentos seguirían recibiendo un generoso apoyo federal. La carrera armamentista no sólo no se detuvo, sino que recibió un nuevo estímulo.

El cuadro XIII.2 permite llevar a cabo una rápida evaluación de la efectividad de este tratado. Al prohibirse lo innecesario y dejarse abierta la puerta para cierta categoría de pruebas nucleares se estableció un *incentivo* para recurrir a esta categoría. Al negociarse el tratado, ninguna de las superpotencias quiso perder ventajas y quedar relegada a una posición secundaria; en consecuencia, el tratado no prohíbe lo que sí era considerado como interesante, dado el estado del conocimiento tecnológico sobre cargas nucleares y, por esta razón, no es sorprendente que a partir de 1963 se intensifique notablemente la realización de pruebas nucleares subterráneas.[4] El primer tratado sobre control de

[4] Hay otros factores que contribuyen a esta intensificación. Uno de los más importantes es, sin duda, la mayor experiencia en la organización y ejecución de estas pruebas; la curva de aprendizaje en la realización de estos experimentos es responsable de que se *puedan* efectuar con una mayor economía de tiempo, pero no explica por qué *efectivamente* se llevan a cabo pruebas con mayor frecuencia a partir de 1963. El factor determinante es la aceleración de la carre-

armamentos celebrado por las dos superpotencias permitió continuar el mejoramiento cualitativo de los arsenales nucleares.[5]

Tecnología decadente y pruebas nucleares

En 1974 se negoció y firmó un nuevo tratado que prohíbe las pruebas nucleares subterráneas de un poder destructivo superior a las 150 kilotoneladas. Este tratado se caracteriza por establecer un umbral por encima del cual no se puede hacer estallar un dispositivo nuclear, pero siguió dejando abierta la posibilidad de efectuar pruebas por debajo de este tope. En realidad, la mayor parte de las pruebas que es necesario llevar a cabo para mejorar el diseño de los artefactos nucleares no necesita rebasar este tope. De hecho, el umbral muy bien podría reducirse a 10 kilotoneladas o menos y las pruebas seguirían siendo efectivas para el continuo desarrollo de las cargas nucleares (Ferm, 1989).

Algunos especialistas sostienen que al perfeccionarse la capacidad de llevar a cabo pruebas con explosivos de alto poder, o con todos los componentes estructurales de una carga nuclear *sin* material fisionable, o simulaciones en computadora de detonaciones nucleares que fielmente reproducen las reacciones de los materiales utilizados, así como sus efectos, la necesidad de realizar pruebas casi se ha desvanecido. Sin embargo, el desarrollo de la tecnología decadente imprime una dinámica casi incontenible a la realización de pruebas nucleares y es importante analizar por qué.

El llevar a cabo pruebas nucleares se vincula a diversos objetivos:

---

ra armamentista y la profundización del desarrollo tecnológico decadente que hemos identificado en nuestro análisis.

[5] Este tratado sobre prohibición de pruebas nucleares fue acompañado en 1976 de un tratado que permite las "explosiones con fines pacíficos". Como es imposible distinguir entre pruebas para armamentos y explosiones con fines pacíficos, se optó por limitar el poder de las segunda a 150 kilotoneladas equivalentes (aunque el tratado permite varias explosiones cuyo poder, en conjunto, puede alcanzar 1.5 megatoneladas equivalentes). Este tratado aumenta el grado de incertidumbre y parece abrir nuevas opciones a las superpotencias para realizar pruebas nucleares.

Cuadro XIII.2

Detonaciones de artefactos nucleares, 1945-1989

1945-1963[a]

País	Tipo de prueba Atmósfera	Subterránea[c]	Total
Estados Unidos	217	114	331
Unión Soviética	183	2	185
Reino Unido	21	2	23
Francia	4	4	8
Total			547

1963[b]—1988

País	Tipo de prueba Atmósfera	Subterránea[c]	Total
Estados Unidos	0	579	590
Unión Soviética	0	451	458
Reino Unido	0	18	19
Francia	41	128	169
China	23	11	34
India	0	1	1
Total			1 271
Gran total acumulado			1 818

[a] Hasta el 5 de agosto de 1963.
[b] Desde el 6 de agosto de 1963 al 31 de diciembre de 1989.
[c] Algunas de estas pruebas se llevaron a cabo debajo del agua.
Fuente: Adaptado de Ferm (1990).

a) nuevos diseños de armamentos;
b) mejorar condiciones de invulnerabilidad;
c) mejorar la seguridad en el manejo de armas nucleares, y
d) confiabilidad del acervo existente.

Para algunos científicos involucrados en el desarrollo de nuevos armamentos, las pruebas nucleares son *absolutamente indispensables* para cumplir con estos cuatro objetivos (Kerr, 1988; Westervelt, 1988) o con los primeros tres (Mark, 1988).

La fabricación de nuevos tipos de armamentos, con diseños novedosos, requiere de varias pruebas nucleares *efectivas*. Hay dos razones muy poderosas detrás de la necesidad de realizar pruebas nucleares efectivas. La primera es que, en la actualidad, un nuevo diseño tiene que competir con muchos ya existentes (*on-the-shelf technology*) en lo que concierne a varios parámetros; la única manera de que un nuevo diseño sea adoptado es a través de nuevas pruebas:

> Evidentemente se necesita un cierto número de pruebas hasta que un nuevo modelo sea juzgado lo suficientemente ventajoso como para que sea añadido al arsenal existente. Esto se aplica con mayor razón en el caso de adiciones futuras al arsenal existente, porque tienen que competir contra un conjunto de dispositivos que ya han sido mejorados. Además, para los modelos más recientes y los del futuro, al surgir después de que se ha dedicado tanto esfuerzo para reducir el peso, tamaño, costo, etc., se deben satisfacer requerimientos más estrictos que antes en cuanto a precisión en su fabricación y reducción de perturbaciones exógenas en su comportamiento. Dependerán cada vez más de que todo suceda tal y como se ha planeado. Para extender una capacidad (en armamentos) que ya ha sido bien desarrollada, se requieren pruebas nucleares. (Mark, 1988:38).

En la última parte de esta cita encontramos la evidencia de que la tecnología de cargas nucleares se encuentra en la fase de rendimientos decrecientes. Al pasar el tiempo, conforme se desarrollan nuevos modelos de cargas nucleares, cuesta mucho más esfuerzo y recursos alcanzar nuevos modelos que sean más eficientes. Esto muy bien puede ser cierto; después de todo, se trata de la evolución natural de una trayectoria tecnológica.

Y el número de pruebas que se requieren para desarrollar un diseño y descartar otros debe ser bastante elevado. Las estadísticas parecen indicarlo: Estados Unidos ha llevado a cabo unas 910 pruebas nucleares desde 1945. Aproximadamente 48 fueron pruebas del programa *Plowshare* de explosiones con fines pacíficos (para excavaciones, estudio de diversos fenómenos geológicos, fuentes de energía); las 862 restantes se realizaron con el fin de probar nuevos diseños y, muy pocas, para verificar la confiabilidad de las cargas ya existentes. El número de diseños actualmente utilizados es relativamente pequeño (lo cual está relacionado con la necesidad de mantener economías de complementariedad, evitando un excesiva diversificación): se considera que a mediados de los ochenta existían solamente 24 *tipos* distintos de dispositivos nucleares (*ibid.*, 38).

La segunda razón es la necesidad de mantener la afinidad entre cargas nucleares y vehículos de lanzamiento. Al desarrollarse nuevos sistemas de lanzamiento (por ejemplo, un nuevo tipo de misil o de avión) se establecen nuevos requerimientos para las cargas nucleares. Aquí estamos en presencia de una de las complementariedades que rigen las trayectorias tecnológicas (véase el capítulo I). A medida que se introducen innovaciones en los vehículos de lanzamiento, se generan *desequilibrios tecnológicos* que impiden alcanzar los niveles plenos de desempeño tecnológico de dichas innovaciones. Por ejemplo, la introducción de los misiles crucero a mediados de los años setenta constituyó una presión muy fuerte para reducir todavía más el tamaño y mejorar la eficiencia (explosiva) de las cargas nucleares que serían emplazadas en estos nuevos vehículos.

Tratados SALT I y ABM

En 1972 Estados Unidos y la Unión Soviética firmaron el primer tratado dirigido a limitar el crecimiento de los armamentos nucleares ofensivos. Este tratado tiene dos componentes importantes: el Acuerdo interino SALT I que congeló durante un periodo de cinco años el número de misiles balísticos que podrían ser lanzados desde bases en tierra y desde submarinos, y el protocolo (que forma parte del Acuerdo interino), que especificaba los límites cuantitativos en misiles para ambas superpotencias.

De acuerdo con el protocolo, Estados Unidos estaba autorizado a desplegar hasta 44 submarinos para lanzar misiles balísticos (SSBNs), con un total de 710 misiles disparables desde submarinos (SLBMs), mientras que la URSS podía desplegar 62 submarinos y hasta 950 misiles. Además, los artículos III y IV, así como el protocolo, permiten explícitamente las actividades encaminadas a la modernización de los arsenales y el reemplazo de misiles y submarinos construidos antes de 1964.

Este primer acuerdo para limitar el crecimiento de los armamentos estratégicos ofensivos adoleció de muchos defectos, pero el principal y de mayores consecuencias fue el no haber integrado en su articulado una limitación sobre la innovación técnica más importante en esos años: la introducción de cabezas múltiples en los misiles balísticos (tecnología MIRV). Esta tecnología y sus características desestabilizadoras han sido analizadas en el capítulo III; pero conviene destacar aquí que el trato que se le dio en el tratado SALT I es revelador de los objetivos que persiguen las superpotencias en estos instrumentos legales.

La tecnología MIRV fue desarrollada primero por Estados Unidos durante los años sesenta. Se le percibió como una gran contribución a los arsenales norteamericanos por diversas razones (véase el capítulo III) y, cuando llegaron las negociaciones para celebrar el SALT I, simplemente no se quiso renunciar a esas ventajas (y a otras relacionadas con nuevos bombarderos). Varios años después, cuando los soviéticos habían comenzado a introducir esta misma tecnología, se hizo evidente que se había cometido un grave error. Demasiado tarde: la expansión de los arsenales nucleares fue la consecuencia lógica de este incentivo para desarrollar y perfeccionar la tecnología MIRV.

En el marco de las negociaciones del tratado SALT I también se llegó a un acuerdo para firmar otro tratado que prohíbe el emplazamiento de sistemas de defensa antibalística (tratado ABM). Éste prohíbe el despliegue de sistemas de defensa ABM para proteger todo el territorio de las superpotencias, pero permite desplegar un sistema defensivo en dos sitios para cada superpotencia: uno para la capital nacional y otro para un complejo de ICBMs (ambos sitios deben estar separados por lo menos por una distancia de 1 300 kilómetros). Cada sitio defensivo puede tener hasta 100 misiles ABM y 100 plataformas de lanzamiento. Finalmente, los radares defensivos deben respetar ciertas restricciones cualitativas.[6]

Este tratado ha sido considerado como una pieza muy importante en materia de instrumentos legales relacionados con

---

[6] La más importante es que los radares de fases sincronizadas electrónicamente no pueden estar emplazados más que en las fronteras o límites continentales de los dos países y deben estar orientados hacia el exterior. Precisamente ésta es la restricción que el radar soviético de Krasnoyarsk violaba y que ocasionó una fuerte polémica entre las dos superpotencias hasta que el ministro Edvard Schevarnadze reconoció que, efectivamente, el radar era una violación al tratado ABM "del tamaño de una pirámide" (aludiendo a la forma piramidal del edificio principal).

el control de armamentos. El análisis de los capítulos III y VI revela que no existe en el horizonte de posibilidades tecnológicas un sistema de defensa antibalística confiable. A pesar de la gran cantidad de recursos que han sido invertidos por Estados Unidos y la Unión Soviética en defensas antibalísticas, el consenso es que pasarán unos 15 años para que se pueda desplegar un sistema defensivo de alcance muy limitado (restringido a la protección de algunos silos de ICBMs).

Así que los términos del tratado ABM son otro ejemplo de relaciones estratégicas esotéricas, en las que se prohíbe algo que de todos modos no es factible realizar. Aún sin ese tratado, lo más probable es que ninguna de las superpotencias hubiera procedido a instalar un sistema defensivo general. La experiencia norteamericana con los sistemas *Nike-X* y *Sentinel*, y la soviética con los misiles defensivos *Galosh*, constituyen un claro indicio de lo anterior. De todos modos, aportando lo suyo a la tradición de los tratados sobre contol de armamentos, el tratado ABM *no* prohibió el mejoramiento y pruebas de otros sistemas defensivos que utilicen otros "principios físicos" y no descansen en el uso de misiles antibalísticos. Aquí está el origen de los grandes esfuerzos (norteamericanos y soviéticos) de investigación científica y tecnológica sobre rayos X, energía cinética, láser, etcétera.

Tratado SALT II

En 1974 se llevó a cabo una reunión cumbre entre el presidente norteamericano Gerald Ford y el primer secretario del Partido Comunista de la URSS, Leonid Brezhnev, en Vladivostok. En esa reunión se sentaron las bases para un nuevo acuerdo SALT que establecería nuevos límites a los armamentos estratégicos ofensivos. Las negociaciones se hicieron cada vez más lentas y se atascaron en una densa madeja de complejas reglas de "contabilidad estratégica". Por fin, en 1979 se firmó el segundo acuerdo interino SALT II, que impuso los siguientes límites cuantitativos para armamentos estratégicos a ambas superpotencias.:

 a) 2 250 vehículos entre ICBMs, SLBMs, bombarderos pesados y misiles balísticos lanzados desde aviones (con un alcance superior a los 600 kilómetros);

b) de los vehículos anteriores, 1 320 ICBMs o SLBMs o misiles balísticos lanzados desde aviones equipados con cabezas múltiples independientes (MIRV) y bombarderos pesados equipados con misiles crucero de largo alcance (más de 600 kilómetros);
c) de los vehículos anteriores, 1 200 ICBMs o SLBMs o misiles balísticos lanzados desde aviones con cabezas múltiples independientes;
d) de los vehículos anteriores, 820 ICBMs con cabezas múltiples.

El tratado también introdujo una moratoria sobre el número de cabezas nucleares independientes que cada tipo de misil podía llevar y sobre el número de misiles crucero que cada bombardero puede transportar. Se establecieron límites a la capacidad de carga de ICBMs "ligeros" y "pesados". Finalmente, el tratado SALT II estableció la posibilidad, para cada una de las superpotencias, de introducir un nuevo tipo de misil ICBM durante la vigencia de este segundo acuerdo interino. El acuerdo no ha sido ratificado por el Senado norteamericano, pero ambas potencias aceptaron regirse por sus límites y demás disposiciones.

Este acuerdo también tiene grandes defectos. El principal es que se trata, en el fondo, de un tratado sobre la *composición* de los arsenales nucleares estratégicos. Reglamentar esta composición es la función de los *sublímites* que fija el artículo III del acuerdo. Los límites *totales* fijados por el tratado son altos, por lo que si se limita uno a compararlos con los arsenales existentes en 1979, parece que realmente se trata de una invitación a la expansión de dichos arsenales. En el cuadro XIII.3 se presentan las cifras aceptadas por las dos superpotencias sobre los diferentes componentes de sus arsenales al momento de la firma del tratado. El número de misiles ICBM, SLBM, ASBM y de bombarderos pesados alcanza 2 284 para Estados Unidos y 2 504 para la URSS. El límite total para estas categorías combinadas es de 2 250 y, por lo tanto, las dos potencias tuvieron que deshacerse de algunos vehículos de lanzamiento para cumplir con este tope.

Sin embargo, el acuerdo introduce una serie de complicadas reglas de contabilidad sobre el número de misiles crucero que pueden llevar los bombarderos pesados con el fin de "limitar" el despliegue exagerado de estos misiles. Así, para los bombarderos se establece que en promedio no podrán llevar más de 28 misiles crucero. Los misiles balísticos aire-superficie (ASBM) no pueden estar dotados de más de 10 cabezas independientes, y los ICBM y SLBM no pueden tener más de 10 y 14 cabezas independientes, respectivamente. De esta manera, el número de cargas nucleares no se limita más que de forma indirecta a través de los límites sobre vehículos y las reglas de contabilidad para cada tipo de vehículo.

Cuadro XIII.3

SALT II: Límites cuantitativos y arsenales existentes, 1979

	Arsenales existentes[a]	
	EE.UU.	URSS
Vehículos ICBM	1 054	1 398
ICBMs con MIRVs	550	576
Vehículos SLBMs	656	950
SLBMs con MIRVs	496	128
Bombarderos	574	156
Bombarderos con:		
misiles crucero[b]	0	0
misiles ASBM[c]	0	0
ASBM con MIRVs	0	0

[a] Arsenales existentes al firmarse el tratado.
[b] Misiles crucero con alcance superior a los 600 kilómetros.
[c] ASBM: misiles balísticos aire-superficie.
Fuente: Texto del Acuerdo SALT II y Memorándum de entendimiento firmado por los representantes de la URSS y Estados Unidos en Viena, en 1979, con motivo de la firma del acuerdo SALT II reproducidos en Goldblat (1982).

La palabra "limitación" es, en este contexto, un eufemismo porque, en realidad, se trata de una especie de planificación de la expansión de los arsenales nucleares. De hecho, Goldblat (1982:35) señala que los topes cuantitativos son "sorprendentemente compatibles con los programas (de inversión) en armas estratégicas de ambas partes" para los años de vigencia del acuerdo. Este autor señaló en 1982 que durante la vigencia del tratado SALT II (1979-1985) los arsenales estratégicos norteamericanos y soviéticos aumentarían en un 50 a 70%; el cuadro XIII.1 muestra que el pronóstico se cumplió fielmente, pero que además la expansión no se ha detenido.

En realidad, el tratado SALT II constituyó un poderoso incentivo para la modernización de los arsenales nucleares. En primer lugar, explícitamente el acuerdo permite a cada superpotencia introducir un "nuevo tipo de misil ICBM" durante el periodo de vigencia del tratado. Como se puede ver en el capítulo sobre misiles balísticos, se abrió la puerta al desarrollo tecnológico de estos sistemas y a un nuevo capítulo en la carrera armamentista.

En segundo lugar, el tratado SALT II no estableció ninguna restricción sobre la modernización de los misiles balísticos lanzados desde submarinos. En este renglón se estaba desarrollando un gran esfuerzo tecnológico por mejorar los sistemas de navegación y alcance, con el fin de dotar a los SLBM de una precisión comparable a la de los misiles lanzados desde bases en tierra (véase el capítulo III *supra*). Los negociadores no quisieron intervenir en este proceso.

En tercero y último lugar, aunque el protocolo del tratado prohibió el despliegue y las pruebas de vuelo de misiles crucero lanzados desde tierra o desde el mar, de ICBMs móviles y de misiles balísticos disparados desde aviones (ASBM), esta prohibición expiraba el 31 de diciembre de 1981. Las dificultades para mantener una adecuada verificación hicieron que las superpotencias optaran por esta prohibición restringida a unos cuantos meses de vigencia: como este punto había obstaculizado las negociaciones durante largos años, ambas superpotencias le dieron la vuelta con este protocolo, cuyo artículo final dice:

> *Artículo IV.* Este protocolo forma parte integral del tratado. Entrará en vigor el día de la entrada en vigor del tratado y permanecerá vigente hasta el 31 de diciembre de 1981, *a menos que sea reemplazado antes por un acuerdo con medidas adicionales que limiten los armamentos estratégicos* (cursivas del autor).

Este texto es muy importante; es un reconocimiento velado de que las partes negociadoras no pudieron llegar a un acuerdo sustantivo sobre estos sistemas de armamentos. Las razones que explican el desacuerdo son dos: el deseo de explotar las ventajas estratégicas (reales y percibidas) que podrían proporcionar estos armamentos y, por otra parte, las dificultades para verificar el cumplimiento de un acuerdo que cubriera algunos de estos sistemas (en particular, los misiles crucero). Aquí lo importante es que el tratado SALT II definió de una manera más clara los derroteros que habría de seguir la expansión y modernización de los arsenales estratégicos.

LOS TRATADOS SOBRE REDUCCIÓN DE ARMAMENTOS NUCLEARES

En 1987 se firma un acuerdo para la eliminación de los misiles de mediano y corto alcance emplazados por la Unión Soviética y Estados Unidos en Europa. Ese tratado, conocido por las siglas INF, es el primero que estableció la obligación de retirar armamentos previamente desplegados y *destruirlos*, además de prohibir su fabricación. En el comunicado conjunto expedido después de la reunión entre el primer secretario Gorbachov y el presidente Reagan en diciembre de 1987, el tratado INF fue presentado como un éxito para ambas superpotencias, así como para sus aliados, y como un preámbulo para un acuerdo mucho más ambicioso que introduciría recortes profundos de hasta 50% en los arsenales estratégicos de las superpotencias.[7] Los sistemas y tecnologías que se utilizan para verificar el cumplimiento del tratado INF servirían para adquirir mayor experiencia en este tipo de mecanismos, experiencia que se aprovecharía posteriormente al celebrarse un tratado sobre armamentos de largo alcance.

Por las estipulaciones del tratado INF se eliminaron de Europa varias clases de misiles de alcance intermedio: *Pershing Ia* y

---

[7] Aunque para Estados Unidos el INF es un tratado cuyo objeto *no* incluye armas estratégicas, para la URSS las armas de alcance intermedio emplazadas en Europa tienen un carácter estratégico. Los misiles *Pershing II* tienen una gran precisión (sobre su sistema de navegación véase el capítulo III) y fueron la principal preocupación para la URSS desde que fueron instalados en Europa. Estos misiles podían alcanzar blancos estratégicos (bases de misiles, Moscú) en unos 14 minutos. En consecuencia, este tratado fue considerado como ventajoso para la URSS. Para Estados Unidos y la OTAN, el tratado representó una gran victoria política pues coronó con éxito el proceso de doble-vía (instalar los misiles y forzar a los soviéticos a negociar el retiro de los SS-20 emplazados al oeste de los Urales). Algunas voces se alzaron en contra del tratado INF en el medio conservador europeo; para el ministro de la Defensa francés, André Giraud, el tratado INF fue un "Munich nuclear".

II y misiles crucero lanzados desde plataformas en tierra (GLCM), por el lado norteamericano, así como misiles SS-4, SS-5, SS-20, SS-12 y SS-23, por el lado soviético. Se fijó un plazo de tres años, al final del cual ambas partes habrían retirado la totalidad de estos misiles de Europa. Las plataformas de lanzamiento y sistemas de apoyo deben ser desmantelados. Los misiles deben ser desarmados y sus cuerpos principales destruidos, al igual que las cubiertas cónicas de las cabezas nucleares. El tratado no estableció obligaciones adicionales con respecto a las cargas nucleares propiamente dichas y, de hecho, algunas de las cargas nucleares de misiles *Pershing* y crucero retirados han sido reconvertidas y han regresado a Europa como bombas de gravedad para ser lanzadas por aviones (Norris y Arkin, 1990a).

La verificación del cumplimiento de estas obligaciones incluye el derecho de inspección *in situ* en todas las instalaciones y bases cubiertas por el tratado. Con el fin de verificar el cumplimiento relativo a la no fabricación de estas armas, las dos partes también acordaron establecer un complejo sistema de control de las plantas industriales en donde se producen estos armamentos; el artículo XI establece que cada una de las partes puede mantener un sistema de monitoreo continuo en las puertas de acceso a las instalaciones industriales que producen estos misiles durante un plazo de 13 años después de entrar en vigor el tratado.

Aunque en términos cuantitativos el alcance del tratado INF es extremadamente limitado (no cubrió más del 4% de las cabezas nucleares existentes), se trata de un acuerdo novedoso cuyo principal mérito es doble. Por una parte, eliminó armamentos particularmente peligrosos y desestabilizadores. Por la otra, instituyó una extraordinaria intromisión sistemática de cada una de las partes en las instalaciones industriales de la otra; en sí mismo, este sistema de verificación debería permitir construir una nueva base de confianza mutua para proceder a la firma de un tratado sobre armamentos *estratégicos* que realmente introduzca reducciones significativas en los arsenales.

El tratado START

En los últimos años se considera casi unánimemente que existe una coyuntura única para proceder a reducciones importantes en el acervo de cargas nucleares y vehículos de lanzamiento. El clima de distensión existente entre las superpotencias no tiene paralelo desde que terminó la Segunda Guerra Mundial, y a partir de la reunión cumbre de Reykjavik en octubre de 1986, en donde el entonces primer secretario Gorbachov casi persuadió al presidente Reagan de entablar negociaciones para eliminar *todos* los misiles balísticos, se llegó en principio a un acuerdo para negociar una reducción de 50% en los arsenales nucleares estratégicos.

El borrador del tratado ya ha sido dado a conocer y, en la actualidad (octubre de 1990), solamente se discuten los últimos detalles y la redacción final del texto, que se espera será firmado en 1991. Es posible, por lo tanto, llevar a cabo un análisis de los alcances del tratado y examinar si rompe con la tradición de los acuerdos anteriores o si, por el contrario, solamente servirá para enmarcar la carrera armamentista en la época de distensión que se ha abierto frente al mundo.

Las negociaciones para el tratado START se llevan a cabo en Ginebra entre las dos superpotencias desde 1985. Adicionalmente entre junio de 1989 y abril de 1990 se han llevado a cabo dos reuniones ministeriales (Jackson Hole, Wyoming, y Moscú) y una reunión a nivel de jefes de Estado en Malta. Se anunció que el acuerdo estaría listo para su firma en la reunión cumbre de junio de 1990 en Washington. Desde fines de 1989 se dieron a conocer los principales elementos cuantitativos del contenido del tratado, así como los sistemas de armamentos que deberán ser cubiertos por el mismo. De igual modo, se anunció la manera en que las superpotencias planean enfrentar los temas sustantivos sobre los que todavía no hay un acuerdo. Todos estos elementos han sido presentados en Cox (1990), Graybeal y Bliss (1989) y Bertram (1989). Pero el tratado no ha sido firmado todavía y acontecimientos como la guerra del Golfo Pérsico y la tensión en las repúblicas bálticas no auguran nada positivo para las perspectivas de la firma en 1991.

Para determinar si este nuevo tratado realmente entraña reducciones significativas en los armamentos estratégicos es necesario evaluar su alcance y limitaciones. Los límites cuantitativos que establecerá el tratado START son los siguientes:

Vehículos de lanzamiento

Un máximo de 1 600 vehículos estratégicos de lanzamiento, entre los que se cuentan: ICBMs, bombarderos pesados (con un alcance de más de 5 500 kilómetros) y submarinos SSBN.

Un límite a la capacidad de carga de los ICBM y SLBM de ambas superpotencias, de tal manera que la capacidad agregada para cada parte no rebase el 50% de los niveles soviéticos actuales.

Cargas nucleares

Un límite de 6 000 cargas nucleares para los vehículos antes mencionados.

Sublímites

a) Un sublímite de 4 900 cargas nucleares desplegadas como cabezas de misiles ICBM y SLBM.

b) Un sublímite de 1 540 cabezas nucleares en 154 misiles ICBM "pesados" (en donde los misiles pesados se definen como iguales o más grandes que los SS-18 soviéticos).

El tratado establecerá una serie de sistemas de verificación para cada una de las actividades cubiertas en su articulado: retiro, desmantelamiento, no reubicación, destrucción y no fabricación. Los detalles no han sido divulgados, pero se conoce suficiente del texto preliminar como para saber que son análogos a los del tratado INF (Graybeal y Bliss, 1989). Es posible, con la información de que se dispone, evaluar el alcance del tratado y definir la profundidad de los recortes contemplados en los arsenales estratégicos.

Los límites cuantitativos parecen corresponder al objetivo de lograr reducciones importantes, aunque es preciso analizar también los programas para los armamentos que *no* están incluidos en el tratado START. En 1989, los arsenales estratégicos de las superpotencias incluían los números parciales y totales de vehículos de lanzamiento que se indican en el cuadro XIII.4

Bajo los términos del tratado los soviéticos deberán retirar y destruir 874 vehículos de lanzamiento, lo que representa apro-

Cuadro XIII.4

Arsenales estratégicos: vehículos y cargas nucleares (1990)

	Estados Unidos		Unión Soviética	
	Número	Totcar*	Número	Totcar
ICBM	1 000	2 450	1 356	6 450
SLBM	592	5 152	930	3 642
Bombarderos	311	4 500	162	1 228
Totales	1 903	12 102	2 448	11 320
Totales (GyB)	1 986	9 640	2 520	10 850

* Totcar: Total de cargas nucleares desplegadas en cada tipo de vehículos.
Fuentes: SIPRI *Yearbook*, 1990, cuadros 1.1 y 1.3. Los totales de Graybeal y Bliss (1989) son presentados en el último renglón.

ximadamente el 35% de los que actualmente tiene emplazados en estas tres modalidades. Para Estados Unidos, el número de vehículos que debe ser retirado y destruido es de 349 y representa el 17% del número total de la llamada "tríada estratégica".

En cuanto a los límites para cargas nucleares emplazadas en estos vehículos, el tratado obligará a Estados Unidos a eliminar 7 000, es decir, el 53% del total de cargas nucleares emplazadas en vehículos de alcance intercontinental. La Unión Soviética deberá eliminar 5 562 cargas, esto es, el 48% de las que tiene emplazadas en vehículos estratégicos.[8] Aparentemente, la meta de Reykjavik de alcanzar una reducción de 50% en los arsenales estratégicos se alcanza sin mayor problema con este acuerdo. Los porcentajes de las reducciones son un poco menores en el caso de las estimaciones de Graybeal y Bliss (1989), pero no cambian esta conclusión.

Por último, el cumplimiento con los sublímites cuantitativos impone ciertos reacomodos en el interior de los arsenales de ambas partes. El número de cabezas nucleares en los misiles ICBM

---

[8] Adicionalmente la Unión Soviética tiene 100 cabezas nucleares emplazadas en el sistema de defensa antibalística alrededor de Moscú (sistema permitido por el tratado ABM de 1972). Estas cabezas nucleares y misiles no están cubiertos por el tratado START.

y SLBM no puede rebasar 4 900; tanto Estados Unidos como la Unión Soviética deben reducir el número de cabezas emplazadas en estos vehículos. La reducción puede llevarse a cabo redistribuyendo el número de cargas nucleares entre las tres clases de vehículos y a través de cambios en el número de cabezas independientes que puede llevar cada vehículo. Para la Unión Soviética la reorganización será más importante pues su arsenal estratégico es menos equilibrado que el de Estados Unidos. Lo mismo se puede decir de la restricción sobre los misiles pesados.

Los temas más problemáticos que los negociadores han tenido que enfrentar han sido los de los misiles crucero, los misiles intercontinentales móviles y las reglas de contabilidad del número de cargas nucleares que será posible emplazar en cada vehículo de lanzamiento. Cada uno de estos temas es crucial para la evaluación de los alcances del tratado. Además, para México, el tema de los misiles móviles es de vital importancia. En los siguientes párrafos examinamos cada uno de estos puntos antes de llegar a una evaluación final sobre el tratado START.

Misiles crucero lanzados desde el mar (SLCM)

Los programas de desarrollo y adquisición de los misiles crucero desde los años setenta han planteado problemas muy serios para los procesos de control de armamentos. Estos misiles utilizan una tecnología diferente de la de los balísticos, tanto en su sistema de propulsión y sustentación (aerodinámica), como en el de navegación. Es difícil definir cuándo se inició el proceso de desarrollo de este tipo de misiles en su versión moderna; como lo demuestra el estudio de Graham (1987), se puede trazar una línea de continuidad entre los misiles crucero modernos y los de los años cincuenta.[9] Las principales diferencias entre los misiles crucero nuevos y sus antecesores son de dos tipos: los motores turbojet pequeños y ultraeficientes; la utilización de las innovaciones de microelectrónica y la percepción remota para diseñar un sis-

[9] La investigación de Mac Graham constituye un excelente análisis del proceso de sucesión de armamentos en el que los factores determinantes identificados pertenecen al terreno de la organización industrial, la sociología de la rivalidad entre los distintos brazos de las fuerzas armadas y al terreno de las relaciones estratégicas.

tema de navegación muy preciso. El misil crucero moderno vuela a velocidades subsónicas, pero ya se trabaja para desarrollar misiles crucero de alcances intercontinentales y capaces de vuelo supersónico. El sistema de navegación permite comparar a intervalos regulares la trayectoria real del misil con la que se encuentra almacenada en la memoria de una computadora pequeña instalada a bordo. Cualquier desviación es inmediatamente corregida a través de las superficies de control aerodinámico del misil. La tecnología de comparación de contornos del terreno fue patentada desde 1958 (Tsipis, 1977:173), pero solamente los adelantos de la microelectrónica permitieron hacer uso pleno de este potencial (Barnaby, 1982). La tecnología *Tercom* permite acceder a CEPs de dimensiones despreciables si se considera el poder explosivo de cabezas nucleares o de explosivos convencionales de alto poder. En la actualidad, los misiles crucero constituyen uno de los armamentos más versátiles, y pueden ser lanzados desde plataformas en tierra, bombarderos y todo tipo de navíos de superficie y submarinos.

El despliegue de estos misiles ha constituido una importante vía en la búsqueda de nuevas ventajas estratégicas para las superpotencias. No fueron incluidos en el acuerdo SALT II y la prohibición establecida en el protocolo de dicho acuerdo carecía de importancia práctica. Ahora también parece que las superpotencias siguen renuentes a incluirlos en un acuerdo. En particular, los misiles crucero emplazados en submarinos y navíos de superficie, como pueden ser fácilmente escondidos, plantean problemas insuperables de verificación. El principal argumento que se utiliza es que la verificación de un acuerdo que incluya los misiles crucero lanzados desde el mar es realmente una tarea imposible. Los misiles crucero lanzados desde aviones pueden ser controlados más fácilmente, al igual que los lanzados desde plataformas en tierra. En el caso de los crucero lanzados desde aviones, su inclusión en el tratado START se hace a través de las reglas de contabilidad aplicadas al número de cargas que pueden transportar los bombarderos.

El tema de los misiles crucero emplazados en navíos (SLCM) se convirtió en una amenaza para la conclusión del tratado hasta la reunión de Washington en 1987. Los soviéticos habían insistido en incluir estos misiles dentro del límite de 6 000 cabezas nucleares, mientras que los norteamericanos se opusieron sistemáticamente. En especial, la Armada estadunidense se opone radicalmente a cualquier tratado que implique un sistema de verificación tan riguroso como el que sería necesario para controlar los números y tipos de SLCM. Para poder firmar el tratado START ahora ambas partes han acordado que el problema de los SLCM debe ser abordado y resuelto *fuera* del tratado. En otros términos, los límites cuantitativos para vehículos y cargas nucleares *no se aplicarán a los SLCM*.

En la actualidad, la Armada norteamericana tiene 200 misiles SLCM tipo *Tomahawk* con cabezas nucleares emplazados en navíos de superficie y submarinos. Estos misiles tienen un alcance de aproximadamente 2 500 kilómetros. La Armada continúa su programa de conversión y adaptación de navíos de superficie y submarinos para poder lanzar SLCMs (cinco navíos de superficie y 10 submarinos anuales). El programa total de adquisiciones de la Armada norteamericana para los años fiscales 1980-1990 contempla la compra de 3 994 misiles crucero SLCM (Norris *et al.*, 1989), de los cuales aproximadamente la mitad tendrán cabezas nucleares (Cox, 1990). Es decir, para mediados de la década de los noventa y si no se celebra un acuerdo con la URSS que limite los SLCM, Estados Unidos tendrá unos 2 000 SLCM desplegado en navíos de toda clase.

No se conocen los planes de la Unión Soviética y, en este caso, es muy difícil hacer estimaciones sobre la base de lo que sucederá con los SLCM norteamericanos. Lo que sí se puede afirmar es que la URSS continuará desarrollando un misil crucero supersónico (el SS-NX-24), con un alcance superior a los 3 000 kilómetros. También continúa el desarrollo de la versión AS-X-19 de misil crucero lanzado desde el aire (ALCM). Los programas para desarrollar los GLCM han sido cancelados como resultado de los compromisos contraídos en el tratado INF.

Bombarderos

La contabilidad sobre el número de cabezas nucleares que puede llevar un misil balístico es un punto delicado en cualquier negociación sobre control de armamentos. Pero cuando se trata de definir cuántas cargas serán permitidas para los bombarderos pesados, el problema se complica porque los bombarderos son vehículos de lanzamiento más versátiles. Un bombardero *B-52H* o un *B-1B* norteamericano llevan una combinación de bombas, misiles balísticos de corto alcance (SRAM) y misiles crucero: entre ocho y 24 cargas nucleares en total, número que depende de la combinación utilizada, el poder destructivo y el peso. La combinación depende de la misión encomendada: los *B-52* son considerados menos aptos para penetrar defensas antiaéreas y, por lo tanto, son utilizados como plataformas de lanzamiento de misiles crucero; los *B-1B*, en cambio, son más rápidos y capaces de llevar sus bombas hasta los blancos seleccionados (probablemente están reservados para blancos móviles y utilizarán SRAMs para destruir defensas anti-aéreas). Los bombarderos soviéticos también llevan una combinación de armamento similar: un *Bear H* (*Tu-95*) puede llevar ocho bombas o ALCMs, mientras que un *Blackjack* (*Tu-160*) lleva seis ALCMs y cuatro bombas.

La contabilidad para estos bombarderos en el tratado START está basada en las siguientes dos reglas. Primera: cada bombardero capaz de llevar bombas (de gravedad) y misiles balísticos SRAM será contabilizado como *un* vehículo y *una* carga nuclear. Segunda: para cada bombardero se determina un número de misiles ALCM. Las dos potencias están ya de acuerdo sobre la primera regla; pero en cuanto a la segunda subsiste cierto desacuerdo en la cantidad de misiles ALCM que serán permitidos.

Para los soviéticos, todos los ALCM y misiles balísticos lanzados desde el aire con un alcance superior a los 600 kilómetros deben ser incluidos en el límite de 6 000 cargas nucleares. La regla de contabilidad para los ALCM sería la siguiente: cada bombardero sería contado como portador del número de ALCMs que está diseñado para transportar y esto sería susceptible de verificación *in situ*.

Para los norteamericanos, esta regla es inaceptable porque los bombarderos pueden llevar varias combinaciones de armas y, aunque sólo sean equipados con ALCMs, normalmente no llevarían el número máximo de misiles crucero para el cual han sido adaptados (o fabricados, en el caso de los nuevos modelos). Además, a los norteamericanos les interesa dejar *fuera* del tratado START a su misil SRAM II (con un alcance de 600 kilómetros y capaz de llevar una carga de 170 kilotoneladas con una gran precisión). Hasta ahora, el misil SRAM II ha recibido el mismo trato que el de una bomba de gravedad en las negociaciones

START. Finalmente, los norteamericanos proponen considerar a cada bombardero como un vehículo portador de *una* carga nuclear (independientemente del número de bombas o SRAMs que pueda transportar); en cuanto a los ALCM, éstos se limitarían a 10 por bombardero.[10] Es evidente que la propuesta soviética sobre ALCMs es más restrictiva que la norteamericana. Pero, de cualquier manera, la regla de contabilidad sobre bombas SRAMs y ALCMs permitirá desplegar un número mayor de cargas nucleares.

Misiles móviles

El tema de los misiles móviles también ha sido un obstáculo importante en las negociaciones. Los soviéticos han emplazado misiles intercontinentales móviles (los SS-24 de 10 cabezas y los SS-25 de una sola cabeza) desde hace cuatro o cinco años, mientras que los norteamericanos todavía están enfrascados en un complicado proceso de desarrollo experimental para ICBMs móviles.[11]

En las negociaciones START Estados Unidos ha indicado que existen muchas dificultades para la verificación confiable de límites sobre misiles móviles porque pueden ser ocultados fácilmente y rápidamente preparados para ser usados. Las propuestas sobre verificación tradicionalmente se han orientado a limitar las zonas en las que podrían ser desplegados los misiles móviles. También se ha propuesto que las instalaciones en las que se almacenen los misiles móviles sean abiertas periódicamente para inspección por satélite.[12] Pero estos sistemas de verificación han sido desechados por Estados Unidos, por considerarlos poco confiables y, en consecuencia, la propuesta norteamericana es que el tratado START elimine *totalmente* a los misiles ICBM móviles.

Esta propuesta difícilmente será aceptada por los sovieticos; tendrían que deshacerse de 20 misiles SS-24 con 10 cabezas (de

---

[10] Los soviéticos consideran que esta regla no es buena. La razón es que es discriminatoria en contra de los bombarderos soviéticos: un *Blackjack* no puede llevar más de 12 ALCM, mientras que un *B-52H* puede llevar hasta 24 misiles crucero (Cox, 1990:5).

[11] Sobre este punto véase el capítulo V.

[12] Esta idea subsiste de los planes originales para el despliegue de los misiles MX en 1981.

550 kilotoneladas) cada uno, y de 150 misiles SS-25 con una cabeza cada uno. La URSS tendría que regresar a un sistema de emplazamiento (silos subterráneos) que lleva años tratando de superar. Los norteamericanos llevan 10 años buscando una solución a lo que perciben como un problema fundamental: la vulnerabilidad de los ICBM emplazados en silos subterráneos frente a la creciente precisión de los misiles soviéticos. Por su parte, los soviéticos respondieron a la amenaza de los misiles norteamericanos (con CEPs muy reducidos desde 1980) desplegando sus SS-25 desde 1985. Es evidente que frente a los misiles *Trident D-5*, lanzados desde submarinos y, por lo tanto, con tiempos de vuelo muy cortos, los soviéticos consideran que los ICBM móviles constituyen la única respuesta posible.

Esta posición soviética llevó a Estados Unidos a modificar su posición sobre los misiles móviles: ya no estarían prohibidos *todos* los misiles móviles, sólo los que tienen cabezas múltiples. Es decir, se dejaría abierta la puerta a los misiles similares al *Midgetman* (y, en este sentido, al SS-25 soviético): misiles diseñados especialmente para portar una sola cabeza nuclear. No se sabe si, de esta manera, los misiles ICBM móviles estarían *dentro* del límite de los 1 600 vehículos de transporte o si se fijará un límite separado para estos sistemas. De cualquier manera, lo que aparece cada día más claro es que los misiles móviles no serán prohibidos.

Este punto reviste especial importancia para México pues lo más probable es que este tipo de misiles sean emplazados en regiones despobladas cercanas a la frontera México-Estados Unidos; parte de la racionalidad de estos misiles (por lo menos desde el punto de vista norteamericano) es atraer como una "esponja" a las cabezas nucleares soviéticas, y por ello el despliegue de estos misiles representa un problema serio para nuestro país. Sobre este punto véase Nadal (1989).

Verificación

Los problemas de verificación que presenta el tratado START pueden ser considerados como análogos a los del tratado INF, pero la analogía tiene sus propios límites. En el tratado INF la inspección de instalaciones industriales se restringió a cinco plantas;

las bases de los misiles de alcance intermedio y corto eran relativamente pocas. En contraste, bajo el tratado START los puntos que deberán controlar los inspectores norteamericanos son cerca de 2 500 en la URSS, entre bases, instalaciones de apoyo (control y mando), almacenes, plantas industriales y de ensamblaje. Además, algunos de los sistemas de armamentos podrán seguir siendo producidos, pero desplegados solamente conforme a los límites establecidos por el tratado; la verificación del cumplimiento de este tipo de disposiciones será muy difícil. Sin embargo, ambas partes han realizado grandes progresos en el terreno de la verificación con inspecciones *in situ* y se espera que el tratado START incluya inspecciones directas para verificar que el número de cabezas instaladas en misiles respete el límite estipulado. Ésta será la primera vez que un tratado incluya al número de cabezas de un misil y no se limite a establecer una regla nominal de contabilidad; pero aun este procedimiento de verificación directa es de muy difícil aplicación en el caso de los bombarderos. Para una descripción detallada de algunas de las tecnologías que podrían utilizarse en la verificación del tratado START, véase von Hippel y Sagdeev (1990).

Resumen

El tratado START será un acuerdo positivo en muchos renglones, pero no es lo que el mundo espera. Las reducciones sobre vehículos y cargas nucleares no se aproximarán al 50% prometido por las superpotencias. Los cálculos sobre los sistemas que no están incluidos en el tratado revelan que cada una de las superpotencia acabará teniendo arsenales estratégicos de aproximadamente 9 000-11 000 cabezas nucleares. Esta estimación proviene de considerar los programas de desarrollo y adquisiciones de los siguientes tipos de armamentos por las fuerzas armadas de Estados Unidos. Para la Unión Soviética no se publica información que permita este tipo de ejercicio; sin embargo, un estudio similar puede ser diferente en los detalles pero los resultados seguramente son comparables.

a) *Misiles crucero SLCM de la Armada norteamericana*: 436 nuevos misiles SLCM ya han sido emplazados en navíos de superficie y submarinos; el programa de adquisiciones completo es de 3 994 SLCM, pero solamente 758 estarán armados con cabezas nucleares (Norris *et al.*, 1988). Sin embargo, la Armada ya prepara una versión avanzada del SLCM con algunos de los adelantos de la tecnología antiradar desarrollada por la Fuerza Aérea. Considerando el número de navíos que la Armada adapta anualmente para llevar misiles SLCM, esta cifra puede llegar a los 1 000 para 1995.

b) *Misiles crucero ALCM*: 1 400 unidades (Norris *et al.*, 1989).

c) *Misiles balísticos lanzados desde el aire*: Estados Unidos tiene un programa para dotar a sus bombarderos de 1 633 SRAMs. Estos son misiles balísticos de corto alcance (600 kilómetros) y una gran precisión. Están diseñados para anular sistemas de defensa antiaérea y permitir la penetración de bombarderos como el *B-1* y el *B-2*.

Además, la regla de contabilidad sobre bombas que puede llevar un bombardero es sumamente permisiva; no es posible calcular con precisión cuántas bombas nucleares serán transportadas por los aviones de ambas partes. Una estimación que evite la doble contabilidad (es decir, que no impute a cada vehículo el máximo número de ALCMs *y* el máximo número de bombas) puede basarse en el número de ALCMs programado por la Fuerza Aérea: 1 400 unidades. Esto misiles pueden desplegarse en unos 100 bombarderos, a razón de 14 por avión; el total de bombarderos que puede mantener la Fuerza Aérea (tomando en cuenta el límite de 1 600 vehículos para ICBMs y SLBMs y bombarderos) seguramente excederá esta cifra. La capacidad que queda disponible para transportar bombas y SRAMs puede oscilar entre 1 000-2 000 unidades, suponiendo que se conservan unos 200 bombarderos.[13]

En síntesis, para 1992 las superpotencias tendrán arsenales estratégicos con un número de cargas nucleares muy superior al límite fijado por el tratado START. Tomando el caso norteamericano como ejemplo, la distribución de estas cargas nucleares puede adoptar la configuración siguiente:

[13] El cálculo en este caso es mucho más complejo y la información disponible no permite afinar más la estimación. Hay que tomar en cuenta que *una* de las bombas ya estaría contabilizada en el límite START porque cada bombardero cuenta por una bomba.

Total de cabezas nucleares
comprendidas en el tratado START: 6 000

Cargas nucleares *no* limitadas
por el tratado START:
    SLCMs   758-1 000
    SRAMs   1 633
    Bombas   1 000-2 000

    Total   9 391-10 633

Estas cantidades son comparables en órdenes de magnitud a las cifras sobre cabezas nucleares en el arsenal estratégico norteamericano en 1990: 12, 102 (SIPRI, 1990). Nuestras estimaciones indican que las reducciones en el número de cabezas nucleares oscilarán entre el 22% y el 12%, con lo cual se estará lejos de la meta anunciada.

Por encima de estas consideraciones cuantitativas, hay que señalar que el tratado START compartirá un rasgo fundamental con sus antecesores (SALT I, SALT II, INF): no prohíbe la "modernización" de los arsenales. La tecnología decadente, en su fase de rendimientos decrecientes, seguirá siendo desarrollada alrededor de nuevos y varios requerimientos de desempeño tecnológico definidos por las nuevas realidades estratégicas. Aunque no es fácil pronosticar el camino que seguirá el desarrollo de los arsenales nucleares, sí se vislumbra claramente un derrotero tecnológico que será explorado con mayor intensidad precisamente por la firma del tratado START: la carrera entre misiles móviles y vehículos de transporte que permitan encontrarlos y destruirlos. Los misiles móviles no serán prohibidos por el tratado; el desarrollo de vehículos de reingreso independientes y *maniobrables* tampoco será restringido. Tampoco se impondrán límites ni controles al perfeccionamiento de los misiles SRAM, que precisamente podrían ser utilizados para destruir blancos móviles.

CONCLUSIÓN: ¿POR QUÉ HAN FRACASADO LOS TRATADOS SOBRE CONTROL Y REDUCCIÓN DE ARMAMENTOS?

El balance final del análisis de los tratados de control y reducción de armamentos es muy negativo. No sólo no han podido restringir la expansión de los arsenales nucleares, sino que incluso la han promovido. El número de cargas nucleares aumentó de manera exorbitante y todos los sistemas de armamentos fueron perfeccionados (aunque a un costo cada vez mayor) a medida que pasó el tiempo. Por esta razón, y siguiendo las líneas del análisis arriba presentado, se impone una pregunta fundamental: ¿Por qué han fracasado los tratados sobre control y reducción de armamentos?

La respuesta es la siguiente: porque estos tratados no buscan frenar la carrera armamentista, mucho menos reducir el número de armamentos. Los tratados son vehículos o instrumentos en la compleja matriz de las relaciones estratégicas de las dos superpotencias. Su verdadero objetivo ha sido la codificación de las reglas de conducta que, en materia de armas nucleares, han ido conformando las relaciones estratégicas entre las dos superpotencias. Estas reglas de conducta son el producto de una tensión entre las ambiciones de superioridad estratégica y las limitaciones y potencial de la tecnología militar. De este modo, los tratados buscan institucionalizar el comportamiento irresponsable que han tenido las superpotencias en el terreno de los armamentos nucleares. El tratado START será el último en la larga lista de acuerdos que han tenido como finalidad central esta institucionalización que de paso confiere una cierta aura de legitimidad a acciones que están expresamente prohibidas por el derecho internacional y que son producto de la tensión estratégica entre ambas superpotencias.

Los tratados bilaterales sobre control y reducción de armamentos no han sido y difícilmente pueden ser instrumentos efectivos para resolver los problemas de seguridad. Simplemente han formado parte de un abanico de opciones que la superpotencias tienen abiertas en sus relaciones estratégicas. No será necesario esperar demasiado tiempo para saber si el tratado START servirá para codificar las reglas del desarrollo de los arsenales nucleares en el mundo de la post-Guerra Fría, o si será el primer paso hacia la eliminación total de los arsenales nucleares.

En un trabajo reciente, Ball y Toth (1990) señalan que, a pesar de las perspectivas del tratado START y de que la "amenaza soviética" ya no puede percibirse como hace 10 años, la doctrina militar estratégica en Estados Unidos no evoluciona. Las discusiones en el Pentágono y entre la mayoría de los especialistas sobre estas cuestiones giran alrededor de las reducciones en el presupuesto y no le dedican mayor atención a cambios en doctrina. Las reducciones en el presupuesto no son más que una manera relativamente limitada de aproximarse a la nueva realidad (responden a un razonamiento simplista: menos amenaza, menos gasto militar). No es sorprendente, en consecuencia, que el tratado START todavía sea visto como uno más de la larga serie de tratados para el "control y reducción" de armamentos. Lo alarmante del mensaje de la investigación de Ball y Toth es que la doctrina militar en Estados Unidos no sólo no evoluciona sino que, a nivel de los planes operativos, la última versión del SIOP (en vigor desde octubre 1989) se separa más de la doctrina de disuasión y, a través de sus diversos componentes, confirma la idea de que las armas nucleares pueden ser utilizadas para pelear y ganar una guerra nuclear.

XIV. TECNOLOGÍA NUCLEAR DECADENTE Y TRABAJO DIPLOMÁTICO. PROLIFERACIÓN NUCLEAR, PAÍSES NO NUCLEARES Y CONTROL DE ARMAMENTOS

Introducción

Todas las potencias nucleares tienen o han tenido serios problemas de seguridad. Su peculiar manera de enfrentarlos ha descansado prioritariamente en los arsenales nucleares. De este hecho se desprenden dos consecuencias:

Primera: los ciudadanos de las potencias nucleares no adquirieron más seguridad con la expansión de los arsenales a medida que la tecnología de las innovaciones básicas de los años cuarenta entró en su fase decadente o de rendimientos decrecientes. Si en 1955 el número de blancos nucleares no alcanzaba la cifra de 100, en 1990 los planes operativos de ambas superpotencias incluyen, en conjunto, *más de 20 000* blancos nucleares. Bajo ningún ángulo puede considerarse esta evolución como un amento en la seguridad de cada una de las potencias.[1]

Segunda: Esta pseudosolución del problema de la seguridad de las potencias nucleares ha comprometido la seguridad de las demás naciones. El invierno nuclear que ocasionaría un conflicto entre las superpotencias amenazaría la existencia misma de toda forma de vida en el planeta.[2] Por esta razón la solución nuclear

---

[1] Sobre si las armas nucleares han sido la herramienta que ha evitado un conflicto armado existe una gran cantidad de literatura y de especulaciones. Dos referencias interesantes y con posiciones diametralmente opuestas sobre este punto son Mueller (1988) y Gaddis (1986).

[2] "Invierno nuclear" es el término que se usa para designar los descensos de temperatura ambiente hasta —15 y —25°C en grandes regiones del planeta durante periodos de entre seis semanas y tres meses por el bloqueo que sufri-

a los problemas de seguridad de las potencias nucleares rebasó hace mucho tiempo el ámbito de su limitada competencia y se ha convertido en un problema realmente internacional. El tema de la seguridad colectiva es hoy, más que nunca, una línea de trabajo diplomático urgente en el que los países no nucleares tienen que ocupar una posición importante.

Pero los buenos deseos sobre seguridad colectiva, zonas desnuclearizadas y zonas de paz se enfrentan a la fría realidad del poder nuclear y de la tecnología decadente. Las superpotencias no estarán dispuestas a renunciar a la posición privilegiada que les ha conferido la posesión de sus arsenales nucleares. Durante 40 años las superpotencias han descuidado la dimensión económica de su seguridad y ahora deben enfrentar la dura competencia de países como Alemania y Japón, así como de varios países de reciente industrialización que tienen un gran dinamismo y competitividad. Por eso las potencias nucleares resistirán más que nunca cualquier sugerencia de transición hacia un mundo en el que la seguridad no esté basada en la existencia de (sus) armas nucleares. Aunque la distensión se consolide y la amenaza recíproca que representan sus arsenales nucleares disminuya, las superpotencias difícilmente aceptarán renunciar a las ventajas considerables que les ha proporcionado el *status* de "potencias nucleares" en los últimos decenios. Algunos indicios de que esta resistencia será una constante en las relaciones internacionales se encuentran en las negociaciones sobre la no proliferación nuclear y la prohibición de ensayos nucleares.

Este capítulo aborda algunos aspectos de la articulación entre países no nucleares y el proceso de control de armamentos. El análisis se concentra en iniciativas relacionadas con la actividad diplomática de México y se organiza alrededor de tres tareas importantes en el terreno del control de armamentos y desarme: la no proliferación, los frenos a la carrera armamentista y la desnuclearización.

En la primera sección se analizan los alcances y limitaciones

---

ría la luz del sol. Este bloqueo sería una consecuencia de las detonaciones nucleares y los incendios provocados por dichas explosiones. Véase el capítulo XIII. Las referencias más importantes son: Turco, *et al.* (1983). Pittock, *et al.* (1986), Harwell y Hutchinson (1987). Una bibliografía selecta sobre el tema puede encontrarse en Westing (SIPRI, 1985).

del Tratado de No Proliferación de Armas Nucleares (NPT), piedra angular del régimen nuclear internacional. En particular, se examinan las perspectivas que se ofrecen para la conferencia de 1995, en la que se decidirá si procede o no la extensión de la vigencia del NPT. La segunda sección se concentra en la iniciativa recientemente tomada por un grupo de países no nucleares, encabezados por México, para transformar el Tratado de Prohibición Parcial de Pruebas Nucleares en un instrumento para prohibir *todos* los ensayos nucleares. Esta enmienda será discutida en una conferencia especial en la ciudad de Nueva York en enero de 1991; del destino final de esta enmienda puede depender la extensión o terminación del NPT en 1995.

La tercera y última sección está dedicada al Tratado de Tlatelolco, considerado como uno de los más importantes acuerdos internacionales en este campo. El tratado fue el resultado de negociaciones celebradas entre 1963 y 1967 y estableció el primer régimen de desnuclearización en una región habitada del planeta. En general el Tratado de Tlatelolco es considerado como un gran éxito, pero en la mitad del territorio latinoamericano *no* está vigente. Por otro lado, algunas partes del articulado han sido claramente superadas y otras contienen importantes deficiencias. El desafío diplomático que plantea el Tratado de Tlatelolco es el de su fortalecimiento y vinculación con otros acuerdos de desnuclearización.

En la parte final de este capítulo se establece un vínculo entre la tecnología decadente y el trabajo diplomático de los países no nucleares.

No proliferación nuclear

En 1968 se firmó el Tratado de No Proliferación de Armas Nucleares por 62 países, incluidas tres potencias poseedoras del arma nuclear (Estados Unidos, Unión Soviética y Reino Unido). En síntesis, el contenido del tratado NPT es el siguiente:

a) Las potencias poseedoras del arma nuclear se comprometen a no transferir dispositivos explosivos nucleares o los medios para producirlos a los países que no poseen estas armas.

b) Los países no nucleares se comprometen a no recibir explosivos nucleares o los medios para producirlos.

c) Los países no nucleares se comprometen a someterse a las salvaguardas (dispositivos de control, inspección y contabilidad de combustible nuclear) que establezca la Agencia Internacional de Energía Atómica (AIEA).

d) Los materiales para la generación de energía eléctrica están excluidos de las prohibiciones anteriores.

e) Los beneficios potenciales de las explosiones de artefactos nucleares con fines pacíficos serán accesibles a todas las partes.

f) Las partes contratantes se comprometen a llevar a cabo negociaciones para frenar en el corto plazo la carrera armamentista nuclear y buscar el desarme nuclear.

g) Las asociaciones regionales tienen el derecho de declarar a sus regiones como libres de armas nucleares (desnuclearizadas).

h) Cualquier parte contratante puede proponer enmiendas al tratado. Si una tercera parte de los signatarios lo solicitan, se debe convocar una conferencia para considerar la propuesta de enmienda. La enmienda será aprobada por la mayoría de las partes contratantes, siempre y cuando incluya a las potencias nucleares.

i) Cada cinco años se llevará a cabo una conferencia de evaluación o revisión del tratado; a los 25 años de entrar en vigor el NPT se llevará a cabo una conferencia de extensión del tratado.

El NPT es un tratado claramente discriminatorio; a cambio de una promesa de las potencias nucleares para entablar negociaciones sobre el control de armamentos, los países no nucleares renuncian a la posesión de este tipo de armamento (entre los países poseedores de armas nucleares, Francia y China no firmaron el NPT). Una evaluación de los resultados alcanzados con este régimen debe centrarse en el cumplimiento de este doble compromiso y en la eficiencia de los mecanismos establecidos por el NPT. La conferencia de extensión del tratado se llevará a cabo en 1995, y se vislumbra una dura negociación para conseguir que la vida del NPT sea alargada.

El compromiso de las potencias nucleares

Proliferación vertical

El compromiso de entablar negociaciones serias y de buena fe para frenar la carrera armamentista y alcanzar el desarme nuclear (preámbulo y artículo VI) claramente no ha sido respetado. En el capítulo anterior se ha demostrado cómo los tratados sobre control de armamentos no sólo no han frenado la carrera armamentista, sino que, por el contrario, han constituido un incentivo para la expansión de los arsenales nucleares. En este terreno, las superpotencias no tienen una buena hoja de calificaciones; ni siquiera han querido firmar un tratado de prohibición total de pruebas nucleares, que parecía inminente cuando se negoció el NPT. No es sorprendente que cada cinco años, en las conferencias de revisión del NPT, las potencias nucleares han recibido una andanada de críticas de parte de los demás países signatarios.[3]

Para 1995 el tratado START ya habrá sido firmado y habrá estado en operación el tiempo suficiente para juzgar su impacto real. Si el número de cabezas nucleares de los arsenales de las superpotencias evoluciona como hemos indicado al final del capítulo precedente, la conferencia de extensión muy bien puede dar la despedida final al régimen del NPT. Aun la anunciada "reducción de 50% en los arsenales" dejaría a las superpotencias con un número de cargas nucleares y de vehículos de lanzamiento cuatro veces superior al que tenían cuando se firmó el NPT.

Con frecuencia se emplea el término "proliferación vertical" para designar esta expansión de los arsenales de las potencias nucleares, y el de "proliferación horizontal" para designar la adquisición de armas nucleares por nuevos países. Existe cierta ambigüedad en el uso de estos términos en este contexto. El emplazamiento de armas nucleares por los norteamericanos en Europa, por ejemplo, no es interpretado en el marco del NPT como "proliferación horizontal" porque, en última instancia, el

---

[3] En la última conferencia de revisión, celebrada en Ginebra en 1990, no se pudo llegar a un consenso sobre el texto de la declaración final precisamente por el fuerte desacuerdo en este punto.

control final sobre el uso de dichas armas permanece con las fuerzas armadas de Estados Unidos. Pero a esta interpretación tradicional del NPT se puede oponer una interpretación basada en el siguiente razonamiento jurídico. Los países que aceptaron el emplazamiento de ese tipo de armamento en su territorio han delegado el control sobre esas armas y eso implica que han tenido un poder de decisión sumamente importante sobre el armamento nuclear en su territorio.[4] Si se juzga que este razonamiento jurídico es algo alambicado, no es más que el reflejo del enredo introducido por la interpretación oficial sobre la no violación del NPT

Proliferación horizontal y el problema de la industria nuclear civil

La proliferación vertical no es el único terreno en el que las potencias nucleares pueden ser criticadas. La asistencia proporcionada a algunos Estados en el marco de programas nucleares civiles puede haber sido la base de su capacidad para producir armas nucleares. El ejemplo más citado en este renglón es el de Israel, considerado desde hace muchos años como un Estado que ya es poseedor de armas nucleares, aunque no ha procedido a realizar ningún ensayo nuclear.[5] Precisamente este caso es citado con alguna frecuencia como ejemplo de que no se necesita una prueba nuclear efectiva para disponer de armas nucleares (Westervelt, 1988).

Otro caso grave es el de la República de Sudáfrica. En 1977 la Unión Soviética informó a Estados Unidos que uno de sus satélites había identificado un posible sitio de pruebas nucleares

---

[4] El razonamiento jurídico está fundado en la consideración siguiente: el control directo o indirecto es equivalente en este contexto porque los países que admiten estas armas en su territorio aceptan, en última instancia, la posibilidad de que dichas armas sean efectivamente *utilizadas* algún día.

[5] Se considera que Israel posee más de 20 cargas nucleares que pueden ser transportadas y lanzadas por aviones especialmente adaptados y algunos de sus misiles *Jericho*, que pueden alcanzar blancos en la Unión Soviética (Karp, 1989). Las declaraciones del técnico Mordechai Vanunu, empleado de la planta reprocesadora de Dimona, en 1986, son mucho más alarmantes y colocan el número de cargas nucleares entre las 100 y 200 (Simpson, 1990).

en el desierto de Kalahari. Los satélites norteamericanos pronto confirmaron este hallazgo y se desencadenó una intensa actividad diplomática para evitar que se llevara a cabo una prueba en ese lugar. Poco después el propio presidente Carter anunció que había recibido garantías de que el régimen de Pretoria no llevaría a cabo ninguna prueba nuclear en Sudáfrica. Pero en septiembre de 1979 un satélite norteamericano registró una señal igual a la producida por una detonación nuclear que se habría llevado a cabo en el Atlántico sur. La magnitud de la explosión no pudo haber superado las cuatro kilotoneladas, lo cual sugiere que se pudo haber tratado de la prueba de un detonador para una carga de fusión.

Alrededor de este evento subsiste un grado de incertidumbre que no puede ser ignorado. El comité científico designado por el presidente Carter para aclarar si se había tratado de una explosión nuclear emitió un dictamen negativo, pero la *Defense Intelligence Agency* difundió, casi simultáneamente, su opinión en contra del dictamen. El punto nunca ha sido aclarado en uno u otro sentido.[6] Una de las hipótesis que no puede descartarse es que el régimen sudafricano pudo haber recurrido a técnicas para disfrazar la prueba y evadir la detección de satélites del tipo VELA que en esos años todavía eran utilizados; sobre este punto véase Leggett (1988).

Aunque este incidente no corresponda a una prueba nuclear, es ampliamente reconocido que la República de Sudáfrica ha cerrado el ciclo tecnológico que le permite desarrollar armamentos nucleares. El gobierno sudafricano se ha negado sistemáticamente a someter sus instalaciones nucleares a los controles del Organismo Internacional de Energía Atómica (OIEA); a pesar de esta negativa y de los embargos decretados por Naciones Unidas y las leyes norteamericanas que prohíben la exportación de una gran variedad de materiales para la industria nuclear, Sudáfrica ha sido el polo receptor de un vasto proceso de transferencia de tecnología nuclear. Desde 1975 concluyó una planta piloto de enriquecimiento de uranio con el apoyo de empresas alemanas (y

---

[6] Una presentación cronológica de los acontecimientos relativos a la señal luminosa del Atlántico sur se encuentra en el anexo G, "The September 22, 1979 'Flash' in the South Atlantic Observed by a U.S. Satélite", del libro de Spector (1984).

sin las restricciones o controles del OIEA). Como resultado de esto, Sudáfrica tiene *desde 1977* la capacidad de producir 50 kilogramos anuales de uranio altamente enriquecido. En total, Sudáfrica puede haber acumulado hasta 375 kilogramos de uranio altamente enriquecido desde ese año, cantidad suficiente para fabricar entre 15 y 25 dispositivos nucleares (Spector, 1984).

Se puede pensar que los casos de Israel y Sudáfrica son excepcionales porque están involucradas consideraciones muy importantes de seguridad. Estos dos países ocupan una posición muy importante en la constelación de aliados norteamericanos, están más cercanos a su percepción de lo que son sus "intereses vitales", y es posible que, por lo menos parcialmente, parte de la tecnología (incorporada y desincorporada) para cerrar el ciclo del combustible nuclear haya sido transferida a Israel en función de su posición estratégica, mas que en relación a las necesidades de su programa nuclear civil.

En el caso de países como Argentina, Brasil, la India o Iraq, la transferencia de tecnología nuclear ha estado asociada a las operaciones normales de la industria civil. Además, la industria nuclear internacional ha entrado en una profunda crisis desde finales de los años setenta y el mercado internacional se ha encogido notablemente. Por esta razón, los proveedores de tecnología nuclear (para plantas nucleoeléctricas) han entrado en una guerra comercial sin cuartel. Las formas de competencia en esta industria pasan por los canales tradicionales de fuentes de financiamiento, colaboración técnica en la ingeniería de proyecto, facilidades para una mayor integración nacional en los proyectos y, sobre todo, acceso a las fases de la tecnología que permiten cerrar el ciclo del combustible nuclear (*i.e.*, las fases de producción de este último). Sobre el combustible nuclear, conviene aclarar que las actividades "normales" de la industria nuclear civil pueden justificar la necesidad de adquirir la tecnología de reprocesamiento de combustible irradiado.[7] También se ha conside-

---

[7] En su operación normal, un reactor que utiliza uranio (enriquecido o natural/agua pesada) como combustible genera plutonio. El uranio es colocado en tubos de una aleación de zirconio (tubos de zircalloy) y cargado en el reactor; la reacción hace que parte del uranio se transforme en plutonio. Este isótopo se encuentra fundido con las barras del combustible y otros desechos altamente radiactivos. Para separar el plutonio las barras de combustible gastado

rado que cuando un programa civil es muy importante en términos cuantitativos (número de plantas nucleoeléctricas o posibilidades de exportaciones), se justifica la transferencia de tecnología que permite el enriquecimiento del uranio-235.[8] Todas estas fases del ciclo tecnológico nuclear están, en principio, sometidas a los controles del OIEA y, bajo estas condiciones, las operaciones de transferencia de tecnología son perfectamente legales. Sin embargo, con demasiada frecuencia tanto los gobiernos de los países proveedores de la tecnología como el OIEA, han adoptado una actitud demasiado flexible frente a países cuya conducta indica una clara intención de dotarse de armamentos nucleares.

Peor aún, independientemente de la complacencia con la que han actuado los proveedores de tecnología, la transferencia de la *capacidad* tecnológica no puede controlarse y no estará nunca sometida a las salvaguardas del OIEA. En el caso de países como la India, Argentina o Brasil, el objetivo último de cada fase de su programa nuclear es claro: obtener una capacidad tecnológica que permita, en el mediano plazo, dominar cada uno de los momentos del ciclo nuclear y profundizar la integración con la industria nacional. El dominio de las tecnologías de purificación de óxido de uranio, reprocesamiento para extraer plutonio y enriquecimiento de uranio-235 han sido una prioridad desde hace

---

son trasladadas a una planta de reprocesamiento, en donde se disuelven en ácido nítrico y siguen varios procesos químicos. Las plantas de reprocesamiento producen plutonio, que puede ser utilizado como combustible de reactores para usos civiles; en los años setenta se pensaba que la demanda de uranio sería demasiado grande y que el reprocesamiento proporcionaría una fuente adicional de combustible nuclear. En la actualidad debe reconocerse que la posesión de esta tecnología acerca a cualquier país a la fabricación de armas nucleares. Junto con el uranio-235 (enriquecido al 90%), el plutonio-239 es el único otro material que ha servido para producir cargas nucleares.

[8] El uranio-235 enriquecido es el combustible que se usa en los reactores de agua ligera (BWR o PWR). El grado de enriquecimiento es bajo (*i.e.*, uranio natural enriquecido al 3% de uranio-235) y dista mucho de proporcionar el material necesario para una carga nuclear (que requiere uranio *altamente* enriquecido a niveles de 90 o 93% de uranio-235). Para un programa nuclear civil importante se puede considerar que la tecnología de enriquecimiento es justificable, aunque la misma tecnología (con algunas adaptaciones importantes) puede servir para producir uranio de "calidad militar". La tecnología de enriquecimiento puede utilizar varios procesos distintos (véase la nota 9).

30 años en los programas de estos países.[9] Y esa capacidad es, esencialmente, la misma que permite acceder al proceso de fabricación de armas nucleares. Cada uno de estos casos es diferente, pero en todos se presenta un común denominador: la tecnología fue proporcionada por empresas extranjeras (holandesas, alemanas, francesas, italianas, norteamericanas o soviéticas) y el receptor invariablemente integró cada operación como parte de un programa bien diseñado destinado a *adquirir una capacidad tecnológica* que puede derivar hacia la producción de cargas nucleares, si se llegara a tomar esa decisión.

India: Candu *y la detonación de 1974*

La India es quizás el ejemplo más importante de que el régimen de no proliferación puede ser evadido si se destinan los recursos suficientes a la tarea de producir armas nucleares. En 1956 la India obtuvo de Canadá un reactor de uranio natural y agua pesada (como moderador y refrigerante), y manifestó que el reactor, el agua pesada y el plutonio que podría obtenerse por la operación del reactor serían destinados exclusivamente para usos pacíficos. Sistemáticamente se opuso a los controles que Canadá y Estados Unidos (en aquel entonces proveedor del agua pesada) pretendían imponer y, posteriormente, mantuvo su posición negándose a suscribir el NPT

---

[9] El proceso de enriquecimiento de uranio busca aumentar la concentración del isótopo uranio-235. Este isótopo se encuentra en el uranio natural en niveles muy bajos (0.7%) y para ser usado en reactores de agua ligera, debe aumentarse la concentración hasta 3%. Para ser utilizado en cargas nucleares, la concentración debe aumentar hasta 93%. El proceso de enriquecimiento requiere de instalaciones muy complejas y costosas, y de hexafluoruro de uranio (UF_6) como insumo básico. Existen en la actualidad tres procesos distintos de enriquecimiento: *1)* proceso de difusión gaseosa (en cada etapa el UF_6 es bombeado al interior de los convertidores que tienen barreras porosas que separan el uranio-235, menos pesado, del uranio-239; el proceso es repetido en cascada hasta lograr el resultado deseado; *2)* proceso de ultracentrifugación (el UF_6 es introducido en el recipiente de la centrifugadora, y el material más pesado se concentra en las paredes, y se puede retirar después y ser recuperado el uranio-235 que permanece en el centro); *3)* proceso de inyección a presión del UF_6 en recipientes que actúan de manera similar a las centrifugadoras (*jet-nozzle process*).

La selección de un reactor *Candu* para iniciar sus proyectos nucleares resultó ser muy apropiada para garantizar la adquisición de una capacidad tecnológica sólida. En 1966 la India inició las operaciones de una planta piloto reprocesadora que permitía tratar 30 toneladas métricas de combustible irradiado para obtener nueve kilogramos de plutonio al año.[10] El combustible irradiado provenía del reactor *Candu* y de otros reactores experimentales; el plutonio así obtenido sirvió para la detonación de un artefacto nuclear en 1974 en el desierto de Rajastán. Desde 1970-1971 los gobiernos de Canadá y Estados Unidos manifestaron su oposición a los planes de la India de llevar a cabo detonaciones de artefactos nucleares; esta oposición sobrevino cuando ya era demasiado tarde y la tecnología necesaria ya había sido adquirida por los científicos indios a través de un plan bien diseñado y ejecutado.

Argentina: el enigma nuclear de Pilcaniyeu

Sin lugar a dudas, Argentina es el país latinoamericano con la mayor capacidad tecnológica nuclear. Desde 1967 este país ha tenido la capacidad de construir reactores de investigación casi de manera totalmente independiente, pero el combustible debía ser importado y, por lo tanto, sometido a las salvaguardas del OIEA. En 1968 Argentina encargó a la compañía alemana Siemens AG un reactor de uranio natural y agua pesada para la planta de Atucha. En sus visitas a México (entre 1972-1975) el físico Jorge Sábato, director de la Comisión Nacional de Energía Atómica, siempre justificó esta selección de tecnología señalando que permitía el acceso a una mayor capacidad tecnológica en el mediano plazo. Este reactor produce más plutonio que uno de agua ligera, y desde 1969 se construyó una planta piloto reprocesadora para recuperar el plutonio. Sin embargo, tanto la planta de Atucha como la unidad reprocesadora han permanecido bajo controles del OIEA porque el proveedor de agua pesada continúa siendo Estados Unidos.

---

[10] En esta planta reprocesadora el combustible utilizado en un reactor es tratado químicamente para separar el plutonio y el uranio de los desechos radiactivos.

En la década de los setenta Argentina inició la construcción de otra planta nucleoeléctrica en Embalse. Nuevamente se escogió un reactor de agua pesada, con tecnología *Candu*, y la ingeniería básica fue encargada a la empresa italiana Italimpianti. En algunos análisis (Spector, 1984:204) se afirma que la mayor producción de plutonio de este tipo de tecnología fue el factor determinante para la selección del reactor *Candu*. El nuevo gobierno militar de 1976 aceleró el programa nuclear y dos años más tarde se anunciaron planes para construir una planta reprocesadora en el Centro Atómico de Ezeiza. Esta unidad tendría capacidad para producir unos 15 kilogramos de plutonio al año.

Adicionalmente, Argentina llevó a cabo la construcción secreta de una planta de enriquecimiento de uranio en Pilcaniyeu (cerca de San Carlos de Bariloche), en la que utilizaría el proceso de difusión gaseosa basado en tecnología desarrollada localmente. Tanto en la planta de Ezeiza, como en Pilcaniyeu, una parte muy importante de los equipos instalados (alrededor del 75%) han sido producidos por la industria argentina de bienes de capital. Las salvaguardas del OIEA pueden evitarse si se puede argumentar que la tecnología utilizada tiene un origen independiente de la adquirida de un proveedor nuclear autorizado. Para que este argumento tenga credibilidad se necesita que la tecnología de proceso (o desincorporada) sea diferente; pero el proceso mismo de enriquecimiento o de reprocesamiento no puede ser *radicalmente* distinto. Una manera de argumentar que la tecnología es distinta es que el grado de integración en equipo y maquinaria es lo suficientemente alto como para considerar que la tecnología medular es de origen local y fue desarrollada de manera independiente. Desde el primer proyecto para Atucha, uno de los objetivos de la CNEA fue precisamente el de integrar una industria argentina de equipo, maquinaria, componentes y servicios de ingeniería nuclear. En esta empresa se ha necesitado adquirir tecnología libremente disponible en los mercados de países como Estados Unidos y Alemania para la producción de compresores, separadores, bombas y piezas metálicas (entre otras cosas para la fabricación de los empaques de zircalloy).

La planta de Pilcaniyeu es, sin lugar a dudas, el logro tecnológico nuclear más importante de Argentina. En teoría, la planta tiene una capacidad para producir hasta 500 kilogramos de uranio enriquecido al 20%. El uranio-235 enriquecido puede tener los siguientes usos: *1)* U-235 enriquecido al 3%: en grandes cantidades (hasta 140 toneladas por reactor-año), para reactores de agua ligera en plantas nucleoeléctricas; *2)* U-235 enriquecido al 20%: en pequeñas cantidades en reactores de investigación, para la producción de isótopos; *e)* U-235 enriquecido al 93%: para cargas nucleares; *4)* U-235 enriquecido al 97.3%: para reactores de propulsión de submarinos.[11]

Argentina no tiene plantas nucleares con reactores de agua ligera. Las necesidades argentinas de U-235 enriquecido al 20% no rebasan los 30 kilogramos.[12] ¿Cómo se justifica el enorme esfuerzo tecnológico y financiero de Pilcaniyeu? Es evidente que la racionalidad de este proyecto está más ligada a la existencia de un proyecto para producir cargas nucleares y submarinos de propulsión nuclear. En particular, la capacidad de la planta de Pilcaniyeu permite, en el corto plazo, producir una cantidad de uranio enriquecido de calidad militar suficiente para unas cinco cargas nucleares (Pinguelli, 1985b). Como conclusión, hay que señalar que Argentina tiene un importante programa de misiles balísticos (Karp, 1989:291).

Brasil: de Angra I al programa nuclear paralelo

Desde la década de los sesenta Brasil ha mantenido un programa nuclear civil orientado a la adquisición de la tecnología en todas las fases del ciclo nuclear. En los setenta se construyó la primera planta nucleoeléctrica en Angra dos Reis, con un reactor Westinghouse PWR cuyo funcionamiento ha enfrentado enormes dificultades. Bajo el pretexto de que el embargo petrólero de 1973 puso en peligro la seguridad el país, el programa nuclear recibió un impulso mayor.

En 1975 Brasil firmó un importante convenio con Alemania

---

[11] Stefanick (1987:140) señala que éste es el nivel de enriquecimiento del U-235 utilizado como combustible en los reactores para submarinos norteamericanos. Es posible que el nivel de enriquecimiento varíe según el diseño del reactor pero, de cualquier modo, los requerimientos de un sistema de *propulsión pequeño* imponen un nivel de enriquecimiento muy alto.

[12] La estimación es de Spector (1984:219) e incluye las cargas de los reactores argentinos para la investigación y producción de isótopos, así como el potencial de exportaciones de combustible para reactores similares en otros países (latinoamericanos).

para la transferencia de tecnología nuclear. La operación completa incluída la colaboración alemana para construir una planta piloto de enriquecimiento de uranio y otra de reprocesamiento. Toda la operación fue colocada dentro del régimen del OIEA, pero los controles no se aplican a instalaciones futuras. El programa ha marchado en forma lenta, pero aparentemente Brasil ha logrado dominar una parte importante de la tecnología de enriquecimiento. La tecnología alemana (a base de un chorro de gas ligero y hexafluoruro de uranio) ha demostrado ser muy ineficiente, por lo que Brasil también ha buscado dominar la tecnología de enriquecimiento por ultracentrifugación.

Sin luga a dudas, el aspecto más alarmante del desarrollo tecnológico brasileño es el llamado "programa nuclear paralelo". En el marco de este programa se desarrollan actividades directamente encaminadas a adquirir la capacidad de producir cargas nucleares. Las actividades del programa paralelo se llevan a cabo en reactores no sometidos a controles internacionales, en el Centro Técnico Aeroespacial (São José dos Campos) y el Instituto de Pesquisas Energéticas y Nucleares (IPEN) de São Paulo. En las instalaciones del IPEN se ha logrado ya un proceso satisfactorio de reprocesamiento y de extracción de plutonio (Spector, 1984).

Además, Brasil persigue abiertamente un objetivo adicional: la construcción de un submarino con propulsión nuclear. El Centro de Investigaciones Nucleares de Iperó está consagrado al diseño y construcción de reactores de propulsión naval con tecnología de Alemania (Pinguelli, 1985a y 1985b). En 1987 el entonces presidente Sarney anunció que para el año 2 000 la Armada brasileña estaría dotada de un submarino nuclear; el diseño de este navío estará basado en el de los submarinos convencionales que Alemania ha vendido al Brasil (Godoy, 1987; Guerrante, 1988).*
Por último, Brasil cuenta en la actualidad con una capacidad tecnológica importante en el sector aeroespacial. Tiene un programa particularmente dinámico para desarrollar misiles balísticos (Karp, 1989:293).

Las experiencias de otros países, como Paquistán, Iraq (que firmó el NPT en 1969) y Libia son todas reveladoras de un hecho fundamental. La tecnología nuclear, al igual que cualquier tecnología industrial, patentada o no patentada, no puede man-

* El autor agradece a Ricardo Arnt esta comunicación.

tenerse en secreto indefinidamente. Sobre la diferencia entre la transferencia de *capacidad* tecnológica y la transferencia de tecnología, véase Nadal (1977). Y si se cuenta con la asistencia de alguno de los países industrializados, poseedores o no de armas nucleares, el dominio de todas las etapas del ciclo del combustible nuclear es perfectamente factible para un país dispuesto a invertir los recursos necesarios. Los países industrializados saben ahora que una buena parte de la tecnología para producir material fisionable para reactores nucleares civiles puede ser adaptada fácilmente para usos militares.

Por otra parte, también se sabe que la puesta en práctica de un régimen confiable de salvaguardas en instalaciones en las que se maneja material fisionable o plutonio es más complicado de lo que parecía hace unos años. Esta consideración conduce al delicado tema de las salvaguardas, quizás el punto más débil del NPT. Las salvaguardas constituyen un mecanismo muy extraño para la aplicación del tratado. Pueden funcionar cuando por alguna razón (cláusulas del contrato de transferencia de tecnología y por los derechos de propiedad) se tiene algún grado de control sobre las instalaciones y los materiales pertinentes. Sólo así se puede garantizar que los materiales estén bajo custodia del OIEA, o que los dispositivos de control y supervición no sean alterados; la contabilidad del material nuclear también puede ser exacta. Pero una vez que un país adquiere una capacidad tecnológica independiente, nada lo obliga a someter al OIEA el control de nuevas instalaciones o de materiales. En cierto sentido, las salvaguardas del OIEA constituyen un mecanismo que funciona cuando no se le necesita y no lo hace cuando más se le necesita. Por estas razones, el régimen existente de no proliferación es incompleto.

MÉXICO EN LA CUARTA CONFERENCIA DE REVISIÓN DE NPT (GINEBRA, 1990)

Cuando se firmó el NPT se estaban llevando a cabo negociaciones sobre el tratado SALT I y sobre un posible tratado de prohibición total de pruebas nucleares. El preámbulo del NPT incluye una referencia (párrafo undécimo) al preámbulo del Tratado sobre Prohibición Parcial de Pruebas Nucleares que fue interpretada como una promesa de que pronto sería firmado un acuerdo de prohibición total de ensayos nucleares. Pero el tratado SALT I constituyó el detonante clave de la expansión de los arsenales y el acuerdo sobre ensayos nucleares nunca fue firmado. En la actualidad la prohibición total de pruebas nucleares es vista como una medida indispensable para detener la carrera armamentista y como un compromiso adquirido por las potencias nucleares en el marco del NPT.

La cuarta reunión de evaluación del NPT se llevó a cabo en Ginebra, a partir del 20 de agosto de 1990. Los países asistentes demostraron desde el principio que la reunión era particularmente importante porque en la próxima conferencia (1995) se deberá tomar una decisión de trascendental importancia sobre la extensión del periodo de vigencia del NPT. Esta decisión será tomada por una *mayoría simple* de los países signatarios del NPT (artículo X) y, por primera vez, los países poseedores de armas nucleares no tendrán un derecho de veto sobre una decisión fundamental. Una mayoría de los países participantes en la cuarta conferencia de revisión se mostró decidida a hacer valer el poder de negociación que le confiere este hecho y presentó varias iniciativas para fortalecer el NPT. La más importante se relaciona con la necesidad de prohibir todas las pruebas nucleares para detener la carrera armamentista.

Como ya se señaló antes, entre los compromisos contraídos por las potencias poseedoras de armas nucleares en el marco del NPT se encuentra la obligación de llevar a cabo "negociaciones de buena fe sobre medidas efectivas relacionadas con el cese de la carrera armamentista en una fecha temprana, y con el desarme nuclear" (artículo VI). En el preámbulo del NPT se "[recordó] la determinación expresada por las partes contratantes del Tratado sobre prohibición parcial de pruebas nucleares de 1963 que prohíbe los ensayos en la atmósfera, en el espacio exterior y bajo el agua, en su Preámbulo, de buscar el cese de todas las detonaciones de ensayos para armas nucleares para siempre y de continuar las negociaciones para este fin". En el fondo, durante la cuarta conferencia de revisión del NPT las potencias poseedoras de armas nucleares fueron llamadas a rendir cuentas sobre este compromiso.

La cuarta conferencia se terminó sin que los participantes hubieran llegado a un acuerdo sobre el texto de la declaración final. Este hecho ha sido interpretado como un fracaso de la reunión y un ominoso presagio para el régimen del NPT. Es muy importante registrar lo que sucedió al finalizar la reunión no sólo porque es necesario deslindar responsabilidades, sino porque es indispensable para interpretar los acontecimientos que en materia de armamentos nucleares podemos esperar en las próximas décadas.

Durante la conferencia, Estados Unidos, Inglaterra y la mayor parte de sus aliados propusieron que se recomendara la extensión por tiempo indefinido del NPT en 1995. Desde luego, entre los argumentos esgrimidos a favor de esta propuesta destaca el de los adelantos en materia de acuerdos sobre control de armamentos. Pero el principal punto de controversia fue la propuesta de una gran parte de los países signatarios del NPT sobre la necesidad de que se llegue a un acuerdo sobre prohibición *total* de ensayos nucleares para frenar el desarrollo de nuevos armamentos. Entre los países que desempeñaron un papel importante en favor de esta propuesta se encontraron México, Indonesia, Irán, Nigeria, Perú, Sri Lanka, Venezuela y Yugoslavia. El argumento central aquí no fue sólo que se trata de un compromiso contraído por las potencias poseedoras de armas nucleares desde que se firmó el NPT, sino que, además, en las condiciones actuales de distensión entre Estados Unidos y la URSS no se justifica la continuación de programas de ensayos nucleares. Por otra parte, los adelantos en materia de control de armamentos (en particular, el tratado INF) no son suficientes para asegurar que en 1995 la mayoría de los signatarios acepte la extensión de la vigencia del NPT. Un acuerdo que prohíba totalmente los ensayos nucleares sería una forma de cumplir con los compromisos derivados del NPT y sería una garantía de que se trabaja seriamente y de buena fe para frenar la carrera armamentista. Los países no alineados y otros presentaron a la conferencia una propuesta sobre este punto en la que se incluía el siguiente párrafo: (Epstein, 1990b:46; SRE, 1990:8).

> La Cuarta Conferencia de revisión del NPT (...) exhorta a los gobiernos de Estados Unidos, Reino Unido y Unión Soviética a que redoblen sus esfuerzos en materia de desarme nuclear y que procedan a tomar (las) siguientes medidas concretas para acrecentar la posibilidad de una prórroga significativa de la vigencia del NPT más allá de 1995: b) apoyar cabalmente la Conferencia de enmienda del Tratado sobre prohibición parcial de ensayos nucleares y compro-

meterse en esa conferencia a proseguir negociaciones de buena fe con miras a lograr un tratado de prohibición completa de los ensayos nucleares antes de 1995, como un paso indispensable en el cumplimiento de sus obligaciones conforme al artículo VI del Tratado de no proliferación.

Al finalizar la cuarta conferencia de revisión se preparó un borrador de texto para la declaración final. Del total de 135 párrafos de este documento, cerca de 115 párrafos ya habían sido aprobados por el conjunto de participantes para el último día. Pero casi todos los párrafos restantes estaban relacionados con los puntos más espinosos del NPT: prohibición total de ensayos nucleares y desarme. El Comité de Redacción del proyecto de declaración final estuvo encabezado por el embajador de Suecia, Sr. Carl-Magnus Hyltenius. Faltando tres días para concluir la conferencia no se habían hecho concesiones sobre el punto fundamental de la prohibición total de ensayos nucleares. El último día, y después de horas de negociaciones intensas, el embajador Hyltenius inició un intenso proceso de consultas con los países más activos en la conferencia y presentó una propuesta para alcanzar el consenso, solicitando que ya no se presentaran más enmiendas al texto. El texto de la propuesta es el siguiente: (*Ibid.*)

> La Conferencia reconoció que el cese de ensayos nucleares desempeñaría un papel central en el futuro del NPT. La conferencia también hizo hincapié sobre la importancia de las negociaciones multilaterales y bilaterales, durante los próximos cinco años, para concertar un tratado sobre prohibición total de ensayos nucleares (CTBT). La conferencia hace un llamado para que se actúe rápidamente en la Conferencia sobre Desarme para alcanzar este objetivo al principio de su primera sesión en 1991. La conferencia también recomienda fuertemente que el Comité *Ad Hoc* sobre prohición de ensayos nucleares reciba un mandato adecuado para alcanzar el objetivo de negociaciones para que se concluya un tratado sobre prohibición total de ensayos nucleares.

Después de un periodo de consultas, los países no alineados presentes en la concertación de último minuto estuvieron de acuerdo con el texto.[1] La delegación de Estados Unidos, apoyada por

---

[1] Indonesia, Irán, México, Nigeria, Perú, Sri Lanka, Venezuela y Yugoslavia.

las otras delegaciones participantes en la consulta,[2] por su parte, se declaró dispuesta a aceptar el texto siempre y cuando se le agregara el último párrafo de una propuesta presentada por Estados Unidos anteriormente: (*Ibid.*).

La conferencia toma nota del compromiso conjunto de los Estados Unidos y de la URSS para proceder con negociaciones sobre limitaciones intermedias adicionales sobre los ensayos nucleares que conduzcan al objetivo último de la prohibición completa de ensayos nucleares como parte de un proceso efectivo del proceso de desarme.

En realidad, la insistencia de la delegación norteamericana de introducir una enmienda constituyó una negativa del texto presentado por el secretario del Comité de Redacción. Ya en la madrugada del día 15 de septiembre, el embajador sueco reconoció que no se había podido alcanzar el consenso y que no habría declaración final. Todavía a las 4:00 AM de ese día el presidente de la conferencia (el embajador de Perú) hizo un último intento para recuperar el consenso proponiendo que la declaración final simplemente se limitara a sintetizar las diferencias que habían surgido alrededor del texto del artículo VI y los párrafos del Preámbulo. Pero esta propuesta no hacía mención de lo que había sido el punto central del debate (las negociaciones sobre la prohibición total de ensayos nucleares); los países aliados de Estados Unidos y la URSS manifestaron que estarían de acuerdo con esta propuesta, pero el grupo de países no alineados la rechazó. En la última sesión plenaria, el embajador de México tomó la palabra para explicar por qué su delegación rechazaba el intento de alcanzar un compromiso por parte del presidente de la conferencia. El hecho de que la propuesta no incluyera referencia alguna a las negociaciones sobre prohibición total de ensayos nucleares fue considerado un cambio de fondo muy importante.

Al igual que en 1980, la conferencia se terminó sin que hubiera una declaración final; pero en 1990 esto constituye un indicio serio de que el NPT tendrá dificultades para continuar vigente después de 1995. El desacuerdo sobre la prohibición to-

---

[2] Australia, Canadá, Nueva Zelanda, Polonia, Suecia, y los otros dos países depositarios del NPT: Gran Bretaña y la URSS.

tal de pruebas nucleares es muy importante porque está relacionado con el compromiso contraído por los países poseedores de armas nucleares. Este punto no ha sido bien entendido por numerosos observadores y, tampoco por el gobierno de Estados Unidos. El Preámbulo del NPT hace referencia explícita a la completa prohibición de los ensayos nucleares y el artículo VIII (3) del NPT señala que las conferencias quinquenales de revisión tienen por objeto asegurar que los propósitos del Preámbulo y las reglas del tratado se están cumpliendo. Así, el texto del Preámbulo que hemos citado antes no es una simple consideración de forma; constituye un compromiso fundamental adquirido por las potencias poseedoras de armas nucleares.

En diversos foros se ha señalado que la intransigencia de la delegación mexicana fue responsable del fracaso de la reunión (Spector y Smith, 1990; Nature, 1990:213-214). En primer lugar, es demasiado temprano para juzgar si la conferencia fue un fracaso o no.[3] Por otra parte, la existencia de una declaración final no necesariamente es el parámetro adecuado para concluir que hubo un fracaso. Finalmente (el lector puede juzgar examinando los pasajes de los proyectos de resoluciones), la intransigencia estuvo más bien del lado de la delegación norteamericana. Al rechazar el texto del secretario del Comité de Redacción, la delegación de Estados Unidos automáticamente destruyó las posibilidades de llegar a un consenso. También demostró, *en passant*, cuál es su orden de prioridades: mejor mantener abierta la

[3] El editorial del número de septiembre 20, 1990 de la prestigiada revista científica *Nature* es particularmente superficial. Después de responsabilizar a la delegación de México por "su insistencia en que las potencias nucleares debían comprometerse a firmar un tratado de prohibición total de ensayos nucleares", el editorial continúa preguntando (refiriéndose al texto del NPT): "¿Pero no es éste el año en que las potencias nucleares signatarias harán buena su promesa de lograr lo más rápido posible el fin de la carrera armamentista, el desarme nuclear y el desarme general y completo bajo control internacional?" El editorial hace hincapié en que a partir de 1985 se firmó el tratado INF y que el tratado START está a punto de firmarse para concluir que la delegación de México manifestó una intransigencia injustificada. El lector puede juzgar por sí mismo: los textos de los proyectos para la declaración final; la secuencia misma de las negociaciones durante la conferencia; el alcance y limitaciones del tratado INF (véase el capítulo anterior); y, sobre todo, el alcance del tratado START que no ha llegado a firmarse todavía. Véase *Nature*, vol. 347 (número 6290).

posibilidad de realizar ensayos nucleares, aun a costa de que se destruya el régimen del NPT en 1995. Los debates en la cuarta conferencia del NPT constituyen una lección importante y un llamado de atención. Según Spector y Smith (1990:44) hacia el final de la conferencia, la delegación de México se fue quedando sola y sus amigos fueron anunciando que estarían dispuestos a aceptar el párrafo adicional que proponía Estados Unidos. Aunque así hubiera sido, en esas circunstancias y a la luz de los acontecimientos de principios de 1991 (en el Golfo Pérsico y en el Báltico), México mostró una gran lucidez que rara vez se encuentra en las reuniones internacionales de este tipo. La carrera armamentista no se detiene; el *statu quo*, con 60 000 cargas nucleares desplegadas se mantiene; el tratado INF es insignificante si se le compara con los arsenales existentes; el tratado START (si es que se llega a firmar) no va a introducir reducciones significativas en los arsenales y no va a prohibir la modernización de los armamentos. Desde 1945, se ha detonado una carga nuclear *cada ocho días* en promedio hasta alcanzar casi 1 800 en total. Una actitud de firmeza en la cuarta conferencia del NPT es lo menos que se podía esperar.

LA PROHIBICIÓN TOTAL DE ENSAYOS NUCLEARES

En la actualidad casi todos los países signatarios del NPT (excepto Estados Unidos y el Reino Unido) consideran que sin la prohibición total de pruebas nucleares no se puede detener el continuo desarrollo de nuevos armamentos. En las conferencias de revisión del NPT este punto de vista ha sido expresado con frecuencia. Existen tres tratados que regulan la realización de detonaciones nucleares: el de prohibición parcial de pruebas nucleares, el que limita las pruebas subterráneas a un tope de 150 kilotoneladas y el de 1976 sobre explosiones con fines pacíficos.[4] Los tres

---

[4] El tratado que limita las pruebas a un tope de 150 kilotoneladas se firmó en 1974, pero estableció el 31 de marzo de 1976 como fecha en que entraría en vigor esta limitación. Este largo periodo entre firma y entrada en vigor fue justificado por la necesidad de emplazar sistemas adecuados de verificación. Lo cierto es que varias cabezas nucleares estaban en la fase de diseño todavía y requerían, en 1974, de pruebas que rebasarían el tope de 150 kilotoneladas. Por su parte, el tratado sobre explosiones con fines pacíficos es considerado como una reliquia de los tiempos en que la promesa de la energía nuclear incluía (además de energía eléctrica demasiado barata como para cobrarla) la po-

tratados constituyen una puerta abierta a la realización de explosiones nucleares de un poder destructivo 10 veces superior al de la bomba utilizada en Hiroshima. Es muy importante tomar conciencia de que los tratados *permiten* la realización de ensayos para mejorar (aunque marginalmente por la fase de desarrollo de esta tecnología) el *diseño* de las cargas termonucleares. Las pruebas así autorizadas constituyen uno de los canales más importantes para "incorporar progreso técnico" en las cargas nucleares y alimentar la carrera armamentista. Además, todas las disposiciones sobre la tecnología de verificación de estos tratados constituyen una forma de *institucionalizar* la realización de pruebas nucleares.

En 1988 un grupo de países, encabezados por México, inició una de las acciones más constructivas de los últimos años en este terreno. Basándose en el artículo II del Tratado sobre Prohibición Parcial de Pruebas Nucleares, Indonesia, México, Perú, Sri Lanka, Venezuela y Yugoslavia propusieron en agosto de 1988 añadir una enmienda al acuerdo con el fin de prohibir *toda* clase de ensayos nucleares. El proyecto de enmienda fue presentado a los tres gobiernos depositarios del tratado y para 1989 ya se habían reunido los votos requeridos (un tercio de los países signatarios) para que se convoque una conferencia especial en la que la enmienda será considerada. Los tres depositarios Estados Unidos, la URSS y la Gran Bretaña) se vieron forzados a anunciar que cumplirán con sus compromisos. La URSS ya anunció que apoya el texto de la enmienda (Epstein, 1990), pero Estados Unidos y la Gran Bretaña se oponen. Para que una enmienda sea aprobada, se necesita que la mayoría de los signatarios la aprueben, *incluidos* los tres depositarios (con lo cual tienen un derecho de veto). La conferencia se llevará a cabo en Nueva York en enero de 1991, y si la enmienda no es aprobada, con toda seguridad el costo político será transferido a la conferencia de extensión del NPT. Si Estados Unidos prefiere mantener su propio programa de pruebas nucleares y vetar la enmienda, el precio pue-

---

sibilidad de realizar excavaciones colosales. El tratado abre una puerta para realizar explosiones nucleares en grupo de tal manera que la potencia agregada puede rebasar las 150 kilotoneladas (hasta un millón y medio de toneladas) siempre y cuando las explosiones individuales puedan ser identificadas por separado.

de ser el desmantelamiento del régimen de no proliferación establecido en el NPT.[5]

El gobierno norteamericano no ha escondido la irritación que esta enmienda le provoca. Una delegación de funcionarios de la Agencia de Control de Armamentos y Desarme (ACAD) visitó nuestro país a fines de 1989 con el fin de hacer saber al gobierno mexicano que Estados Unidos no considera este tipo de iniciativas como constructivas. En particular, Estados Unidos (y la Gran Bretaña) sostienen que el NPT *no* dice que la prohibición de ensayos es prioritaria en materia de control de armamentos. Y consideran que el tratado INF, las reducciones de armas convencionales en Europa y las perspectivas de los "recortes profundos" del tratado START son más importantes que la prohibición total de ensayos nucleares. Para Estados Unidos los progresos en el terreno de reducción de armamentos constituyen la evidencia más clara de que las superpotencias han cumplido con los compromisos adquiridos en el NPT.[6] Pero este punto de vista está basado en la autocomplacencia.

Para 1995 ya se habrá firmado el tratado START. Si la evolución de los arsenales es parecida al sendero pronosticado en el capítulo anterior, es muy probable que la conferencia de extensión se transforme en la conferencia de terminación del NPT. Las consecuencias serán muy graves, para todos los países, in-

---

[5] De ser aprobada, esta enmienda permitirá controlar a los países que se encuentran en el umbral de desarrollar armas nucleares y que no han suscrito el NPT pero sí el Tratado de Prohibición Parcial de Pruebas Nucleares. En este caso se encuentran Argentina, Brasil, India, Israel, Paquistán y Sudáfrica. Al aprobarse la enmienda, tendrán que renunciar a la posibilidad de llevar a cabo detonaciones nucleares y, además, deberán someterse a un severo régimen de verificación internacional. Sin lugar a dudas, éste es el incentivo más fuerte que encontrarán Estados Unidos y las otras potencias nucleares para entablar negociaciones serias sobre esta enmienda. Francia y la República Popular China quedarían fuera de esta restricción porque no han suscrito ninguno de los dos tratados; su aislamiento internacional en este terreno será, sin duda, una presión adicional importante que deberán tomar en cuenta. Evidentemente, si Estados Unidos, la URSS y la Gran Bretaña consiguen debilitar la enmienda (por ejemplo, es posible que se proponga transformar la enmienda en una simple reducción del tope ya establecido de 150 kilotoneladas a un tope de 10 kilotoneladas), la presión sobre Francia y China quedará anulada.

[6] Una visión que coincide con las posiciones de Estados Unidos y de la Gran Bretaña se presenta en Dunn (1990:20). En cuanto a la postura soviética, será necesario esperar a la conferencia para ver cómo se define finalmente.

cluidas las superpotencias. Pero aun la anunciada "reducción de 50% en los arsenales" dejaría a estas últimas con un número de cargas nucleares y de vehículos de lanzamiento cuatro veces superior al que tenían cuando se firmó el NPT.

Más interesante es la batería de argumentos "técnicos" que Estados Unidos está esgrimiendo para justificar su rechazo de la enmienda (Bailey, 1989). A través de ellos se afirma que la prohibición total de ensayos nucleares *no es verificable*, y que los ensayos son a la vez *necesarios* y *convenientes* porque constituyen un elemento de estabilidad y una aportación al proceso de control de armamentos. A continuación se examinan estos argumentos por su estrecha relación con el tema de la tecnología decadente.

El primer argumento es que la verificación del cumplimiento de una prohibición total es muy difícil, por no decir imposible de garantizar. Después de todo, el tratado que limita los ensayos a 150 kilotoneladas no fue ratificado por Estados Unidos sino hasta 1991 porque se decía que no existía la tecnología para verificar su cumplimiento.[7]

Frente a este tipo de argumento es necesario señalar que ya existe un inventario de tecnologías muy refinadas para detectar las pruebas nucleares, por pequeñas y clandestinas que puedan ser (Sykes, 1988; Fakley, 1988; Krass, 1987; Tsipis *et al.*, 1986). Entre las tecnologías más confiables está la detección sísmica, campo en el que se han logrado adelantos extraordinarios en la última década; pero muchos avances de la óptica y la electrónica también constituyen instrumentos confiables y disponibles (Din, 1988). Además, si existe la voluntad de cesar todas las pruebas nucleares, la polémica sobre el tipo de tecnología que debe ser utilizada para la verificación puede ocupar un lugar secundario pues se pueden establecer sistemas internacionales de verificación (Basham y Dahlman, 1988) y otro tipo de sistemas de inspección *in situ* (Heckrotte, 1988; Vasiliev y Bocharov, 1988). Las dificultades para verificar una prohibición total han dejado de ser un obstáculo real para llegar a un acuerdo desde hace mucho tiempo.[8]

[7] Estados Unidos y la URSS habían declarado constantemente que se ajustarán al límite establecido por este tratado. Por fin, en 1991 el tratado fue ratificado por ambas partes.

[8] Los obstáculos para realizar *clandestinamente* una prueba nuclear, aun

El segundo argumento es que los ensayos nucleares son *necesarios* para mejorar los sistemas de seguridad en el manejo de las armas nucleares. La seguridad que preocupa a los diseñadores de cargas nucleares es doble: por una parte, se considera necesario garantizar que la probabilidad de que se produzca una detonación accidental de una carga nuclear si es dejada caer al piso o si recibe el impacto de un proyectil no sea mayor de 1/1 000 000 (Mark, 1988). De este modo se busca proteger a las tripulaciones de aviones y navíos con capacidad nuclear frente al riesgo que significa manipular las armas nucleares constantemente. Por otra parte, se afirma que se necesitan pruebas nucleares para mejorar el diseño de las cargas que utilizarán explosivos de alto poder "poco sensibles" (como parte del sistema detonador). Estos explosivos resisten caídas desde gran altura en superficies duras y son una garantía de que el riesgo de detonación accidental sea muy bajo (la diseminación de material radiactivo sería así reducida).

Este argumento dice, en esencia, que es necesario evitar que en caso de accidente se presente una detonación o la diseminación de material radiactivo. Entre 1950-1980 ocurrieron aproximadamente 30 accidentes en los que han estado involucradas cargas nucleares. En alrededor de la cuarta parte de estos casos los explosivos de alto poder han detonado; en dos de ellos (en Palomares, España, y Thule, Groenlandia) se ha diseminado el plutonio de las cargas nucleares. La gran mayoría de estos accidentes ocurrió hace muchos años y es de esperar que los diseños ya han sido mejorados.

Además, el argumento incurre en una circularidad. Es realmente poco creíble que las pruebas *solamente* sean llevadas a cabo

---

en el rango muy limitado de una kilotonelada, son muy grandes y casi insuperables. En principio, las técnicas para esconder una detonación son múltiples, pero muy difíciles de poner en práctica. La más viable es la de "desconectar" la detonación de sus efectos sismológicos, de tal manera que no pueda ser detectada por sensores telesísmiscos (a 10 000 kilómetros) o localizados a distancias menores de 400 kilómetros. Estas detonaciones pueden llevarse a cabo en cavidades naturales o de roca no consolidada que amortigüen las ondas de la detonación. En la actualidad hay mucho escepticismo entre los expertos sobre esta técnica de evasión. Las otras estrategias para evadir la detección son aún menos confiables: detonar en el momento de un sismo, evasión en el espacio exterior (Leggett, 1988).

para mejorar los dispositivos de seguridad de las cargas nucleares y no se utilicen para estudiar las modificaciones de diseño que las hagan más destructivas.[9] Entonces es absurdo justificar las pruebas nucleares para profundizar en el desarrollo de sistemas de seguridad de armamentos que siguen siendo desarrollados y son objeto de cambios porque los *nuevos* diseños van a requerir nuevos ensayos para mejorar sus sistemas de seguridad. De todos modos, como los dispositivos de seguridad *nunca* serán absolutamente confiables, siempre será necesario llevar a cabo ensayos nucleares. En realidad, la única forma de acceder a sistemas de seguridad absolutos es a través de la eliminación de los arsenales nucleares.

El tercer argumento es que los ensayos son *convenientes* porque mantienen la confiabilidad en las fuerzas de disuasión. La confiabilidad significa, en este contexto, que las cargas ya emplazadas pueden realizar una detonación nuclear y que dicha detonación tendrá el poder destructivo correspondiente al diseño en cuestión. El argumento continúa como sigue: en la medida en que las superpotencias abriguen dudas sobre las armas que ya se encuentran desplegadas, se sentirán presionadas para poner en pie un mayor número de misiles y cargas nucleares. La cesación total de las pruebas nucleares no conduciría a frenar, sino a acelerar la carrera armamentista.

Sin embargo, la mayor parte de los expertos sostiene que la confiabilidad en el acervo de cargas nucleares ya desplegadas en algún sistema de lanzamiento puede estar garantizada a través de métodos distintos de los ensayos nucleares. Los programas de supervisión de cargas nucleares pueden utilizar sistemas radiográficos, todo tipo de pruebas mecánicas y químicas, ultrasonido, así como una inspección meticulosa de los componentes individuales y el ensamblado completo; los componentes identificados como defectuosos o no adaptados a nuevas normas de diseño pueden ser substituidos sin demasiadas dificultades. De cualquier manera, es sabido que en ningún caso las potencias po-

---

[9] Sobre este punto específico véase el texto muy explícito de Kerr (1988), Mark (1988) y Westervelt (1988), todos ellos altos funcionarios del laboratorio nacional de Los Álamos, Nuevo México, uno de los centros más importantes para el diseño de armamentos nucleares.

seedoras de armas nucleares llevan a cabo pruebas con el único y exclusivo propósito de verificar que su acervo de cargas es confiable.

A pesar de lo anterior, un experto en armas nucleares sostiene lo siguiente:

> De todos los diseños modernos para cargas nucleares en el acervo de Estados Unidos (es decir, diseños de cargas emplazadas desde 1958), *una tercera parte ha requerido ensayos [detonaciones] nucleares después de haber sido desplegados para la solución de problemas de confiabilidad*; de estos problemas, tres cuartas partes no habrían sido descubiertos si las pruebas nucleares hubieran sido descontinuadas ...Dada la extraordinaria tecnología [sic] que representa el diseño de armas modernas..., esta fracción es asombrosamente pequeña (Westervelt, 1988:55. Cursivas del autor).

Solamente la absurda economía del armamentismo le permite a la tecnología decadente el lujo de tener niveles de ineficiencia que llevarían a cualquier empresa comercial a la quiebra. Y en aras de esta ineficiencia se pide que la comundiad internacional acepte el peligroso sistema de control de calidad de la tecnología decadente consistente en llevar a cabo ensayos nucleares.

Para concluir con los argumentos que justifican las pruebas, se ha señalado que los ensayos permitieron a Estados Unidos mejorar el diseño de sus bombas y que, por esa razón, contribuyeron a la reducción del megatonelaje agregado de sus arsenales (Bailey, 1989). Este argumento es falso.

Es cierto que el megatonelaje agregado del arsenal de Estados Unidos se hizo más pequeño, mientras aumentaba el número de vehículos de lanzamiento y de cargas nucleares. En el cuadro XIV.1 se indica la evolución del arsenal norteamericano en el periodo 1962-1975 como un ejemplo.

Las cargas nucleares del arsenal norteamericano se hicieron más pequeñas en tamaño, peso y volumen. También se hicieron más pequeñas en capacidad destructiva, reduciéndose el megatonelaje equivalente, pero la causa final de esta reducción *no* está en las pruebas nucleares, sino en la proliferación vertical y en el aumento de la precisión de los vehículos de lanzamiento. Por lo tanto, el parámetro relevante para el análisis de esta evolución es el de la *letalidad*.

Cuadro XIV.1

Evolución del arsenal nuclear de Estados Unidos, 1962-1975

	1962	1975
Megatonelaje equivalente total	8 750	3 600
Total de cabezas nucleares estratégicas	4 200	8 300
Total de vehículos de lanzamiento*	1 750	2 300

* ICBMs, SLBMs y bombarderos pesados.
Fuente: Nadal (1985:19).

La letalidad (L) se determina por la relación entre poder destructivo (Y) y precisión (CEP) (Tsipis, 1984):

$$(L) = \frac{Y^{2/3}}{CEP^2}$$

en donde Y está medido en toneladas de explosivo (equivalente) de alto poder (TNT) y CEP está expresado en kilómetros. A través de esta relación se puede observar que la letalidad es mucho más sensible a una variación en la precisión que a un aumento en el poder destructivo. Los sistemas de navegación de los misiles balísticos alcanzaron en el periodo 1945-1975 el techo ingenieril que permite la tecnología de navegación inercial. Esta precisión permitió dotar a los misiles con cabezas cada vez más pequeñas pues ya no se requería una gran capacidad destructiva; de este modo el megatonelaje total disminuyó, *al mismo tiempo que aumentó la letalidad*. Y con la letalidad se incrementó la capacidad de contrafuerza que condujo a una mayor inestabilidad en la relación de balance militar; todo lo contrario de lo que se afirma en Bailey (1989).[10]

---

[10] Los niveles agregados de megatonelaje pueden haberse reducido, pero los arsenales se hicieron cada vez más peligrosos. Este aumento en la letalidad es lo que hace que en la actualidad las superpotencias tengan armas nucleares cuya utilización llega a considerarse militarmente útil porque pueden destruir los misiles del enemigo. Sobre este punto véase el análisis del SIOP-6 de Ball y Toth (1990).

Estados Unidos ya anunció que recurrirá al derecho de veto que les confiere el tratado para asegurar que la enmienda no sea aprobada (*ibid*.). El Reino Unido seguramente lo seguirá en esta decisión. Si realmente se impide la aprobación de la enmienda, estaremos ante un caso más de la triste serie de "oportunidades perdidas" que configuran la historia del control de armamentos.

De cualquier modo, la propuesta de esta enmienda es ya un logro importante, capaz de catalizar fuerzas opositoras al desarrollo de los armamentos nucleares en muchos puntos. Siempre será mucho más difícil lograr resultados en el ámbito del control cuantitativo y cualitativo de los armamentos nucleares porque, en esos casos, las negociaciones y decisiones finales están totalmente en manos de las superpotencias; pero en el caso de la enmienda examinada, su relación con un compromiso de las superpotencias en el marco del NPT es inmediata. Y las superpotencias deben rendir cuentas sobre las promesas inscritas en el preámbulo y el articulado de dicho instrumento si se desea convencer a la comunidad internacional de la conveniencia de extender la vigencia del NPT a partir de 1995. Éste no es el único ejemplo en el que los países no nucleares pueden llevar a cabo acciones diplomáticas fructíferas; el terreno de la desnuclearización es particularmente interesante porque depende de actos de soberanía de los países no nucleares.

Una última pregunta subsiste sobre este punto (Koplow y Schrag, 1989:218): ¿si la tecnología de cargas nucleares está en su fase decadente y los adelantos más importantes en materia de poder explosivo ya han sido logrados, por qué son tan importantes los ensayos nucleares? La pregunta es relevante porque se puede argumentar que la mayor parte de los desarrollos tecnológicos significativos ya se han alcanzado y que, por lo tanto, los beneficios de una prohibición total de ensayos nucleares serán marginales. Pero este argumento no es válido porque todavía se requieren muchos ensayos para el desarrollo de las cargas nucleares de la llamada tercera generación (en las que los efectos de la explosión, tales como el calor, la onda de sobrepresión o las radiaciones pueden ser transformadas o dirigidas para lograr determinados objetivos militares). El concepto de decadencia tecnológica aplicado a armamentos nucleares no quiere decir que ya no existen avenidas novedosas para el cambio tecnológico; significa que se ha alcanzado el segmento asintótico de la curva sigmoidal que describe su trayectoria tecnológica con respecto a ciertos parámetros ingenieriles. Por otra parte, significa que una continua actividad de cambio técnico alrededor de cierto formato mecánico o principio físico en materia de tecnología militar genera armamentos que hacen más inseguro e inestable el sistema de relaciones estratégicas.

Tampoco se pueden dejar de lado los efectos que los ensayos nucleares tienen sobre el medio ambiente y sobre la salud. En realidad, todavía se sabe poco sobre los riesgos que entraña la realización de ensayos nucleares subterráneos. Pero en el caso de las detonaciones nucleares en el polígono de pruebas soviético de Semipalatinsk (en Kazakhstan) la movilización popular que finalmente logró cerrar ese terreno para pruebas se originó en los problemas de salud pública que habían surgido (Lerager, 1990). En el caso de las pruebas que realiza Francia en el atolón de Mururoa las condiciones de impacto ambiental son bastante claras: existen fisuras en la pared exterior del atolón y eso puede ocasionar una fuga importante de material radiactivo que se encuentra atrapado en los pozos utilizados para cada detonación. (Behar, 1990; McEwan, 1988) Además, el crecimiento de casos de ciguatera en la Polinesia francesa parece estar íntimamente relacionado con los trabajos de infraestructura para los ensayos nucleares y las instalaciones en Mururoa y Fangataufa. La ciguatera es el nombre del envenenamiento por ingestión de pescado fresco contaminado por una ciguatoxina producida por un microorganismo dinoflagelado. Este microorganismo prolifera de manera extraordinaria sobre las algas que invaden los corales muertos. Cuando un ecosistema coralino es perturbado, se crean las condiciones para la reproducción masiva de este microorganismo.[11]

Desnuclearización

En 1968 se firmó el Tratado para la Proscripción de las Armas Nucleares en América Latina. Este acuerdo, mejor conocido como

---

[11] Véase el informe de la misión (abril de 1990) de la Asociación de Médicos Franceses para la Prevención de la Guerra Nuclear (AMFPGN) "Les essais nucléaires français en Polynésie", en *Médecine et Guerre Nucléaire*, volumen v (3), julio-septiembre, 1990. El autor agradece a Frank Feuilhade, presidente de la AMFPGN, haber puesto a su disposición este informe.

Tratado de Tlatelolco (TT), estableció la primera zona desnuclearizada en una región del planeta densamente poblada. El TT es la culminación de un proceso iniciado con la declaración de cinco presidentes de 1963 y constituyó una importante aportación de la región en el ámbito de la seguridad internacional.

Desde el preámbulo el TT explicita una de las razones fundamentales detrás de la decisión de proscribir las armas nucleares de la región: la existencia de armas nucleares en cualquier país de América Latina lo convertiría en un blanco de posibles ataques nucleares e, inevitablemente, desencadenaría una ruinosa carrera armamentista en la región. En función de estas consideraciones, el TT establece las siguientes obligaciones y compromisos:

a) las partes contratantes utilizarán exclusivamente para fines pacíficos las instalaciones y material nuclear en su jurisdicción;

b) se prohíben las pruebas, fabricación, producción o adquisición por cualquier medio de armas nucleares por las partes contratantes, directa o indirectamente, o por cuenta de cualquier otro país;

c) se prohíben la recepción, almacenamiento, instalación, despliegue y cualquier forma de posesión de armas nucleares por las partes contratantes, directa o indirectamente, o por cuenta de cualquier otro país;

d) las partes contratantes se comprometen a abstenerse de realizar, fomentar o autorizar, directa o indirectamente, el ensayo, el uso, la fabricación, la producción, la posesión o el dominio de toda arma nuclear o de participar en ello de cualquier manera.

El TT estableció un complejo sistema de control y verificación: salvaguardas a través del OIEA y la posibilidad de inspecciones especiales *in situ* (artículos 10.5 y 16). Por último, el TT está acompañado de dos protocolos anexos destinados a las potencias nucleares; por el primer protocolo, los países poseedores de armas nucleares que tienen jurisdicción o responsabilidad sobre territorios dentro de los límites marcados por el Tratado de Tlatelolco se comprometen a respetar el *status* de desnuclearización, y por el segundo, todas las potencias nucleares se comprometen a respetar el *status* de desnuclearización en toda la región y a no usar o amenazar con usar armas nucleares contra las partes contratantes del Tratado de Tlatelolco.

Las condiciones para la entrada en vigor son muy restrictivas pues todas las repúblicas latinoamericanas deben firmar, ratificar y depositar los instrumentos de ratificación del tratado y, además, las potencias poseedoras de armas nucleares deben firmar los protocolos I y II (según el caso). Pero el Tratado de Tlatelolco también puede entrar en vigor en los países que unilateralmente dispensen, total o parcialmente, esta condición tan restrictiva (artículo 28.2). Como veremos, esta disposición es la piedra angular del régimen de desnuclearización en América Latina.

Tradicionalmente se considera al Tratado de Tlatelolco como un acuerdo exitoso, pero existen serias deficiencias que han limitado su alcance y que es importante analizar. Algunas de éstas provienen del texto mismo del acuerdo, y otras se originan en la falta de voluntad de algunos países para ingresar plenamente en este régimen.

Las tres principales deficiencias en el texto del tratado son las siguientes. En primer lugar, el transporte de armas nucleares por el territorio de los países de la región no está prohibido por el TT. Es cierto que esta prohibición hubiera sido de muy difícil aplicación pues es casi imposible establecer un sistema de verificación adecuado para cubrir este tipo de acción. Sin embargo, no se trata de una omisión banal y habría que examinar la forma de subsanarla.[12]

En segundo lugar, a diferencia del NPT, el Tratado de Tlatelolco sí define lo que entiende por "arma nuclear":

> Para los efectos del presente tratado, se entiende por "arma nuclear" todo artefacto que sea susceptible de liberar energía nuclear en forma no controlada y que tenga un conjunto de características propias del empleo con fines bélicos. El instrumento que pueda utilizarse para el transporte o la propulsión del artefacto no queda comprendido en esta definición si es separable del artefacto y no parte indivisible del mismo.

Pero como se demuestra en Nadal (1989c:93-94) esta definición de armas nucleares es demasiado restrictiva y es importante

---

[12] La firma del protocolo adicional II por la República Popular China está acompañada de una reserva sobre este punto. Sobre esta primera deficiencia, véase Goldblat (1982).

contrastarla con la del anteproyecto del tratado elaborada por el grupo de trabajo B de la Copredal:

Definición de armas nucleares:
1) Para los efectos de este tratado, se entenderá por arma nuclear cualquier arma que contenga o haya sido proyectada para utilizar combustible nuclear o isótopos radiactivos y que, mediante la explosión o cualquier otra forma de transformación no controlada del combustible nuclear o por radiactividad de este último o de isótopos radiactivos, pueda causar una destrucción masiva, lesiones masivas o envenenamiento masivo.

2) También se entenderá por arma nuclear cualquier parte, dispositivo, estructura o material especialmente proyectados, o que sean principalmente útiles, para cualquier arma definida en el párrafo *1)* de este artículo o para cualquier vehículo o sistema destinado al lanzamiento de dichas armas (García Robles, 1967:147).

Los vehículos de lanzamiento de cargas nucleares deben ser vistos como parte integral de un mismo *sistema*. Ningún país se dotará de cargas nucleares sin algún tipo de vehículo con la capacidad de lanzarlas: artillería nuclear, aviones, misiles y sus plataformas correspondientes. La noción misma de "armamento nuclear" está desprovista de sentido si se excluye de su contenido a los vehículos de lanzamiento.[13] En la actualidad, uno de los grandes problemas en la región es el de la *proliferación de misiles balísticos* que, tarde o temprano, tendrán el alcance y la tecnología de navegación necesarios para convertirlos en sistemas de lanzamiento de cargas nucleares (Karp, 1989).

El tercer defecto del texto es la omisión de cualquier referencia a los desechos nucleares. Cuando el tratado fue negocia-

---

[13] Durante las negociaciones sobre el Tratado de Tlatelolco se llegó a afirmar que no se podía incluir a los vehículos de lanzamiento *que no fuesen parte indivisible de un arma nuclear* porque se llegaría al absurdo de tener que prohibir a la mayoría de los aviones comerciales. Sin embargo, un avión comercial no es fácilmente adaptable para transportar y lanzar cargas nucleares: se requieren adaptaciones mayores en la distribución del espacio interior y en equipo electrónico. Además, su capacidad de penetrar el espacio aéreo de otro país *sin que sea detectado* es limitada y no se necesita más que una fuerza aérea mediana para derribar un avión de estas características. Por lo tanto, una restricción sobre los aviones especialmente diseñados o capacitados para lanzar cargas nucleares o misiles no entrañaría un problema técnico en relación con la aviación comercial.

do hace 22 años no se tenía conciencia de las implicaciones que tenía el "uso pacífico" de la energía nuclear en el plano de los desechos. En el análisis de García Robles (1967) sobre el TT no se encuentran referencias a este problema.[14] Los desechos plantean diversos problemas, tanto en el terreno de la no proliferación, como en lo que concierne a la seguridad ambiental y de bienestar de la población. La definición misma de arma nuclear citada arriba (párrafo 2) hubiera permitido cubrir este tema, pero el TT prefirió dejar fuera de su cobertura aun a los "materiales que sean principalmente útiles" para la fabricación de armas nucleares.[15]

Situación actual

A más de 20 años de que se abrió para su firma, el Tratado de Tlatelolco *no está vigente* en más de la mitad del territorio latinoamericano. Por diversas razones, en Argentina, Brasil, Chile, Cuba y Guyana el tratado no está vigente. Argentina y Chile lo firmaron pero no lo han ratificado; en Brasil no se dispensaron las condiciones del artículo 28 para la entrada en vigor del acuerdo. Cuba no participó en las negociaciones sobre el tratado y se ha mantenido fuera de este esquema.

Brasil y Argentina son dos países considerados como cercanos a la adquisición de la tecnología necesaria para fabricar armas nucleares. Ninguno de los dos países ha firmado el NPT, aunque sí son signatarios del Tratado de Proscripción Parcial de Ensayos Nucleares. Ambos países han cerrado ya el ciclo completo del combustible nuclear y poseen instalaciones que les permiten producirlo y reprocesar combustible irradiado. Brasil recientemente adquirió la capacidad para producir plutonio; aunque parte del ciclo se encuentra cubierto por salvaguardas del OIEA, no sería difícil que la capacidad tecnológica local le permita enriquecer uranio sin este tipo de controles (Spector, 1984). Las investigaciones brasileñas sobre reprocesamiento también

---

[14] En la publicación preparada para el vigésimo aniversario del Tratado de Tlatelolco por el Organismo para la Proscripción de las Armas Nucleares en América Latina (OPANAL), entidad establecida por el mismo TT, tampoco se menciona el problema de los desechos nucleares (OPANAL, 1987).

[15] Algunas de las implicaciones de esta omisión son analizadas en Nadal (1989).

proporcionarán al país la capacidad de contar con plutonio-239 en unos pocos años (Pinguelli, 1985a).

Es muy desafortunado que el Tratado de Tlatelolco no haya recibido mayor atención desde que fue firmado. En términos generales, las posiciones en torno al TT se encuentran muy polarizadas: o se le considera una gran aportación en las relaciones internacionales o un artificio urdido por las potencias nucleares para consolidar el régimen discriminatorio. Es necesario examinar los elementos anteriores y definir una estrategia diplomática que permita fortalecerlo y, sobre todo, lograr su entrada en vigor en toda la región. Uno de los aspectos que demanda mayor atención es la colindancia con un nuevo tratado de desnuclearización, el Tratado sobre la Zona Desnuclearizada del Pacífico Sur o Tratado de Rarotonga (capital de las islas Cook, en donde se abrió para su firma).

Firmado en 1985, este tratado crea una zona libre de armas y desechos nucleares en el Pacífico Sur y es el segundo gran instrumento de este tipo que cubre una región densamente poblada. Los 13 países firmantes son los miembros del Foro del Pacífico del Sur: Australia, Islas Cook, Fiji, Kiribati, Nauru, Nueva Zelanda, Niue, Papua Nueva Guinea, Islas Salomón, Tonga, Tuvalu, Vanuatu y Samoa. Al igual que el Tratado de Tlatelolco, el Tratado de Rarotonga (TR) prohíbe la fabricación y emplazamiento de armas nucleares en el territorio cubierto; igualmente prohíbe a los países miembros albergar en su territorio armas nucleares por cuenta de un tercer Estado; finalmente, prohíbe el depósito y almacenamiento de desechos nucleares en la zona marítima cubierta por el tratado. El texto de este acuerdo puede encontrarse en Fry (1986).

El tratado de Rarotonga cubre una vasta región del Pacífico sur que no forma parte de las aguas territoriales ni de la zona económica exclusiva de ningún Estado. *Grosso Modo*, el TR cubre una zona que va del ecuador hasta la Antártida y desde la costa occidental de Australia hasta las costas de Ecuador, Perú y Chile. El TR establece de este modo la colindancia de las tres regiones del planeta sujetas a un régimen que veta el emplazamiento de armas nucleares. En dos de ellas se prohíbe también el depósito de desechos nucleares (Antártida y Pacífico sur) y los protocolos de los tratados de Tlatelolco y de Rarotonga son mecanismos importantes para comprometer a las potencias nucleares y hacerlas partícipes del proceso de desnuclearización. Los protocolos I y II del TR obligarán a las potencias nucleares a respetar las disposiciones del acuerdo en los territorios que controlan y a no utilizar o amenazar con utilizar armas nucleares en contra de un estado signatario del tratado.

El protocolo III del TR obligaría a Estados Unidos, la URSS, el Reino Unido, Francia y China a no probar ningún dispositivo nuclear en los territorios que controlan en la zona. En el caso de Francia, merece especial atención la actitud desafiante con la que ese país mantiene un programa de pruebas nucleares en los atolones de Mururoa y Fangataufa (Polinesia francesa). Las condiciones geológicas del atolón de Mururoa han sido severamente afectadas, la corona del atolón ha sido devastada casi totalmente por las detonaciones (Ferm, 1989) y una fractura grande puede liberar una gran cantidad de material radiactivo (de pruebas anteriores) que contaminaría una amplia zona del Pacífico (McEwan, 1988). De cualquier manera, existe evidencia de que las pruebas francesas contaminan las aguas y se ha encontrado material radiactivo en elementos de la cadena ecológica (Ferm, 1989). Recientemente Francia anunció que proseguirá su programa de pruebas (que en la actualidad se compone de un promedio de ocho detonaciones anuales) "en total seguridad", durante los próximos 50 años.[16]

El Tratado de Rarotonga va a constituir una presión importante sobre el programa nuclear militar francés. Si además de este tratado la enmienda al Tratado sobre Prohibición Parcial de Pruebas Nucleares es aprobada, Francia tendrá que tomar en cuenta estas variables en sus cálculos políticos futuros. De ahí la importancia de fortalecer el TR vinculándolo de una manera más sólida con el régimen del Tratado de Tlatelolco.

TECNOLOGÍA DECADENTE Y TRABAJO DIPLOMÁTICO

En el futuro cercano se imponen varias líneas de trabajo diplo-

[16] Francia no firmó el Tratado sobre Prohibición Parcial de Ensayos Nucleares. Solamente hasta 1974 se plegó a la fuerte presión internacional y cesó sus pruebas nucleares en la atmósfera. En el atolón de Fangataufa, Francia estalló en 1962 su primera bomba de hidrógeno, en la atmósfera. Según declaraciones oficiales, Francia requiere de unas 20 detonaciones para el diseño de una nueva cabeza nuclear (Blackaby y Ferm, 1986).

mático para los países que rechazan las armas nucleares como base de la seguridad internacional. En relación al Tratado START, se debe promover que las negociaciones desemboquen realmente en una reducción de (por lo menos) 50% de los arsenales nucleares y en una eliminación efectiva de cargas nucleares y no en un mero reciclaje, como ha sucedido con las cargas nucleares retiradas en el marco del tratado INF (Norris y Arkin, 1990). Las posibilidades de un sistema de control y verificación han sido analizadas y un tratado que incluya esta obligación es verificable (Taylor, 1989).

La atmósfera de distensión actual debe ser aprovechada para trabajar en esa dirección. Pero hay otras tareas importantes para un país como México. Algunas de las principales son las siguientes:

a) Frenar el despliegue de la tecnología MARV y de los misiles ICBM móviles (en particular, los que serían emplazados cerca de la frontera entre México y Estados Unidos). Ese tema tendría que ser planteado en dos niveles. En el primero, a nivel multilateral, los países no nucleares deben promover activamente la prohibición de pruebas de misiles con tecnología MARV (sobre la factibilidad de la verificación véase Bunn, 1988). En el segundo, a nivel bilateral, México deberá manifestar su inconformidad con un despliegue militar diseñado para atraer cargas nucleares hacia una región cercana a su frontera. Si los misiles SICBM móviles son desplegados en esa región, México no podrá evitar tener que tomar una posición sobre este problema en el ámbito de las relaciones bilaterales con Estados Unidos. Para algunas implicaciones jurídicas de esto, véase Nadal (1989a, 1990).

b) Fortalecer el Tratado de Tlatelolco, buscando en primer lugar la ratificación de este instrumento por la República de Chile. La coyuntura es propicia para este paso con la restauración de la democracia en ese país. México debe promover un acercamiento con Chile en este terreno. De paso, la ratificación del TT por Chile fortalecería el Tratado de Rarotonga porque la colindancia de las zonas que cubren correspondería a regiones en las que el régimen de desnuclearización está realmente vigente.

c) Promover la enmienda del Tratado sobre prohibición parcial de ensayos nucleares. Si las potencias nucleares vetan la propuesta en la conferencia de Nueva York, se puede insistir sobre el mandato del comité *Ad Hoc* de la Conferencia sobre Desarme.

d) Preparar cuidadosamente la posición que deberá ser asumida en la conferencia de prórroga (¿o terminación?) del Tratado de no proliferación de armas nucleares en 1995. La decisión sobre la prórroga deberá ser tomada por una mayoría simple y esto confiere un poder político importante a los países no alineados. Será necesario tomar en cuenta las contribuciones positivas del NPT y fortalecer el OIEA para que pueda cumplir con sus funciones adecuadamente. Pero también será necesario definir si las potencias nucleares han cumplido con los compromisos adquiridos en este tratado.

Post scriptum

La conferencia de Nueva York se llevó a cabo en enero de 1991 y el debate técnico giró alrededor de algunos de los puntos antes mencionados. Los resultados de la conferencia pueden sintetizarse como sigue. En primer lugar, debido a la complejidad del problema se logró que se llevaran a cabo más de un solo periodo de sesiones. Es decir, la conferencia entró en receso, aunque no se fijó una fecha específica para reanudar las sesiones. El presidente de la conferencia puede reconvocar a la misma para un nuevo periodo de sesiones cuando lo estime conveniente y podrá realizar las consultas que considere necesarias, en particular en lo que se refiere a los sistemas de verificación y a las sanciones en caso de que una parte no cumpla con el tratado (en la actualidad, el NPT no contempla sanciones). En segundo lugar, también se aprobó la reconsideración del mandato específico para los trabajos del comité *Ad Hoc* de la Conferencia sobre Desarme (con sede en Ginebra). Sobre estos dos puntos, las delegaciones norteamericana e inglesa habían manifestado una clara oposición.

La votación sobre la duración de la conferencia fue como sigue: 74 votos a favor de continuar la conferencia, 2 votos en contra y 19 abstenciones. Entre los votos a favor se encuentran los países no alineados y otros grupos de países, la URSS, Bielorrusia, Ucrania, Australia y Nueva Zelanda. Los votos en contra son los de Estados Unidos y el Reino Unido. Finalmente, las abstenciones son las de los países miembros de la OTAN, Japón y tres países de Europa oriental (Checoslovaquia, Hungría y Polonia).

REFERENCIAS

Abramovitz, Moses (1988), "Following and Leading", en *Evolutionary Economics. Application's of Schumpeter's Ideas.* (Hanusch, H., editor.) Cambridge y Nueva York: Cambridge University Press.
Acland-Hood, Mary (1986), "Military Research and Expenditure", en SIPRI (1986).
Aglietta, Michel (1976), *Régulation et crises du capitalisme. L'expérience des Etats Unis*, Paris: Calmann-Lévy.
Arendt, Hannah (1970), *On Violence*. Nueva York: Harcourt Brace Jovanovich.
Arkin, William M. (1983), "Soviet Cruise Missile Programs", *Arms Control Today*, mayo. [3-4].
_____ et al. (1982), "The Consequences of a 'Limited' Nuclear War in East and West Germany", AMBIO, XI (2-3). [163-172].
_____ et al. (1986), "Nuclear Weapons" (Nuclear Weapons Databook Staff y SIPRI), en SIPRI (1986).
_____ et al. (1989), "Nuclear Weapons" (Nuclear Weapons Databook Staff y SIPRI), en SIPRI (1989).
_____ y Richard W. Fieldhouse (1985), *Nuclear Battlefields: Global Links in the Arms Race*, Cambridge, Massachusetts: Ballinger Publishing Company.
Bailey, Kathleen C. (1989), *Statement of Dr. Kathleen C. Bailey, Assistant Director, Bureau of Nuclear and Weapons Control, U.S. Arms Control and Disarmament Agency (ACDA) on Nuclear Test Ban Issues before the Senate Foreign Relations Committee.* Washington, D.C., 9 de noviembre de 1989.
Ball, Desmond (1981a), "Counterforce Targetting: How New? How Viable?", en Reichart y Sturn (ed.) (1982.)
_____ (1981b), "Can Nuclear War be Controlled?", International Institute for Strategic Studies.
_____ (1986), "Development of the SIOP, 1960-1983", en Ball y Richelson (eds.) (1986).
_____ y Jeffrey Richelson (editores) (1986), *Strategic Nuclear Targetting*, Ithaca (Nueva York) y Londres: Cornell University Pess.
_____ y Robert C. Toth (1990), "Revising the SIOP. Taking War-Fighting to Dangerous Extremes", *International Security*, 14 (4) [65-92].

Barnaby, Frank (1982), "Microelectronics and War", en *Microelectronics and Society* (Friedrichs, G. y A. Schaff, eds.). Oxford: Pergamon Press.
_____ y Joseph Rotblat (1982), "The Effects of Nuclear Weapons", AMBIO, XI (2-3) [84-93].
Basham, Peter W. y Ola Dahlman (1988), "International Seismological Verification", en *Nuclear Weapon Tests: Prohibition or Limitation?* (Goldblat, Joseph y David Cox, eds.) SIPRI y CIIPS. Oxford: Oxford University Press.
Baumol, William J. y Kenneth McLennan (1985), "U.S. Productivity Performance and Its Implications", en *Productivity Growth and U.S. Competitiveness* (Baumol y McLennan, eds.). Nueva York y Oxford: Oxford University Press.
Beddington, J.R. *et al.* (1990), "The Practical Implications of the Eco-System Approach in CCAMLR", *International Challenges* (Newsletter from the Fridtjof Nansen Institute), 10 (1). [17-20].
Behar, Abraham (1990), "Les essais nucléaires en Polynésie et la radioactivité", *Médecine et Guerre Nucléaire*, V (3), julio-septiembre.
Bertram, Christoph (1989), "US-Soviet Arms Control", en SIPRI (1989).
Bethe, Hans A. *et al.* (1984), "Space-based Ballistic-Missile Defense", *Scientific American*, 251 (4) [37-47].
Biddle, Wayne (1986), "How Much Bang for the Buck?", *Discover*, 7 (9) [50-63].
Bijker, Wiebe E., Thomas P. Hughes y Trevor Pinch (editores) (1987), *The Social Construction of Technological Systems. New Directions in the Sociology and History of Technology*, Cambridge, Massachusetts y Londres: The MIT Press.
Blackaby, Frank y Ragnhild Fɾ.m (1986), "A Comprehensive Test Ban and Nuclear Explosions in 1985", en SIPRI, 1986.
Bond, David F. (1990a), "Tactical Programs Up for Grabs in 'Gramm-Rudman-Gorbachev' Era", *Aviation Week and Space Technology*, 132 (12) [53-56].
_____ (1990b), "Defense, Industry Officials Differ on Steps Needed to Aid Companies", *Aviation Week and Space Technology*, 132 (22) [69-72].
Boyer, Robert (1986), "Technical Change and the Theory of 'Régulation'" (mimeo.), documento presentado en la reunión IFIAS-SPRU sobre "Cambio técnico y teoría económica", Lewes, Sussex.
Bracken, Paul (1983), *The Command and Control of Nuclear Forces*, New Haven y Londres: Yale University Press.
Brookner, Eli (1985), "Phased-Array Radars", *Scientific American*, 252 (2) [76-84].
Brown, Alan D. (1990), "The Design of CRAMRA; How Appropriate for the Protection of the Environment?", *International Challen-*

ges (Newsletter from the Fridthof Nansen Institute), 10 (1) [24-27].
Brown, Michael E. (1984), "The Strategic Bomber Debate Today", *ORBIS Journal of World Affairs*, 28 (2) [365-388].
Bunn, Matthew (1988), "The Next Nuclear Offensive", *Technology Review*, 91 (1) [28-37].
_____ (1984), "Technology of Ballistic Missile Reentry Vehicles", Program in Science and Technology for International Security, Massachusetts Institute of Technology, Reporte núm. 11, Cambridge, Mass.
_____ y K. Tsipis (1983), "Ballistic Missile Guidance and Technical Uncertainties in Countersilo Attacks", Program in Science and Technology for International Security, Massachusetts Institute of Technology, Reporte núm. 9, Cambridge, Mass.
_____ y K. Tsipis (1983a), "The Uncertainties of a Preemptive Nuclear Attack", en Russett, B. y F. Chernoff (1985) [107-116].
Carter, Ashton B. (1985), "The Command and Control of Nuclear War", *Scientific American*, 252 (1) [20-27].
_____ (1989), "Testing Weapons in Space", *Scientific American*, 261 (1) [17-25].
Clausing, Don P. (1989), "The US Semiconductor, Computer and Copier Industries", *The Working Papers of the MIT Commission on Industrial Productivity* (Volume Two), Cambridge, Mass.: The MIT Press.
Cox, David (1990), "A Review of the Geneva Negotiations: 1989-1990", *Background Paper 32*, Canadian Institute for International Peace and Security (CIIPS). Mayo [1-7].
Crutzen, Paul J. y John W. Birks (1982), "The Atmosphere After a Nuclear War: Twilight at Noon", AMBIO (Journal of the Swedish Royal Academy of Sciences), XI (2-3). [114-125].
Daugherty, William *et al.* (1986), "The Consequences of 'Limited' Nuclear Attacks on the United States", *International Security*, 10 (4) [3-45].
Deger, Saadet (1989), "World Military Expenditure", en SIPRI (1989).
_____ y Somnath Sen (1990), *Military Expenditure, The Political Economy of International Security*, SIPRI, Oxford University Press.
DeGrasse, Robert (1984), "The Military and Semiconductors" en Tirman (1984).
_____ (1983), *Military Expansion Economic Decline* (Council on Economic Priorities). Nueva York: M.E. Sharpe, Inc.
Dennis, Jack, (ed.) (1984), *The Nuclear Almanac: Confronting the Atom in War and Peace*. The MIT Faculty Coalition for Disarmament. Reading, Massachusetts: Addison-Wesley Publishing Company, Inc.
Dertouzos, Michael *et al.* (1989), *Made In America, Regaining the Pro-*

ductive Edge. Cambridge, Mass. y Londres: The MIT Press.
Din, Allan M. (1986), "Strategic Computing", en SIPRI (1986).
_____ (1988), "Means of Nuclear Test-Ban Verification Other than Seismological", en *Nuclear Weapon Tests: Prohibition or Limitation?* (Goldblat, Joseph y David Cox, eds.) SIPRI y CIIPS. Oxford: Oxford University Press.
Dornbusch, R. (1986), *Dollars, Debts and Deficits*. Cambridge, Mass.: The MIT Press.
Dornheim, Michael A. (1990), "Fly-by-Wire Controls Key to 'Pure' Stealth Aircraft", *Aviation Week and Space Technology*, 132 (15) [36-41].
_____ (1989), "Pentagon Expected to Release more Details on F-117A", *Aviation Week and Space Technology*, 131 (23) [42].
Dosi, G. (1982), "Technological Paradigms and Technological Trajectories", *Research Policy*, 11. [147-162].
Drell, Sidney D. y Frank von Hippel (1976), "Limited Nuclear War", en Russett y Chernoff (1985).
Dunn, Lewis A. (1990), "It Ain't Broke-Don't Fix It", *The Bulletin of the Atomic Scientists*, 46 (6) [19-20].
Dyson, Freeman (1984), *Weapons and Hope*, Nueva York: Harper Colophon Books.
Economic Report of the President, transmitted to the Congress, enero de 1989, Together with the Annual Report of the Council of Economic Advisers. Washington: United States Government Printing Office.
_____ (1990), *Economic Report of the President*, transmitted to the Congress, enero de 1990.
Ehrlich, P.R. *et al.* (1983), "Long-term Biological Consequences of Nuclear War", *Science*, 222 (4630) [1293-1300].
Epstein, William (1990a), "The Nuclear Testing Threat", *The Bulletin of the Atomic Scientists*, 46 (2) [34-37].
_____ (1990b), "Conference a Qualified Success", *The Bulletin of the Atomic Scientists*, 46 (10) [45-47].
Ermarth, Fritz W. (1982), "Contrasts in American and Soviet Strategic Thought", en Reichart y Sturn (eds.) (1982).
Evangelista, Matthew A. (1990), "Why the Soviets Buy the Weapons They Do", en *Arms Races. Technological and Political Dynamics*. (Gleditsch, Nils Petter y Olav Njolstad, eds.) Londres: Sage Publications Ltd.
Fakley, Dennis C. (1988), "Present Capabilities for the Detection and Identification of Seismic Events", en *Nuclear Weapon Tests: Prohibition or Limitation?* (Goldblat, Joseph y David Cox, eds.) SIPRI y CIIPS, Oxford: Oxford University Press.
Falk, Richard, Lee Meyrowitz y Jack Sanderson (1981), "Nuclear Wea-

pons and International Law", *World Studies Program*, Occasional Paper, number 10, Center of International Studies, Princeton University.

Feld, Bernard T. y Kosta Tsipis (1979), "Land-based Intercontinetal Ballistic Missiles", *Scientific American*, 241 (5).

Ferm, Ragnhild (1989), "Nuclear Explosions", en SIPRI (1989).

―――― (1990), "Nuclear Explosions", en SIPRI (1990).

Flavin, Christopher (1987), "Reassessing Nuclear Power: The Fallout from Chernobyl", *Worldwatch Paper 75* (marzo).

Foley, Vernard et al. (1985), "The Crossbow", *Scientific American*, 252 (1) [80-85].

Foley, T. (1989), "Sharp Rise in BP Interceptor Funding Accompanied by New Questions About Technical Feasibility", *Aviation Week and Space Technology*, 22 de mayo de 1989 [20-21].

Freedman, Lawrence (1985), *The Evolution of Nuclear Strategy*. Londres: The MacMillan Company.

Freeman, Christopher, John Clark y Luc Soete (1982), *Unemployment and Technical Innovation. A Study of Long Waves and Economic Development*, Londres: Frances Pinter (Publishers).

Fry, Greg E. (1986), "The South Pacific Nuclear-Free Zone", en SIPRI (1986).

―――― (1985), "The South-Pacific Nuclear-Free Zone: Significance and Implications", ponencia presentada en la Conferencia sobre el Futuro del Control de Armamentos, celebrada en la Australian National University, agosto de 1985. (Mimeo.)

Gaddis, John Lewis (1986), "The Long Peace. Elements of Stability in the Postwar International System", *International Security*, 10 (4) [99-142].

Galbraith, John Kenneth (1978), *The New Industrial State*. Boston: Houghton Mifflin. La primera edición es de 1967.

García Robles, Alfonso (1975), *La proscripción de las armas nucleares en América Latina*. Mexico: El Colegio Nacional.

―――― (1967), *El Tratado de Tlatelolco*, México: El Colegio de México.

Garwin, Richard L. y Hans A. Bethe (1968), "Anti-Ballistic-Missile Systems", en York (1973a)

―――― (1990a), "The Bear and the Pussycat". (Reseña del libro *A Shield in Space*, de Sandorf Lakoff y Herbert York), *Nature*, vol. 344 [301-302].

―――― (1990b), "Brilliant Pebbles Won't Do", *Nature*, vol. 346 [21].

Gebhardt, A. y O. Hatzgold (1974), "Numerically Controlled Machine Tools", en *The Diffusion of New Industrial Processes. An International Study* (Nabseth, L. y G.F. Ray, editores), Cambridge: Cambridge University Press.

Geiger, J. (1984), "Medical Effects of a Nuclear Attack", en Dennis (1984).
Gilmartin, Patricia A. (1990), "Defense Research Budget to Escape Deep Reductions", *Aviation Week and Space Technology*, 132 (12) [59-61].
Glasstone, Samuel y Alexander Sesonske (1981), *Nuclear Reactor Engineering*, Nueva York: Van Nostrand Reinhold Company.
───── y P.J. Dolan (1977), *The Effects of Nuclear Weapons*. Washington: US Department of Defense. Energy Research and Development Administration.
Gleditsch, Nils Petter y Olav Njolstad (eds.) (1990), *Arms Races. Technological and Political Dynamics*. Londres: SAGE Publications y Oslo: International Peace Research Institute.
Godoy, R. (1987), "Presidente aprova a contruçao do submarino atómico brasileiro", *O Estado de São Paulo*, 12-4-1987 [9].
Golay, Michael W. y Neil E. Todreas (1990), "Advanced Light-Water Reactors", *Scientific American*, 262 (4) [58-65].
Goldblat, Jozef (1982), *Arms Control Agreements*. Estocolmo y Londres: SIPRI y Taylor and Francis, Ltd.
───── (1980), "Review of the Seabed Treaty", *Ocean Yearbook*, 2 (Mann Borgese, Elisabeth and Norton Ginsburg, eds.). Chicago y Londres: University of Chicago Press. [270-281].
Goldstein, Joshua S. (1988), *Long Cycles: Prosperity and War in the Modern Age*. New Haven y Londres: Yale University Press.
Graham, Mac (1987), *Cruise Missile Development Programs in the United States Since the Early 1970s: A Case Study in the Determinants of Weapons Succession*. Tesis doctoral, Science Policy Research Unit (SPRU), Universidad de Sussex.
Graybeal, Sidney N. y Patricia Bliss McFate (1989), "Getting Out of the Starting Block", *Scientific American*, 261 (6) [23-29].
Grechko, A.A. (1978), *The Armed Forces of the Soviet State*. Traducido y publicado bajo los auspicios de la Fuerza Aérea de los Estados Unidos. Washington: U.S. Government Printing Office.
Griliches, Zvi (1980), "R&D and the Productivity Slowdown", *American Economic Review*, 70 (2) [343-347].
Guerrante, R. (1988), "Projeto alargou submarino para usar reator de Iperó", *Jornal do Brasil*, 23-1-1988. [6].
Häfele, Wolf (1990), "Energy from Nuclear Power", *Scientific American*, 263 (3) [91-97].
Hafner, D.L. (1987), "Choosing Targets for Nuclear War", *International Security*, 11 (4) [135-140].
Handler, Joshua y William M. Arkin (1988), *Nucler Warships and Naval Nuclear Weapons: A Complete Inventory. Neptune Papers*, núm. 2. Washington: Institute for Policy Studies y Greenpeace.

Harwell, M.A. y T.C. Hutchinson (1987), *Environmental Consequences of Nuclear War*. Volumen II: *Ecological and Agricultural Effects*. SCOPE-ENUWAR. Chichester: John Wiley and Sons.

Heckrotte, Warren (1988), "On-site Inspection to Check Compliance", en *Nuclear Weapon Tests: Prohibition or Limitation?* (Goldblat, Joseph y David Cox, eds.). SIPRI y CIIPS. Oxford: Oxford University Press.

Heilbroner, Robert (1990), "Seize the Day", *The New York Review of Books*, XXXVII (2) [30-32].

Hernández Laos, Enrique y Edur Velasco Arregui (1990), "Productividad y competitividad de las manufacturas mexicanas, 1960-1985", *Comercio Exterior*, 40 (7) [658-666].

Hoag, D.H. (1971), "Ballistic-Missile Guidance", en *Impact of New Technologies in the Arms Race* (Field, B.T. *et al.*, eds.). Cambridge, Mass: MIT Press.

Holzman, Franklin D. (1989), "Politics and Guesswork. CIA and DIA Estimates of Soviet Military Spending", *International Security*, 14 (2) [101-131].

Hollander, Samuel (1965), *The Sources of Increased Efficiency*. Cambridge, Mass: MIT Press.

Holloway, D. (1989), "Gorbachev's New Thinking", *Foreign Affairs*. 68 (1) [66-81].

____ (1983), "The Soviet Union", en *The Structure of the Defense Industry. An International Survey*. (Ball, Nicole y Milton Leitenberg, eds.) Londres y Sidney: Croom Helm.

ICDSI (1982), *Common Security: A Programme for Disarmament*. The Report of the Independent Commission on Disarmament and Security Issues. Londres y Sidney: Pan Books.

Jane's Defence Weekly (1985a), "SS-X-24 Enters Service this Year", Sección "Soviet Intelligence". *Jane's Defence Weekly* (15 de junio) [1158].

____ (1985b), "SS-X-25 Deployment Continues Despite 'SALT Infringements'", Sección "Soviet Intelligence", *Jane's Defence Weekly* (29 de junio) [1278].

Jasani, Bhupendra (1988), "Military Use of Outer Space", en SIPRI (1988).

____ (1983), "Nuclear Power Sources on Satellites in Outer Space", en SIPRI (1983) [457-463].

____ (1980), "Ocean Surveillance by Earth Satellites", *Ocean Yearbook*, 2 (Mann Borgese, Elisabeth and Norton Ginsburg, eds.). Chicago y Londres: The University of Chicago Press [250-269].

Jordan, John (1984a), "Soviet Ballistic Missile Submarines-I", *Jane's Defence Weekly* (21 de enero) [85-88].

_____ (1984b), "Soviet Ballistic Missile Submarines-II", *Jane's Defence Weekly* (28 de enero) [122-125].
_____ (1980), "Ocean Surveillance by Earth Satellites", *Ocean Yearbook*, 2 (Mann Borgese, Elisabeth and Norton Ginsburg, eds.). Chicago y Londres: The University of Chicago Press [250-269].
_____ (1986), "'Oscar': A Change in Soviet Naval Policy", *Jane's Defence Weekly* (24 de mayo) [942-947].
Kahler, Miles (1979-1980), "Rumors of War: the 1914 Analogy", *Foreign Affairs*, 58 (2) [374-396].
Kaldor, Mary (1982), *The Baroque Arsenal*, London: Andre Deutsch.
_____ (1986), "The Weapons Succession Process", *World Politics*, XXXVIII (4) [577-595].
Kaplan, Fred M. (1978), "Enhanced-Radiation Weapons", en Russett, B. y F. Chernoff (1985) [164-171].
Karas, Thomas (1984), "Military Satellites and War-Fighting Doctrines", en *Space Weapons: The Arms Control Dilemma* (Jasani, B., ed.). Londres y Filadelfia: Taylor and Francis.
Karp, Aaron (1989), "Ballistic Missile Proliferation in the Third World", en SIPRI (1989).
Kelly, P.M. y J.H.W. Karas (1986), *No Place to Hide: Nuclear Winter and the Third World*. Climatic Research Unit: University of East Anglia. Londres: Earthscan Press.
Kendrick, John W. y Elliot S. Grossman (1980), *Productivity in the United States. Trends and Cycles*. Baltimore y Londres: The Johns Hopkins University Press.
Kennedy, Paul (1987), *The Rise and Fall of the Great Powers. Economic Change and Military Conflict from 1500 to 2000*. Nueva York: Random House.
Kennett, Lee (1984), *A History of Strategic Bombardment*, Nueva York: Charles Scribner's Sons.
Kernstock, Nicholas C. (1990), "Aerospace Companies Strive for Profits in Uncertain Market", *Aviation Week and Space Technology*. 132 (22) [36-46].
Kerr, Donald M. (1988), "The Purpose of Nuclear Test Explosions", en *Nuclear Weapon Tests: Prohibition or Limitation?* (Goldblat, J. y David Cox, eds.) Stockholm International Peace Research Institute (SIPRI) y Canadian Institute for International Peace and Security (CIIPS). Oxford: Oxford University Press.
Kingwell, Jeff (1990), "The Militarization of Space: A Policy Out of Step with World Events?", *Space Policy*, 6 (2) [107-111].
Kissinger, Henry A. (1957). *Nuclear Weapons and Foreign Policy*. Nueva York: Harper and Row.
Kleinknecht, Alfred (1987), *Innovation Patterns in Crisis and Prospe-*

rity (Schumpeter's Long Cycle Reconsidered). Londres: The MacMillan Press.

Koplow, David A. y Philip G. Schrag (relatores) (1989), "Phasing Out Nuclear Weapon Tests". The Belmont Conference on Nuclear Test Ban Policy. *Stanford Journal of International Law*, 26 (1) [205-267].

Korb, Lawrence J. (1980a) "The FY 1981-1985 Defense Programs Issues and Trends", *AEI Foreign Policy and Defense Review*, 2 (2) [1-63].

―――― (1980b), "Statement of Lawrence J. Korb on the MX Program before the SubCommittee on Public Lands of the House Interior Committee" (enero), en U.S. Congress (1980).

Krass, Allan (1987), "Recent Developments in Arms Control Verification Technology", en SIPRI (1987).

Krugman, Paul (1990), *The Age of Diminishing Expectations, U.S. Economic Policy in the 1990s*. Cambridge, Massachusetts y Londres: The MIT Press.

Kuznets, Simon (1967), *Secular Movements in Production and Prices*, Nueva York: Augustus Kelley (Reprints of Modern Classics). Nota: La primera edición es de 1930.

Lamperti, John (1984a), "Government and the Atom", en Dennis (1984).

―――― (1984b), "Nuclear Weapons Manufacture", en Dennis (1984).

Larrabee, F. Stephen (1988), "Gorbachev and the Soviet Military", *Foreign Affairs*. 66 (5) [1002-1026].

Lawyers for Nuclear Disarmament (1982), *The Illegality of Nuclear Warfare*. Ginebra.

Lee, William T. (1986), "Soviet Nuclear Targeting Strategy", en Ball y Richelson (eds.) (1986).

Leggett, Jeremy K. (1988), "Techniques to Evade Detection of Nuclear Tests", en *Nuclear Weapon Tests: Prohibition or Limitation?* (Goldblat, J. y David Cox, eds.) Stockholm International Peace Research Institute (SIPRI) y Canadian Institute for International Peace and Security (CIIPS). Oxford: Oxford University Press.

Lenorovitz, Jefferey M. (1990), "Airbus Expects to Boost Market Share to 30%", *Aviation Week and Space Technology*. 132 (12) [123-125].

Leonard, H. Jeffrey (1984), *Are Environmental Regulations Driving U.S. Industry Overseas?* Washington: The Conservation Foundation.

Lepingwell, John W.R. (1989), "Soviet Strategic Air Defense and The Stealth Challenge". *International Security*, 14 (2) [64-100].

Lerager, James (1990), "Kazakhs Stop Soviet Testing", *Nuclear Times*, 8 (3) [11-15].
Lester, Richard K. (1986), "Rethinking Nuclear Power", *Scientific American* 254 (3) [23-31].
Levi, Barbara *et al.* (1987/1988), "Civilian Casualties from 'Limited' Nuclear Attacks on the USSR", *International Security*, 12 (3) [168-189].
Lewis, Kevin N. (1980), "Intermediate-Range Nuclear Weapons", en Russett, B. y F. Chernoff (1985) [172-182].
Lin, Herbert (1985), "The Development of Software for Ballistic-Missile Defense", *Scientific American*, 253 (6) [32-39].
Lodgaard, Sverre y Frank Blackaby (1984), "Nuclear Weapons", en SIPRI (1984).
Luttwak, Edward N. (1976), "Strategic Power: Military Capabilities and Political Utility", *The Washington Papers*, vol. IV, Center for Strategic and International Studies, Georgetown University.
Mack, Pamela (1990), *Viewing the Earth. The Social Construction of the Landsat Satellite System*. Cambridge, Massachusetts y Londres: The MIT Press.
MacKenzie, Donald (1988), "The Soviet Union and Strategic Missile Guidance", *International Security*, 13 (2) [5-54].
_____ (1990a), "Towards an Historical Sociology of Nuclear Weapons Technologies", en Gleditsch y Njolstad (1990).
_____ (1990b), *Inventing Accuracy. A Historical Sociology of Nuclear Missile Guidance*. Cambridge, Massachusetts y Londres: The MIT Press.
_____ (1986) "Missile Accuracy: An Arms Control Opportunity", *The Bulletin of the Atomic Scientists*, 42 (6) [11-17].
_____ y J. Wajcman (editores) (1985), *The Social Shaping of Technology. How the refrigerator got its hum*. Milton Keynes, Philadelphia: Open University Press.
Maddison, Angus (1986), *Las fases del desarrollo capitalista. Una historia económica cuantitativa*. México: El Colegio de México y Fondo de Cultura Económica.
March, Artemis (1989a), "The US Machine Tool Industry and Its Foreign Competitors", *The Working Papers of the MIT Commission on Industrial Productivity* (Volume One), Cambridge, Mass.: The MIT Press.
_____ (1989b), "The US Commercial Aircraft Industry and Its Foreign Competitors", *The Working Papers f the MIT Commission on Industrial Productivity* (Volume Two), Cambridge, Mass.: The MIT Press.
Mark, J. Carson (1988), "The Purpose of Nuclear Test Explosions", en *Nuclear Weapon Tests: Prohibition or Limitation?* (Goldblat,

J. y David Cox, eds.) Stockholm International Peace Research Institute (SIPRI) y Canadian Institute for International Peace and Security (CIIPS). Oxford: Oxford University Press.

McBride, Sean (1983), "The Threat of Nuclear War: Illegality of Deployment of Nuclear Weapons", Ginebra: Lawyers for Nuclear Disarmament. (Noviembre.)

McEwan, A.C. (1988), "Environmental Effects of Underground Nuclear Explosions", en *Nuclear Weapon Tests: Prohibition or Limitation?* (Goldblat, J. y David Cox, eds.). Stockholm International Peace Research Institute (SIPRI) y Canadian Institute for International Peace and Security (CIIPS). Oxford: Oxford University Press.

McNeill, William H. (1988), *The Pursuit of Power. Technology, Armed Force and Society since AD 1000*, Chicago: University of Chicago Press.

Melman, Seymour (1974), *The Permanent War Economy*, Nueva York: Simon and Schuster.

─── (1970), *Pentagon Capitalism*, Nueva York: McGraw-Hill.

─── (1986), "Swords into Plowshares: Converting from Military to Civilian Production", *Technology Review, 89 (1) [62-71]*.

─── (1983), *Profits Without Production*. Nueva York: Alfred A. Knopf.

Mensch, G. (1979), *Stalemate in Technology: Innovations Overcome Depression*, Cambridge: Ballinger Publishing, Co.

MHB Technical Associates (1990), *Advanced Reactor Study*, Mimeografiado. San José, California. Prepared for the Union of Concerned Scientists.

Miller, R.W. y D. Sawers (1968), *The Technical Development of Modern Aviation*, Londres: Routledge & Kegan Paul.

Moore, William B. (1981/1982), "Document One", Memorandum Op-36C/jm, 18 de marzo de 1954. *International Security*, 6 (3). (Invierno.) [18-28.]

Morrison, David C. (1985), "Soviet Intercontinental Ballistic Missiles, 1957-1985", Washington: Center for Defense Information. (Mimeo.)

Morrocco, John D. (1990), "Opposition to B-2 Threatens Viability of Strategic Triad", *Aviation Week and Space Technology*, 132 (12) [49-51].

Mosley, Hugh G. (1985), *The Arms Race: Economic and Social Consequences*. Lexington, Massachusetts y Toronto: Lexington Books.

Mowery, David C. y Nathan Rosenberg (1989), *Technology and the Pursuit of Economic Growth*, Cambridge: Cambridge University Press.

_____ (1982a), "The Influence of Market Demand Upon Innovation: A Critical Review of Some Recent Empirical Studies", en Rosenberg (1982).

_____ (1982b), "Technical Change in the Commercial Aircraft Industry, 1925-1975", en Rosenberg (1982).

Mozley, Robert (1990), "Verifying the Number of Warheads on Multiple-warhead Missiles", en *Reversing the Arms Race* (von Hippel, F. y R. Saqdeev, editores). Nueva York: Gordon and Breach Science Publishers.

Mueller, John (1988), "The Essential Irrelevance of Nuclear Weapons", *International Security*, 13 (2) [55-79].

Myrdal, Alva (1976), *The Game of Disarmament. How the United States and Russia Run the Arms Race*. Nueva York: Pantheon Books.

Nadal Egea, Alejandro (1977), *Instrumentos de política científica y tecnológica*, México: El Colegio de México.

_____ (1985), "Tecnología militar y armamentos estratégicos", *Revista Mexicana de Política Exterior* (IMRED). Año 2, núm. 9. (Octubre-diciembre) [14-24].

_____ y C. Salas Páez (1988), *Bibliografía sobre el análisis económico del cambio técnico*. El Colegio de México.

_____ (1989a), "Trayectorias de misiles balísticos intercontinentales: implicaciones para los vecinos de las superpotencias", *Foro Internacional*, XXX (1) [93-114].

_____ (1989b), "Regulatory Systems for International Open-Access Fisheries", *Serie Documentos de Investigación*. Programa sobre Ciencia, Tecnología y Desarrollo (Procientec). El Colegio de México. Núm. 10.

_____ (1989c) "Análisis del Plan de Emergencia Radiológica Externo de Laguna Verde", *en El Plan de Emergencia de Laguna Verde. Dos estudios críticos*. México: El Colegio de México.

_____ (1990), "ICBM Trajectories: Implications for the Superpowers' Neighbors", *Journal of Peace Research* (Journal of the Peace Research Institute of Oslo). 27 (4) [373-384].

Nature (1990), "NPT in Serious Trouble", editorial principal del número 6290, vol. 347 [213-214].

Nelson, Richard R. y Sidney G. Winter (1982), *An Evolutionary Theory of Economic Change*. Cambridge, Massachusetts y Londres: The Belknap Press of Harvard University Press.

Nicol, Stephen (1989), "Who's Counting on Krill?", *New Scientist*, 124 (1690) [38-41].

Njolstad, Olav (1990), "Learning from History? Case Studies and the Limits to Theory Building", en Gleditsch y Njolstad (1990).

Noble, David F., (1985), "Command Performance: A Perspective on the Social and Economic Consequences of Military Enterprise" en *Military Enterprise and Technological Change* (Merritt Roe Smith, ed.). Cambridge, Mass. y Londres: The MIT Press.

—— (1984), *Forces of Production. A Social History of Industrial Automation*. Nueva York: Alfred A. Knopf.

Norris, Robert S. y William M. Arkin (1990a), "Beating Swords into Swords", *The Bulletin of the Atomic Scientists*, 46 (9) [14-17].

—— (1990b), "Soviet Bomber Woes", en la sección "Nuclear Notebook", *The Bulletin of the Atomic Scientists*, 46 (6) [48].

—— *et al.* (1989), "Nuclear Weapons", en SIPRI (1989).

Norton, R.D. (1986), "Industrial Policy and American Renewal", *Journal of Economic Literature*, XXIV (1) [1-40].

Odom, W.E. (1988-1989), "Soviet Military Doctrine", *Foreign Affairs*, 67 (2) [114-134].

O'Lone, Richard G. (1990), "Profits Elusive for Airframe Firms Despite Record Orders", *Aviation Week and Space Technology*. 132 (22) [48-50].

Ondrejka, Ronald J. (1986), "Imaging Technologies", en *Arms Control Verification. The Technologies that Make It Possible*. Tsipis, Kosta *et al.* (editores), Washington: Pergamon-Brassey's.

OPANAL (1987), *Vigésimo Aniversario del Tratado de Tlatelolco*. México: Talleres Gráficos de la Nación.

Patel, C. Kumar N. y Nicolaas Bloembergen (1987), "Strategic Defense and Directed-Energy Weapons", *Scientific American*, 257 (3) [31-37].

Peck, M.J. y F.M. Scherer (1962), *The Weapons Acquisition Process*. Cambridge, Mass.: Harvard University Press.

Perlman, Marc (1988), "On the Coming Senescence of American Manufacturing Competence", en *Evolutionary Economics. Applications of Schumpeter's Ideas* (Hanusch, Horst, ed.). Cambridge y Nueva York: Cambridge University Press.

Pike, John (1989), "Military Use of Outer Space", en SIPRI (1989).

Pinguelli Rosa, Luiz (1985a), *A Política Nuclear e o Caminho das Armas Atómicas*. Rio de Janeiro (Jorge Zahar, ed.)

—— (1985b), "Da gênese da bomba à política nuclear brasilerira", en *O Armamentismo e o Brasil* (Arnt, Ricardo, ed.). São Paulo: Editora Brasiliense.

Piore, Michael J. y Charles F. Sabel (1984), *The Second Industrial Divide. Possibilities for Prosperity*. Nueva York: Basic Books, Inc., Publishers.

Pipes, Richard (1977), "Why the Soviet Union Thinks it Could Fight and Win a Nuclear War?", *Commentary*, 64, julio [21-34].

Pittock, A.B. *et al.* (1986), *Environmental Consequences of Nuclear*

War. Volumen I: *Physical and Atmospheric Effects*. SCOPE-ENUWAR. Chichester: John Wiley and Sons.

Polmar, Norman (1986), "The Submarine Enigmas". US. Naval Institute, *Proceedings* (enero) [128].

Preston, Antony y John Berg (1985), "First Pictures of Soviet 'Delta IV'", *Jane's Defence Weekly* (7 de diciembre) [1213].

Rathjens, G.W. (1969), "The Dynamics of the Arms Race", en Russett y Blair (1979) [33-42].

____ y G.B. Kistiakowsky (1970), "The Limitation of Strategic Arms", en Russett y Blair (1979) [57-68].

Reichart, J.F. y S.R. Sturn (eds.) (1982), *American Defense Policy*. Baltimore: Johns Hopkins University Press.

Renner, Michael (1990), "Swords into Plowshares: Converting to a Peace Economy", *Worldwatch Paper 96*. Washington: Worldwatch Institute.

____ (1989), "National Security: The Economic and Environmental Dimensions", *Worldwatch Paper 89*. Washington: Worldwatch Institute.

Reppy, Judith (1983), "The United States", en *The Structure of the Defense Industry. An International Survey* (Ball, Nicole y Milton Leitenberg, eds.). Londres y Sidney: Croom Helm.

Rice, Donald (1990), "The Manned Bomber and Strategic Deterrence. The U.S. Air Force Perspective", *International Security*, 15 (1) [100-128].

Richardson, Lewis Fry (1960), *Arms and Insecurity: A Mathematical Study of the Causes and Origins of War*. Pittsburgh, Pennsylvania: Quadrangle Books.

Richelson, Jeffrey (1986), "Population Targetting and U.S. Strategic Doctrine", en *Strategic Nuclear Targetting* (Ball, D. y J. Richelson, eds.). Cornell University Press.

Rohatyn, Felix (1988), "Restoring American Independence", *The New York Review of Books*, XXXV (2) [8-10].

____ (1989), "Can the U.S. Remain Number One?", *The New York Review of Books*, (4) [36-42].

Rosenberg, David Alan (1986), "U.S. Nuclear War Planning, 1945-1960", en *Strategic Nuclear Targetting* (Ball, D. y J. Richelson, eds.). Cornell University Press.

____ (1983), "The Origins of Overkill: Nuclear Weapons and American Strategy, 1945-1960", *International Security*, 7:4 (4-71).

Rosenberg, Nathan (1976), *Perspectives on Technology*, Cambridge: Cambridge University Press.

____ (1982), *Inside the Blackbox: Technology and Economics*. Cambridge: Cambridge University Press.

_____ y W. Edward Steinmueller (1982), "The Economic Implications of the VLSI Revolution", en Rosenberg (1982) [178-192].
Rotblat, J. (1981), *Nuclear Radiation in Warfare*. Londres: Taylor y Francis.
Rothschild, Emma (1988), "The Real Reagan Economy", *The New York Review of Books*, XXXV (11) [46-53].
Russett, Bruce M. y Bruce G. Blair (eds.) (1979), *Progress in Arms Control? (Readings from Scientific American)*. San Francisco: W.H. Freeman and Company.
_____ y Fred Chernoff (eds.) (1985), *Arms Control and the Arms Race* (Readings from Scientific American). Nueva York: W.H. Freeman and Company.
Ruttan, V. y Y. Hayami (1971), *Agricultural Development*. Baltimore: Johns Hopkins University Press.
Sagan, Carl (1986), "The Nuclear Winter Debate: Letter to the Editor", *Foreign Affairs*, 65 (1) [163-168].
Sands, Jeffrey I. y Robert S. Norris (1985), "A Soviet *Trident II*?", *Arms Control Today* (septiembre) [7].
Scott, William B. (1989), "UWB Radar Has Potential to Detect Stealth Aircraft", *Aviation Week and Space Technology*, 131 (23) [38-41].
_____ et al. (1989), "Postflight Review Indicates Airworthiness of *B-2* Design", *Aviation Week and Space Technology*, 131 (4) [22-25].
Scoville, Herbert (1972), "Missile Submarines and National Security", en Russett y Blair (1979).
Schell, Jonathan (1982), *The Fate of the Earth*. Nueva York: Alfred A. Knopf.
Scherer, F.M. (1986), *Innovation and Growth" (Schumpeterian Perspectives)*. Cambridge, Mass., y Londres: The MIT Press.
_____ (1982), "Inter-Industry Technology Flows and Productivity Growth", *Review of Economics and Statistics*, 64 (11) [627-634].
Schmookler, Jacob (1966), *Invention and Economic Growth*. Cambridge, Mass.: Harvard University Press.
Schulz-Torge, Ulrich-Joachim (1983), "Soviet SLBMs", *Naval Forces*, IV (3) [22-29].
Schumpeter, Joseph (1939), *Business Cycles. A Theoretical, Historical and Statistical Analysis of the Capitalist Process*. New York: McGraw Hill.
Secretaría de Relaciones Exteriores (1990), Document sobre "La cuarta conferencia de las partes encargada del examen del Tratado sobre la no proliferación de las armas nucleares", mimeo.
Simpson, John (1990), "Nonproliferation Agenda: Beyond 1990", *The Bulletin of the Atomic Scientists*, 46 (6) [38-39].

SIPRI (1979), *Nuclear Energy and Nuclear Weapon Prolifeation* London: Taylor and Francis.
_____ (1984), *World Armaments and Disarmament. SIPRI Yearbook.* Oxford University Press.
_____ (1985), *World Armaments and Disarmament. SIPRI Yearbook.* Oxford University Press.
_____ (1986), *World Armaments and Disarmament. SIPRI Yearbook.* Oxford University Press.
_____ (1987), *World Armaments and Disarmament. SIPRI Yearbook.* Oxford University Press.
_____ (1988), *World Armaments and Disarmament. SIPRI Yearbook.* Oxford University Press.
_____ (1989), *World Armaments and Disarmament. SIPRI Yearbook.* Oxford University Press.
_____ (1990), *World Armaments and Disarmament. SIPRI Yearbook.* Oxford University Press.
Sköns, Elisabeth (1986), "The SDI Programme and International Research Cooperation", en SIPRI (1986) [275-297].
Smith, Adam (1981), *Investigación sobre la naturaleza y las causas de la riqueza de las naciones* (ed. de Edwin Cannan). México: Fondo de Cultura Económica (Primera edición: 1776).
Smith, Marcia (1984), "Satellite and Missile ASAT Systems and Potential Verification Problems Associated with the Existence of Soviet Systems", en *Space Weapons: The Arms Control Dilemma* (Jasani, B., ed.). Londres y Filadelfia: Taylor and Francis.
Smith, R. Jeffrey (1986a), "Midgetman Missile Plans Generate Political Debate", *Science*, vol. 232 (6 de junio) [1186-1188].
_____ (1986b), "A Scheme to Attract Missiles and Deter an Attack", *Science*, vol. 232 (27 de junio) [1592].
Smith, R.P. (1990), "Defence Procurement and Industrial Structure in the U.K.", *International Journal of Industrial Organisation*, 8 (2). [185-206].
Sokolovsky, V.D. (1963), *Military Strategy. Soviet Doctrine and Concepts.* Nueva York: Frederick A. Praeger.
Spector, Leonard S. (1984), *Nuclear Nonproliferation Today* (A Carnegie Endowment Book). Nueva York: Vintage Books.
_____ y Jacqueline R. Smith (1990), "Deadlock Damages Nonproliferation", *The Bulletin of the Atomic Scientists*, 46 (10) [39-44].
Stanford Arms Control Group (1984), *International Arms Control* (Blacker, C.D. y G. Duffy, eds.) Stanford, California: Stanford University Press.
Stefanick, Tom (1987), *Strategic Antisubmarine Warfare and Naval Strategy*, Lexington, Mass: Lexington Books.

―――― (1988), "The Nonacoustic Detection of Submarines", *Scientific American*, 258 (3) [25-31].

Steinbruner, John (1984), "Launch Under Attack", *Scientific American*, 250 (1) [23-33].

Stevens, Sayre (1984), "The Soviet BMD Program", en *Ballistic Missile Defense* (Carter, Ashton B. y David N. Schwartz, eds.). Washington, D.C.: The Brookings Institution [182-220].

Sweetman, William (1982), "Soviets Flaunt 'Secret' Bomber for Western Allies", *Defense Week* (junio 21) [13].

―――― y G. Warwick (1982), "*Blackjack*: Soviet *B-1* or Better?", *Flight International* (diciembre 11) [1700-1704].

Sykes, Lynn R. (1988), "Present Capabilities for the Detection and Identification of Seismic Events", en *Nuclear Weapon Tests: Prohibition or Limitation?* (Goldblat, Joseph y David Cox). SIPRI y CIIPS. Oxford: Oxford University Press.

―――― y Dan M. Davis (1987), "The Yields of Soviet Strategic Weapons", *Scientific American*, vol. 256, núm. 1 (29-37).

Taylor, Theodore B. (1989), "Verified Elimination of Nuclear Warheads", *Science and Global Security*, 1 (1-2) [1-26].

―――― (1987), "Third-Generation Nuclear Weapons", *Scientific American*, 256 (4) [22-31].

Thompson, Gordon (1984a), "The Genesis of Nuclear Power", en *The Militarization of High Technology*, (Tirman, John, editor). Cambridge, Massachusetts: Ballinger Publishing Company.

―――― (1984b), "Energy Economics", en *The Nuclear Almanac. Confronting the Atom in War and Peace* (Dennis, Jack, editor). Reading, Massachusetts: Addison-Wesley Publishing Company, Inc.

Thompson, Starley L. y Stephen H. Schneider (1986), "Nuclear Winter Reappraised", *Foreign Affairs*, 64 (5). [981-1003].

Tirman, John (ed.), *The Militarization of High Technology*. Cambridge, Mass.: Ballinger Publishing Company.

―――― (1984), "The Defense Economy Debate", en Tirman, J. (1984).

Tobias, Michael (1989), "The Next Wasteland: Can the Spoiling of Antartica be Stopped?", *The Sciences* (New York Academy of Sciences) (marzo-abril) [18-25].

Tsipis, Kosta (1983), *Arsenal: Understanding Weapons in the Nuclear Age*. Nueva York: Simon and Schuster.

―――― (1984), "The Operational Characteristics of Ballistic Missiles", en SIPRI (1984).

―――― (1985), "Third-Generation Nuclear Weapons", *World Armaments and Disarmament*, SIPRI *Yearbook*. Londres: Taylor and Francis.

―――― (1979), "Cruise Missiles", en Russett y Blair (1979).

―――― *et al.* (1986), *Arms Control Verification: The Technologies that*

Make It Possible, Nueva York: Pergamon-Brassey's.
Tullberg, Rita y Gerd Hagmeyer-Gaverus (1988), "SIPRI Military Expenditure Data", en SIPRI (1988).
Turco, Richard (1986), "The Nuclear Winter Debate: Letter to the Editor", *Foreign Affairs*, 65 (1) [168-169].
Turco, R.P. *et al.* (1983), "Nuclear Winter: Global Consequences of Multiple Nuclear Explosions", *Science* 222 (4630) [1283-1292].
Union of Concerned Scientists (1984), "Space-based Missile Defense: A Report by the Union of Concerned Scientists", Cambridge, Mass.
U.S. Congress (1980), "The MX System". Oversight Hearings before the Subcommittee on Public Lands. The MX Missile System and its Possible Impact on the Public Lands, their Resources and their Management. Serial no. 96-30. Washington: U.S. Government Printing Office.
Usher, A.P. (1954), *A History of Mechanical Inventions*. Cambridge, Mass.: Harvard University Press.
Van Creveld, Martin (1989), *Technology and War: From 2000 B.C. to the Present*. Nueva York: The Free Press.
Van de Biesen, A.H.J. y P. Ingelse (1986), *Writ of Summons on Behalf of the Foundation "Ban the Cruise Missiles" (in Amsterdam and other plaintiffs) against the State of The Netherlands residing at 's-Gravenhage*. Amsterdam: Foundation "Ban the Cruise Missiles". Ars Aequi Libri.
Van Duijn, J.J. (1983), *The Long Wave in Economic Life*, Londres: George Allen and Unwin.
Vasiliev, A.A. y I.F. Bocharov (1988), "On-site Inspection to Check Compliance", en *Nuclear Weapon Tests: Prohibition or Limitation?* (Goldblat, Joseph y David Cox.) SIPRI y CIIPS. Oxford: Oxford University Press.
Volkogonov, Dmitri (1987), *War, Army, Peace*, Moscú: Progress Publishers.
Von Hippel, Frank, *et al.* (1988), "Civilian Casualties from Counterforce Attacks", *Scientific American*, 259 (3) [26-32].
_____ y Roald Z. Sagdeev (editores) (1990), *Reversing the Arms Race*. Nueva York: Gordon and Breach Science Publishers.
Walker, Paul F. (1983), "Smart Weapons in Naval Warfare", *Scientific American*. 248 (5) [31-39].
_____ y John A. Wentworth (1986), "*Midgetman*: Missile in Search of a Mission", *Bulletin of Atomic Scientists* (Noviembre) [21-26].
Weiner, Jonathan (1986), *Planet Earth*. Toronto y Nueva York: Bantam Books.
Westervelt, Donald R. (1988), "The Role of Laboratory Tests", en *Nuclear Weapon Tests: Prohibition or Limitation?* (Goldblat, J. y Da-

vid Cox, eds.) Stockholm International Peace Research Institute (SIPRI) y Canadian Institute for International Peace and Security (CIIPS). Oxford: Oxford University Press.

Westing, Arthur H. (1985), "Nuclear Winter: A Bibliography", en SIPRI (1985).

Wilkes, Owen (1980), "Ocean-Based Nuclear Deterrent Forces and Antisubmarine Warfare", en *Ocean Yearbook*, 2. (Mann Borgese, Elisabeth y Norton Ginsburg, eds.). Chicago y Londres: University of Chicago Press [226-249].

Wilkes, Owen y Nils Petter Gleditsch (1987), *Loran-C and Omega. A Study of the Military Importance of Radio Navigation Aids*. Oslo: Norwegian University Press.

Willy, Ley (1957), *Rockets, Missiles and Space Travel* Chapman and Hall, Londres.

Wolff, Edward (1985), "The Magnitude and Causes of the Recent Productivity Slowdown in the United States: A Survey of Recent Studies", en *Productivity Growth and U.S. Competitiveness* (Baumol, William J. y Kenneth McLennan, eds.). Nueva York y Oxford: Oxford University Press.

Wolfrum, Rüdiger (1990), "The Unfinished Task: CRAMRA and the Question of Liability", *International Challenges* (Newsletter from the Fridtjof Nansen Institute), 10 (1) [27-31].

Yazov, Dmitri (1988), *Acerca del balance de fuerzas militares y la paridad coheteril-nuclear*, Moscú: Editorial de la Agencia de Prensa Nóvosti.

York, Herbert F. (1969), "Military Technology and the National Security", en York (1973a).

―――― (1970), *The Race to Oblivion*. Nueva York: Simon & Schuster.

―――― (ed.) (1973a), *Arms Control*, Serie "Readings from Scientific American", San Francisco: W.H. Freeman and Company.

―――― (1973b), "Multiple-Warhead Missiles", en Russett, B.M. y B.G. Blair (1979) [122-131].

ÍNDICE

Prólogo	5
Agradecimientos	13
Abreviaturas utilizadas	15

PRIMERA PARTE
Innovaciones básicas y trayectorias tecnológicas   17

   I. Las orientaciones del cambio técnico en armamentos estratégicos   19
        Introducción   19
        Innovaciones básicas y trayectorias tecnológicas   22
        Innovaciones básicas y armamentos estratégicos   36
        Innovaciones básicas a partir de 1945   43
        Tecnología militar y arsenales estratégicos 1945-1990   47

  II. Innovaciones básicas en armamentos estratégicos: bombarderos y cargas nucleares   55
        Bombarderos estratégicos   55
        Cargas nucleares   65

  III. Innovaciones básicas en armamentos estratégicos: misiles balísticos   75
        Descripción de la tecnología   76
        Sistemas de emplazamiento   94

  IV. Innovaciones básicas en armamentos estratégicos: submarinos estratégicos (SSBN-SLBM)   97
        Génesis de una innovación básica   100
        Los primeros SSBN soviéticos   100

Los sistemas SSBN/SLBM en Estados Unidos 111
Otras innovaciones menores para los SSBNs 120
Conclusión 123

V. Tendencias recientes en la evolución tecnológica de misiles balísticos 125
El sistemas MX y los ICBM móviles 125
Implicaciones para México 140

VI. Sistemas de defensa antibalística 145
Primeras defensas antibalísticas 146
Cargas nucleares como defensa antibalística 149
El tratado ABM 151
Nuevas tendencias en defensa antimisiles balísticos 153

VII. Sobre la autonomía de la variable tecnológica 163
Introducción 163
La integración del armamento nuclear en la doctrina militar estratégica 168
Doctrina estratégica e innovaciones básicas en el pensamiento militar de Estados Unidos 171
Doctrina militar y planes operativos en la URSS 195
Determinismo tecnológico, sociología histórica y pensamiento militar 203
Comentarios finales 209

SEGUNDA PARTE
Impacto económico de la tecnología decadente
VIII. Efectos macroeconómicos de la tecnología militar decadente 213
Introducción 213
Efectos macroeconómicos del gasto militar 216
Gasto militar y efectos sobre la productividad 227
El gasto militar en la Unión Soviética 235
Comentarios finales 240

IX. Desempeño industrial y tecnología militar 243
    Introducción 243
    Gasto militar y esfuerzos científico y tecnológico 248
    Efectos benéficos imprevisibles de la IDE militar 254
    El efecto perverso de la tecnología militar sobre la industria civil 259

X. El deterioro de industrias estratégicas 267
   Introducción 267
   Máquinas-herramienta 267
   Semiconductores 273
   Reactores nucleares 278
   Aviones 283
   Comentarios finales 289

TERCERA PARTE
Tecnología militar decadente y la ilusión del control de armamentos 291

XI. La era nuclear y el derecho internacional 293
    Introducción 293
    Armamentos nucleares y derecho internacional 294
    Tecnología militar y derecho internacional 299
    Las armas nucleares están prohibidas por el derecho internacional 307
    Comentarios finales 314

XII. Estableciendo las reglas del juego: la delimitación de la carrera armamentista nuclear, 1957-1970 317
     Introducción 317
     Tratados que prohíben el emplazamiento de armas nucleares en zonas o regiones geográficas 319
     Conclusiones 343

XIII. La dinámica del control de armamentos: la expansión de los arsenales nucleares, 1970-1990   345
Introducción   345
Los tratados sobre control de armamentos estratégicos   347
Los tratados sobre reducción de armamentos nucleares   361
Conclusión: ¿por qué han fracasado los tratados sobre control y reducción de armamentos?   374

XIV. Tecnología nuclear decadente y trabajo diplomático. Proliferación nuclear, países no nucleares y control de armamentos   377
Introducción   377
No proliferación nuclear   379
México en la cuarta conferencia de revisión de NPT (Ginebra, 1990)   391
La prohibición total de ensayos nucleares   397
Desnuclearización   407
Tecnología decadente y trabajo diplomático   413

Referencias   415

Este libro se terminó de imprimir en junio de 1991
en los talleres de Offset Setenta, S.A. de C.V.
Víctor Hugo 99, Col. Portales, 03300 México, D.F.
Fotocomposición tipográfica y formación:
Grupo Edición, S.A. de C.V.
Xochicalco 619, Col. Vértiz-Narvarte, 03600 México, D.F.
Se imprimieron 1000 ejemplares más sobrantes para reposición.
Cuidó la edición el Departamento de Publicaciones
de El Colegio de México.